Gerd Lutze, Alfred Schultz, Karl-Otto Wenkel (Hrsg.)

Landschaften beobachten, nutzen und schützen

Leibniz-Zentrum für
Agrarlandschaftsforschung (ZALF) e. V.

Landschaften beobachten, nutzen und schützen

Landschaftsökologische Langzeit-Studie in der Agrarlandschaft Chorin 1992-2006

Herausgegeben von Gerd Lutze, Alfred Schultz, Karl-Otto Wenkel

Teubner

Bibliografische Information der Deutschen Bibliothek
Die Deutsche Bibliothek verzeichnet diese Publikation in der Deutschen Nationalbibliografie; detaillierte bibliografische Daten sind im Internet über <http://dnb.d-nb.de> abrufbar.

Leibniz-Zentrum für Agrarlandschaftsforschung (ZALF) e. V. Müncheberg – eine Einrichtung der Leibniz-Gemeinschaft

Das Leibniz-Zentrum für Agrarlandschaftsforschung (ZALF) e. V. wurde 1992 auf Empfehlung des Wissenschaftsrates als gemeinnütziger Verein gegründet und ist seit 1997 Mitglied der Leibniz-Gemeinschaft. Der satzungsgemäße Auftrag des ZALF besteht in der wissenschaftlichen Erforschung von Agrarlandschaften und der Entwicklung ökologisch und ökonomisch vertretbarer Landnutzungssysteme. Ziel ist die Entwicklung multifunktionaler standortangepasster Landnutzungskonzepte und die Eröffnung von Perspektiven zur Entwicklung ländlicher Räume. Das ZALF beschreitet den Weg einer inter- und transdisziplinären integrativen Landschaftsforschung, die auf problemlösungsorientierter, disziplinärer Forschung aufbaut. Dabei spannt sich der Bogen von den Geo- und Biowissenschaften über die Agrarwissenschaften bis hin zur Sozioökonomie. Entsprechend wird eine Vielzahl von Prozessen auf unterschiedlichen Skalenebenen erforscht. Zentrale Instrumente für die Systemintegration sind szenariotaugliche Landschaftsverhaltensmodelle, die auf sektoralen Komponentenmodellen aufsetzen. Darauf basierend kann das ZALF Bewertungsmöglichkeiten für die komplexen raumzeitlichen Folgewirkungen differenzierter Landnutzungskonzepte vor dem Hintergrund des globalen Wandels bereitstellen.

An der Umsetzung des Forschungskonzeptes arbeiten sieben Institute sowie eine Forschungsstation mit Standorten in Dedelow, Paulinenaue und Müncheberg. Die Untersuchungsräume des ZALF liegen in den Jungmoränenlandschaften Nordost-Brandenburgs – so auch im Biosphärenreservat Schorfheide-Chorin – und im Niedermoorgebiet des Rhin- und Havelluchs. Die hierfür erarbeiteten Methoden- und Konzeptansätze sind auf viele andere Situationen und Regionen übertragbar. Zunehmend bündelt das ZALF seine Forschungsaktivitäten in länder- und institutsübergreifenden Forschungsverbundprojekten sowie europaweiten Forschungsnetzwerken. Finanziert wird das ZALF zu je 50 % vom Ministerium für Ländliche Entwicklung, Umwelt und Verbraucherschutz des Landes Brandenburg (MLUV) und vom Bundesministerium für Ernährung, Landwirtschaft und Verbraucherschutz (BMELV).

1. Auflage Dezember 2006

Alle Rechte vorbehalten
© B.G. Teubner Verlag / GWV Fachverlage GmbH, Wiesbaden 2006

Lektorat: Ulrich Sandten / Kerstin Hoffmann

Der B.G. Teubner Verlag ist ein Unternehmen von Springer Science+Business Media.
www.teubner.de

Das Werk einschließlich aller seiner Teile ist urheberrechtlich geschützt. Jede Verwertung außerhalb der engen Grenzen des Urheberrechtsgesetzes ist ohne Zustimmung des Verlags unzulässig und strafbar. Das gilt insbesondere für Vervielfältigungen, Übersetzungen, Mikroverfilmungen und die Einspeicherung und Verarbeitung in elektronischen Systemen.

Die Wiedergabe von Gebrauchsnamen, Handelsnamen, Warenbezeichnungen usw. in diesem Werk berechtigt auch ohne besondere Kennzeichnung nicht zu der Annahme, dass solche Namen im Sinne der Warenzeichen- und Markenschutz-Gesetzgebung als frei zu betrachten wären und daher von jedermann benutzt werden dürften.

Umschlaggestaltung: Ulrike Weigel, www.CorporateDesignGroup.de
Druck und buchbinderische Verarbeitung: Strauss Offsetdruck, Mörlenbach
Gedruckt auf säurefreiem und chlorfrei gebleichtem Papier.
Printed in Germany

ISBN 978-3-8351-0129-6

Geleitwort

In der Glaziallandschaft um die Pommersche Endmoräne im Umfeld von Chorin und Joachimsthal nördlich von Berlin werden seit vielen Jahren geologische, biologische, ökologische und land- und forstwirtschaftliche Untersuchungen durchgeführt. Das resultiert vor allem aus der für ganz Nordostdeutschland charakteristischen eiszeitlichen Formung dieser Landschaft, ihrem Reichtum an naturräumlicher Ausstattung und nicht zuletzt aus ihrer räumliche Nähe zu zahlreichen universitären und außeruniversitären Forschungseinrichtungen in und um Berlin. Ein neuer thematischer Forschungsimpuls ging von dem Anfang der 90er Jahre eingerichteten Biosphärenreservat Schorfheide-Chorin aus. Innerhalb des Verbundprojektes "Naturschutz in der offenen agrar genutzten Kulturlandschaft am Beispiel des Biosphärenreservates Schorfheide-Chorin" (gefördert durch das Bundesministerium für Bildung und Forschung und die Deutsche Bundesstiftung Umwelt) wurde der Versuch unternommen, wissenschaftliche Grundlagen zu erarbeiten und praktische Lösungen umzusetzen, wie Naturschutzinteressen und Nutzungsansprüche im Sinne der Nachhaltigkeit zusammengeführt werden können. An diesem umfangreichen Projekt war neben Forschungseinrichtungen aus ganz Deutschland auch das Leibniz-Zentrum für Agrarlandschaftsforschung (ZALF) beteiligt (FLADE et al. 2006).

In einem kleineren, vor allem landwirtschaftlich genutzten Gebiet des Biosphärenreservates Schorfheide-Chorin - der Agrarlandschaft Chorin mit ihrem hier als Ziethener Moränenlandschaft bezeichneten Kern - wurden darüber hinaus von mehreren Instituten des ZALF und kooperierenden Forschungseinrichtungen zusätzlich Untersuchungen durchgeführt, die in dem virtuellen Projekt "Modellorientierte Landschaftsanalyse in der Agrarlandschaft Chorin" zusammengefasst sind. Über bisherige partikuläre fachlich-sektorale Interessen hinausgehend, ging es den Arbeitsgruppen insbesondere darum, die konzeptionellen Grundlagen einer ganzheitlichen Sicht für Landschaftsbewertungen zu erweitern und Elemente einer interdisziplinären Landschaftsforschung in einem Beispielsgebiet zu verwirklichen. Über den methodischen Hintergrund einer modellgeleiteten Landschaftsforschung und die erste Zwischenetappe der Datengewinnung und -auswertung in diesem Forschungsprojekt wurde im Rahmen zweier Workshops in den Jahren 1993 und 1996 sowie in mehrn Publikationen (WENKEL et al. 1994, ARCHIV 1996, ARCHIV 1997) berichtet.

Der vorliegende Band dokumentiert nun darüber hinausgehende, neue Ergebnisse. Bei der Präsentation der einzelnen biologisch-ökologischen Resultate ist beabsichtigt, eine dezidert raumbezogene Sicht im Sinne der Landschaftsökologie einzunehmen. Aufgrund der Diskussionen in der internationalen und nationalen Wissenschaftlergemeinschaft und aufgrund der eigenen konkreten Erfahrungen in der Projektbearbeitung in den letzten Jahren haben sich aber auch einige neue Sichtweisen auf die auch weiterhin erforderliche Operationalisierung der Begriffe Nachhaltigkeit und Integrität eingestellt und eine Präzisierung bzw. Modifizierung früherer konzeptioneller Vorstellungen nach sich gezogen. Das betrifft u. a. die Behandlung von biologischer Vielfalt im Landschaftsmaßstab. Deshalb werden neben der reinen Ergebnispräsentation auch einige vorherige methodische Vorstellungen präzisiert. Eine gemeinsame Erfahrung der beteiligten Autoren besteht auch darin, dass interdisziplinäre Forschung besondere Formen der Organisation der Forschungsarbeit erfordert. Das betrifft u. a. die Kompromissfähigkeit aller Beteiligten bei der Auswahl von Beispielsgebieten und Untersuchungsräumen sowie die Gewichtung und Einordnung disziplinärer Forschungsfragen in das einem weitgehend modellorientierten Forschungsansatz zugrunde liegende konzeptionelle Gedankengebäude. Integration und Interdisziplinarität durch nachträgliches Zusammenfügen von individuell erarbeiteten Detailergebnissen zu erreichen, wird den verwickelten Beziehungen zwischen inhaltlichen und informatorischen Aspekten in der Landschaftsforschung nicht gerecht.

Insgesamt vereint dieser Band 14 thematische Beiträge und einen kurzen, resümierenden Ausblick. Die einzelnen Aufsätze sind vier unterschiedlichen Blöcken zugeordnet:

- Beobachtungen und Analysen in Beispielslandschaften,
- Landnutzungen und ihre Auswirkungen,
- Landschaft als Lebensraum – Biologische Vielfalt in der Landschaft und
- aktuelle Entwicklungen und zukünftige Herausforderungen.

Dieses thematische Spektrum lässt die Komplexität und den Facettenreichtum der aktuellen Forschungsfragen als auch die Unvollständigkeit der bisherigen Antworten erkennen. Der besondere Wert der in diesem Band präsentierten Ergebnisse liegt in dem langfristigen, verschiedene Sachbereiche überspannenden landschaftsbezogenen Beobachtungsansatz, der Berücksichtigung der naturräumlichen Bedingtheit vieler ökologischer Prozesse und der modellorientierten Vorgehensweise bei der Analyse und Bewertung der Landschaftsprozesse. Allen Eigentümern und Bewirtschaftern, auf deren Flächen in der Agrarlandschaft Chorin Messungen und Beobachtungen durchgeführt wurden, sei an dieser Stelle für ihr freundlich-kooperatives Verhalten gedankt.

Ihnen sei ein erfolgreiches Partizipieren an unseren spannenden Forschungsergebnissen mit einer neuen Sicht auf die Glaziallandschaft im Umfeld von Chorin und Joachimsthal gewünscht.

Prof. Dr. habil. Hubert Wiggering
Direktor Leibniz-Zentrum für Agrarlandschaftsforschung

Müncheberg, November 2006

Literatur

ARCHIV (1996): *Archiv für Naturschutz und Landschaftsforschung* 35, S. 183-254.
ARCHIV (1997): *Archiv für Naturschutz und Landschaftsforschung* 36, S. 57-222.
FLADE, M., H. PLACHTER, R. SCHMIDT & A. WERNER (Eds.) (2006): Nature Conservation in Agricultural Ecosystems. Results of the Schorfheide-Chorin Research Project. Quelle & Meyer, Wiebelsheim, 706 p.
WENKEL, K.-O., A. SCHULTZ & G. LUTZE (Hrsg.) (1994): Landschaftsmodellierung. ZALF-Berichte, Nr. 13, ZALF, Müncheberg.

Inhaltsverzeichnis

1   Modellorientierte landschaftsökologische Forschung – Hilfsmittel zur Verwirklichung des Nachhaltigkeitsprinzips
Karl-Otto Wenkel, Alfred Schultz & Gerd Lutze 9

2   Genese und Nutzungsgeschichte der Agrarlandschaft Chorin
Gerd Lutze & Joachim Kiesel 27

3   Klima und Wetter in der Agrarlandschaft Chorin - gestern, heute, morgen
Wilfried Mirschel, Gerd Lutze, Alfred Schultz & Karin Luzi 49

4   Exkurs zur Nutzungsgeschichte der Gemarkung Klein Ziethen
Hans-Jürgen Philipp 60

5   Lokale Landschaftsaneignung durch Einwohner Klein Ziethens
Hans-Jürgen Philipp 70

6   Dynamik des Bodenzustands und des Nährstoffstatus in der Ziethener Moränenlandschaft
Gerd Lutze, Alfred Schultz & Karin Luzi 89

7   Räumliche Interpolation von Nährstoff- und Bodeninformationen am Beispiel der Ziethener Moränenlandschaft
Alfred Schultz, Gerd Lutze & Karin Luzi 106

8   Wandel der landwirtschaftlichen Anbaustruktur unter dem Einfluss sich ändernder agrarökonomischer und gesellschaftlicher Verhältnisse in der Ziethener Moränenlandschaft im Zeitraum von 1976 bis 2005
Gerd Lutze, Karin Luzi, Werner Haberstock & Karl-Otto Wenkel   117

9	Standort und Vegetationsentwicklung von landwirtschaftlich genutzten Grünlandflächen des Ziethener Seebruchs und konzeptionelle Betrachtungen zur Wiedervernässung	
	Gisbert Schalitz, Wilhelm Schmidt, Horst Käding & Wolfgang Leipnitz	131
10	Die Moore in der Ziethener Moränenlandschaft – Entstehung, Verbreitung und heutiger Zustand	
	Jana Chmieleski	147
11	Modellgestützte Analyse ausgewählter Größen des Landschaftshaushaltes am Beispiel der Agrarfläche der Ziethener Moränenlandschaft	
	Wilfried Mirschel, Alfred Schultz, Ralf Wieland, Gerd Lutze & Karin Luzi	164
12	Die biotische Integrität von Agrarlandschaften - Konzeptionelle Überlegungen und praktische Anwendungen in der Agrarlandschaft Chorin	
	Alfred Schultz, Gerd Lutze, Joachim Kiesel, Claudia Latus & Ulrich Stachow	196
13	Charakteristische Ausstattungselemente von Jungmoränenlandschaften - dargestellt am Beispiel von Ackerhohlformen und Flurgehölzen in der Ziethener Moränenlandschaft	
	Gerd Lutze, Joachim Kiesel & Thomas Kalettka	219
14	Brutvogelarten in der Ziethener Moränenlandschaft als Indikator der biotischen Integrität	
	Heinz Wawrzyniak, Gerd Lutze, Joachim Kiesel & Marion Voss ...	236
15	Rückblick und Vorausschau	256

Modellorientierte landschaftsökologische Forschung – Hilfsmittel zur Verwirklichung des Nachhaltigkeitsprinzips

Karl-Otto Wenkel [1], *Alfred Schultz & Gerd Lutze*

Zusammenfassung

Landschaftsnutzung als fortschreitende, anthropogen bedingte Veränderung der natürlichen Umwelt stellt eine große Herausforderung an Forschung und praktisches Handeln im beginnenden 21. Jahrhundert dar. Dabei spielt der Nachhaltigkeits- oder Integritätsgedanke eine dominierende Rolle. Im Wesentlichen geht es dabei darum, im Rahmen der biophysikalischen, ökologischen und sozioökonomischen Rahmenbedingungen solche Nutzungsformen und –intensitäten für Landschaften zu finden und zu praktizieren, die auf den Menschen bezogene notwendige existenzielle, aber auch immaterielle Ressourcen und Werte jetzt und für zukünftige Generationen gewährleisten, ohne die natürlichen Ressourcen zu zerstören. Geeignete Methoden, die es ermöglichen, die Wechselwirkungen von sozioökonomischen und ökologischen Prozessen in Landschaften abzubilden und die langfristigen Auswirkungen von veränderten Landschaftsnutzungen belastbar darzustellen, sind ein Schlüssel für die Realisierung des Nachhaltigkeitsprinzips. Der Beitrag plädiert für die Anwendung raumbezogener, modellorientierter landschaftsökologischer Vorgehensweisen und die Integration von ökologischen, ökonomischen und sozialen Fragestellungen in gemeinsamen Forschungsprojekten und einem gemeinsamen Untersuchungsraum. Notwendige Voraussetzungen, Methoden, Chancen und Beschränkungen einer modellorientierten Vorgehensweise werden skizziert und diskutiert. Das Gebiet der Agrarlandschaft Chorin, das als Bezugsraum für vielfältige Datenerhebungen in den folgenden Beiträgen dient, wird vorgestellt.

Abstract

Landscape use is an ongoing human-induced change of the natural environment and a great challenge on research and practical activities at the beginning of the 21th century. In this connection the notion of sustainability and integrity plays a dominant role. In essence it is to find such modes and intensities of landscape use within the biophysical and socio-economic frame conditions which safeguard recent and future material and immaterial human needs without destroying the natural resources. A key to implement the notion of sustainability is to find suitable methods for the description of ecological and socio-economic process interactions and for the description of land use effects. The paper pleads for the application of spa-

---

[1] Korrespondierender Autor: Prof. Dr. Karl-Otto Wenkel, Leibniz-Zentrum für Agrarlandschaftsforschung (ZALF), Institut für Landschaftssystemanalyse, Eberswalder Str. 84, D-15374 Müncheberg. E-Mail: wenkel@zalf.de.

tially explicit, model based approaches and the integration of ecological, economic and social questions within common research projects and a common investigation area. Necessary prerequisites, methods, prospects and limitations of a model oriented approach are outlined and discussed. The area of the Agricultural Landscape of Chorin, which is the principal data collection place of the following papers, is introduced.

1 Einleitung

In der gesellschaftlichen Diskussion über anthropogen bedingte Veränderungen in unserer natürlichen Umwelt und deren langfristige Auswirkungen auf die menschlichen Lebensgrundlagen spielt der Nachhaltigkeits- oder Integritätsgedanke gegenwärtig eine dominierende Rolle (HAUFF 1987, HAUFF & BACHMANN 2003, WIGGERING et al. 2006). Dabei geht es darum, im Rahmen der biophysikalischen, ökologischen und sozioökonomischen Rahmenbedingungen solche Nutzungsformen und -intensitäten für Landschaften zu finden und zu praktizieren, die auf den Menschen bezogene, notwendige existenzielle Ressourcen und Werte jetzt und für zukünftige Generationen gewährleisten ohne die natürlichen Ressourcen zu zerstören. Dabei wird ein Wertesystem zugrunde gelegt, das zwar primär anthropogen auf den Erhalt unseres sozioökonomischen Gesellschaftssystems ausgerichtet ist, aber aufgrund der menschlichen Geschichte selbstverständlich auch kulturelle, ethische und ästhetische Sichten auf die gesamte belebte und unbelebte Umwelt und damit eine Vielfalt an Organismen und Landschaftselementen einschließt.

Innerhalb dieses Wertesystems kann der Erhalt der funktionellen Leistungsfähigkeit der Ökosysteme im Landschaftsrahmen (im besonderen Biomassewachstum, Wasser- und Nährstoffkreisläufe, Erhalt der biologischen Vielfalt und Anpassungsfähigkeit biologischer Systeme an veränderte Umweltbedingungen) offenbar als die wesentliche Voraussetzung für den langfristigen Erhalt der sozioökonomischen Systeme angesehen werden. Angesichts des weiter fortschreitenden globalen Wandels auf der einen und der unzureichenden Kenntnis der Zusammenhänge zwischen Strukturen und Funktionen in Ökosystemen auf der anderen Seite liefern holistische Betrachtungen, die vor allem Makroprozesse auf der chorischen Landschaftsebene in den Betrachtungsfokus rücken und von strukturellen und funktionellen Details auf feineren räumlichen und zeitlichen Maßstäben erst einmal abstrahieren, offenbar notwendige Orientierungspunkte für die qualitative Bewertung der synthetischen Eigenschaft "Nachhaltigkeit".

Die zweifelsohne erforderliche gesamtheitliche Sicht auf Landschaften im Falle der Bewertung von Veränderungen sollte jedoch nicht dazu verleiten, landschaftsbezogene Forschung vorschnell nur als Untersuchung von Makroprozessen in großen räumlichen Gebieten und langen zeitlichen Skalen zu verstehen. Gerade wegen des ungenügenden Kenntnisstandes hinsichtlich des Zusammenhanges zwischen struktureller und biologischer Vielfalt sowie Funktionen von Landschaften muss landschaftsbezogene Forschung auf allen Organisationsebenen, d. h. von der Ebene einzelner Organismen bis zu großräumigen Mustern von Ökosystemen, stattfinden. Andererseits ist allerdings auch klar, dass nicht jedem Landschaftselement, jedem Organismus und jedem Prozess die gleiche wissenschaftliche Aufmerksamkeit beigemessen werden kann. Das wäre nicht nur praktisch unmöglich, sondern aufgrund der jahrzehntelangen Erfahrungen der Ökosystemforschung überdies ökologisch unsinnig.

Um praktikable Forschungsansätze zu implementieren und Methoden zu entwickeln, die einen Vergleich von unterschiedlichen Situationen und Varianten ermöglichen, ist es erforderlich, eine Reduktion der landschaftlichen Komplexität oder anders gesagt, eine Abstraktion von der realen Vielfalt vorzunehmen. Das bedeutet in der Landschaftsforschung aber nicht automatisch, dass Prozesse immer auf gröberen Skalen und Niveaus als in der sektorbezogenen Ökosystemforschung zu betrachten sind. Es ist bekannt, dass lokal und zeitlich eng begrenzte Prozesse skalenübergreifende Auswirkungen haben können. Die Gegenüberstellung von holistischen und reduktionistischen Forschungskonzepten und die Favorisierung des einen oder des anderen Ansatzes wird deshalb nicht wirklich zu einer befriedigenden Problemsicht und -lösung führen und gesellschaftlich akzeptierte sektorübergreifende Handlungsempfehlungen liefern. Vielmehr ist es wichtig, die Skalen und Prozesse zu identifizieren, die relevante Landschaftsfunktionen, betrachtete Nachhaltigkeitsindikatoren und Vorhersagbarkeit am besten in Übereinstimmung bringen. Landschaftsforschung steht in der Bringepflicht, holistische Aussagen auf Landschaftsebene zu liefern, sie wird das jedoch nur unter Einbeziehung eines bestimmten Maßes an reduktionistischen Detailzusammenhängen erfüllen können.

Die auf landschaftsökologischen Prinzipien basierende Landschaftsmodellierung hat die Entwicklung von Computermodellen für die Vorhersage von Landschaftsveränderungen und deren ökologische und sozioökonomische Folgewirkungen zum Ziel. Von der Landschaftsmodellierung wurden in den zurückliegenden Jahren wichtige Beiträge für eine raumbezogene empirische Landschaftsforschung geleistet. Diese Forschungsaktivitäten waren allerdings – und sind es z. T. noch immer - sehr oft zeitlich begrenzt und auf ausgewählte Fragen in bestimmten Beispielsgebieten ausgerichtet und weisen deshalb von der methodischen Seite einen ad hoc Charakter auf. Die Verbesserung der theoretischen Basis der Landschaftsmodellierung wird deshalb eine wichtige Zukunftsaufgabe sein müssen, um die Akzeptanz von Computermodellen als inhaltliche und organisatorische Plattform für interdisziplinäre Forschung zu verbessern. Damit stellt die Landschaftsmodellierung gleichzeitig die dringend benötigten formalen Instrumente in Aussicht, die gesellschaftliche Entscheidungsträger für eine bessere Situationsbeurteilung, Planung und wissenschaftlich fundierte Entscheidungsunterstützung hinsichtlich nachhaltiger Landschaftsnutzungskonzepte benötigen. Der vorliegende Übersichtsbeitrag soll

- die speziellen Möglichkeiten der raumbezogenen Modellierung für die Operationalisierung des Nachhaltigkeitsgedankens aufzeigen,
- den allgemeinen Entwicklungsstand der Landschaftsmodellierung umreißen,
- Schwerpunkte künftiger interdisziplinärer, modellorientierter landschaftsökologischer Forschung ableiten und
- das Projektgebiet der Agrarlandschaft Chorin, das den Beiträgen dieses Bandes als gemeinsamer Betrachtungs- und Datenerhebungsraum dient, vorstellen.

2 Das Prinzip der Nachhaltigkeit und seine Operationalisierung

2.1 Das Prinzip der Nachhaltigkeit

Das Prinzip der Nachhaltigkeit wird heute weltweit auch als Leitprinzip für die Nutzung und Entwicklung von Landschaften angesehen. Nachhaltigkeit von Landschaftsnutzung bedeutet eine Vielzahl ökologischer, ökonomischer und sozialer Ziele. Die am häufigsten zitierte Definition von "Nachhaltiger Entwicklung" ist die der sogenannten Brundtland-Kommission (HAUFF 1987). Danach beschreibt Nachhaltigkeit eine dauerhafte Entwicklung, die den Bedürfnissen der heutigen Generation entspricht, ohne die Möglichkeiten künftiger Generationen zu gefährden, ihre eigenen Bedürfnisse zu befriedigen und ihren Lebensstil zu wählen. Zur Analyse und modellgestützten Fundierung von Nutzungs- bzw. Entwicklungsentscheidungen in Landschaften ist es allerdings erforderlich, Nachhaltigkeit semantisch genauer zu bestimmen und durch messbare Kriterien zu operationalisieren:

- Was bedeutet "Nachhaltigkeit" substanziell, d. h. welche sind die ökologischen, ökonomischen und sozialen Ziele?
- Wie kann man "Nachhaltigkeit" prozedural ermitteln, d. h., wie wirken einerseits Art und Intensität der Landschaftsnutzung auf die ökologischen, ökonomischen und sozialen Zielvorgaben, und unter welchen Nutzungsbedingungen andererseits lassen sich diese überhaupt erreichen?

2.2 Die Operationalisierung des Nachhaltigkeitsgedankens

Während die substanzielle Ermittlung von Nachhaltigkeit das Ergebnis des gesellschaftspolitischen Diskussionsprozesses sein muss, weil a priori keineswegs klar ist, was heutigen oder künftigen Bedürfnissen entspricht, ist die prozedurale Bestimmung von Nachhaltigkeit ein klarer Auftrag an die wissenschaftliche Forschung. Die Situationsbeurteilung kann anhand von sogenannten Nachhaltigkeitsindikatoren erfolgen. Das kann über die direkte Messung/Beobachtung dieser Indikatoren oder über die Berechnung/Aggregation aus anderen Informationen geschehen (WIGGERING et al. 2006). Nachhaltigkeitsindikatoren existieren für unterschiedliche inhaltliche und räumliche Bezüge: sektorweise global oder landesweit (BMU 2000, YALE 2006), aber auch lokal für die einzelbetriebliche Analyse und Bewertung der Nachhaltigkeit eines landwirtschaftlichen Unternehmens (HÜLSBERGEN 2003, BREITSCHUH 2006).

Bei der Einschätzung einer Entwicklung ist vor allem der prospektive Aspekt bedeutsam. Die Bewertung der zu erwartenden zukünftigen Entwicklung kann mit Momentaufnahmen jedoch nur bedingt erfolgen. Deshalb gilt es, eine Verbindung zwischen dem aktuellen Status einer Landschaft und den Auswirkungen veränderten Handelns herzustellen. Auf landschaftsökologischen Prinzipien und einer soliden Informationsgrundlage basierende dynamische Landschaftsmodelle, in denen die Indikatoren selbst Modellgrößen darstellen oder aus diesen abgeleitet werden können, sind ein geeignetes Mittel, dieser Forderung zu entsprechen.

2.3 Allgemeine Anforderungen an Nachhaltigkeitsindikatoren für Landschaften

Angesichts der tatsächlichen Vielfalt landschaftlicher Phänomene lässt sich eine Vielzahl unterschiedlicher, mitunter sehr spezieller Indikatoren formulieren und begründen. Diese Vielfalt, die aus wissenschaftlicher Sicht höchst interessant ist, wird jedoch zum Problem, wenn sie Entscheidungskriterium in einem praxisrelevanten Abwägungsprozess sein soll. Der

Konflikt, der aus einem gleichberechtigten Nebeneinander von 50 oder 100 Indikatoren resultiert, ist praktisch nicht auflösbar. Also, wie soll ermittelt, begutachtet und verglichen werden? Durch Indikatoren allein ist natürlich keine "objektive" Ermittlung beispielsweise des Zustandes der biologischen Vielfalt möglich. Jede Auswahl einer Menge von Indikatoren enthält subjektive Elemente. Der Einfluss dieser Beobachterabhängigkeit findet sich z. B. in konkurrierenden gedanklichen Konzepten zum Erhalt der biotischen Vielfalt (Schlüssel-, Ziel- oder Leitartenkonzept, Trittsteine, Biotopverbund, Reservate, Biotop- und Artenschutz u. a.) wieder. Um die Menge der konkret zu betrachtenden Landschaftsindikatoren überschaubar und konsensfähig zu halten, sollten neben ihrer zahlenmäßigen Begrenzung einige weitere, grundlegende inhaltliche Anforderungen erfüllt sein:

- Indikatoren sollten charakteristisch und möglichst reproduzierbar für die jeweils betrachtete Landschaft sein (indem sie z. B. dominierende strukturelle und funktionelle Charakteristika reflektieren),
- sie sollten sensitiv hinsichtlich möglicher Wirkungen auf die Landschaft sein, womit auch ihre Nutzbarkeit in vorausschauenden Szenarienstudien verbunden wäre,
- ihnen sollten quantifizierbare Ziele zugeordnet werden können, um Maßstäbe für Planung und Entscheidungsvorschläge ableiten zu können und
- sie sollten vermittelbar (kommunikativ) gegenüber Fachgremien für eine partizipative Entscheidungsfindung und gegenüber der Öffentlichkeit sein.

3 Landschaftsmodelle als Ziel von interdisziplinärer Landschaftsforschung

3.1 Landschaft als Forschungsgegenstand

Der Begriff "Landschaft" wurzelt in der Alltagssprache. Die formale Abgrenzung und die damit korrespondierende semantischen Bedeutung des wissenschaftlichen Arbeitsgegenstandes "Landschaft" sind sehr vielschichtig, was sich in einer großen Zahl von z. T. recht verschiedenen Definitionen äußert: "Landschaft als Totalcharakter einer Erdgegend" (HUMBOLDT 1807, zitiert in BASTIAN 2001), "Landschaft als heterogene Fläche, zusammengesetzt aus einem Cluster wechselwirkender Ökosysteme" (FORMAN & GODRON 1986), "Landschaft als Gesamtheit aller physischen, ökologischen und geografischen Einheiten, die alle natürlichen und anthropogen induzierten Muster und Prozesse einschließt" (NAVEH 1987), "Landschaft als räumliches Muster von abiotischen, biotischen und anthropogenen Komponenten, das eine funktionelle Einheit bildet und als menschliche Umwelt dient" (LESER 1997), "Landschaft als eine spezielle Konfiguration von Topografie, Vegetationsbedeckung, Landnutzungs- und Siedlungsmuster" (GREEN et al. o. J., zitiert in FARINA 2000). Der Hauptgrund für diese Vielfalt liegt in der Komplexität des Gegenstandes Landschaft selbst (HARD 1970).

Jede Landschaft besitzt durch ihre Entstehungs- und Nutzungsgeschichte sowie durch das Vorhandensein und die Anordnung bestimmter prägender Landschaftselemente eine Eigenart, über die sie beschrieben und identifiziert werden kann. Praktisch bedeutet das, dass man Landschaften aufgrund der Unterschiedlichkeit ihrer Geschichte, ihrer prägenden Elemente und ihrer aktuellen Nutzung gut voneinander differenzieren kann, aber auch, dass man hinsichtlich der formalen Übertragung von Forschungsergebnissen zwischen Landschaften kaum zwei "gleiche" Landschaften findet. Das führt zwangsläufig dazu, dass die Übertragung von wissenschaftlichen Erkenntnissen zwischen Landschaften wohl eher in der Übertragung von methodischen Ansätzen als in der Übertragung von Ergebnissen empirischer Untersuchungen, die im Landschaftsmaßstab ohnehin nur sehr begrenzt realisierbar sind, zu suchen ist.

Die Absicht, eine Landschaft mathematisch zu modellieren, erfordert eine klare, auf diesen Zweck ausgerichtete Begriffsbestimmung von Landschaft. Durch die Herstellung eines speziellen fachlichen Bezuges - hier durch den systemtheoretischen Bezug der Modellierung - wird es möglich, den wissenschaftlichen Untersuchungsgegenstand Landschaft klarer zu benennen als es die o. g. Definitionen vermögen. Eine Begriffsbestimmung von Landschaft, die einen Weg für die mathematische Modellierung eröffnet, findet man in Anlehnung an HAASE et al. (1991). Danach ist Landschaft ein von der Naturraumausstattung vorgeprägter und von der Landnutzung und -bewirtschaftung unterschiedlich gestalteter Ausschnitt einer Region. Landschaft bildet eine Raum-Zeit-Struktur, in der sich die Wechselwirkungen zwischen Natur und Gesellschaft vollziehen. Geografisch betrachtet ist Landschaft ein Mosaik von Topen mit chorischer Dimension und funktionell ein Ensemble von Ökosystemen, einschließlich Nutzökosystemen.

3.2 Der Begriff des dynamischen Landschaftsmodells

Die Definition von HAASE et al. (1991) lässt sich gut in einen systemanalytischen Kontext einbetten. Landschaft wird als komplexes hierarchisches System betrachtet, das durch eine begrenzte Menge von Zustandsvariablen in einer für Nachhaltigkeitsbetrachtungen hinreichenden Weise identifizier- und beschreibbar ist. Die Zustandsvariablen sind entweder selbst die gewünschten Indikatoren oder aber ermöglichen eine entsprechende Ableitung von Indikatoren. Durch die Begrenzung der Variablenmenge erfolgt eine erhebliche Vereinfachung des realen Systems, die jedoch eine wichtige Voraussetzung für den angestrebten Erkenntnisgewinn durch die Modellierung darstellt. Der betrachtete regionale Ausschnitt bildet die räumliche Systemgrenze. Die Naturraumausstattung wirkt als Menge von limitierenden Randbedingungen. Die von der speziellen Landnutzung und –bewirtschaftung sowie vom lokalen Klima ausgehenden lokalen Wirkungen stellen Modelltriebkräfte dar; die Ökosysteme schließlich entsprechen den interagierenden Komponentenmodellen. Der Übergang (Skalensprung) von der topischen Dimension der Ökosysteme zur chorischen Dimension der Landschaft erfolgt durch die Analyse der räumlichen Verteilungsmuster der modellierten Zustandsvariablen. Durch die hierarchische Dekomposition des Systems Landschaft wird eine gewisse Modularität erreicht, die sowohl Möglichkeiten für die Kapselung einzelner sektorbezogener Komponentenmodelle in sich birgt als auch Orientierungen für die sektorbezogene empirische Datengewinnung bietet.

Diese Vorüberlegungen führen zu folgender Arbeitsdefinition eines (dynamischen) Landschaftsmodells: Ein Landschaftsmodell ist eine Sammlung unterschiedlicher, aber aufeinander abgestimmter und gegebenenfalls interagierender raumbezogener Komponenten-Simulationsmodelle unter einem gemeinsamen, möglichst interaktiven Software-Dach, mit der für das Untersuchungsziel relevante Zustandsvariablen in Landschaften nachgebildet und simuliert werden. D. h., ein Landschaftsmodell ist nicht notwendigerweise ein einziges großes mathematisches Modell bzw. Computerprogramm, sondern eher ein Modellverbund. Die top-down Dekomposition in mehr oder weniger stark gekoppelte separate Submodelle ermöglicht eine forschungsorganisatorisch und modellierungstechnisch vorteilhafte Aufgabenverteilung und -abarbeitung.

3.3 Modellierungsprojekte und Software-Lösungen der Landschaftsmodellierung

Im internationalen Schrifttum scheint Konsens darin zu bestehen, dass die Entwicklung dynamischer Landschaftsmodelle eine der derzeit größten Herausforderungen der angewandten Landschaftsforschung ist und insbesondere einem schnellen Fortschritt hinsichtlich der angewandten Informationstechnologien unterliegt (O'CALLAGHAN 1995, SEPPELT 2003). Einen in seinen wesentlichen inhaltlichen Aussagen noch immer gültigen Überblick über den internationalen Stand in der raumbezogenen integrierten Modellierung geben WENKEL et al. (1997) sowie WENKEL & SCHULTZ (1999). International existierende Projekte und favorisierte Methoden sollen deshalb an dieser Stelle nur kurz angerissen werden.

Modellierungsprojekte

Beachtenswerte Projekte der Landschaftsmodellierung der letzten Dekade sind das Modell NELUP (NERC/ESRC Land Use Programme) für die Einzugsgebiete der Flüsse Tyne und Cam in England (O'CALLAGHAN 1996), das Modell PLM (Patuxent Landscape Model) für das Einzugsgebiet des Flusses Patuxent in Maryland im Osten der USA (VOINOV et al. 1999, COSTANZA et al. 2002, VOINOV et al. 2004), das Modell ELM (Everglades Landscape Model) für die Everglades in Florida (ELM 2006) oder das Modell GCM (Grand Canyon Model) für einen Teil des Colorado-Flusses in Colorado im mittleren Westen der USA (WALTERS et al. 2006). Einen kurzen Überblick über die Geschichte der Modellierung von komplexen ökologischen Systemen geben WU & MARCEAU (2002).

Charakteristisch für viele umfangreiche Modellierungsprojekte ist ihre forschungsorganisationsbedingte zeitliche Begrenztheit. Dadurch, dass der zeitliche Rahmen derartiger Projekte häufig durch die Dauer von Förderperioden vorgegeben wird, bestehen oftmals nur geringe institutionelle Möglichkeiten der konsequenten Modellweiterentwicklung im Ergebnis von Erprobungen und der kontinuierlichen Einbeziehung von neuen wissenschaftlichen Erkenntnissen in bestehende Modelle. Durch diese Tendenz werden letztlich auch die Chancen für eine erfolgreiche praktische Umsetzung und routinemäßige Anwendung geschmälert.

Software-Lösungen

Aus datenverarbeitungstechnischer Sicht gibt es ein breites Spektrum von Umsetzungsstrategien für Landschaftsmodelle. Das eine Ende des Spektrums wird von maßgeschneiderten Ansätzen bestimmt wie dem Modell NELUP (O'CALLAGHAN 1996), bei denen eine problembezogen optimale Angepasstheit möglich ist, diese jedoch mit einem hohen DV-Aufwand erkauft werden muss. Am anderen Ende des Spektrums stehen allgemeine Modellierungs- und Visualisierungsumgebungen mit universellerem Charakter. Ein prominenter Vertreter dieser Richtung ist die weitgehend automatisierte Modellierungsumgebung SME (Spatial Modelling Environment) (MAXWELL et al. 2004, SME 2006). Dazwischen existieren Lösungen, die in der einen (ökologische Komponentenmodelle) oder anderen (Raumbezug) Richtung Entwicklungsarbeit automatisieren helfen, wie die Systeme SMILE/AEM (MUETZEL-

FELDT 1997), LAMOS (LAVOREL et al. 2003) oder die neue Entwicklungsumgebung SAMT (WIELAND et al. 2006). Es zeichnet sich ab, dass bei der Erarbeitung und Nutzung von Landschaftsmodellen zukünftig verstärkt auf freie Software-Lösungen (Open Source) mit einem großen Automatisierungsanteil zurückgegriffen wird. Das eröffnet vielfältige neue Perspektiven für arbeitsteilige Entwicklungsprozesse. Der heutige Stand der Software-Entwicklung ermöglicht weitaus nutzerfreundlichere Modellierungs- und Programmierungszugänge als noch vor 10 Jahren. Das wird hoffentlich auch dazu führen, dass eine einfachere Kommunikation zwischen schon und noch nicht modellierenden Fachleuten die dringend benötigten prognostischen, inhaltlich fundierten Komponentenmodelle für Nachhaltigkeitsindikatoren hervorbringt.

Im Falle der Neukonzeption und -programmierung von Landschaftsmodellen sollte deshalb immer von fortschrittlichen Software-Technologien ausgegangen werden und zumindest die System-Nutzer-Kommunikation, das Erscheinungsbild und die Ergebnispräsentation vereinheitlicht werden – auch wenn eine vollständige Integration aller Indikatoren aus organisatorischen oder sachlichen Erwägungen nicht möglich oder sinnvoll ist.

4 Interdisziplinäre modellorientierte Landschaftsforschung – am Beispiel des Forschungsprojektes "Agrarlandschaft Chorin"

Bei der Planung und Durchführung von komplexen Projekten der Landschaftsmodellierung sind zahlreiche wissenschaftliche und forschungsorganisatorische Probleme zu lösen. Da die erforderlichen indikatorischen Zielgrößen für die Gesamtbeurteilung eines Landnutzungsmusters zwangsläufig sehr verschiedenen Fachgebieten entstammen, sieht sich jeder Landschaftsmodellierer am Anfang eines Projektes sehr oft mit differierenden Skalen- und Detailliertheitsvorstellungen der beteiligten Sachgebiete konfrontiert. Gelingt es nicht, rechtzeitig einen Konsens herbeizuführen und aufeinander abgestimmte Konzepte der thematischen und räumlichen Sicht auf "Landschaft" und "Nachhaltigkeit" innerhalb eines integrierten Forschungsprojektes, das dann zur Entwicklung eines dynamischen Landschaftsmodells führen soll, zu etablieren, kommt es zu einem unfreiwilligen Nebeneinander der beteiligten Fachgebiete. Die erhofften synergistischen Effekte der interdisziplinären Zusammenarbeit treten somit nicht ein. Der produktive Zwang, konzeptionelle Konsistenz herbeizuführen ist in einem integrierten Forschungsprojekt nicht einfach auszuüben, jedoch der tragende Ausgangspunkt für eine erfolgreiche Projektarbeit.

Nachfolgend soll in das interdisziplinäre Forschungsprojekt "Agrarlandschaft Chorin" eingeführt werden, dessen Ziel es ist, die Ergebnisse verschiedener experimenteller und analytischer Fragestellungen, die in der Agrarlandschaft Chorin in den Jahren von 1992 bis 2005 von verschiedenen Gruppen des ZALF und kooperierender Partner untersucht wurden, zusammenzuführen. Zum jetzigen Zeitpunkt betrifft die Zusammenführung - das sei an dieser Stelle durchaus selbstkritisch vermerkt, bezogen auf den oben formulierten Anspruch - vor allem die gemeinsame Gebietskulisse. Das Ziel, die Beobachtungsdaten und wissenschaftlichen Grundlagen perspektivisch in einem dynamischen Landschaftsmodell für dieses Gebiet zu bündeln, wird dadurch jedoch nicht verändert. Mit der derzeit im ZALF in Müncheberg laufenden Weiterentwicklung der räumlichen Analyse- und Modellierungsumgebung SAMT (WIELAND et al. 2006) wird in Zukunft auch das gemeinsame interaktive Software-Dach zur

Verfügung stehen, die Teilergebnisse modellorientiert zu integrieren. Auf folgende grundlegende Fragestellungen wird im Folgenden im Detail eingegangen:

- Welche Beobachtungsverfahren eignen sich für die Gewinnung von empirischen Daten für die Entwicklung und Überprüfung von Landschaftsmodellen?
- Welche Indikatoren werden betrachtet und welche Primärinformationen sind dafür erforderlich?
- In welchem Landschaftsausschnitt und innerhalb welchen Raumkonzeptes wird das Erhebungs- und Messprogramm durchgeführt?

4.1 Empirische Datengewinnung für Landschaftsmodelle

Verfolgt man die Zielstellung, praktisch anwendbare integrierte Modell für die Vorhersage von Nachhaltigkeitsindikatoren im Landschaftsmaßstab zu entwickeln, kann man nicht auf den aktuellen Wissensstand allein vertrauen. Sowohl für die Modellentwicklung als auch für die Modellüberprüfung (Modellvalidation) bedarf es spezieller Datenerhebungsstrategien. Die Gewinnung von aussagekräftigen und verallgemeinerungsfähigen Daten in Landschaften bedeutet eine immense methodische Herausforderung. Angesichts eines unterschiedlichen Wesens (z. B. hinsichtlich Flächenbezug, Zeithorizont oder Messbarkeit) entziehen sich Modell-Zustandsvariablen bisweilen einer experimentellen Gleichbehandlung. Deshalb ist es notwendig, verschiedene verfügbare Methoden der Datengewinnung zu kombinieren (Stichproben, kontinuierliche Messungen, räumliche Interpolation, aber auch "Landschaftsexperimente") und ihre Ergebnisse auf einen gemeinsamen Aussageraum zu projizieren. Eine neue Qualität vornehmlich für die Validation von Landschaftsmodellen stellen "Landschaftsexperimente" dar. Hier geht es im Gegensatz zum klassischen Feldversuch mit einem auf die Vegetationsperiode begrenzten Zeithorizont und sektoralem Anspruch darum, die eher langfristigen und sektorübergreifenden Auswirkungen der Veränderung von großräumigen Landnutzungsmustern zu beobachten, zu analysieren, zu bewerten und mit Modellvorhersagen zu vergleichen (Monitoring). Dass ein Bedarf besteht, auf die Aufklärung von Einzelzusammenhängen ausgerichtete Versuchsanordnungen auf größere Räume, längere Beobachtungszeiträume und realistischere Nutzungssysteme auszuweiten, wird bereits in verschiedenen nationalen und internationalen Forschungsverbünden berücksichtigt (FAM 2006, LTER 2006). Die wissenschaftspolitische und gesellschaftliche Akzeptanz von Landschaftsmodellen als Instrument für die Erarbeitung und Beurteilung von Strategien einer nachhaltigen Landschaftsnutzung steht in einem direkten Zusammenhang mit der erfolgreichen Durchführung solcher Experimente.

4.2 Interdisziplinäre Zusammenarbeit im Forschungsprojekt "Agrarlandschaft Chorin" - Indikatorenauswahl

Die für Nachhaltigkeitsbetrachtungen gebotene sektorübergreifende, integrierende Sicht auf Landschaft erfordert Primärinformationen und Indikatoren aus den Bereichen Ökologie, Ökonomie und Soziales. Bestimmte Informationen und Indikatoren sind unverzichtbar. Das betrifft die Entwicklungsgeschichte der Landschaft und die naturräumlichen Bedingungen als abiotischen Rahmen für sämtliche Landschaftsprozesse und die daraus ableitbaren Nutzungs-

und Entwicklungspotenziale als Interpretations- und Bewertungsgrundlage. Gleiches gilt für die aktuelle Landschaftsnutzung, den Wasser-, Nährstoff-, Biomasse- und Energiehaushalt. Hier besteht die Möglichkeit, vor allem durch Produktivitäts- und Bilanzbetrachtungen eine direkte Interpretation der Befunde vorzunehmen. Unverzichtbar sind auch Indikatoren der biologischen Vielfalt, wobei hier die Beziehung zwischen den Landschaftspotenzialen, den zu beobachtenden Einzelindikatoren und der gewünschten übergreifenden indikatorischen Aussage hinsichtlich des Status der biologischen Vielfalt nicht mehr direkt interpretierbar ist. Die Auswahl der tatsächlichen Beobachtungsgrößen bzw. Indikatoren aus dem denkbaren Spektrum stellt ein Konsensproblem dar. Für Indikatoren aus dem umfangreichen Bereich Soziales gilt eine ähnliche Herangehensweise. Auch hier muss für die Auswahl konkreter Indikatoren ein Konsens ausgehandelt werden.

Tab. 1 gibt einen Überblick über die im Projekt "Agrarlandschaft Chorin" betrachteten Indikatorbereiche und speziellen indikatorischen Größen. Die bisher untersuchten Indikatoren decken in ihrer Summe noch nicht alle erforderlichen Bereiche gleichmäßig ab. Ursachen dafür sind vorhandene Beschränkungen in der Bearbeitungskapazität und der Umstand, dass die am Ende des Projektes beteiligten Arbeitsgruppen ihre Beobachtungsprogramme am Anfang unabhängig voneinander installiert haben. Dies macht noch einmal die Rolle einer stringenten Forschungsorganisation für eine modellorientierte Landschaftsforschung überdeutlich.

Tab. 1: Übersicht über Landschaftsparameter und ermittelte Indikatoren der Indikatorbereiche Ökologie, Ökonomie und Soziales.

Landschaftsparameter/ Indikator	Beobachtungen/Methode der Datengewinnung	Beitrag in diesem Band
Abiotische Umwelt		
Geomorphologie		
Formen und Bildungen	vorhandene Kartenwerke, eigene 3D-Modellierung	Lutze & Kiesel (2006)
Klima		
Temperatur, Niederschlag, Sonnenscheindauer, klimatische Wasserbilanz	Datenspeicher	Mirschel et al. (2006a)
Wetter		
Temperatur, Niederschlag, Globalstrahlung	Kleinwetterstation/ eigene Messungen	Mirschel et al. (2006a)
statische Parameter der Bodenlandschaft		
Standortregionaltypen, Substrate, Hydromorphietypen, bodensystematische Einheiten	vorhandene Kartenwerke	Lutze et al. (2006a)
Moorvorkommen	vorhandene Kartenwerke, eigene Kartierung	Chmieleski (2006)

Stratigrafie Seebruchmoor	eigene Bohrungen	Schalitz et al (2006)
dynamische Zustandsvariablen der Bodenlandschaft		
organ. Kohlenstoff (C_{org}), anorgan. Stickstoff (N_{min}), pH, Phosphor (P), Kalium (K), Bodenfeuchte	Stichproben, räumliche Interpolation	Lutze et al. (2006a) Schultz et al. (2006a)
ökologischer Moorzustand	eigene Erhebungen, Literaturquellen	Chmieleski (2006)
Landschaftsnutzung		
Landschafts- und Nutzungspotenziale		
Anbaueignung	Simulation	Mirschel et al. (2006b)
historische Landnutzungsmuster		
Nutzungsgeschichte	Literaturquellen, historische Kartenwerke	Lutze & Kiesel (2006), Philipp (2006a)
aktuelle Landnutzungsmuster		
landwirtschaftliche Anbaustruktur Grünlandvegetation	eigene Kartierung, betriebliche Schlagkartei eigene Kartierung	Lutze et al. (2006a), Mirschel et al. (2006b) Schalitz et al (2006)
Landschaftshaushalt		
Kulturpflanzenertrag, Gesamtbiomasse, klimatische Wasserbilanz, Stickstoffbindung, Kohlenstoffbindung	Messung, Simulation	Mirschel et al. (2006b)
Biologische Vielfalt		
Landschaftsstruktur		
Diversität, Zerschneidung, Biotopverbund	vorhandene Biotop- und Landnutzungskartierung, GIS-Analyse	Schultz et al. (2006b)
Ackerhohlformen	Literaturquellen, eigene Kartierung	Lutze et al. (2006b)
Habitatqualität		
Neuntöter, Grauammer	Simulation	Schultz et al. (2006b)
Artenvielfalt		
Brutvögel, Flurgehölze	eigene Erhebung	Wawrzyniak et al. (2006) Lutze et al. (2006b)

Demografie und Landschafts-aneignung		
Aktionsraumnutzung, Aktionsraumkenntnis, Aktionsraumbewertung	Befragungen	Philipp (2006b)
Bevölkerungsentwicklung	Literaturquellen statistische Datenquellen	Lutze & Kiesel (2006)

4.3 Das Projektgebiet Agrarlandschaft Chorin

Auswahl des Projektgebietes und geografische Lage

Das Projektgebiet, die Agrarlandschaft Chorin, befindet sich ca. 60 km nordöstlich von Berlin (Abb. 1). Das Areal liegt im Landkreis Barnim, direkt an der nördlichen Grenze zum Landkreis Uckermark. Es befindet sich vollständig im Biosphärenreservat Schorfheide-Chorin und repräsentiert eine Jungmoränenlandschaft. Abb. 2 zeigt einen Blick vom Drebitzberg in die Landschaft nach Norden.

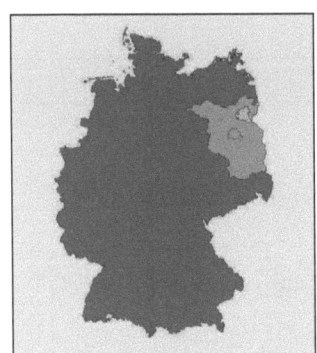

Abb. 1: Lage des Projektgebietes Agrarlandschaft Chorin innerhalb des Biosphärenreservats Schorfheide-Chorin.

Abb. 2: Agrarlandschaft Chorin. Blick vom Drebitzberg nach Norden.

Das Projektgebiet wurde 1992 in Absprache mit dem damals neu gegründeten Biosphärenreservat Schorfheide-Chorin ausgewählt und repräsentiert die charakteristischen Landschaftsformen und Landnutzungspotenziale der nordostdeutschen Jungmoränengebiete. Das ausgewählte Gebiet beherbergt vielfältige Landnutzungen mit den damit verbundenen Nutzungsproblemen. Es enthält hohe Potenziale der Biodiversität. Für das Betrachtungsgebiet existieren gute Gebietskenntnisse aus geologischen, standortskundlichen, forst- und agrarökologischen sowie naturschutzfachlichen Studien.

Raumkonzept für die empirische Datengewinnung

Das gewählte Raumkonzept für das Beobachtungs- und Untersuchungsprogramm in der Agrarlandschaft Chorin folgt sowohl einem mehrskaligen, landschaftsökologischen Ansatz als auch den Erfordernissen der Arbeitsphasen der Entwicklung, der Überprüfung und der Anwendung von Landschafts- und Regionalmodellen (Abb. 3). Der gesamte Untersuchungsraum gliedert sich in das Projektgebiet, die Agrarlandschaft Chorin (16.675 ha), den Hauptuntersuchungsraum, die Ziethener Moränenlandschaft (5.950 ha) und die Agrarflächen der Ziethener Moränenlandschaft. Die Agrarflächen umfassen 2.531 ha landwirtschaftliche Nutzfläche, von denen ca. 175 ha Grünland sind. Die Ziethener Moränenlandschaft wird im Wesentlichen von den Gemeinden Klein und Groß Ziethen (jetzt Ziethen) sowie der Gemeinde Senftenhütte (jetzt Ortsteil der Gemeinde Britz-Chorin) gebildet. Nach in diesem Raum erfolgten Methodenerprobungen sowie Modellentwicklungen und -validationen können Modellanwendungen auch für andere Untersuchungsregionen des Zentrums für Agrarlandschaftsforschung (ZALF) in Nordostbrandenburg, insbesondere für das Biosphärenreservat Schorfheide-Chorin und das Gebiet der Planungsregion Uckermark-Barnim, und mit gewissen Einschränkungen für das übrige Land Brandenburg vorgenommen werden.

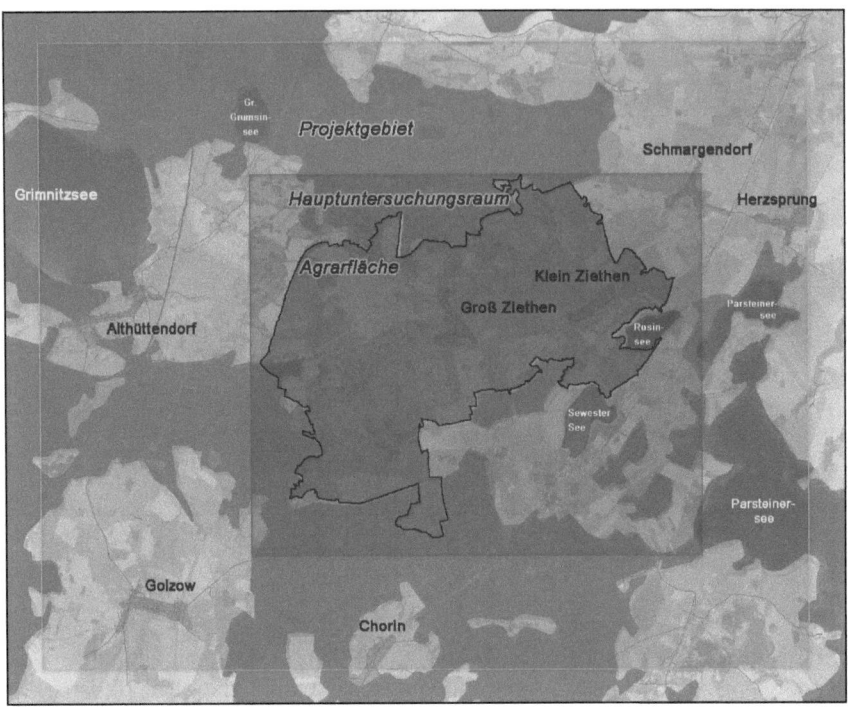

Abb. 3: Hierarchische Gliederung des Untersuchungsraums.

Allgemeine Gebietscharakteristik

Naturräumlich befindet sich das Projektgebiet nordöstlich und südwestlich entlang des Höhenzuges der Pommerschen Haupteisrandlage. Es werden die Landschaftsformen der klassischen Glazialen Serie angetroffen.

Boden und Standort

Aufgrund der geologischen Ausgangssubstanz und der Landschaftsgenese bzw. der Landnutzungsgeschichte sind sehr differenzierte Ausprägungen der Boden- und Standortverhältnisse anzutreffen. Auf den Moränenstandorten herrschen als gesetzmäßige Vergesellschaftungen von Bodenformen zwei Bodenmosaike vor: anhydromorphe Sand-Geschiebelehm-Mosaike und anhydromorphe Geschiebelehm-Sand-Mosaike. In den für die landwirtschaftliche Nutzung bedeutsamen Grundmoränengebieten vollzog sich eine typische Bodenbildung aus z. T. sehr mächtigem Geschiebemergelschichten. In den Kuppenbereichen sind erodierte Parabraunerden bzw. Pararendzinen und an den Mittel- und Unterhängen Parabraunerden mit dem Übergang zum Pseudogley ausgebildet. Im gesamten Gebiet dominiert ein breites Band von D1- bis D6-Standorten mit Ackerzahlen von unter 20 bis ca. 40 und Grünlandzahlen um 35. Moorbildungen im Ziethener Seebruch und den Senkenbereichen vervollständigen das Standortspektrum.

Klima

Klimatisch liegt das Projektgebiet an der südöstlichen Grenze des Mecklenburg-Brandenburgischen Übergangsklimas im Norden und des Ostdeutschen Binnenlandklimas im Süden und ist damit durch subkontinentale Klimabedingungen geprägt. Bei einer Jahresdurchschnittstemperatur von 8,6 °C und einer durchschnittlichen jährlichen Niederschlagssumme von weniger als 550 mm zählt diese Landschaft zu den trockensten Landschaften Deutschlands. Ein deutliches Gefälle gibt es beim Niederschlag in West-Ost-Richtung, zwischen dem Gebiet der Schorfheide und dem Odertal, und bei den Temperaturen in Südost-Norwest-Richtung. Eine ausführliche Darstellung von Klima und Wetter in der Agrarlandschaft Chorin geben MIRSCHEL et al. (2006).

Landnutzung

Die wichtigsten Landnutzungsformen sind die Landwirtschaft mit 48,4 % und die Forstwirtschaft mit 32,9 % Flächenanteil. Mit dem Parsteiner See und weiteren größeren Seen nehmen die Wasserflächen mit 7,4 % einen beachtlichen Flächenanteil ein. Die Seen werden teilweise fischereiwirtschaftlich genutzt. Auf den Agrarflächen des Hauptuntersuchungsraumes waren bei Abschluss der Datenerhebungen im Jahr 2006 drei landwirtschaftliche Betriebe tätig, die seit 2002 nur noch Pflanzenproduktion mit einem relativ engen Anbauspektrum betreiben. Insgesamt ergibt sich damit ein sehr abwechslungsreiches nutzungsbedingtes Landschaftsmuster. Eine detaillierte Darstellung der Landnutzungsverhältnisse findet man bei LUTZE & KIESEL (2006).

Das Gebiet der Agrarlandschaft Chorin bildet mit der Vielfalt seiner standörtlichen, ökologischen und ökonomischen Gegebenheiten, der Landnutzungsformen, der Entwicklungspotenziale, aber auch mit seinen Konfliktpotenzialen einen charakteristischen Ausschnitt des nordostdeutschen Tieflandes.

Danksagung

Diese Arbeit wurde gefördert durch das Bundesministerium für Ernährung, Landwirtschaft und Verbraucherschutz sowie das Ministerium für Ländliche Entwicklung, Umwelt und Verbraucherschutz des Landes Brandenburg.

Literatur

BASTIAN, O. (2001): Landscape Ecology – towards a unified discipline? *Landscape Ecology* 16, pp. 757-766.

BREITSCHUH, G. (2006): Indikatorsystem zur einzelbetrieblichen Analyse und Bewertung der Nachhaltigkeit landwirtschaftlicher Unternehmen. Online im Internet, URL: http://www.tll.de/ainfo/pdf/osn10703.pdf [Stand: 09.10.2006].

BMU (2000): Erprobung der CSD-Nachhaltigkeitsindikatoren in Deutschland. Anlage I zum Bericht der Bundesregierung: Deutsche Testliste. Bundesministerium für Umwelt, Naturschutz und Reaktorsicherheit, Berlin.

CHMIELESKI, J. (2006): Die Moore in der Ziethener Moränenlandschaft – Entstehung, Verbreitung und heutiger Zustand. In diesem Band.

COSTANZA, R., A. VOINOV, R. BOUMANS, T. MAXWELL, F. VILLA, H. VOINOV & L. WAINGER (2002): Integrated ecological economic modeling of the Patuxent river watershed, Maryland. *Ecological Monographs* 72, pp. 203-231.

ELM (2006): The Everglades Landscape Model (ELM v2.5). Online im Internet, URL: http://my.sfwmd.gov/elm [Stand: 16.10.2006]

FAM (2006): Forschungsverbund Agrarökosysteme München. Online im Internet, URL: http://fam.weihenstephan.de [Stand: 16.10.2006]

FARINA, A. (2000): Principles and Methods in Landscape Ecology. Kluwer Academic Publishers.

FITZ, H.C., F.H. SKLAR, T. WARING, A.A. VOINOV, R. COSTANZA & T. MAXWELL (2004): Development and Application of the Everglades Landscape Model. In: COSTANZA, R. & A. A. VOINOV (Eds.), Landscape Simulation Modeling, Springer, New York, pp. 143-172.

GRANT, W. E. & P. B. THOMPSON (1997): Integrated ecological models: simulation of sociocultural constraints on ecological dynamics. *Ecological Modelling* 100, pp. 43-59.

HAASE, G., H. BARSCH, R. SCHMIDT & K. MANNSFELD (1991): Theoretische und methodische Grundlagen der chorischen Naturraumerkundung. *Beiträge zur Geographie* 34, S. 19-25.

HARD, G. (1970): Was ist eine Landschaft? Über Etymologie als Denkform in der geographischen Literatur. In: Landschaft und Raum, Aufsätze zur Theorie der Geographie, Band 1, Univ.-Verl. Rasch, Osnabrück, 2002.

HAUFF, V. (Hrsg.) (1987): Unsere gemeinsame Zukunft. Der Brundtland-Bericht der Weltkommission für Umwelt und Entwicklung. Greven.

HAUFF, V. & G. BACHMANN (Hrsg.) (2003): Nachhaltigkeit und Gesellschaft. Rat für Nachhaltige Entwicklung. Online im Internet, URL: http://www.nachhaltigkeitsrat.de/service/download/publikationen/broschueren/Broschuere_Nachhaltigkeit_und_Gesellschaft.pdf [Stand: 09.10.2006].

HÜLSBERGEN, K.-J. (2003): Entwicklung und Anwendung eines Bilanzmodells zur Bewertung der Nachhaltigkeit landwirtschaftlicher Systeme. Shaker Verlag Aachen.

LAVOREL, S., I.D. DAVIES & I.R. NOBLE (2006): Integrating landscape processes: LAMOS, a LAndscape MOdelling Shell. Online im Internet, URL: http://www.gcte.org/lamos.htm [Stand: 16.10.2006].

LESER, H. (1997): Landschaftsökologie. Ulmer, Stuttgart.

LTER (2006): Long Term Ecological Research. Online im Internet, URL: http://www.lternet.edu [Stand: 16.10.2006].

LUTZE, G. & J. KIESEL (2006): Genese und Nutzungsgeschichte der Agrarlandschaft Chorin. In diesem Band.

LUTZE, G., A. SCHULTZ & K. LUZI (2006a): Dynamik des Bodenzustands und des Nährstoffstatus in der Ziethener Moränenlandschaft. In diesem Band.

LUTZE, G., J. KIESEL & T. KALETTKA (2006b): Charakteristische Ausstattungselemente von Jungmoränenlandschaften - dargestellt am Beispiel von Ackerhohlformen und Flurgehölzen in der Ziethener Moränenlandschaft. In diesem Band.

MIRSCHEL, W., G. LUTZE, A. SCHULTZ & K. LUZI (2006a): Klima und Wetter in der Agrarlandschaft Chorin - gestern, heute, morgen. In diesem Band.

MIRSCHEL, W., A. SCHULTZ, R. WIELAND, G. LUTZE & K. LUZI (2006b): Modellgestützte Analyse ausgewählter Größen des Landschaftshaushaltes am Beispiel der Agrarfläche der Ziethener Moränenlandschaft. In diesem Band.

MAXWELL, T., A. VOINOV & R. COSTANZA (2004): Spatial Simulation Using the SME. In: COSTANZA, R & A. A. VOINOV (Eds.), Landscape Simulation Modeling, Springer, New York, pp. 21-42.

MUETZELFELDT, R. I., J. TAYLOR (1997): The suitability of AME for agroforestry modelling. *Agroforestry Forum* 8, pp. 7-9.

NAVEH, Z. (1987): Biocybernetic and thermodynamic perspectives of landscape functions and land use patterns. *Landscape Ecology* 1, pp. 75-83.

O'CALLAGHAN, J.R. (1995): NELUP: An Introduction. *Journal of Environmental Planning and Management* 38, pp. 5-20.

O'CALLAGHAN, J.R. (1996): Land use: the interaction of economics, ecology and hydrology. Chapman & Hall, London, UK.

PHILIPP, H.-J. (2006a): Exkurs zur Nutzungsgeschichte der Gemarkung Klein Ziethen. In diesem Band.

PHILIPP, H.-J. (2006b): Lokale Landschaftsaneignung durch Einwohner Klein Ziethens. In diesem Band.

SCHALITZ, G., W. SCHMIDT, H. KÄDING & W. LEIPNITZ (2006): Standort und Vegetationsentwicklung von landwirtschaftlich genutzten Grünlandflächen des Ziethener Seebruchs und konzeptionelle Betrachtungen zur Wiedervernässung. In diesem Band.

SCHULTZ, A., G. LUTZE & K. LUZI (2006a): Räumliche Interpolation von Nährstoff- und Bodeninformationen am Beispiel der Ziethener Moränenlandschaft. In diesem Band.

SCHULTZ, A., G. LUTZE, J. KIESEL, C. LATUS & U. STACHOW (2006b): Die biotische Integrität von Agrarlandschaften - Konzeptionelle Überlegungen und praktische Anwendungen in der Agrarlandschaft Chorin. In diesem Band.

SEPPELT, R. (2003): Computer-Based Environmental Management. Wiley-VCH.

SME (2006): Spatial Modeling Environment. Online im Internet, URL: http://www.uvm.edu/giee/SME3 [Stand: 16.10.2006].

VOINOV, A., R. COSTANZA, L. WAINGER, R. BOUMANS, F. VILLA, T. MAXWELL & H. VOINOV (1999): Patuxent Landscape Model: integrated ecological economic modeling of watershed. *Environmental & Modelling Software* 14, pp. 473-491.

VOINOV, A., R. COSTANZA, R. BOUMANS, T. MAXWELL & H. VOINOV (2004): The Patuxent Landscape Model: Integrated Modeling of a Watershed. In: COSTANZA, R & A. A. VOINOV (Eds.), Landscape Simulation Modeling, Springer, New York, pp. 197-232.

WALTERS, C., J. KORMAN, L. E. STEVENS & B. GOLD (2006): Ecosystem modeling for evaluation of adaptive management policies in the Grand Canyon. Online im Internet, URL: http://www.ecologyandsociety.org/vol4/iss2/art1 [Stand: 16.10.2006].

WAWRZYNIAK, H., G. LUTZE, J. KIESEL & M. VOSS (2006): Brutvogelarten in der Ziethener Moränenland-schaft als Indikator der biotischen Integrität. In diesem Band.

WENKEL, K.-O., A. SCHULTZ & G. LUTZE (1997): Landschaftsmodellierung - Anspruch und Realität. *Archiv für Naturschutz und Landschaftsforschung* 36, S. 61-85.

WENKEL, K.-O. & A. SCHULTZ (1999): Landschaftsmodellierung – Akademische Übung oder praktische Hilfe. Das Warum, Wofür und Wie der Landschaftsmodellierung. *Archiv für Acker- und Pflanzenbau und Bodenkunde* 44, S. 369-401.

WIELAND, R., M. VOSS, X. HOLTMANN, W. MIRSCHEL & I. AJIBEFUN (2006): Spatial Analysis and Modeling Tool (SAMT): 1. Structure and Possibilities. *Ecological Informatics* 1, pp. 67-76.

WU, J. & D. MARCEAU (2002): Modeling complex ecological systems: an introduction. *Ecological Modelling* 153, pp. 1-6.

WIGGERING, H., C. DALCHOW, M. GLEMNITZ, K. HELMING, K. MÜLLER, A. SCHULTZ, U. STACHOW & P. ZANDER (2006): Indicators for multifunctional land use - Linking socio-economic requirements with landscape potentials. *Ecological Indicators* 6, pp. 238-249.

YALE (2006): Environmental Sustainability Index. Online im Internet, URL: http://www.yale.edu/esi [Stand: 08.10.2006].

Genese und Nutzungsgeschichte der Agrarlandschaft Chorin

Gerd Lutze [2] *& Joachim Kiesel*

Zusammenfassung

Der Beitrag analysiert wesentliche Phasen der pleistozänen und holozänen Entwicklung des Naturraumes der Agrarlandschaft Chorin und stellt sie in einem Genesemodell als Grundlage für ein ganzheitliches Landschaftsverständnis dar. Der folgende, zeitlich weitgespannte Rückblick auf die anthropogenen Einflüsse deckt auf, dass sich in historischer Zeit umfangreichere Veränderungen und vielfältigere Eingriffe abgespielt haben als allgemein angenommen und der heutige Blick auf die Landschaft erahnen lässt. Die naturräumliche, insbesondere die geomorphologische Vorprägung hat einen offensichtlichen Einfluss auch auf die aktuelle Landschaftsnutzung und -entwicklung. Einschneidende anthropogene Veränderungen der jüngsten Zeit gehen möglicherweise stärker von der sprunghaft gestiegenen Verkehrsdichte als von der agrarischen Landnutzung aus.

Abstract

The paper analyzes important periods of pleistocene and holocene development in the area of the agricultural landscape of Chorin and demonstrates the results at a genesis model supporting an holistic landscape understanding. Looking back for a long time on anthropogenic effects, the study reveals that more extensive changes and impacts in historic time have taken place as one would expect and the today view at the landscape would suppose. The natural and especially the geomorphological character have a decisive influence on current land use patterns and landscape development. It seems that recent landscape changes are stronger effected by the expanding traffic than by agricultural land use.

1   Einleitung

Jungpleistozäne Landschaften erscheinen zunächst weniger gegliedert als z. B. Landschaften in Vorgebirgsregionen, da letztere meist schon durch die Oberflächengestalt klarere geomorphologische Unterschiede aufweisen. Dennoch führte die Morphogenese bzw. der gesamte Prozess des natürlichen Landschaftswandels auch bei jungpleistozänen Landschaften zu einer Grundstruktur, die einen wesentlichen Einfluss auf deren differenzierte Funktionali-

---

[2] Korrespondierender Autor: Dr. sc. G. Lutze, Leibniz-Zentrum für Agrarlandschaftsforschung (ZALF), Institut für Landschaftssystemanalyse, Eberswalder Str. 84, D-15374 Müncheberg.
E-Mail: glutze@zalf.de.

tät und Nutzbarkeit ausübt, deren Verschiedenartigkeit und Besonderheiten jedoch oft unterschätzt werden.

Der Landschaftswandel ist immer ein Prozess der Verknüpfung von natürlich und anthropogen (gesellschaftlich) induzierten Impulsen, die sich bezüglich des zeitlichen Ablaufes und der räumlichen Ausdehnung deutlich unterscheiden. Die Schwierigkeit bei der Untersuchung von Zuständen und Prozessen in Kulturlandschaften beruhen nun darauf, dass Wechselbeziehungen zwischen zwei äußerst komplexen Systemen (natürliches bzw. sozio-ökonomisches System) mit unterschiedlicher Kausalität zu analysieren sind (BERNHARDT & JÄGER 1985, MESSERLI & MESSERLI 1979).

Als Grundlage für ein ganzheitliches Landschaftsverständnis sollen zunächst wesentliche Phasen der geomorphologischen Genese dargestellt werden. Die sich über einen langen Zeitraum vollziehende pleistozäne und holozäne Landschaftsentwicklung hat gerade im Projektgebiet Agrarlandschaft Chorin bzw. in der Ziethener Moränenlandschaft eine für jungpleistozäne Gebiete charakteristische Konstellation des landschaftlichen Formenschatzes hervorgebracht. Mit Ausnahme eines Urstromtales sind alle Landschaftsformen der glazialen Serie auf engstem Raum im Projektgebiet anzutreffen und bilden die Grundstrukturen der Landschaft.

Für die Landschaftsentwicklung sind neben den natürlichen auch die anthropogen gesetzten Rahmenbedingungen bzw. sozioökonomischen, kulturellen und technologischen Möglichkeiten der Einflussnahme zu beachten. Die anthropogene Bedingtheit des Landschaftswandels wird deshalb in engem Zusammenhang mit der natürlichen Entwicklung untersucht.

Die Kenntnisse über die natürliche Genese und die historischen Landschaftsstrukturen sollen dazu beitragen, ein besseres Verständnis von den natürlichen Ursprüngen und vom beträchtlichen Wandel bei der Nutzung der Landschaftspotenziale zu fördern. Sie sind jedoch keine Grundlage für die Wiederentdeckung eines "neu rekombinierten, historisch angelegten" Leitbildes.

2 Naturräumliche Einordnung und geomorphologische Genese des Untersuchungsgebietes

2.1 Naturräumliche Einordnung

Die Abgrenzung des Projektgebietes, der Agrarlandschaft Chorin, wurde so gewählt, dass möglichst zahlreiche, für das nordostdeutsche Jungmoränengebiet charakteristischen Naturräume, einbezogen sind.

Das Projektgebiet Agrarlandschaft Chorin mit dem Hauptuntersuchungsgebiet, Ziethener Moränenlandschaft, befindet sich naturräumlich nach MEYNEN et al. (1962) sowohl im Uckermärkischen Hügelland, einem Teil des Rücklandes der Mecklenburger Seenplatte, als auch mit geringen Anteilen auf der Britzer Platte, einem Ausläufer der Mecklenburger Seenplatte.

Nach der feineren naturräumlichen Gliederung von MARCINEK & ZAUMSEIL (1993) überdeckt die Agrarlandschaft Chorin im Westen und Südwesten Bereiche des Höhenzuges der Pommerschen Haupteisrandlage und befindet sich nordöstlich, jenseits von dieser Hügelkette, im Süduckermärkischen Becken von Welse, Parsteiner See und Grimnitzsee (Abb. 1).

Die naturräumliche Konstellation der Agrarlandschaft Chorin repräsentiert somit auf engstem Raum ein breites Spektrum der für die Jungmoräne typischen Landschaftsformen sowohl in ihren groß- als auch kleinräumigen Gegebenheiten.

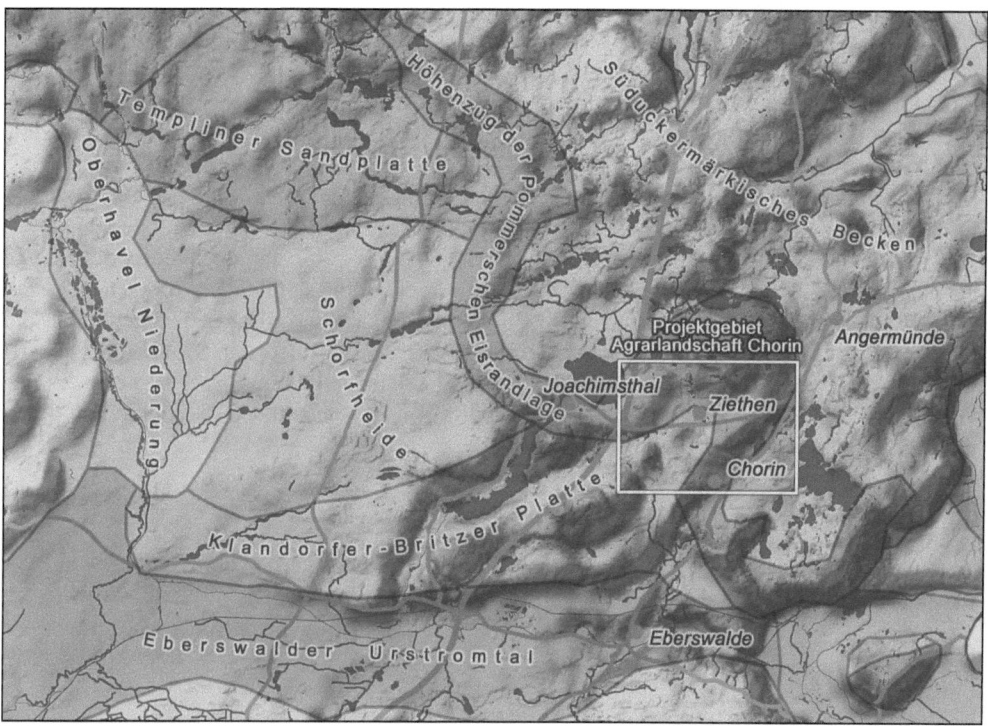

Abb. 1: Naturräumliche Einordnung des Projektgebietes. Gliederung nach MARCINEK & ZAUMSEIL (1993).

2.2 Natürliche geomorphologische Genese

Die naturräumlichen bzw. geomorphologischen Gegebenheiten des Gebietes boten seit Mitte des 19. Jahrhunderts und bis zur geologischen Erstkartierung von SCHRÖDER (1892) Anlass für erste grundlegende quartärgeologische Studien. Zahlreiche nachfolgende Untersuchungen führten zu einem detaillierten geologischen Kenntnisstand, der in SCHROEDER (1994) überblicksmäßig zusammengefasst wurde. In dieser Periode entwickelte sich der Raum zum klassischen Untersuchungsgebiet der norddeutschen Eiszeitforschung. Die fundierten Erkenntnisse über die Landschaftsentstehung und über den geomorphologischen Aufbau werden als eine Grundlage für aktuelle landschaftsökologische Forschungen genutzt (LUTZE 1997).

Landschaftsgenetisch erhielt das Gebiet der Agrarlandschaft Chorin seine markante Prägung im Pommerschen Stadium der Weichselkaltzeit, in dem es mehrere Phasen der Relief- und Morphogenese, wie sie von MARCINEK (1978) generell für das Jungpleistozän beschrieben wurden, durchlief.

2.2.1 Glaziale Phase

In der glazialen Phase wurde von den Gletschermassen der Pommerschen Staffel (ca. 12 000 v. u. Z.) mit den Endmoränenhügeln und den Stauchungsgebieten das Rückgrat der Landschaftsgestalt geformt. Die Endmoränen stellen hier in der Regel kombinierte Stauch-Satzendmoränen dar. Diese Areale werden von hoher Reliefenergie und starker Hangneigung charakterisiert.

Bezeichnend für die Endmoränenbereiche des Projektgebietes sind der große Blockreichtum (Blockpackungen) und der lobenartige Verlauf der Endmoränen, innerhalb dessen bereits von SCHRÖDER (1913) und später von MARCINEK (1981) Spezialbögen beschrieben und benannt wurden. Die eigenartige Gabelung der Endmoräne mit dem eingeschlossenen Kegelsander zwischen Althüttendorf und Groß Ziethen ist bei kartografischen Darstellungen der Geomorphologie ein sehr auffallendes Gebilde (Abb. 2). Nördlich der Steinberge geht der Buchholzer Spezialbogen in den Groß Ziethener Spezialbogen über. Dieser ist aber westlich vom Dorf Groß Ziethen unterbrochen, so dass in diesem Abschnitt die Grundmoräne direkt mit dem Althüttendorfer Sander zusammentrifft.

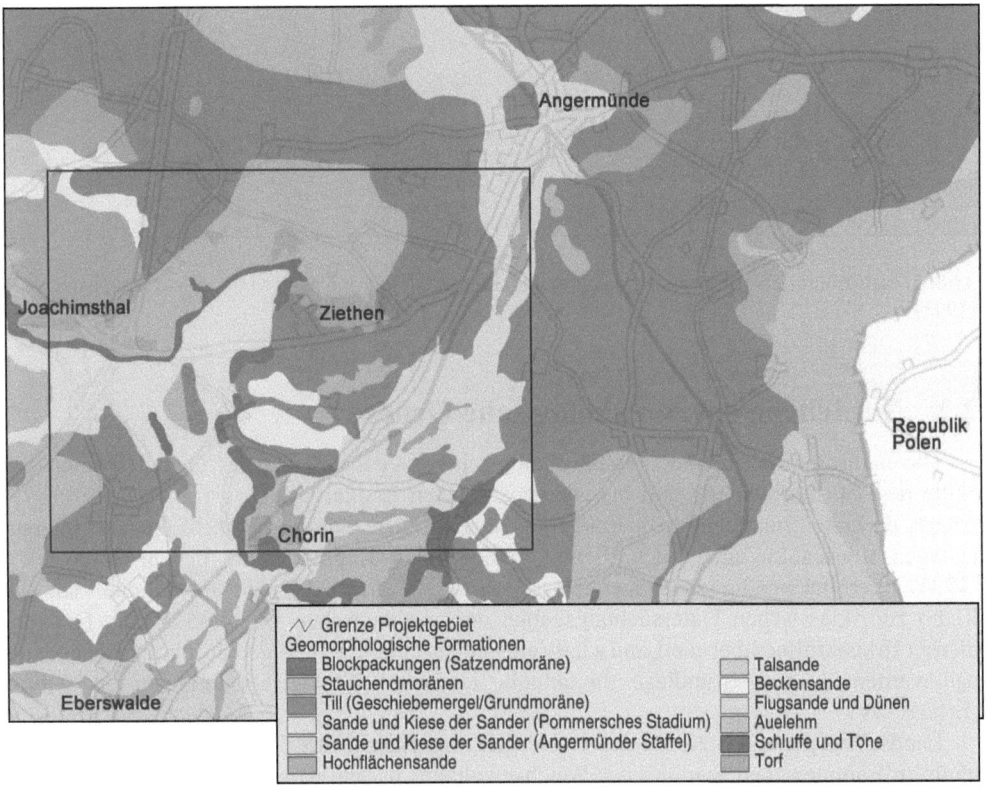

Abb. 2: Geomorphologische Bildungen in der Agrarlandschaft Chorin.

Für das Landschaftsbild bestimmend sind des Weiteren die bis 112 m hohen Kernberge, südlich von Groß und Klein Ziethen gelegen, mit ihren nach Osten ausstreichenden Hügelbildungen. Es handelt sich hier möglicherweise um Endmoränenbildungen jüngerer Rückzugsstaffeln.

Die Sander- und Grundmoränenablagerungen vervollständigen die glazialen Bildungen im übrigen Gebiet (Abb. 2). Die Grundmoränen weisen zum Teil ein lebhaftes Relief auf. Speziell die kuppige Grundmoräne mit den zahlreichen kreisförmig bis elliptisch umgrenzten Vollformen, die die Umgebung ca. 5–10 m überragen, und den eingeschlossenen Senken bildet eine Formengemeinschaft, wie sie EHLERS (1990) als charakteristisch für Eiszerfallslandschaften beschreibt. Die Genese dieses Phänomens ist bisher noch wenig untersucht. Würde die Reliefheterogenität der kuppigen Grundmoräne auf das Austauen von Toteis im Untergrund zurückzuführen sein, wie es WOLDSTEDT (1939) annimmt, müsste dieser Vorgang allerdings einer jüngeren Genesephase (vgl. 2.2.3) zugeordnet werden.

2.2.2 Periglaziale Phase

Diese Phase der Überformung des Reliefs zeigt im Gebiet geringere Wirkung. Eine Beobachtung, die generell für die nördlich der Pommerschen Eisrandlage gelegenen Gebiete zutrifft im Vergleich zu den südlich gelegenen.

Jedoch deuten klar abgrenzbare Absetzungen von Beckensanden mit sehr unterschiedlicher Mächtigkeit auf der Grundmoräne darauf hin, dass sich östlich und nördlich des Buchholzer bzw. des Senftenhütter Spezialbogens ein Gletschersee befand (Abb. 3).

2.2.3 Spätglazial-altholozäne Übergangsphase

Starke reliefwirksame Vorgänge vollzogen sich dagegen wieder in der spätglazial-altholozänen Übergangsphase. Mit dem Austauen der verschütteten Toteisbrocken und dem Auflösen des Dauerfrostbodens bildeten sich zahlreiche Sölle. Stratigrafische Untersuchungen von DREGER (1994) zeigten, dass von den 41 abgebohrten Hohlformen westlich von Groß Ziethen 44 % als echte Sölle angesehen werden können. Von den verbleibenden wurden 7 (17 %) als Oberflächenwasser-Pseudosölle und 16 (39 %) als vermoorte Senken angesprochen.

Eine Analyse der Verteilung der Ackerhohlformen im Gebiet der Ziethener Moränenlandschaft veranschaulicht sehr deutlich, dass eine besonders hohe Dichte der Senken in den Grundmoränenbereichen zu verzeichnen ist, die sich in der Nähe zu den Endmoränen bzw. Stauchungsgebieten befinden (LUTZE et al. 2006). Hier befand sich vermutlich eine sogenannte Gletscherzerfallslandschaft, deren charakteristische Strukturen besonders im CIR-Luftbild erkennbar sind.

Im Ergebnis der natürlichen Morphogenese bildet die Oberfläche der Ziethener Moränenlandschaft ein natürlich abflussloses Binneneinzugsgebiet mit einem zentralen Einzugsgebiet von ca. 2.200 ha und zahlreichen kleineren Hohlformen.

2.2.4 Holozäne Phase

In der holozänen Entwicklungsphase kam es nach dem vollständigen Austauen der Toteiskörper und dem Füllen der Hohlformen mit Wasser zur Bildung von echten, glazigenen Söllen und Seen (z. B. des Rosinsees). In einer vom Gletscher ausgeschürften Mulde im

Zentrum des o. g. großen Einzugsgebietes entwickelte sich schließlich der flache Ziethener See.

In zahlreichen, ebenfalls abflusslosen Hohlformen bildeten sich durch "Ansammlung" von Wasser Oberflächenwasser-Pseudosölle. In der Folge erfüllten die Bereiche mit großen Hohlformendichte unter dem Einfluss klimatischer Veränderungen und der Vegetationsentwicklung zunehmend auch eine Senkenfunktion. Es setzten Prozesse der Moor- bzw. Torfbildung ein. Bereiche des Ziethener Sees verlandeten und in den flachen Senken wuchsen Moore (CHMIELESKI 2006).

Ein wichtiger Aspekt der holozänen Landschaftsentwicklung ist die bereits im Spätglazial einsetzende Vegetationsgenese. Die in Abhängigkeit von Klimaänderungen, Standortbedingungen und späteren anthropogenen Einflüssen ablaufenden Prozesse der spät- und nacheiszeitlichen Vegetationsentwicklung waren Gegenstand zahlreicher pollenanalytischer Untersuchungen von Sedimenten aus Mooren des Projektgebietes bzw. seiner unmittelbaren Umgebung. In einer Studie zur Vegetationsgenese des Leckerpfuhles (Mönchsheider Sander im südöstlichen Teil des Projektgebietes) konnte ENDTMANN (1998) unter Anwendung moderner Verfahren der Pollen-, Makrofossil- und Torfanalyse sowie C14-Datierungen die Erkenntnisse früher Arbeiten u. a. von HESMER (1933) und MÜLLER (1966) bestätigen bzw. wesentlich erweitern. Moorwachstums- und -zehrungsphasen, Einwanderungsfolgen wichtiger Strauch- und Baumarten sowie das Auftreten von "Siedlungsanzeigern" können nun für einen langen Zeitraum relativ genau datiert werden. Bezüglich einer detaillierten Darstellung wird an dieser Stelle auf ENDTMANN (1998) verwiesen.

Neben Eis und Wasser trug auch der Wind zur Landschaftsgenese bei. Im Windschatten der Ihlowberge, die den westlichen Grenzbereich der Ziethener Moränenlandschaft bilden, kam es in der noch vegetationsfreien Zeit bzw. der Zeit ohne geschlossene Vegetationsdecke zu äolischen Ablagerungen, die zu einer kleinräumig begrenzten Bildung von Sandlöß führten (CORRENS 1965, zitiert in HULTZSCH 1994).

Insgesamt kann für die holozäne Entwicklungsphase eingeschätzt werden, dass mit dem Wechsel der klimatischen Bedingungen relativ schnell eine nahezu geschlossene Vegetationsdecke ausgebildet wurde, die dann zur Konservierung der geomorphologischen Gegebenheiten und speziell der Reliefverhältnisse beitrug. Hohe Reliefenergie und heterogene Reliefverhältnisse blieben erhalten und wurden ein charakteristisches Merkmal der Jungmoränenlandschaft.

Erst mit den Eingriffen des Menschen, insbesondere durch seine Landnahme, kam es wieder stärker zu geoökologischen Veränderungen.

2.2.5 Genesemodell

Für das Hauptuntersuchungsgebiet kann unter Einbeziehung der skizzierten geologischen Vorgänge, in Anlehnung an Modellvorstellungen von PETTER (1991) und HULTZSCH (1994) sowie unter Verwendung eines digitalen Geländemodells das folgende genetische Abflussmodell gezeichnet werden (Abb. 3).

Es vermittelt Vorstellungen über die Oberflächenformung, die möglichen Schmelzwasserströmungsverhältnisse und die Sedimentablagerungen. Die holozänen Bildungen (Moore) vervollständigen das Spektrum der rezenten Substrate.

Das Modell zeichnet damit auch Aspekte der späteren Bodenbildung bzw. der Landnutzungsmöglichkeiten vor.

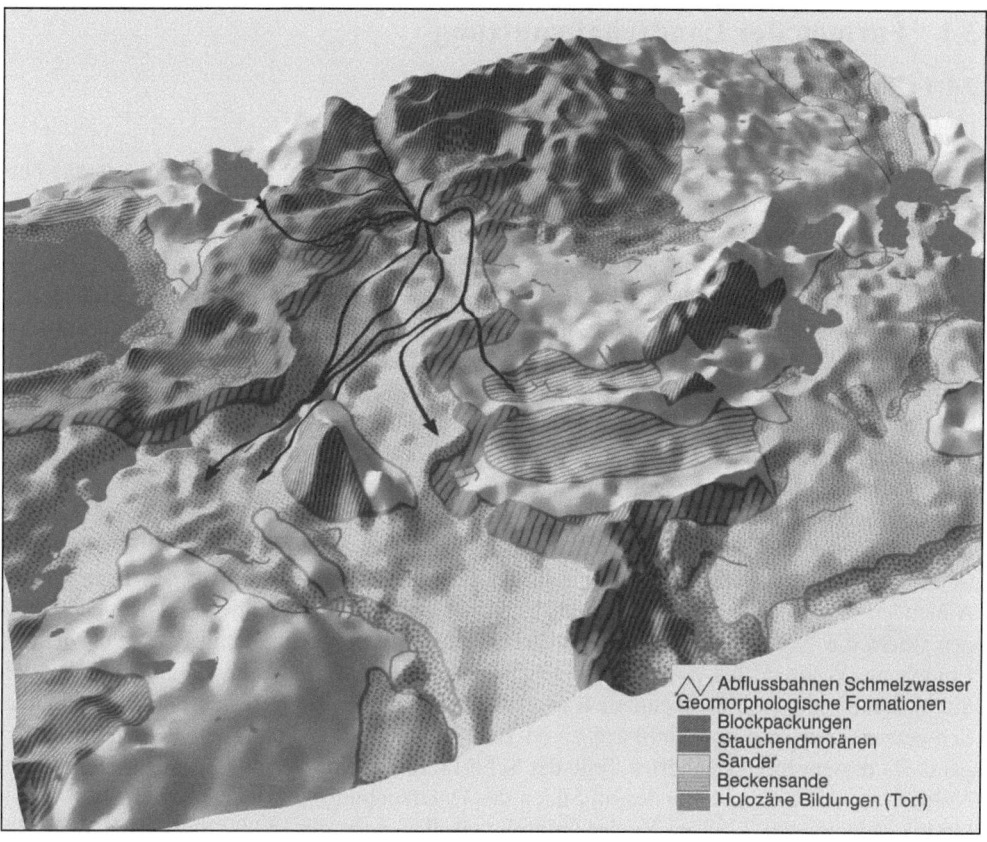

Abb. 3: Glaziales Genesemodell der Agrarlandschaft Chorin.

3 Nutzungsbedingter Landschaftswandel

Die Einflussnahme des Menschen auf die Landschaft bzw. der damit verbundene Landschaftswandel vollzog sich über einen langen Zeitraum und mit wechselnder, aber wohl steigender Intensität. In diesem Beitrag soll auf die wesentlichen, noch heute nachwirkenden bzw. wirksamen Eingriffe auf die Landschaftsentwicklung eingegangen werden.

In Ergänzung zu diesen Untersuchungen werden in dem Beitrag von PHILIPP (2006) die Nutzungsgeschichte der Gemarkung Klein Ziethen exemplarisch betrachtet und die Erkenntnisse zum Landschaftswandel vertieft.

3.1 Formen der Landschaftsnutzung

3.1.1 Land- und forstwirtschaftliche Nutzung

Wald-Feld-Verteilung und Landbewirtschaftung

Die beschriebenen geomorphologischen Landschaftsgrundstrukturen und die daraus hervorgegangenen Boden- und Standortverhältnisse waren bestimmend für die dominante agrarische und forstliche Landnutzung im Untersuchungsgebiet, speziell für die Erschließung der ackerbaulich genutzten Flächen. Geht man davon aus, dass ursprünglich nahezu das gesamte terrestrische Gebiet mit Wald bestanden war (HOFMANN & POMMER 2005), so bildete sich über eine slawische und deutsche Siedlungsperiode (im 9. bis ausgehendes 13. Jahrhundert) eine Wald-Feld-Verteilung heraus, die in ihren großen Konturen mit den noch zu beschreibenden Veränderungen, bis zur heutigen Zeit Bestand hatte. Eine Ausdehnung des Acker- und Grünlandes erfolgte zunächst auf Kosten des Waldes und später auch der Feuchtgebiete.

Bis zur Separation (in Groß Ziethen 1827-1835 und in Klein Ziethen um 1843) basierte die agrarische Landnutzung vornehmlich auf der Dreifelderwirtschaft (PHILIPP 2006). Als vorherrschende Wirtschaftsform ist diese aus historischen Karten u. a. für Groß Ziethen, Buchholz und Pehlitz belegt (SCHMIDT 1999). Mit relativ geringer Produktivität wurde Getreide für die menschliche Ernährung und die Tierfütterung angebaut. Auf den Brachen und Almenden betrieb man Weidewirtschaft. Unter diesen stark reglementierten Anbaubedingungen waren die Waldweide und die Waldstreunutzung für die Viehhaltung eine sehr wichtige Ergänzung. Während bis etwa 1720 die Schweinemast im Wald vorherrschte, änderten sich die Verhältnisse mit zunehmendem Kartoffelanbau, der damit möglichen Stallfütterung von Schweinen sowie mit der Einführung von Hütebezirken im Grimnitzschen Revier grundlegend. Zu diesem Revier gehörten Teile der Schorfheide im Westen, des Grumsiner Forstes im Norden und des Choriner Forstes im Süden des Untersuchungsgebietes. Nach HAUSENDORFF (1940) weideten um 1784 im Revier Grimnitz jährlich mehr als 15.000 Schafe (davon 1.200 aus Groß Ziethen), 2.650 Rinder (davon 283 aus Groß Ziethen) und 523 Pferde. Die Anzahl der im Wald geweideten Haustiere beeindruckt selbst aus heutiger Sicht und lässt die Wirkung auf den Wald erahnen. Da auch Teile der Wälder ackerbaulich genutzt wurden, so können die Grenzen zwischen Wald und Offenland mitunter sehr fließend verlaufen sein.

In diesem Zeitabschnitt bildeten die Rohstoffpotenziale des Waldes im damaligen Grimnitzschen Revier eine wesentliche Quelle für die weitere wirtschaftliche Nutzung der Landschaft. Die wachsenden Nutzungsansprüche im Gebiet resultierten aus folgenden Gewerben: Teer- und Kohlebrennereien, Glashütten (1575 erste Brandenburger Glashütte in Grimnitz), Weidasche-Schwelen (Asche für Seifensiederei, Töpferei, Bleichen und Gerberei), Pottaschekocher für Glasindustrie (Holzbedarf größer als für Brennholz!), Kalk- und Ziegelbrennerei, Brennholz- und Bauholzgewinnung.

Sowohl der Holzbedarf und -verbrauch für diese Nutzungen als auch die erwähnte Waldweidenutzung trugen zu einem enormen Raubbau am Wald bei.
Flächenscharfe Analysen des Wandels der Landnutzung, die erst mit der Verfügbarkeit maßstabsgerechter Karten und später von Luftbildern möglich wurden, veranschaulichen auch im Bereich der Ziethener Moränenlandschaft interessante Veränderungen.

SCHAUER (1957) konnte bei Analysen der Veränderungen der Waldflächen im Bereich des "Großblattes Templin, Schwedt und Freienwalde" in der Zeit von 1780 bis 1937 insbesondere im Zeitabschnitt von 1780 bis 1826 für das Gebiet östlich und südöstlich des Grimnitzsees großflächige Rodungen nachweisen.

Analysen der Landnutzungsveränderungen im Hauptuntersuchungsgebiet der Ziethener Moränenlandschaft in den Zeitscheiben 1826, 1889, 1960 und 1990 veranschaulichen, dass nach 1826, dem Zeitabschnitt des Beginns einer "planmäßigen" Waldwirtschaft, die Waldflächen noch beträchtlich reduziert wurden (Abb. 4).

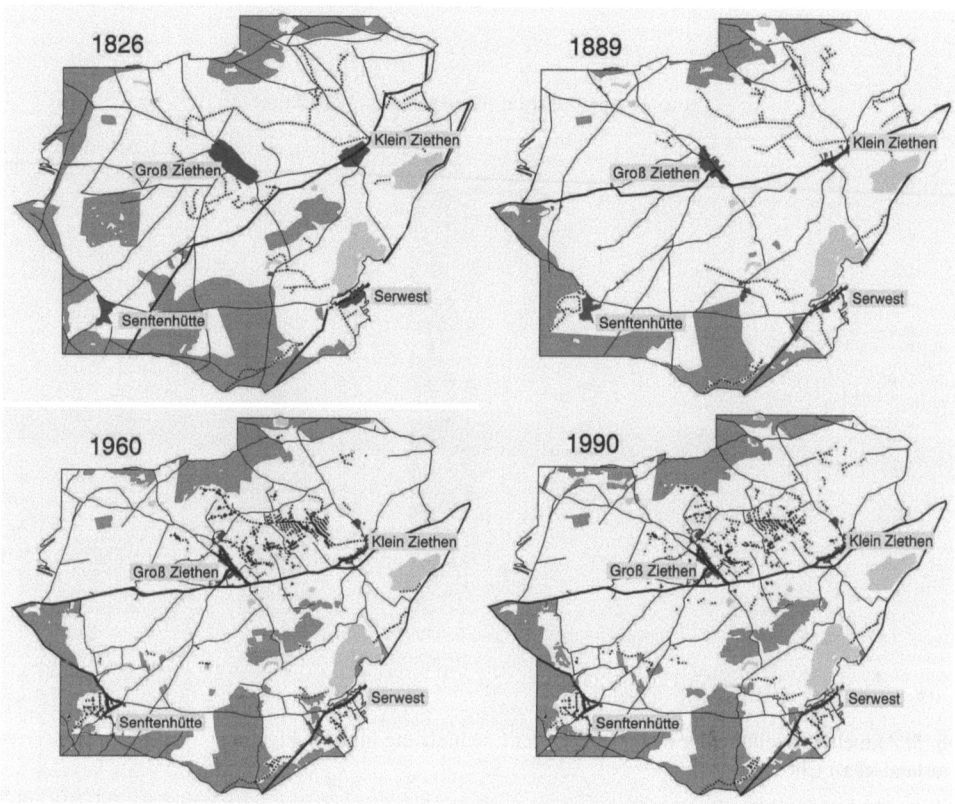

Abb. 4: Landnutzungsveränderungen in der Ziethener Moränenlandschaft im Zeitraum 1826 - 1990 (unter Verwendung von Daten aus: HAUPTSTUDIENPROJEKT (2000), SCHULZ (1993)).

Abgeholzt wurden so z. B. die Kernberge, die Steinberge und an den Choriner Forst angrenzende Flächen. Im Laufe des 20. Jahrhunderts fand die Wiederaufforstung der Kernberge statt, da sie sich auf Grund der Relief- und Substratverhältnisse offensichtlich nicht für die landwirtschaftliche Nutzung eigneten. Kleinere Flächen entlang der Feld-Wald-Grenze wurden durch Aufforsten arrondiert.

Die Ursachen für den gewachsenen Bedarf an landwirtschaftlicher Nutzfläche im 19. Jahrhundert dürften im engen Zusammenhang mit dem Bevölkerungsanstieg (Abb. 6) und einem steigenden Bedarf an Nahrungsmitteln zu suchen sein. Allerdings wurden auch in Verbindung mit der Separation Flächen als Ausgleich für Benachteiligte bei der Aufteilung der "Dreifelder" benötigt.

In den letzten 60 Jahren hat sich ein stabiles Wald-Feld-Verhältnis erhalten (Abb. 4). Im 20. Jahrhundert vollzog sich der Wandel weniger in Änderungen der Nutzungsart als in der Zunahme der Nutzungsintensität.

Die aktuelle Verteilung der Hauptformen der Landnutzung im Projektgebiet Agrarlandschaft Chorin wird in Abb. 5 wiedergegeben.

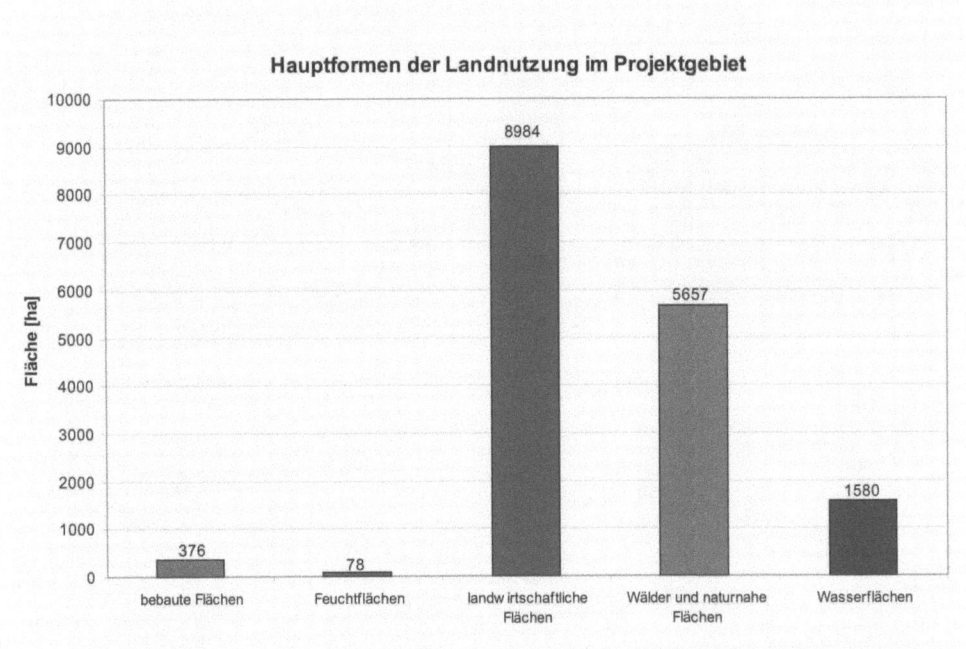

Abb. 5: Aktuelle Verteilung der Hauptformen der Landnutzung im Projektgebiet Agrarlandschaft Chorin.

Da sich das gesamte Projektgebiet Agrarlandschaft Chorin im Jahre 1992 gegründeten Biosphärenreservat Schorfheide-Chorin befindet, gilt hier ein besonders hoher Anspruch an eine nachhaltige Landbewirtschaftung. Große Teile des Grumsiner Forstes wurden Totalreservat (Schutzzone I) und Teile der landwirtschaftlichen Nutzflächen nördlich von Groß Ziethen wurden Schutzzone II, deren Bewirtschaftungseinschränkungen durch Verträge zwischen den landwirtschaftlichen Betrieben und dem Biosphärenreservat geregelt werden.

Meliorative Eingriffe in die Landschaft

Sobald der zunehmende Bedarf an Nahrungsmitteln nicht mehr nur durch Flächenerweiterungen auf Kosten des Waldes gedeckt werden konnte, mussten weitere Flächen im Offenland erschlossen werden. Die größten Reserven bestanden im ausgehenden 18. bzw. beginnenden 19. Jahrhundert in der "Kultivierung" der Feuchtgebiete. In Auswertung historischer Karten ausgewählter Ortschaften aus dem Projektgebiet (Althüttendorf, Chorin, Groß

Ziethen, Senftenhütte u. a.) kamen AMFT-FÜGENER & SCHMIDT (1998) zu dem Ergebnis, dass es im 18. und zu Anfang des 19. Jahrhunderts noch zahlreiche kleinere Bruch- und Sumpfgebiete mit Baumbestand auf den Ackerflächen gab, die dann fast gänzlich verschwanden. Im Verlaufe der von ihnen betrachteten 160 Jahre vergrößerten sich die Ackerflächen beträchtlich (z. T. bis zum Eineinhalbfachen).

Für die Ziethener Moränenlandschaft soll an einigen Beispielen der lange Prozess der Melioration demonstriert werden. Die umfassendsten Meliorationen waren die Hydromeliorationen im Gebiet des Ziethener Sees bzw. Seebruches ab ca. 1740 bis in die jüngste Zeit (PROJEKTUNTERLAGEN 1957). Sie werden von PHILIPP (2006) beschrieben.

Nachdem das große Feuchtgebiet des Seebruches melioriert war, sahen die Landwirte insbesondere in den Grundmoränenflächen der Feldfluren von Groß und Klein Ziethen mit ihren staunässe- oder grundwasserbestimmten Lehmen und Tieflehmen sowie mit den zahlreichen permanent oder temporär wasserführenden Ackerhohlformen die Notwendigkeit, Bewirtschaftungserschwernisse zu beseitigen. Auf Veranlassung der Landwirte wurden zahlreiche Flächen durch wasserbauliche und kulturbautechnische Maßnahmen mit erheblichem betriebs- und volkswirtschaftlichen Aufwand so "in Kultur" gebracht, dass sowohl Flächen- als auch Produktivitätsgewinne erzielt wurden. Diese meliorativen Eingriffe vollzogen sich ebenfalls über einen längeren Zeitraum und erreichten ihren Höhepunkt mit drei großen Meliorationsvorhaben in den 80er Jahren (PROJEKTUNTERLAGEN 1985, 1986, 1988). Die mit diesen Meliorationsprojekten verbundenen erheblichen Eingriffe in die Landschaftsstruktur vermitteln u. a. folgende Daten der Entwässerung und der Flurmelioration (Tab. 1). Es kann davon ausgegangen werden, dass nunmehr fast alle Ackerhohlformen und Senken über Gräben, Rohre bzw. Drainagen an die Vorflut angeschlossen sind.

Eine Begutachtung des kulturbautechnischen Zustandes der in den 80er Jahren des vergangenen Jahrhunderts realisierten Projekte führte KAPPES (1996) in den Jahren 1995 und 1996 durch. Er kam zu dem Befund, dass von den drei Meliorationsflächen das Areal des Hutscheplanes am radikalsten ausgeräumt wurde (KAPPES 1996). Das steigende Umweltverständnis trug dazu bei, dass - auch aus heutiger Sicht - die Flurmelioration auf der Fläche Schäferei am besten gelang. Dennoch sind an einigen Stellen im Hauptuntersuchungsgebiet die Gräben- und Rohrleitungen zu stark vertieft (z. B. im Achterwasser und im Kranichbruch), so dass die eingebauten Stauwehre keinen effektiven Wasserrückhalt mehr ermöglichen.

Die Veränderung der Anzahl der Ackerhohlformen zeigt sehr anschaulich die Dynamik von Eingriffen. Eine kartografische Analyse der Anzahl der Ackerhohlformen in Teilbereichen des Hauptuntersuchungsgebietes (westlich von Groß Ziethen) erbrachte folgende Veränderungen: Von den im Jahre 1888 vorhandenen 131 wasserführenden bzw. vernässten Hohlformen waren im Jahre 1959 noch 99 nachweisbar. Danach sank die Zahl auf 91 bis zum Jahr 1975 und schließlich auf 80 Hohlformen bis zum Jahr 1993. Von der Reduzierung waren besonders die kleineren Senken betroffen (DREGER 1994).

Tab. 1: Durchgeführte Meliorationen in Groß und Klein Ziethen (1985-1988).

Projekt/ausgewählte Parameter	Hutscheplan (1985)	Kernberge (1986)	Schäferei (1988)
Vorteilsfläche (VF) [ha]	150	250	236
Dränung [ha]	10,8	19,0	17,3
Rohrleitung [km]	7,2	7,6	7,3
Grabenausbau [m/ha]	0,7	4,1	8,6
Anzahl beseitigter Löcher [1]	38	24	17
Erdmassen [m³]	15.425	10.620	9.210
Erdmassen [m³/ha VF]	102,8	42,5	39,0
Fläche der Löcher gesamt [ha]	4,39	3.51	2,72
Fläche m²/Loch	1.156,3	1.462,1	1.600,6
nach der Melioration noch vorhandene Sölle [Stück/VF]	11	18	52
Anzahl beseitigter Bäume [2]	514	719	nicht bekannt

[1] Sölle, Löcher und auch Senken zur Gewährleistung der Mindestüberdeckung der Rohrleitungen.
[2] Darin sind keine Sträucher enthalten.

Über einen langen Zeitraum haben somit periodische Eingriffe die Landschaftsstruktur und insbesondere auch die hydrologischen Verhältnisse nachhaltig verändert. Die Vorflut wurde kontinuierlich vertieft, viele wasserführende Hohlformen sind an die Entwässerung angeschlossen und die ehemals vorherrschenden Binneneinzugsgebiete mit der Vorflut verbunden. Der beschleunigte Abfluss von Wasser aus der Landschaft ist die Folge. Der aus Sicht der Landnutzung beabsichtigte Flächengewinn und die Erhöhung der Produktivität führen im Frühjahr zwar zur effizienteren technologischen Bewirtschaftbarkeit, beschleunigten aber in einem Gebiet mit häufiger Frühsommer-Trockenheit bereits im Juni bei einigen Kulturen den Trockenstress.

3.2 Bergbau und Rohstoffgewinnung

Die im Glazial abgelagerten Sedimente der Blockpackungen, der Sande und des Mergels sowie die in bescheidenem Maße vorkommenden Torfe boten seit langem die Möglichkeit ihrer gewerblichen Gewinnung. Die bergbauliche Erschließung und Nutzung der Rohstoffe hinterließ beträchtliche Veränderungen der Landschaftsstruktur in den Endmoränengebieten und Sandern.

3.2.1 Gewinnung von Steinen aus den Blockpackungen

Lange Zeit wurden die auf der Erdoberfläche liegenden Großgeschiebe und Steine von "Steinschlägern" geborgen und bearbeitet. Die regionalprägenden Feldsteinmauerwerke in den Sakral-, Wirtschafts- und Fundamentbauten legen ein anschauliches Zeugnis der Fertigkeiten der Handwerker ab. Die Geschichte der Nutzung dieser Ressourcen wurde ausführlich von PETTER (1991) sowie EBERT & BEUSTER (1999) recherchiert.

Etwa um 1840 stieg mit dem Ausbau und Pflastern der Strassen sowie dem Bau der Eisenbahnstrecken (Eberswalde-Angermünde, erbaut 1842) der Bedarf an Hartgesteinsmaterial sprunghaft. Die auf Feldern und die an der Oberfläche geborgene Steine deckten nicht mehr den Bedarf. So begann man die Erschließung der Vorräte in den Blockpackungen der Endmoränen mittels kleiner Gruben. Schließlich entstanden kleine, von 1885 bis 1968 größere und später industrielle Steinbruchbetriebe. So war eine ganze Kette von kleineren Grubenbetrieben entlang der Blockpackungen tätig. In der zweiten Hälfte des 19. Jahrhunderts beschäftigten die zahlreichen Gruben einige Hundert Arbeiter! Noch im Jahre 1929 förderten vier Grubenbetriebe Gesteinsmaterial.

Die industrielle Phase des Blockabbaues wurde wesentlich vom Schotterwerk Althüttendorf bestimmt, das große Schottermengen u. a. zum Autobahnbau lieferte. Am Ende der Förderperiode wurden ca. 60.000 bis 80.000 t/a Splitt produziert. Erst im Jahre 1968 stellte das Schotterwerk nach neueren geologischen Erkundungen und Wirtschaftlichkeitsberechnungen seinen Betrieb ein (HAMANN 2001, mündliche Mitteilung).

Als Relikt dieser Eingriffe existieren in der Landschaft zahlreiche kleine und große Grubenrestlöcher, die auf ihre Art den Verlauf der Blockpackungen markieren (Abb. 6).

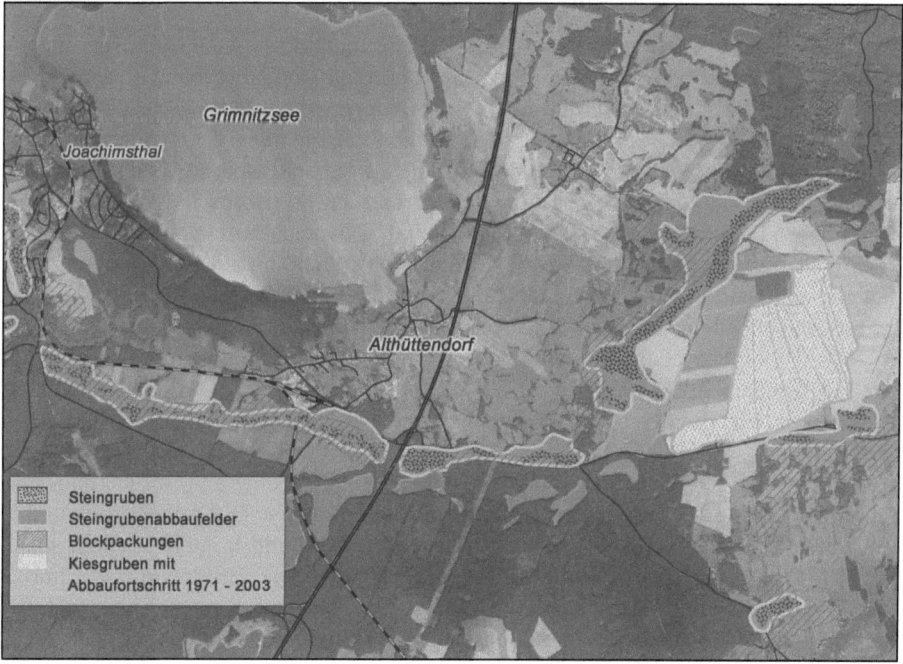

Abb. 6: Historische und aktuelle Bergbaufelder.

Nach dem Ende des aktiven Bergbaues haben sich die kleinen Restlöcher und auch weite Teile des Groß Ziethener "Steinbruches" renaturiert. Im Gelände sind diese Restlöcher mitunter nur noch schwer von natürlich entstandenen Senken zu unterscheiden und anschauliche Beispiele der Sukzessionsvorgänge.

3.2.2 Kiessandgewinnung

Nach dem Ende des Abbaues der Blockpackungen wird im Althüttendorfer Sander seit dem Jahre 1968 die Kiessandgewinnung betrieben. Mit jährlichen Abbaumengen von ca. 1,3 Millionen t/a Anfang der 70er Jahre bis ca. 800.000 t/a im Jahre 2001 entstand eine 1,8 km lange, bis 1,3 km breite und ca. 12 m tiefe Absenkung in der Landschaftsoberfläche (Abb. 6). Aus hydrogeologischer und landschaftsökologischer Sicht wurde bisher von einem Abbau im Nass-Schnitt-Verfahren Abstand genommen. Voraussichtlich wird der Kiesabbau noch weitere 20 Jahre bestehen (NEUMANN 2002, mündliche Mitteilung).

In den 70er und 80er Jahren wurden Teilflächen des Tagebaugebietes rekultiviert und wieder der landwirtschaftlichen Nutzung zugeführt.

3.3 Bevölkerungs-, Siedlungs- und Infrastrukturentwicklung

Zahlreiche Veränderungen in der Landschaft stehen in engem Bezug zur Bevölkerungs-, Siedlungs- und Infrastrukturentwicklung. Deshalb soll die Darstellung der Landschaftsgenese mit einer kurzen Beschreibung dieser Bereiche abgerundet werden.

3.3.1 Bevölkerungsentwicklung

Die demografischen Veränderungen vom 18. Jahrhundert bis zur Gegenwart für ausgewählte Orte des Projektgebietes und für die in unmittelbarer Umgebung liegenden Städte Angermünde und Eberswalde werden in Abb. 7 wiedergegeben. Der enorme Bevölkerungsanstieg im 19. und bis zum Anfang des 20. Jahrhunderts ist in allen Gemeinden sehr deutlich ersichtlich. Da in dieser Periode im Hinblick auf die Erwerbstätigkeit und Nahrungsmittelversorgung noch eine starke Bindungen der Bevölkerung an die heimische Landschaft bestanden, ist der oben beschriebene Druck auf die Nutzung der Landschaft verständlich.

Nach dem 2. Weltkrieg führte die Ansiedlung von Flüchtlingen - zunächst kurzzeitig in den Städten und dann in den Dörfern - zu einem sprunghaften Anstieg der Bevölkerung. Die Dörfer erreichten Ende der 40er und Anfang der 50er Jahre ihre bisher höchsten Einwohnerzahlen. Mit der industriellen Entwicklung der Städte (z. B. Eberswalde und Angermünde) erfolgte eine zunehmende Abwanderung aus den Dörfern, während die Einwohnerzahlen der Städte wuchsen. Ein Bevölkerungsmaximum trat in den 70er und 80er Jahren des 20. Jahrhunderts ein.

In den 90er Jahren setzte eine massive, wirtschaftlich bedingte Abwanderung aus den Städten und auch aus den Dörfern ein. In einigen Dörfern, wie z. B. Klein Ziethen und Senftenhütte, fiel die Einwohnerzahl unter das Niveau von 1800 und in Groß Ziethen sogar auf das von 1774. Ausnahmen bilden die Gemeinden Althüttendorf, Brodowin und Chorin, die auch in jüngster Zeit ein Siedlungswachstum (vorwiegend auf Kosten Eberswaldes) verzeichnen konnten. Da vorrangig junge Menschen abwandern, wird sich diese, noch anhaltende Veränderung in der Bevölkerungsstruktur nachhaltig negativ auswirken.

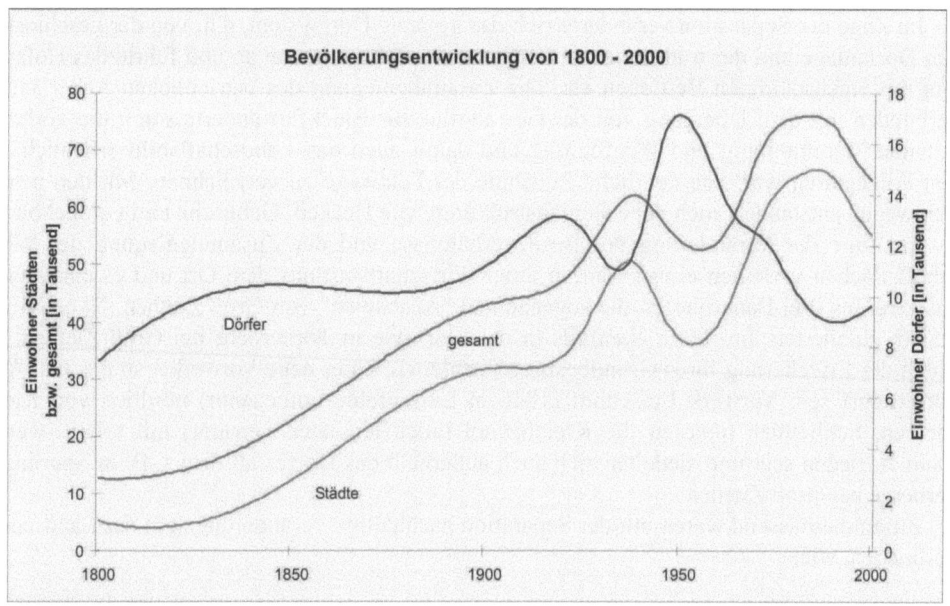

Abb. 7: Bevölkerungsentwicklung ausgewählter Städte und Dörfer. (Städte: Angermünde und Eberswalde; Dörfer: Althüttendorf, Brodowin, Buchholz, Chorin, Groß Ziethen, Klein Ziethen, Neugrimnitz, Sandkrug, Schmargendorf, Senftenhütte und Serwest Quellen: Angaben für 1730-1964: AUTORENKOLLEKTIV (1981); Angaben für 1971-2000: LANDESBETRIEB DATENVERARBEITUNG (2002); Angaben für Angermünde: ENGEL et al. (2000), VON GEBHARDT (1931)).

3.3.2 Siedlungs- und Flurentwicklung

Mit dem planmäßigen Landausbau nach deutschem Recht im 13. Jahrhundert prägten die Siedlungsstrukturen auch die Grundmuster der Kulturlandschaft. Unter einheitlich planender Leitung des Lokators erfolgte die Festlegung der Orts- und der Flurform. Am Beispiel von Klein Ziethen wird von PHILIPP (2006) die Nutzungsgeschichte der Gemarkung ausführlich dargestellt. Sehr ähnlich dürfte auch die Entwicklung in Groß Ziethen verlaufen sein. Die dritte Gemeinde im Hauptuntersuchungsgebiet, Senftenhütte, entstand im Zusammenhang mit dem Bau einer Glashütte in der Nähe von Chorin um 1704.

Mit der Separation vollzog sich in der ersten Hälfte des 19. Jahrhunderts ein außerordentlich diffiziler Prozess in der Veränderung der Eigentums- und Nutzungsverhältnissen mit erheblichen Auswirkungen auf die Siedlungs- und Landschaftsentwicklung. Es wurde damit eine über 600 Jahre bestehende dörfliche Ordnung, zu deren Grundlagen die Dreifelderwirtschaft gehörte, aufgehoben und das Land privatisiert. Im Zuge der Privatisierung der Ländereien mussten die Bauern den Gutsherren ein Drittel ihres Landes zur Ablösung ihrer Dienste abtreten. Außerdem machten die Großgrundbesitzer von ihrer Macht Gebrauch, sich bei der Aufteilung des Landes die besten Flurstücke anzuzeigen. Zwangsläufig stieß dies bei den Bauern auf heftigen Widerstand, so dass die Bauern die Separation zunächst scharf ablehnten. So ist auch der zögerliche Abschluss der Separation z. B. in Klein Ziethen erst um 1843 und in Groß Ziethen 1827-1835 verständlich (MANOURY 1961).

Im Zuge der Separation veränderte sich das gesamte Dorfsystem, d.h. von der geschlossenen Dorfanlage und der traditionellen Dorfgemeinschaft ging man ab und führte das Hofsystem mit eigenständigen Betrieben ein. Die Zusammenlegung des betrieblichen Ackerlandes verbunden mit dem Übergang von der Gewannflur zur Blockflur änderte somit die vorherrschende Flureinteilung und Wegführung und damit auch das Landschaftsbild erheblich. In den Folgejahren war eine deutliche Zunahme der Feldwege zu verzeichnen. Mit den neuen Feldwegen entstanden auch neue Begleitstrukturen, wie Hecken, Gebüsche und Feldgehölze.

Im Zuge der Veränderung der Besitzverhältnisse und der Zusammenlegung der Wirtschaftsflächen verlegten einige Bauern ihren Wirtschaftshof aus dem Ort und es entstanden aus zwei bis drei Bauernhöfen die sogenannten "Ausbauten" von Groß Ziethen. Neue Großbauern etablierten ihre Höfe ebenfalls in der Flur, wie in Töpferberg bei Groß Ziethen. In Folge der Erweiterung ihres Grundbesitzes formierten Güter neue Vorwerke, so das Gut Altkünkendorf sein Vorwerk Luisenhof (1846 in Luisenfelde umbenannt) nördlich von Klein Ziethen. Schließlich mussten die Kleinbauern (auch Kossäten genannt) mit relativ wenig Land zufrieden sein und siedelten sich auch außerhalb des Dorfes an, wie z. B. in Sperlingsherberge bei Groß Ziethen.

Zusammenfassend waren mit der Separation nachhaltige Veränderungen in der Landschaft verbunden, wie:

- Neuordnung der Feldfluren mit der Zusammenlegung der Betriebsflächen und der Anlage neuer Feldwege und damit meist auch neuer Hecken und Feldgehölze,
- Änderung der Bewirtschaftungsweisen, Einführung neuer Feldfrüchte und allgemeine Intensivierung des Ackerbaues,
- Erschließung neuen Ackerlandes und damit Schrumpfung von Waldflächen,
- Gründung neuer Kleinstsiedlungen in den Feldfluren und
- schließlich auch generell Aufbruch in eine moderne Landwirtschaft.

Im Ergebnis umfangreicher historischer Analysen zur Siedlungsstruktur der in Rede stehenden drei Gemeinden sowie weiterer aus dem Projektgebiet kommen KIRSCH (1992) und SCHMIDT (1999) zu dem Schluss, dass sich die Ortsformen der seit dem 13. Jahrhundert bestehenden Gemeinden bzw. auch der späteren Gründungen nicht wesentlich veränderten. Die Ortschaften haben den relativ geschlossenen, dörflichen Charakter trotz teilweise drastischer Veränderungen der ökonomischen Struktur und Beschäftigungsverhältnisse beibehalten.

In jüngster Zeit (2002) schlossen sich im Zug der Gemeindestrukturreform des Landes Brandenburg die Gemeinden Groß und Klein Ziethen zur Gemeinde Ziethen zusammen und die Gemeinde Senftenhütte gehört nun zu Chorin.

3.3.3 Straßen, Wege und Infrastruktur

Die Entwicklung des Straßen- und Wegenetzes im Hauptuntersuchungsgebiet spiegelt symptomatisch den Wandel in der Landschaftsnutzung wider. Karten aus dem 19. Jahrhundert zeigen ein relativ dichtes Netz von kleinen Straßen und Wegen durch die Feldflur. Es waren nicht nur die Verbindungsstraßen zwischen benachbarten Dörfern erforderlich, sondern auch ein dichtes Wegenetz zum Erreichen der nach der Separation entstandenen kleinen Felder notwendig.

Die Entwicklung der Fernverkehrsstraßen begann im Jahre 1890 mit dem Bau der südlich entlang von Groß Ziethen und mitten durch Klein Ziethen führenden Chaussee (Kreisstraße) von Angermünde nach Joachimsthal. Ihr weiterer Ausbau zur Fernverkehrsstraße (F 198) vollzog sich im Abschnitt zwischen Herzsprung und Joachimsthal in den Jahren 1966/67. Teil dieser Maßnahmen war die Anlage der Ortsumgehung von Klein Ziethen. In jene Periode fällt auch die Asphaltierung der so genannten Lehmbahnstraße von der F 198 nach Senftenhütte (1968).

Mit dem Bau der Autobahn Berlin-Stettin (A 11) in den Jahren 1934-1936 wurde eine weitere einschneidende Maßnahme realisiert, die die Landschaftsstruktur maßgeblich und nachhaltig beeinflusste.

Als wichtige Verbindung zwischen der Bundesautobahn A 11 und dem Industriestandort Schwedt bzw. dem Grenzübergang zur Republik Polen wurde die F 198 in den Jahren 1992-95 zur Bundesstraße B 198 nach geltendem Standard ausgebaut. In sehr ähnlicher Weise und Zeitabschnitten ging auch der Ausbau der B 2, die in den östlichen Teilen das Projektgebiet quert, vonstatten (BÜCHSENSCHUß 2002, mündliche Mitteilung).

Während in dem Zeitabschnitt von 1960 bis 1990 die Fernverkehrsstraßen, bis auf die Ortumgehung von Klein Ziethen, sich in erster Linie qualitativ veränderten, zeigen Luftbildauswertungen von den Nebenstraßen ein anderes Bild. Bezogen auf die Fläche der Gemarkungen konnte eine drastische Reduzierung der Nebenstraßen (1960 zu 1990) für Senftenhütte von 7,9 auf 5,5 km, für Groß Ziethen von 43,8 auf 32,0 km und für Klein Ziethen von 22,1 auf 16,7 km ermittelt werden. Diese Veränderungen standen im klaren Zusammenhang mit dem Übergang von der einzelbäuerlichen Bewirtschaftung, Ausgang der 50er Jahre, zur Großraumwirtschaft in den 60er bzw. 70er Jahren. Die kleinen Schläge wurden zu großen Schlageinheiten verbunden und nicht befestigte Feldwege häufig umgepflügt.

Der qualitative Ausbau des Hauptstraßennetzes war in den 90er Jahren begleitet von einem starken Anstieg des Verkehrsaufkommens (Abb. 8). Insbesondere der Verkehr auf der Autobahn stieg von 1993 zu 2000 um 76 % und davon massiv beeinflusst auch der Verkehr auf der abzweigenden B 198, der im gleichen Zeitraum um 43 % zunahm. Bei der Verkehrsentwicklung ist in der gegenwärtigen Periode eine Stagnation zu beobachten und seit dem Jahr 2005 auf der B 2 sogar ein Rückgang.

Die aus wirtschaftlicher Sicht als Verbesserung der Infrastruktur gewerteten Landschaftsveränderungen bewirkten aus landschaftsökologischer Sicht eine neue Qualität von Barriere- und Zerschneidungseffekten. Der hoch frequente Verkehr auf der Autobahn gibt "bodengebundenen" Tieren kaum eine Chance die Trassen zu queren und die Landwirtschaftsbetriebe der Ziethener Moränenlandschaft können nicht mehr gefahrlos mit Weidetieren die B 198 passieren. Möglicherweise sind diese Effekte die gravierendsten Landschaftsveränderungen in den 90er Jahren des 20. Jahrhunderts.

3.3.4 Aufschüttungen

In dem Landschaftsraum wurden nicht nur Abtragungen (vgl. 3.2) vorgenommen, sondern es kam auch durch Ablagerung von Siedlungsabfällen zu Aufschüttungen. Kleinere Schuttabladeplätze entstanden westlich von Groß Ziethen und südlich von Klein Ziethen. Sie wurden bis zur ihrer Schließung und Abdeckung Anfang der 90er Jahre genutzt. Gegenwärtig wird der Siedlungsabfall außerhalb des Projektgebietes entsorgt.

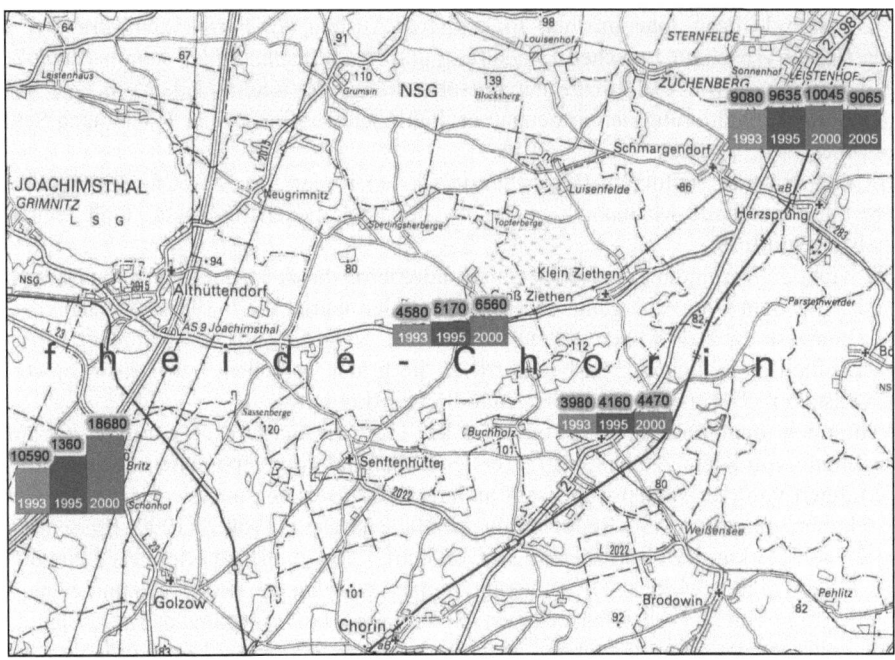

Abb. 8: Entwicklung des Verkehrsaufkommens 1993-2000 [Fahrzeuge/Tag].

Schlussbetrachtungen

Die Analyse der Genese der Agrarlandschaft Chorin offenbart sehr deutlich, dass die naturräumlichen und insbesondere die geomorphologischen Komponenten einen prägenden Einfluss auf Landschaftsnutzung und -entwicklung ausüben. Trotz zeitweiliger z. T. erheblicher Schwankungen bestimmen sie grundsätzlich die Potenziale der landwirtschaftlichen und forstlichen Landschaftsnutzung sowie deren Verteilungsmuster. Analog gilt dies für die Potenziale von Lebensräumen wildlebender Tier- und Pflanzenarten und für die Ausprägung der Landschaftsdiversität insgesamt.

Der zeitlich weitgespannte Rückblick deckt auf, dass sich in historischer Zeit umfangreichere Veränderungen bzw. mehr und vielfältigere Eingriffe abgespielt haben, als allgemein angenommen und der heutige Blick auf die Landschaft erahnen lässt. Viele Veränderungen wurden in "guter Absicht" vorgenommen, um die jeweiligen bzw. die künftigen Lebensbedingungen der im Gebiet lebenden Menschen zu verbessern. Wie sich anthropogen bedingte Veränderungen auf den ökologischen Zustand der Landschaften bzw. auf die Nachhaltigkeit ihrer Nutzungen auswirken, kann oftmals nur nach einer längeren Beobachtung beurteilt werden. Die entscheidende Frage ist jedoch, ob die Gesellschaft in der Lage ist, Eingriffe mit negativen Folgen zu erkennen, vernünftig darauf zu reagieren und Fehler unter Aspekten der Nachhaltigkeit zu korrigieren.

Ungeachtet der mannigfachen anthropogenen Einflüsse präsentiert sich die Agrarlandschaft Chorin heute dem Betrachter als eine reich strukturierte Glaziallandschaft von hohem ästhetischen Wert.

Mit der historischen Landschaftsbetrachtung sollte schließlich auch dazu beigetragen werden, die landeskulturelle Situation vergangener Perioden zu dokumentieren, die Beweggründe für Eingriffe in die Landschaft zu ergründen und das Wissen um das Werden unserer Kulturlandschaft als geschichtliches und kulturelles Erbe zu bewahren.

Danksagung

Diese Arbeit wurde gefördert durch das Bundesministerium für Ernährung, Landwirtschaft und Verbraucherschutz sowie das Ministerium für Ländliche Entwicklung, Umwelt und Verbraucherschutz des Landes Brandenburg.

Für die freundliche Unterstützung bei den Recherchen zu historischen und aktuellen Ereignissen danken wir Herrn J. Beuster (Landwirtschaftsbetrieb Klein Ziethen e. G.), Herrn D. Büchsenschuß (Strausberg), Herrn R. Hamann (Althüttendorf), Herrn P. Klamann (Landwirtschaftsbetrieb Klein Ziethen e. G.), Herrn M. Neumann (Haniel GmbH, Sitz Niederlehme), Herrn K.-H. Schubert (Landesamt für Straßenwesen) und Frau G. Seltmann (Landesbetrieb für Datenverarbeitung und Statistik, Potsdam). Wir bedanken uns bei der studentischen Projektgruppe der TU Berlin unter der Betreuung von Frau Dr. C. Kittelberger und Herrn Prof. H. Kenneweg für die Aufbereitung und Digitalisierung der historischen Karten.

Literatur

AMFT-FÜGENER, K. & A. SCHMIDT (1998): Die Entwicklung der wichtigsten Bodennutzungsformen in Abhängigkeit der gesellschaftlichen und sozioökonomischen Faktoren am Beispiel des Biosphärenreservates Schorfheide-Chorin. *Beiträge für Forstwirtschaft und Landschaftsökologie* 32, S. 115-121.

AUTORENKOLLEKTIV (1981): Um Eberswalde, Chorin und den Werbellin-See. Ergebnisse der heimatkundlichen Bestandsaufnahme in den Gebieten Joachimsthal, Groß Ziethen, Eberswalde und Hohenfinow. Werte unserer Heimat, Band 34, Akademie-Verlag Berlin, 225 S.

BERNHARDT, A. & K.-D. JÄGER (1985): Zur gesellschaftlichen Einflussnahme auf den Landschaftswandel in Mitteleuropa in Vergangenheit und Gegenwart. Sitzungsber. Sächsischen Akad. der Wiss. Leipzig, Band 117, Heft 4, S. 5-56.

CHMIELESKI, J. (2006): Die Moore in der Ziethener Moränenlandschaft - Entstehung, Verbreitung und heutiger Zustand. In diesem Band.

CORRENS, M. (1965): Untersuchungen über eine äolische Ablagerung im Jungmoränengebiet bei Joachimsthal als Beitrag zum "Sandlöß"-Problem. Diplomarbeit, Geogr. Inst., Humboldt-Universität zu Berlin, 91 S.

DREGER, F. (1994): Ökologische Charakterisierung von wasserführenden Acker- und Grünlandhohlformen (Sölle) im Biosphärenreservat "Schorfheide-Chorin". Diplomarbeit, Universität Bielefeld, 144 S.

EBERT, W. & BEUSTER, W. (1999): Steine, die das Eis uns brachte. Entdeckungen entlang der Märkischen Eiszeitstraße, Heft 3, Eberswalde, 76 S.

EHLERS, J. (1990): Untersuchungen zur Morphodynamik der Vereisungen Norddeutschlands unter Berücksichtigung benachbarter Gebiete. Bremer Beiträge zur Geographie und Raumplanung, Heft 19, 166 S.

ENDTMANN, E. (1998): Untersuchungen zur spät- und nacheiszeitlichen Vegetationsentwicklung des Leckerpfuhls (Mönchsheider Sander, NE Brandenburg). *Verh. Bot. Ver. Berlin Brandenburg* 131, S. 137-166.

ENGEL, E.-M., L. ENDERS, G. HEINRICH & W. SCHICH (Hrsg.) (2000): Städtebuch Brandenburg und Berlin. Verlag W. Kohlhammer, Stuttgart, Berlin, Köln, 646 S.

HAUPTSTUDIENPROJEKT (2000): Landschaftsmonitoring. TU Berlin, Fachbereich 7 Umwelt und Gesellschaft, Studiengang Landschaftsplanung, Studienprojekt – Betreuer: KENNEWEG, H. & C. KITTELBERGER, 130 S. und Anlagen.

HAUSENDORFF, E. (1940): Wirtschaftsgeschichte und pflanzensoziologische Untersuchungen als Grundlage für den Waldbau im ostdeutschen Kieferngebiet. Mit einer Darstellung der Geschichte des Forstamtes Grimnitz und seiner Bewirtschaftung seit 1550. *Zeitschrift für Forst- und Jagdwesen* 78, S. 137-159.

HESMER, H. (1933): Die natürliche Bestockung und die Waldentwicklung auf verschiedenen märkischen Standorten. *Zeitschrift für Forst- und Jagdwesen* 65, S. 505-561.

HOFMANN, G. & U. POMMER (2005): Potenzielle Natürliche Vegetation von Brandenburg und Berlin mit Karte im Maßstab 1:200.000. Eberswalder Forstliche Schriftenreihe, Band XXIV, 313 S.

HULTZSCH, A. (1994): Althüttendorf / Groß Ziethen, Blockpackung und Sander. In: SCHROEDER, J. H. (Hrsg.), Führer zur Geologie von Berlin und Brandenburg, No.2, Bad Freienwalde und Parsteiner See, Selbstverlag, Berlin, S. 116-121.

KAPPES, R. (1996): Bewertung des Zustandes der kulturtechnischen Anlagen in der Ziethener Moränenlandschaft und Vorschläge für erforderliche Unterhaltungsmaßnahmen. Gutachten im Auftrag des Institutes für Landschaftsmodellierung, ZALF, Müncheberg, 10 S.

KIRSCH, K. (1992): Slawische und frühdeutsche Besiedlung um Chorin. In: GOOß, G. (Hrsg.), Zisterzienser Kloster Chorin, Choriner Hefte, Heft 2, 31 S.

LANDESBETRIEB DATENVERARBEITUNG (2002): Bevölkerung ausgewählter Gemeinden zu Stichtagen. Landesbetrieb für Datenverarbeitung und Statistik des Landes Brandenburg, Potsdam.

LUTZE, G. (1997): Die Agrarlandschaft Chorin - Landschaftsentwicklung und aktuelle landschaftsbezogene Forschungen. *Archiv für Naturschutz und Landschaftsforschung* 33, S. 87-106.

LUTZE, G., J. KIESEL & T. KALETTKA (2006): Ackerhohlformen und Flurgehölze als charakteristische Ausstattungselemente von Jungmoränenlandschaften – dargestellt am Beispiel der Ziethener Moränenlandschaft. In diesem Band.

MANOURY, K. (1961): Die Geschichte der französisch-reformierten Provinzgemeinden. Consistorium der französischen Kirche, Berlin.

MARCINEK, J. (1978): Phasen der Gewässernetz- und Reliefentwicklung im Jungmoränengebiet der DDR. *Wissenschaftliche Zeitschrift der Ernst-Moritz-Arndt-Universität Greifswald, Mathematisch-Naturwissenschaftliche Reihe* 27, S. 63-64.

MARCINEK, J. (1981): Karte: Gliederung der Pommerschen Eisrandlage im Gebiet Joachimsthal-Liepe. In: AUTORENKOLLEKTIV (1981), Um Eberswalde, Chorin und den Werbellin-See, Ergebnisse der heimatkundlichen Bestandsaufnahme in den Gebieten Joachimsthal, Groß Ziethen, Eberswalde und Hohenfinow. Werte unserer Heimat, Band 34, Akademie-Verlag Berlin, S. 6.

MARCINEK, J. & L. ZAUMSEIL (1993): Brandenburg und Berlin im physisch-geographischen Überblick. *Geographische Rundschau* 45, S. 556-563.

MESSERLI, B. & P. MESSERLI (1979): Wirtschaftliche Entwicklung und ökologische Belastbarkeit im Berggebiet. Bern, MAB-Information Nr.1.

MEYNEN, E., J. SCHMITHÜSEN, J. F. GELLERT, E. NEEF, H. MÜLLER-MINY & J.-H. SCHULTZE (1962): Handbuch der naturräumlichen Gliederung Deutschlands. Bundesanstalt für Landeskunde und Raumforschung, Bad Godesberg,1339 S.

MÜLLER, H. M. (1966): Beiträge zur Vegetationsentwicklung auf dem Mönchsheider Sander bei Chorin. *Archiv für Forstwesen* 15, S. 857-867.

PETTER, A. (1991): Beiträge zum geologischen Modell einer Blockpackung. Diplomarbeit, Ernst-Moritz-Arndt-Universität Greifswald, 39 S. und Anhang.

PHILIPP, H.-J. (2006): Exkurs zur Nutzungsgeschichte der Gemarkung Klein Ziethen. In diesem Band.

PROJEKTUNTERLAGEN (1957): Entwässerung der Seebruchwiesen bei Klein und Groß Ziethen. VEB Wasserwirtschaft Oder-Neiße, Abt. Projektierung Bad Freienwalde, ca. 100 S. mit zahlreichen Anlagen und Stellungnahmen.

PROJEKTUNTERLAGEN (1985): Vorbereitungs- und Ausführungsunterlagen "Melioration Hutsche-Plan Groß Ziethen". Reg.-Nr. 4006/1/85, Meliorationsgenossenschaft "Prof. Dr. Petersen" Niederfinow.

PROJEKTUNTERLAGEN (1986): Dokumentation zur Grundsatzentscheidung, Vorbereitungs- und Ausführungsunterlagen "Melioration Kernberge - Klein Ziethen". Reg.-Nr. 4026/2/86, Meliorationsgenossenschaft "Prof. Dr. Petersen" Niederfinow.

PROJEKTUNTERLAGEN (1988): Dokumentation zur Grundsatzentscheidung, Vorbereitungs- und Ausführungsunterlagen "Melioration Schäferei - Groß Ziethen". Reg.-Nr. 4026/3/88, Meliorationsgenossenschaft "Prof. Dr. Petersen" Niederfinow.

SCHAUER, W. (1957): Untersuchungen zur Entwicklung der Waldverbreitung in den Bezirken des ehemaligen Landes Brandenburg (1780 – 1937). Dissertation, Forstwirtschaftliche Fakultät der Humboldt-Universität zu Berlin, 133 S.

SCHMIDT, A. (1999): Beitrag zur historischen Landschaftsanalyse für aktuelle Fragen des Naturschutzes: Eine Untersuchung durchgeführt am Beispiel des Biosphärenreservates Schorfheide-Chorin. Dissertation, Christian-Alberts-Universität Kiel, GCA-Verl., Herdecke, 368 S.

SCHMIDT, R. (1942): Geschichte des Kreises Angermünde. Maschinenmanuskript, Museum Angermünde.

SCHRÖDER, H. (1892): Geologische Spezialkarte von Preußen und den Thüringischen Staaten. Über die Aufnahme der Blätter Groß Ziethen, Stolpe, Hohenfinow und Oderberg. In: Jahrb. Köngl. Preuß. Geol. Landesanstalt, Band 18, Berlin.

SCHRÖDER, H. (1913): Geologische Spezialkarte von Preußen und den Thüringischen Staaten. Blatt Groß-Ziethen. Geognostisch und agronomisch bearbeitet und erläutert. 45 S.

SCHROEDER, J. H. (Hrsg.) (1994): Führer zur Geologie von Berlin und Brandenburg. No. 2: Bad Freienwalde - Parsteiner See. Berlin, 188 S.

SCHULZ, R. (1993): Rückschauende Landnutzungskartierung mit Hilfe von Archivluftbildern im Kreis Eberswalde unter besonderer Berücksichtigung der Nutzflächen-, Flurelemente- und Feldgehölzstruktur. Ergebnisbericht, Landesanstalt für Großschutzgebiete Eberswalde.

VON GEBHARDT, P. (1931): Bürgerbuch der Stadt Angermünde 1568-1765. Berlin, 269 S.

WOLDSTEDT, P. (1939): Vergleichende Untersuchungen an isländischen Gletschern. In: Jahrbuch der Preußischen Geologischen Landesanstalt für 1938, Band 59, S. 249-271.

Klima und Wetter in der Agrarlandschaft Chorin
- gestern, heute, morgen

Wilfried Mirschel[3], Gerd Lutze, Alfred Schultz & Karin Luzi

Zusammenfassung

Klimatisch liegt die Agrarlandschaft Chorin an der südöstlichen Grenze des Mecklenburg-Brandenburgischen Übergangsklimas, welches sich zwischen dem Ostseeklima im Norden und dem Ostdeutschen Binnenlandklima im Süden erstreckt. Es ist damit durch subkontinentale Klimabedingungen geprägt. Bei einer Jahresdurchschnittstemperatur von 8,6 °C und einer durchschnittlichen jährlichen Niederschlagssumme < 540 mm a^{-1} zählt die Agrarlandschaft Chorin zu den eher trockenen Landschaften Deutschlands. Ein deutliches Gefälle gibt es beim Niederschlag in West-Ost-Richtung und bei den Temperaturen in Süd-Nord-Richtung. Durch die Klimaänderungen kann es in der Agrarlandschaft Chorin und damit auch in der Ziethener Moränenlandschaft in den nächsten 50 Jahren zu einer Erwärmung um ca. 2 K und einem Rückgang der Jahresniederschläge von bis zu 100 mm a^{-1} kommen.

Abstract

From the climatic point of view the agro-landscape Chorin is located on the south-eastern border of the so-called Mecklenburg-Brandenburg transition climate. This transition climate is located between the Baltic-Sea climate in the north and the East-German-Midland climate in the south The climate of the agro-landscape Chorin is affected by subcontinental climate conditions. With a mean annual temperature of 8.6 °C and a mean annual precipitation sum below 540 mm a^{-1} the agro-landscape Chorin belongs to the more dry landscapes of Germany. In the agro-landscape Chorin there a decreased gradient in the direction from west to east for precipitation and in the direction from south to north for temperature can be obtained. For the agro-landscape Chorin a temperature increase by about 2 K and a precipitation decrease of up to 100 mm a^{-1} are forecasted because of the possible climate change during the next 50 years.

1 Einleitung

Neben der geomorphologischen Komponente ist es vor allem die klimatische Komponente, die wesentlich landschaftsprägend ist. Das Klima trägt nach der geogenetischen Landschaftsbildung hauptsächlich zur Oberflächengestaltung einer Landschaft bei. Seit der Exis-

---

[3] Korrespondierender Autor: Dr. W. Mirschel, Leibniz-Zentrum für Agrarlandschaftsforschung (ZALF), Institut für Landschaftssystemanalyse, Eberswalder Str. 84, D-15374 Müncheberg.
E-Mail: wmirschel@zalf.de.

tenz der Menschheit kommt aber noch eine weitere Komponente hinzu: die anthropogene Landnutzungskomponente, die in den letzten Jahrhunderten immer mehr an Bedeutung gewinnt.

Klima bzw. Witterung auf der einen Seite und Landschaft und ihrer anthropogenen Nutzung auf der anderen Seite beeinflussen sich aber auch wechselseitig, wobei der Grad der jeweiligen Beeinflussung stark von der Größenordnung der Klimabetrachtung abhängt. Vom Mikroklima (Klima der bodennahen Luftschicht eines Standortes) über das Mesoklima (durch Reliefeinflüsse geprägtes Klima eines Landschaftsausschnittes) bis hin zum Makroklima (Klima einer großen Zone bzw. Region) nimmt dabei der Einfluss einer anthropogenen Landnutzung bzw. der Reliefgestaltung ab.

Unter Klima einer Landschaft oder eines größeren Raumes versteht man dabei die typische Zusammenfassung der erdnahen und die Erdoberfläche beeinflussenden atmosphärischen Zustände während eines längeren Zeitraumes in charakteristischer Verteilung der einzelnen Klimaelemente wie Strahlung, Temperatur, Niederschlag, Luftdruck, Luftfeuchte, Wind, Verdunstung und Bewölkung (zusammengefasst nach LESER 1994). Die Klimatypen hängen dabei im Wesentlichen ab von der Lage zum Meer, von der Höhe über dem Meeresspiegel sowie von eventuell vorhandenen Luv- und Leeeinflüssen.

Das Wetter ist dagegen der aktuelle, kurzfristige Zustand der an einem geografischen Ort wirksamen Kombination der Klimaelemente und der sich dabei abspielenden Vorgänge in der Atmosphäre, die in der Regel durch bestimmte Temperatur- und Niederschlagsverhältnisse, aber auch durch die Form von Abweichungen zum langjährigen Durchschnitt (dem Klima) charakterisiert werden.

2 Klima

Klimatisch liegt die Agrarlandschaft Chorin und damit auch die Ziethener Moränenlandschaft an der südöstlichen Grenze des Mecklenburg-Brandenburgischen Übergangsklimas, welches sich zwischen dem Ostseeklima im Norden und dem Ostdeutschen Binnenlandklima im Süden erstreckt. Es hat damit weder ausgesprochen atlantischen noch kontinentalen Klimacharakter, sondern ist hauptsächlich geprägt durch subkontinentale Klimabedingungen. Bedingt durch eine niedrige durchschnittliche jährliche Niederschlagssumme (< 540 mm a^{-1}) gehört die Agrarlandschaft Chorin zu den eher trockenen Landschaften Deutschlands.

2.1 Klima gestern und heute

Wie in der Vergangenheit so ist die Ziethener Moränenlandschaft auch gegenwärtig durch einen Mangel an Niederschlägen gekennzeichnet. Die durchschnittliche jährliche Niederschlagssumme liegt gegenwärtig bei weniger als 540 mm. Der niederschlagärmste Monat ist dabei der Februar und der niederschlagreichste der Juni. Hinsichtlich des mittleren Jahresniederschlages ist trotz der nur 14,5 km messenden West-Ost-Ausdehnung des Gebietes ein in Ostrichtung deutlich abnehmender Niederschlagsgradient zu erkennen, der durch die offiziell anerkannten meteorologischen Niederschlagsmessstationen Altenhof (610 mm), Groß Ziethen (571 mm) und Angermünde (551 mm) bereits schon für die erste Hälfte des 19. Jahrhunderts dokumentiert wurde. In Auswertung von Daten des Meteorologischen Dienstes der DDR ist in Abb. 1 die räumliche Verteilung des Jahresniederschlages als Mittel über die Jahre 1960 bis 1990 dargestellt. In dieser räumlichen Verteilung spiegelt sich der Einfluss der Reliefverhältnisse auf das lokale Klima deutlich wieder. Auch wenn die Endmoränenrücken nicht viel mehr als 100 m herausragen, haben sie doch einen signifikanten Einfluss auf das lokale Niederschlagsgeschehen in der Agrarlandschaft Chorin. Nimmt man dafür die Vegetation, die in ihrer Ausprägung sehr stark von der Wasserversorgung abhängt, als Zeiger, erkennt man im Vergleich der Niederschlagskarte (Abb. 1) und der Karte zur Differenzierung der potenziellen natürlichenVegetation von HOFMANN & POMMER (2005) eine deutliche Musterübereinstimmung.

Aus Abb. 1 ergibt sich für die Agrarflächen der Ziethener Moränenlandschaft eine Gradientendifferenz von ca. 40 mm (586 mm ... 624 mm). Im Jahr 1993 durchgeführte Niederschlagsmessungen an acht über die gesamte Ziethener Moränenlandschaft verteilte Niederschlagsmessstellen zeigen für den halbjährigen Messzeitraum (01.04.1993–30.09.1993) ebenfalls Unterschiede von bis zu 40 mm (SCHULTZ & MIRSCHEL 1994).

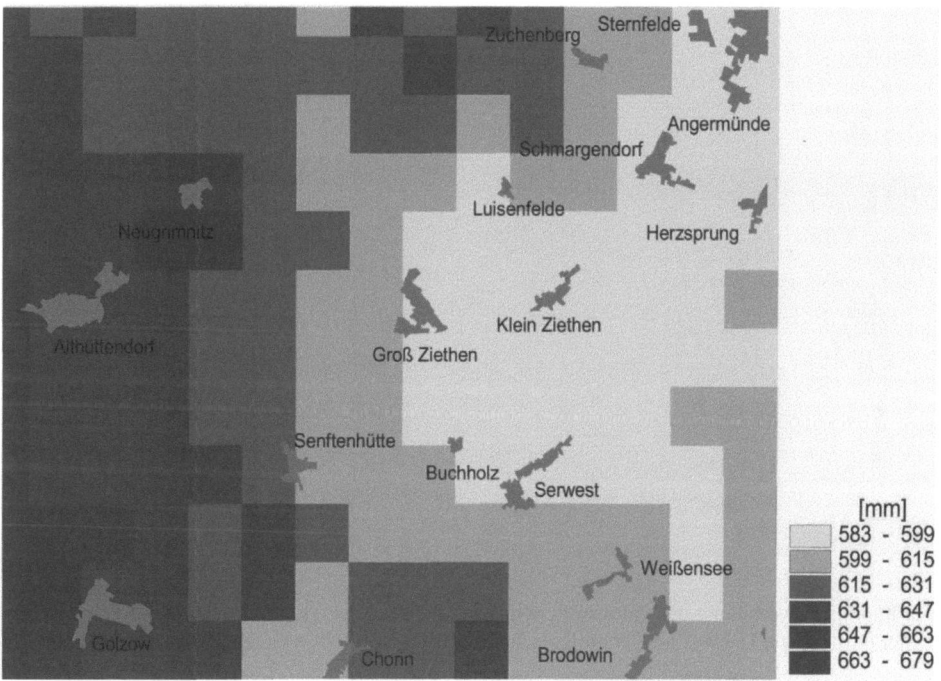

Abb. 1: Räumliche Verteilung des mittleren Jahresniederschlags [mm] in der Agrarlandschaft Chorin als 1x1-km-Raster (Grundlage: Daten des Meteorologischen Dienstes der DDR aus dem Zeitraum 1960-1990).

Die Jahresmitteltemperatur (1970-2004) liegt in der Ziethener Moränenlandschaft bei 8,6 °C. Dabei beträgt die Temperatur im Januar (kältester Monat) 0 °C bis −1 °C und im Juli (wärmster Monat) 17,5 °C bis 18,5 °C. Die mittlere Jahresschwankung der Lufttemperatur beträgt 18 °C bis 19,5 °C (WERNER et al. 2005). Auch bei der Temperatur ist in der Agrarlandschaft Chorin ein Gradient zu erkennen, der von Norden nach Süden hin zunimmt, der aber 1 K nicht überschreitet (Abb. 2).

Im Zeitraum von 1951 bis 2000 hat im Gebiet der Agrarlandschaft Chorin die mittlere Jahrestemperatur einen Anstieg von 1,2 K erfahren. Dieser Wert liegt damit deutlich über dem der globalen Temperaturzunahme von 0,6 K in den letzten 100 Jahren. Die Anzahl der Sommertage (Tagesmaximum ≥ 25 °C) und heißen Tage (Tagesmaximum ≥ 30 °C) ist ebenfalls angestiegen und zwar von 27 auf 37 bzw. von 4 auf 6 Tage pro Jahr. Im Winter ist der umgekehrte Effekt zu beobachten, die Frosttage (Tagesminimum < 0 °C) verringern sich von 104 auf 83 und die Eistage (Tagesmaximum < 0 °C) von 30 auf 22 (WERNER et al. 2005).

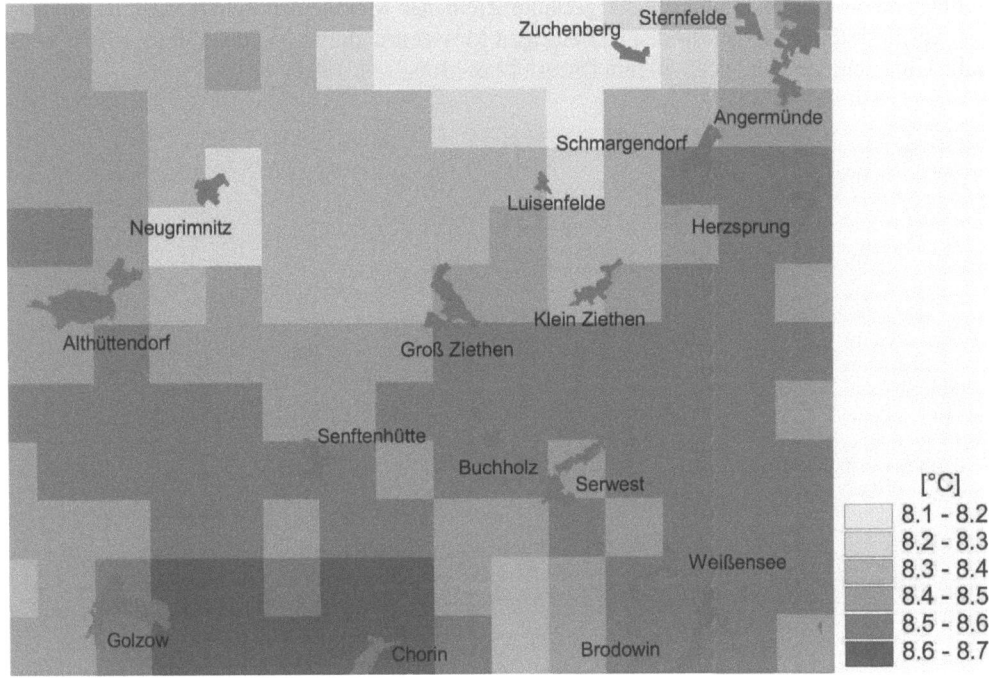

Abb. 2: Räumliche Verteilung der Jahresmitteltemperatur [°C] in der Agrarlandschaft Chorin als 1x1-km-Raster (Grundlage: Daten des Meteorologischen Dienstes der DDR aus dem Zeitraum 1960-1990).

Von den aktiv betriebenen Wetterstationen des Deutschen Wetterdienstes (DWD) ist die Station Angermünde die Station, die repräsentativ ist für das Feldberg-Choriner Seen- und Hügelland und damit auch für die Agrarlandschaft Chorin inkl. der Ziethener Moränenlandschaft (KRUMBIEGEL & SCHWINGE 1991). Da die Wetterstation Angermünde nur knapp 8 km nordöstlich von Groß Ziethen und nur 4 km vom östlichen Rand der Ziethener Moränenlandschaft entfernt liegt, ist es gerechtfertigt, die für Angermünde geltenden Aussagen zu den Klimagrößen auch auf die Ziethener Moränenlandschaft und damit auch auf die Agrarlandschaft Chorin zu übertragen. Für Angermünde liegen langjährige Datenreihen für die wichtigsten Klimagrößen Temperatur, Niederschlag und Strahlung vor. Abb. 3 zeigt für die Wetterstation Angermünde das Klimadiagramm, basierend auf 35jährigen Messreihen der Zeitperiode 1970-2004.

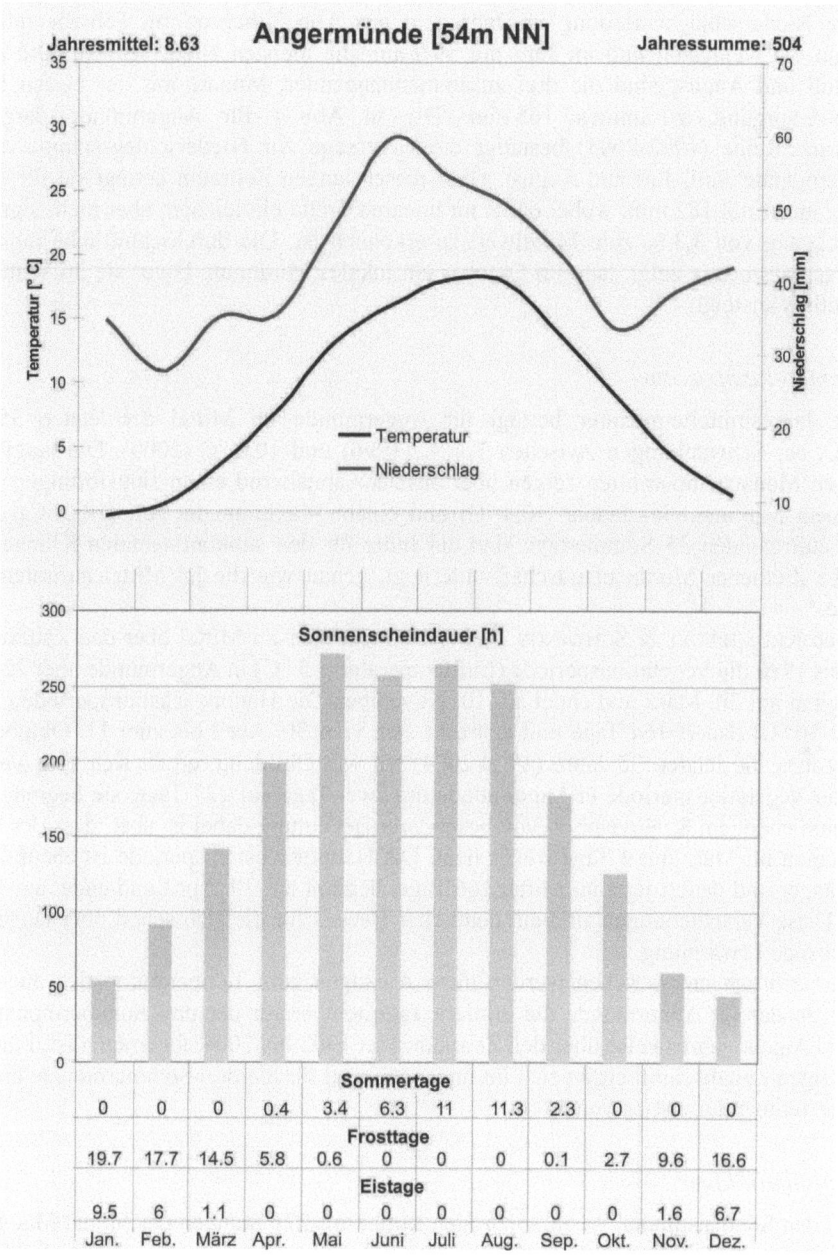

Abb. 3: Klimadiagramm der Wetterstation Angermünde (35jähriges Mittel 1967–2001).

Jahresniederschlag

Die jährliche Niederschlagssumme in Angermünde beträgt im Mittel der letzten 35 Jahre 504 mm und weist Schwankungen zwischen 323 mm (1982) und 676 mm (2002) auf. Die mittlere Niederschlagsverteilung im Jahr geht aus Abb. 3 hervor. Im Februar fallen mit 27,8 mm die wenigsten und im Juni mit 59,7 mm die meisten Niederschläge. Die Monate Juni, Juli und August sind die drei zusammenhängenden Monate mit der besten Niederschlagsversorgung, zusammen 165 mm. Die in Abb. 4 für Angermünde dargestellte 103jährige Reihe (1902-2004) bestätigt diese Aussage zur Niederschlagssumme der drei Sommermonate Juni, Juli und August. Über diesen langen Zeitraum beträgt sie für die drei Monate im Mittel 182 mm, wobei dabei im linearen Trend ein leichter, aber nicht signifikanter Rückgang von 3,3 % zum Mittelwert zu erkennen ist. Die durchschnittliche monatliche Niederschlagsmenge zeigt dann im Oktober ein lokales Minimum, bevor sie im Winter wieder deutlich ansteigt.

Jahresmitteltemperatur

Die Jahresmitteltemperatur beträgt für Angermünde im Mittel der letzten 35 Jahre 8,63 °C, bei Schwankungen zwischen 7,1 °C (1996) und 10,0 °C (2000). Die langjährigen mittleren Monatstemperaturen zeigen über das Jahr annähernd einen sinusförmigen Verlauf mit einem Minimum im Januar (-0,4 °C) und einem Maximum im Juli (18,0 °C). Die im Mittel auftretenden 35 Sommertage sind ein Indiz für den subkontinentalen Klimaeinfluss, dem die Ziethener Moränenlandschaft unterliegt, genau wie die im Mittel auftretenden 25 Eistage.

Nach KRUMBIEGEL & SCHWINGE (1991) erstreckt sich im Mittel über den Zeitraum von 1951 bis 1980 die Vegetationsperiode (Lufttemperatur > 5 °C) in Angermünde über 225 Tage, sie beginnt am 30. März und endet am 10. November. Die Hauptwachstumsperiode (Temperatur > 10 °C) dauert 164 Tage und erstreckt sich vom 30. April bis zum 11. Oktober. Verwendet man die letzten 35 Jahre (1970-2004) zur Mittelbildung, ergibt sich eine Verlängerung der Vegetationsperiode in Angermünde um zwei Tage auf 227 Tage, sie beginnt am 26. März und endet am 8. November. Von besonderer Bedeutung dabei ist aber, dass der Vegetationsbeginn im März um 4 Tage früher liegt. Die Hauptwachstumsperiode ist ebenfalls zwei Tage länger und dauert jetzt im Mittel 166 Tage, beginnt am 29. April und endet am 12. Oktober. Diese Verschiebungen sind ein deutlicher Beweis für die sich schon über längere Zeit erstreckende Erwärmung.

Sehr deutlich unterstrichen werden diese Aussagen zum Temperaturanstieg auch durch Abb. 4, in der für Angermünde die mittlere Tagestemperatur der drei Sommermonate Juni, Juli und August jahresweise über den Zeitraum von 1902 bis 2004 abgetragen ist. Für diesen 103jährigen Zeitabschnitt ergibt sich im linearen Trend für die drei Sommermonate ein signifikanter Temperaturanstieg von 3,6 K.

Sonnenscheindauer

Bei den Sonnenstunden ist im 35jährigen Mittel mit 271 Stunden der Monat Mai am sonnenreichsten, aber auch Juli, August und September liegen mit jeweils mehr als 250 Stunden in der gleichen Größenordnung. In den drei Wintermonaten Dezember, Januar und Februar werden dagegen im Mittel nur um die 50 Sonnenscheinstunden erreicht.

Klimatische Wasserbilanz

Die Klimatische Wasserbilanz (KWB) beträgt im 35jährigen (1967-2001) Mittel für die Station Angermünde –115,8 mm und schwankt jahresbedingt zwischen +145,8 mm (1994) und –401,5 mm (1982). Über diese Jahre lässt sich im linearen Trend ein ganz leichter, aber nicht signifikanter Anstieg bei der KWB erkennen. Im Winterhalbjahr (November bis April) ist die KWB im 35jährigen Mittel mit 85,7 mm (-53,7 mm (2003) bis 217,8 mm (1994)) positiv, was eine grundlegende Voraussetzung ist für eine Grundwasserneubildung, die aber bei dieser Größenordnung nicht sehr hoch ausfällt. Im Sommerhalbjahr (Mai bis Oktober) ist sie dagegen mit –198,9 mm (-404,0 mm (1982) bis 62,4 mm (1996)) stark negativ und ein Beweis für das häufige Auftreten von Wassermangelstresssituationen. Weitere Ergebnisse zur KWB in der Ziethener Moränenlandschaft sind für den Zeitabschnitt bis 2005 bei MIRSCHEL et al. (2006) zu finden.

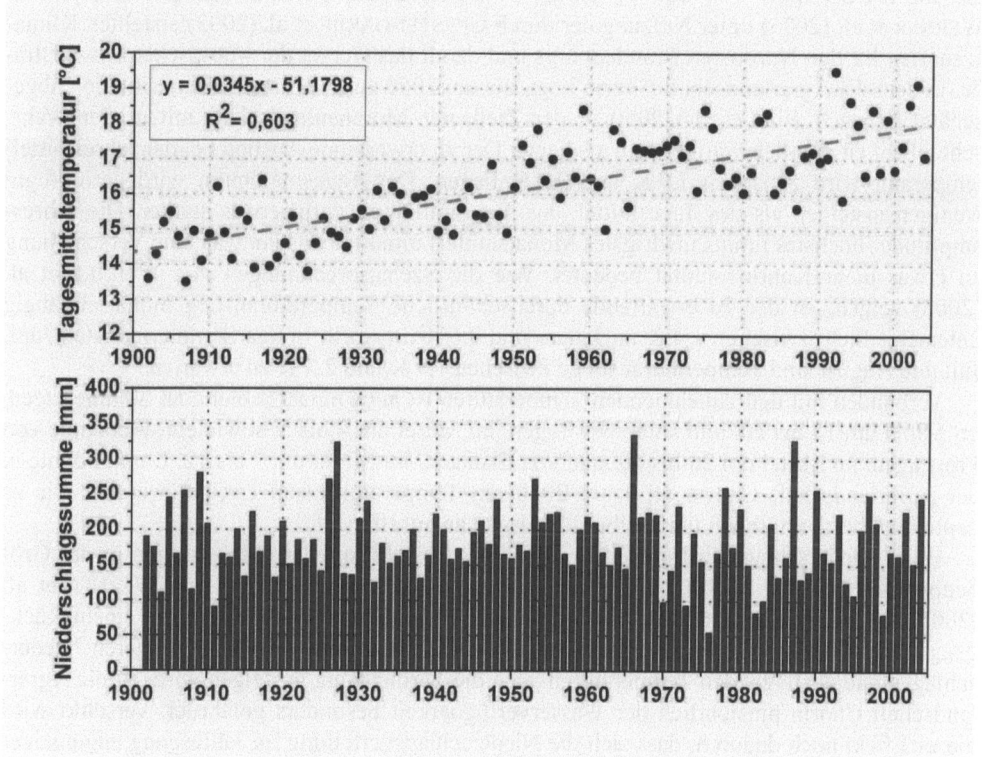

Abb. 4: Niederschlagssumme (unten) und Tagesmitteltemperatur (oben) der drei Sommermonate Juni, Juli und August der Station Angermünde im Zeitraum 1902 - 2004 (ANDERS et al. 2002, erweitert).

Für die Ziethener Moränenlandschaft sind häufig auftretende Kahlfröste im Winter und Frühsommertrockenheiten verbunden mit niederschlagsarmen Perioden in den Monaten April bis Juni und hohen Temperaturen typisch. Charakteristisch für das Gebiet ist aber auch eine Spätfrostgefahr bis in den Mai, die im Mittel der letzten 35 Jahre bei 0,6 Tagen liegt. Aus dem Trend der letzten beiden Jahrzehnte ist zu erkennen, dass die Winter insgesamt milder und niederschlagsreicher geworden sind, und die Häufigkeit der Frühsommertrockenheit signifikant zugenommen hat.

2.2 Mögliche zukünftige Klimaänderungen

Der eben für die letzten Jahrzehnte aufgezeigte Trend wird sich in Zukunft in ähnlicher Art und Weise fortsetzen. Für den Zeitraum bis 2050 wurden durch das IPCC (Intergovernmental Panel on Climate Change) unter Nutzung komplexer Klimamodelle mögliche globale Klimaänderungen abgeleitet. Dabei kann es zu einer globalen Temperaturerhöhung von bis zu 2,6 K, einer möglichen Erhöhung der CO_2-Konzentration in der Atmosphäre auf 450-550 ppm und einer Änderung der Niederschläge im Winter (+10 %) und im Sommer (-10 %) kommen (MANDERSCHEID & WEIGEL 2006). Basierend auf diesen globalen Abschätzungen, die im IPCC-Report von 2001 (HOUGHTON et al. 2001) zusammengefasst sind, haben WERNER et al. (2005) unter Nutzung der durch GERSTENGARBE et al. (2003) erstellten Klimaszenarien für den Nordosten Brandenburgs und damit das Gebiet der Märkischen Eiszeitstraße, in dem die Agrarlandschaft Chorin liegt, die um 2050 zu erwartende Klimasituation abgeschätzt. Danach wird es um 2050 in der Ziethener Moränenlandschaft mit großer Wahrscheinlichkeit deutlich wärmer sein als heute. Der zu erwartende Anstieg bei der Jahresmitteltemperatur wird zwischen 1,9 K und 2,1 K liegen. Das Tagesmaximum wird geringfügig weniger ansteigen als das Tagesmittel, das Tagesminimum dafür etwas stärker. Die Jahresamplitude (höchstes minus niedrigstes Monatsmittel) nimmt etwas zu, was eine Verschiebung zu etwas mehr Kontinentalität bedeutet. Wie die Szenariorechnungen von WERNER et al. (2005) zeigen, ist der zu erwartende durchschnittliche Temperaturanstieg monatsabhängig unterschiedlich, zwischen 1,4 K im Januar und 2,6 K im April. In den Sommermonaten Juni, Juli und August sind Temperaturanstiege zwischen 1,9 K und 2,3 K zu erwarten.

Verbunden mit den zunehmenden Temperaturen ist auch eine Zunahme an Sommertagen, im Mittel um 18 bis 20, und an heißen Tagen, im Mittel um 4 bis 5, sowie eine Abnahme von Frosttagen, im Mittel um 20 bis 40, und von Eistagen, im Mittel um 7 bis 12. Damit könnte in der Agrarlandschaft Chorin im Jahre 2050 ein Temperaturniveau erreicht werden, wie es heute im Oberrheingraben um Freiburg/Breisgau anzutreffen ist.

Beim Niederschlag wird mit einer Abnahme der Jahresniederschlagssumme in der Größenordnung von bis zu 100 mm zu rechnen sein. Szenariorechnungen von WERNER et al. (2005) zeigen, dass im Durchschnitt bis auf den Oktober in allen Monaten mit einem Rückgang der Niederschläge zu rechnen sein wird. Da mit zu erwartenden geringeren Niederschlägen und ansteigenden Temperaturen auch die Verdunstung ansteigen wird, ist die Agrarlandschaft Chorin hinsichtlich der Wasserverfügbarkeit besonders gefährdet. Verstärkt wird dieser Effekt noch dadurch, dass sich die Niederschlagsverteilung im Jahresgang ungünstiger gestalten wird, d. h. der Niederschlagsrückgang im Sommer wird deutlicher ausgeprägt sein als der im Winter. Dabei ist besonders in den Sommermonaten Juni, Juli und August mit einem Niederschlagsdefizit von 45 mm zu rechnen. Aber auch in den Wintermonaten Dezember, Januar und Februar ist laut obiger Szenariorechnungen mit einem durchschnittlich um 23 mm geringeren Niederschlag zu rechnen.

Veränderungen bei der Temperatur und beim Niederschlag beeinflussen über die sich damit verändernde Verdunstung die Klimatische Wasserbilanz (KWB). Die für die bevorstehenden 45 Jahre bis 2050 abgeschätzten Klimaänderungen ergeben bei der jährlichen KWB im linearen Trend eine Abnahme um 110 mm, was sich auch negativ auf die Grundwasserneubildung auswirken wird. Detaillierte Ausführungen zur KWB in der Ziethener Moränenlandschaft für den Zeitabschnitt bis 2050 sind bei MIRSCHEL et al. (2006) zu finden.

3 Witterung

Zur lokalen und damit gebietsrepräsentativen Wetterbeobachtung wurde in der Mitte der Ziethener Moränenlandschaft, am Westrand der Ortslage Groß Ziethen, eine automatische meteorologische Messstation vom Typ *FMA 186* installiert, die die wichtigsten Wettergrößen (Lufttemperatur in 20 cm und 200 cm Höhe (jeweils Minimum, Maximum Mittel), Niederschlag, Globalstrahlung, Luftfeuchte und Windgeschwindigkeit) und zusätzlich noch die Bodentemperatur in 5 cm, 20 cm und 50 cm Tiefe erfasst. Diese Messstation wurde vom Biosphärenreservat Schorfheide Chorin finanziert. Um für Auswertungen vergleichbare und komplette Jahresreihen für die einzelnen Wettergrößen zur Verfügung zu haben, wurden einzelne Fehlstellen in den Messreihen durch Werte der Wetterstation in Angermünde aufgefüllt.

Für den 15jährigen Zeitraum von 1990 bis 2004 sind in Abb. 5 die jahresbezogenen Witterungsbedingungen wiedergegeben, d. h. die Jahresmitteltemperatur, die jährliche Niederschlagssumme, die Globalstrahlung und die Klimatische Wasserbilanz.

Im 15jährigen Witterungszeitraum von 1990 bis 2004 unterliegt die Jahresmitteltemperatur mit Werten zwischen 6,8 °C (1996) und 9,7 °C (1990 und 2000) einer mit 2,9 K großen Schwankungsbreite um den Mittelwert von 8,86 °C (Abb. 5). Unter Berücksichtigung des Extremjahres 1996 ergibt sich für den 15jährigen Zeitraum im Trend faktisch kein Temperaturanstieg, lediglich 0,0003 K a^{-1}. Schließt man 1996 aus dem Betrachtungen aus, dann bewegt sich die Schwankungsbreite über die restlichen 14 Jahre mit 1,2 K im Normalbereich.

Beim Jahresniederschlag liegen die Jahre 1991, 1992, 1996, 1999 und 2003 deutlich unter dem 15jährigen Mittelwert von 572,6 mm. Es gibt aber auch Jahre mit sehr hohen Jahresniederschlägen wie z. B. 1998 mit 698,7 mm und 2002 mit 749,8 mm. Über die Periode von 1990 bis 2004 lässt sich im Trend eine Zunahme des Jahresniederschlages von 2,2 mm a^{-1} feststellen (Abb. 5).

Abb. 5 zeigt, dass die Globalstrahlung im betrachteten 15jährigen Zeitraum zwischen den Jahren recht ausgeglichen ist, wobei über der Ziethener Moränenlandschaft im Jahr 2003 die Sonne am meisten (Abweichung vom Mittel: 15,5 %) und im Jahr 1996 am wenigsten (Abweichung vom Mittel: -10,3 %) schien. Insgesamt kann über den gesamten 15jährigen Zeitraum ein schwach zunehmender Trend bei der Globalstrahlung von Jahr zu Jahr in der Größenordnung einer Globalstrahlung, die an einem sonnigen Hochsommertag einstrahlt, beobachtet werden.

Aus Abb. 5 wird deutlich, dass die Jahre mit einer ausgeprägten negativen Klimatischen Wasserbilanz unterhalb –200 mm, d. h. die Jahre 1991, 1992, 1999 und 2003, auch die Jahre sind, in denen die Jahresniederschlagssumme deutlich unter dem Durchschnitt lag (1991: 449,8 mm; 1992: 466,7 mm; 1999: 486,1 mm; 2003: 411,9 mm). In diesen Jahren lag auch die Globalstrahlungssumme über dem Durchschnitt. Eine Ausnahme ist hier das Jahr 1996. Obwohl auch hier der Jahresniederschlag mit nur 466,6 mm gering ist, ist die klimatische Wasserbilanz mit +20 mm leicht positiv. 1996 war aber mit einer Jahresdurchschnittstemperatur von nur 6,8 °C ein sehr kühles Jahr, in dem zusätzlich auch noch die Strahlungssumme mit ca. 10 % unter dem 15jährigen Mittel lag. Geringe Strahlung und geringe Temperatur bedingen eine geringe Verdunstung, so dass die Klimatische Wasserbilanz als Differenz zwischen Niederschlag und Verdunstung unter diesen Witterungsbedingungen eine leicht positive Bilanz aufweist. Trotz der 5 Jahre innerhalb der Zeitspanne von 1990 bis 2004, in denen eine positive Klimatische Wasserbilanz auftritt, ist im Mittel über den gesamten 15jährigen Zeitraum die Klimatische Wasserbilanz mit im Mittel -85,8 mm a^{-1} deutlich negativ. Daraus lassen sich, wenn der Trend weiterhin anhält, auch erste Probleme bei der Grundwasserneubildung und bei der Wasserbilanz der zahlreichen Kleingewässer (Sölle) in der Agrarlandschaft Chorin ableiten.

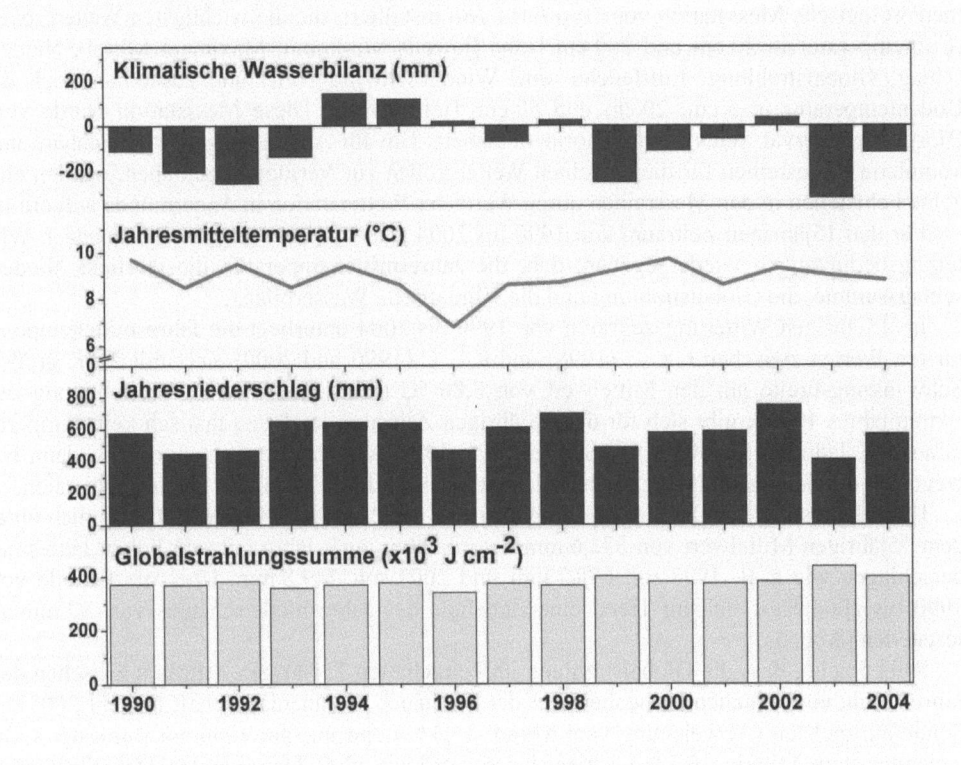

Abb. 5: Witterungsverlauf in der Ziethener Moränenlandschaft charakterisiert durch Klimatische Wasserbilanz, Jahresmitteltemperatur, Jahresniederschlag und Globalstrahlung im 15jährigen Verlauf von 1990 bis 2004 (meteorologische Station Groß Ziethen).

Danksagung

Diese Arbeit wurde gefördert durch das Bundesministerium für Ernährung, Landwirtschaft und Verbraucherschutz sowie das Ministerium für Ländliche Entwicklung, Umwelt und Verbraucherschutz des Landes Brandenburg.

Literatur

ANDERS, S., W. BECK, A. BOLTE, G. HOFMANN, M. JENSSEN, U. KRAKAU & J. MÜLLER (2002): Ökologie und Vegetation der Wälder Nordostdeutschlands. Verlag Dr. Kessel, Oberwinter, 283 S.

GERSTENGARBE, F.-W., F. BADECK, F. HATTERMANN, V. KRYSANOVA, W. LAHMER, P. LASCH, M. STOCK, F. SUCKOW, F. WECHSUNG & P.C. WERNER (2003): Studie zur klimatischen Entwicklung im Land Brandenburg bis 2055 und deren Auswirkungen auf den Wasserhaushalt, die Forst- und Landwirtschaft sowie die Ableitung erster Perspektiven. PIK Report No. 83, 79 S.

HOFMANN, G. & U. POMMER (2005): Potenzielle Natürliche Vegetation von Brandenburg und Berlin mit Karte im Maßstab 1:200.000. Eberswalder Forstliche Schriftenreihe, Band XXIV, 313 S.

HOUGHTON, J.T., Y. DING, D.J. GRIGGS, M. NOGUER, P.J. VAN DER LINDEN & D. XIAOSU, (Eds.) (2001): Climate Change 2001: The Scientific Basis. Cambridge University Press.

LESER, H. (Hrsg.) (1994): Westermann-Lexikon Ökologie und Umwelt. Georg Westermann Verlag, Braunschweig, 667 S.

KRUMBIEGEL, D. & W. SCHWINGE (1991): Witterung – Klima, Datenzusammenstellung für Mecklenburg-Vorpommern, Brandenburg und Berlin. Wetteramt Potsdam, Eigenverlag DWD, 80 S.

MANDERSCHEID, R. & H.-J. WEIGEL (2006): Klimawandel und Getreideanbau – Worauf muss sich die praktische Landwirtschaft einstellen? Getreide-Magazin, Heft 2/2006, S. 134-139.

MIRSCHEL, W., A. SCHULTZ, R. WIELAND, G. LUTZE & K. LUZI (2006): Modellgestützte Analyse ausgewählter Größen des Landschaftshaushaltes am Beispiel der Agrarflächen der Ziethener Moränenlandschaft. In diesem Band.

SCHULTZ, A. & W. MIRSCHEL (1994): Modelle auf dem Prüfstand - Wie genau sind agrarökologische Simulationsmodelle? *Zeitschrift für Agrarinformatik* 2, S. 22-29.

WERNER, P.C., F.-W. GERSTENGARBE, W. LAHMER, P. LASCH, F. SUCKOW & F. WECHSUNG (2005): Klima, Klimaänderung und deren Auswirkungen im Gebiet der Märkischen Eiszeitstraße zwischen 1951 und 2055. In: GESELLSCHAFT ZUR ERFORSCHUNG UND FÖRDERUNG DER MÄRKISCHEN EISZEITSTRAßE e.V. (Hrsg.), Entdeckungen entlang der Märkischen Eiszeitstraße, Heft 10, Eberswalde, 53 S.

Exkurs zur Nutzungsgeschichte der Gemarkung Klein Ziethen

Hans-Jürgen Philipp [4]

Zusammenfassung

Das am Nordrand der Agrarlandschaft Chorin gelegene Klein Ziethen, dessen Gemarkung gegenwärtig 865 ha umfasst, wurde wahrscheinlich im ausgehenden 13. Jahrhundert deutschrechtlich besiedelt. Die seitherige dominante land- und forstwirtschaftliche Nutzung dieser Gemarkung wird in die folgenden Epochen gegliedert: 1. Gründung und Ausbau des Bauerndorfes Klein Ziethen im Hochmittelalter, 2. das "adlige" Dorf Klein Ziethen im Spätmittelalter, 3. das Choriner Klosterdorf Klein Ziethen an der Schwelle zur Neuzeit, 4. das kurfürstliche Amtsdorf Klein Ziethen in der frühen Neuzeit, 5. der Untergang Klein Ziethens in den Kriegen des 17. Jahrhunderts, 6. Neuanfang und Neuerungen Klein Ziethens im Zeitalter des Absolutismus, 7. Reform- und Meliorationsprojekte in Klein Ziethen im Industriezeitalter. Auch seit 1989/90 ist Klein Ziethen eine Agrargemeinde geblieben.

Abstract

The district of Klein Ziethen, located on the northern fringe of the Chorin agrarian landscape und comprising currently 865 hectares, was settled, according to the "ius teutonicum", probably in the outgoing 13th century. Its dominant agricultural and forestry land use ever since is classified into the following epochs: 1. the foundation and consolidation of the peasant village Klein Ziethen in the High Middle Ages, 2. the "noble" village Klein Ziethen in the Late Middle Ages, 3. the Chorin monastery district village Klein Ziethen on the threshold of modern times, 4. the electoral administrative village Klein Ziethen in the early modern period, 5. the ruin of Klein Ziethen in the wars of the 17th century, 6. the restart of and innovations in Klein Ziethen in the age of absolutism, 7. reform and melioration projetcs in the industrial era. Also since 1989-90 Klein Ziethen is still an agrarian community.

1   Einleitung

Nachstehend wird die Nutzung der Gemarkung Klein Ziethen (mit gegenwärtig 865,2 ha Fläche und weitgehend unbekannten Flächenveränderungen im Laufe der Zeit) seit ihrer deutsch-rechtlichen Besiedlung wahrscheinlich im ausgehenden 13. Jahrhundert dargestellt. Dieser Abriss geht auf eine vergleichende Analyse des Landschaftswandels in dieser und einer zweiten uckermärkischen Dorfgemarkung seit dem hochmittelalterlichen Landesausbau

---

[4] Korrespondierender Autor: Dr. H.-J. Philipp, Strebelstraße 13, D-70599 Stuttgart.
E-Mail: H.J.Philipp@web.de

im Rahmen der deutschen Ostsiedlung zurück (PHILIPP 1999). Die Materialsammlung für die beiden Fallstudien umfasste einerseits ein mehrjähriges Literatur-, Quellen- und Kartenstudium in Brandenburg und Berlin und andererseits narrative Interviews mit einzelnen Zeitzeugen (Ortsbürgermeistern, Altbauern, ehemaligen LPG-Vorsitzenden) und mehrere Flurbegehungen "vor Ort". Trotz dieses – in der historisch-genetischen Kulturlandschaftsforschung heutzutage üblichen – Mehrmethodenansatzes muss die Datenlage im Überblick über rd. 700 Jahre ungünstig beurteilt werden (vgl. a. a. O. S. 7f. zu den Erklärungsgründen und Forschungsdesideraten).

Den Exkurs gliedert eine Periodisierung, die der abgehandelten kleinräumigen und mehrhundertjährigen Landschaftsnutzung Rechnung trägt. Die gewählten Epochen waren unterschiedlich lang und unterschiedlich bedeutsam, letzteres zumindest aus retrospektiver Sicht. Immer dominierte in Klein Ziethen jedoch die land- und forst- einschließlich fisch-, jagd- und sammelwirtschaftliche Landnutzung, selbst während und nach dem Dreißigjährigen Krieg, der längsten und schlimmsten Krisenzeit in der lokalen Geschichte und Entwicklung.

2 Epochen der Nutzungsgeschichte

2.1 Gründung und Ausbau des Bauerndorfes Klein Ziethen im Hochmittelalter

Die Anfänge Klein Ziethens liegen noch völlig im Dunkeln. Ungewiss ist vor allem viererlei: Ob die an einem Flachsee – dem späteren Zietenschen oder Ziethener See und heutigen Ziethener Seebruch – erbaute Siedlung angesichts ihrer typisch slawischen Lage und ihres slawischen Namensursprunges eine slawische (wohl ukrainische) Vorgängerin hatte; ob das in einer Lehnsurkunde aus dem Jahr 1329 erstmals erwähnte "paruam Cyten" zeitgleich mit den heutigen Nachbardörfern Groß Ziethen, Altkünkendorf, Schmargendorf, Herzsprung, Serwest und Buchholz, die schon zwischen 1258 und 1287 schriftliche Erwähnung gefunden haben, gegründet wurde; wer der Siedlungsunternehmer (sog. Lokator) und die ersten Siedler entweder der deutsch-rechtlichen Umlegung eines (nahe gelegenen) slawischen Altdorfes oder der deutschrechtlichen Gründung aus wilder Wurzel waren; wie im Gründungszeitraum die Landrodung, -aufteilung, -zuteilung u. a. m. abliefen.

Die aufgeworfenen Fragen seien versuchsweise beantwortet:

Zu 1.: Bisher konnten weder in Klein Ziethen noch in Groß Ziethen slawische Siedlungsspuren archäologisch und sonst wie nachgewiesen werden (AUTORENKOLLEKTIV 1981 S. 86 bzw. 82). Auch die übrige Umgebung, abgesehen vom Umland des Parsteiner Sees und der Choriner Seen, war in vordeutscher Zeit nur dünn besiedelt, und der damals landschaftlich sicher treffend gewählte Ortsname, der "… sich von dem slawischen Wort sit = Binse, Riedgras ableiten (lässt); Sit-n ist demnach ein Ort, wo Riedgräser, Binsen wachsen" (a. a. O. S. 82), kann aus ähnlichen Gegenden übertragen worden sein. Aber siehe den nächsten Punkt.

Zu 2.: Die jetzige Agrarlandschaft Chorin gehört zu dem Raum, den die berühmten askanischen Markgrafenbrüder Johann I. und Otto III. um 1230 per Kauf erwarben und bis zu ihrem Tode 1266/67 zielstrebig besiedeln ließen. Wenn die o. g. Nachbardörfer bereits zwischen 1258 und 1287 bestanden (und noch früher gegründet sein dürften) und zudem überwiegend deutsche Namen erhielten, dann ist unwahrscheinlich, dass die sozusagen in ihrer Mitte gelegene und verhältnismäßig kleine Gemarkung Klein Ziethen nicht in jene planmäßige Besiedlung einbezogen wurde und jahrzehntelang von einer Besiedlung ausgespart blieb, zumal der Landesausbau im damaligen brandenburgisch-pommerschen Grenzgebiet schon Mitte des 13. Jahrhunderts allmählich auslief. Folglich ist anzunehmen, dass es zu jener Zeit in Klein Ziethen doch eine, und zwar noch nicht zu deutschem Recht umgelegte, slawische Kleinsiedlung mit anderem Namen gegeben hat, die in den wenigen überlieferten Quellen unerwähnt geblieben und bald – wohl noch vor 1300 – umgelegt und umbenannt worden ist. Ohne slawische Siedlung und Landnutzung wäre die spätere Gemarkung Klein Ziethen unverzüglich in die koloniale Besiedlung einbezogen und dann nicht auch "Ziethen" genannt worden.

Zu 3.: Über die regionale, ethnische und soziale Herkunft der ersten Einwohner kann auch nur spekuliert werden. Sollte "Ziethen" tatsächlich ein Übertragungsname sein, dann drängt sich als Herkunftsgebiet der zeitlich vor der Uckermark hauptsächlich unter askanischer Leitung durchgesiedelte Teltow auf, wo es, wie im Raum Eberswalde-Angermünde, ebenfalls je ein Groß und Klein Ziethen, Britz, Lichterfelde, Schmargendorf usw. gibt; deutsche Siedler (-kinder) zogen nachweislich vom Teltow in diesen Raum weiter. Solchen (wahrscheinlich ursprünglich aus dem altdeutschen Siedlungsraum stammenden) Zuwanderern können sich einheimische oder ebenfalls zugewanderte slawische Bauern zugesellt haben, gab es damals doch erst geringe nationale Unterschiede und Vorurteile. Als Lokatoren fungierten im Gebiet der Agrarlandschaft Chorin am ehesten vermögende Bauern.

Zu 4.: Die Aufgaben eines Lokators umfassten dort vor allem a) die Festlegung von Lage, Größe und Form der drei Hufengewanne der im Ostsiedelgebiet bis zum 18./19. Jahrhundert üblichen Dreifelderwirtschaft, b) die Festlegung von Lage und Größe des zugehörigen Straßenangerdorfes mit Hofstellen, Gärten, Wöhrden, Kirche, Friedhof, Löschteich usw., c) die Werbung und Auswahl der Siedler zu den vom Landes- und zugleich obersten Grundherrn festgelegten Bedingungen, d) den Bau der benötigten Wohn- und Nebengebäude (Speicher, Ställe, Back- und Bienenhäuser usw.) und auch der (ersten) Kirche, e) die Organisierung der Rodung und sonstigen Urbarmachung der unter a) und b) genannten, damals gewiss waldreichen und versumpften Flächen durch die Siedlerfamilien und ihr Gesinde (Klein Ziethen wurde am oder im unwegsamen Grenzwald zwischen dem Uckerland und dem Barnim, der Großen Werbellinschen Heide, angelegt), das war zweifellos die härteste und langwierigste genossenschaftliche Gemeinschaftsarbeit in der Anfangszeit, f) die Einteilung der Hufengewanne in sog. flämische Hufen (à rd. 17 ha) und dieser Hufen in Hufenstreifen (Streifenparzellen) entsprechend der im Lokationsvertrag festgelegten (und nachfolgend in den Erb- und Steuerregistern festgehaltenen) Hufenzahl sowie schließlich g) die Zuteilung der Hufen an die Bauern und die Pfarre durch Losentscheid, entsprechend ihrer wirtschaftlichen Leistungsfähigkeit oder nach der Bodengüte. Gemäß dem "ius teutonicum" wurden die Siedlerstellen als erbliches Eigentum vergeben, das nach den sog. Freijahren mit Feudalabgaben und -diensten belastet war. Der Lokator dürfte für seine Aufgabenerfüllung mit dem Schulzengut und weiteren erblichen Vorrechten und Einkünften in Klein Ziethen beliehen worden sein.

Nach der Zuteilung begannen die maximal zehn Neusiedler und ihre Arbeitskräfte das private Ackerland (der wahrscheinlich 22 ausgemessenen Hufen) und das gemeinschaftliche Weideland (Allmende) zu nutzen, gekennzeichnet u. a. durch Flurzwang, dominanten Getreidebau (im Turnus von Winter- und Sommergetreide sowie Brache), die Beweidung der Allmende, abgeernteten Felder, begrünten Brachen und restlichen Waldflächen, außerdem durch vielfältige Nutzung des hofnahen Garten- und Wöhrdenlandes. Wichtige Arbeiten der Anfangszeit waren sicherlich auch

- die Anlage von Zäunen und Hecken um das ganze Dorf und die einzelnen Gehöfte,
- die Erweiterung und Ausbesserung des lokalen Wegenetzes,
- die Entwässerung kleiner Senken und des Dorfgeländes,
- die Rodung und Inkulturnahme von nicht zu den Hufengewannen (letztere hießen vielleicht schon damals Großziethensches, Heide- und Schmargendorfer Feld) gehörenden, allgemein als Bei- oder Morgenländer bezeichneten kleineren Gemarkungsflächen sowie
- möglicherweise die Lehmgewinnung in einer im alten Flurnamen "Töpferberge" überlieferten Grube.

Insgesamt wurde im Laufe wohl mehrerer Jahrzehnte ein vorwiegend naturnaher Waldlandschaftsausschnitt in einen bäuerlich geprägten Kulturlandschaftsausschnitt umgewandelt.

2.2 Das "adlige" Dorf Klein Ziethen im Spätmittelalter

Aus dem Spätmittelalter, einer Zeit voller Konflikte, Krisen, Katastrophen und insgesamt mehr der Rück- als der Weiterentwicklung in Deutschland, liegen die ersten Details betreffend Klein Ziethen vor. 1329 verlieh der damalige Markgraf einem Vasallen aus der Adelsfamilie von Arnsdorff ganz Klein Ziethen zu erblichem Lehen. Das berühmte Landbuch Kaiser Karls IV. von 1375 lässt erkennen, dass alle 20 Zinshufen neben den beiden Pfarrhufen besetzt waren, und zwar schon so lange, dass keiner der Hufenbauern mehr in den Genuss von Freijahren kam, was für ein "ungetrübtes" Zustandsbild oder eine "hinterwäldlerische" Randlage des Ortes spricht. Auch die zwölf Kossäten (Kleinbauern, Tagelöhner) und der Krug waren gegenüber dem feudalen Dorfherrn abgabenpflichtig. Die Kossätenzahl spricht für ein mehr kleinteiliges Landnutzungsmuster als in der ersten Epoche.

Jahrzehnte später sah es anscheinend ungünstiger aus: In einer kurfürstlichen Urkunde von 1447 über die Verwaltung der Großen Werbellinschen Heide wurde Klein Ziethen zu den von Wald umgebenen "Heidedörfern" gezählt, die den Inhabern des Hegeamtes sog. Heidehafer liefern mussten. Und 1466 verkaufte die vermutlich in wirtschaftliche Schwierigkeiten geratene Dorfherrnfamilie rd. zwei Drittel des Ortes mit allen Nutzungsrechten und Einnahmequellen an den Konvent des Zisterzienserklosters Chorin. Der Restanteil – damals sechs Hufen und vier Kossätenhöfe, von denen zwei wüst lagen – verblieb noch lange im Eigentum von ebenfalls auswärtigen Familienangehörigen. Die von Arnsdorffs richteten in Klein Ziethen also nie ein Rittergut ein (jedoch in Altkünkendorf).

2.3 Das Choriner Klosterdorf Klein Ziethen an der Schwelle zur Neuzeit

Mit dem Erwerb des Großteils von Klein Ziethen arrondierte das Kloster letztmalig seine ausgedehnte Grundherrschaft im Umland, zu der bereits die Nachbarorte Groß Ziethen, Buchholz, Golzow, Serwest, Bölkendorf und Herzsprung gehörten. Wie schon hier, wurde auch in Klein Ziethen kein eigener Wirtschaftshof (Zweigbetrieb) aufgebaut, war doch die Blütezeit der zisterziensischen Grangienwirtschaft mit der in den Ordensstatuten vorgeschriebenen Eigenbewirtschaftung der Güter längst vorbei. Überall betrieb das im Niedergang begriffene Kloster nun die übliche Rentengrundherrschaft mit festgelegten Abgaben und

Diensten der abhängigen Bauern und Kossäten. Dennoch kann nicht ausgeschlossen werden, dass die fortschrittliche Klosterwirtschaft – auch bereits in den vorausgegangenen Jahrhunderten – in Klein Ziethen die Melioration von Sumpf- und Sandflächen, den Getreide-, Gemüse-, Obst- und Weinbau u. a. m. günstig beeinflusst hat, auch gefördert von der damaligen Agrarkonjunktur. Diese mögliche Einflussbeziehung endete spätestens 1542, als das Kloster im Zuge der Reformation in der Kurmark Brandenburg säkularisiert, d. h. zusammen mit seinem Grundbesitz in landesherrliches Eigentum übergeführt und in eine landesherrliche Domäne umgewandelt wurde.

2.4 Das kurfürstliche Amtsdorf Klein Ziethen in der frühen Neuzeit

Das Kurfürstliche Amt Chorin ließ 1577 ein sog. Erbregister aufstellen, das u. a. die Klein Ziethener Verhältnisse näher beschrieb. Hier besaß es ein kleines Vorwerk mit zwei Gebäuden und 152 Morgen (am ehesten 57 ha) Land, auf dem weiterhin der Getreidebau, insbesondere der Anbau des immer noch wichtigsten Brot- und Futtergetreides (Roggen bzw. Gerste), Vorrang hatte. Mit Weizen, Erbsen und Lein wurden nur kleine Flächen bestellt. Die Heugewinnung reichte in Normaljahren für 50 Stück Rindvieh. Erstmals werden die Namen aller Klein Ziethener Bauern und Kossäten, die Größe ihrer Wirtschaften sowie der Umfang ihrer Abgaben und Dienste genannt. Danach gab es fünf Bauern und zwölf Kossäten, die zum Vorwerk und damit zum Amt dienten, außerdem zwei Bauern und drei Kossäten, die den Restbesitz der von Arnsdorffs bewirtschafteten. Von den sieben Bauern waren zwei Vierhüfner und die übrigen Dreihüfner, so dass sie über ansehnliche Betriebsflächen verfügten. Die weiterhin zwei Pfarrhufen bewirtschaftete der Pfarrer nicht selbst, sondern einer der fünf Amtsbauern (als Pächter). Die meisten Kossäten hatten 3-6 Morgen Ackerland in den Beiländern; nur zwei Kossätenhöfe und ein Kossätenacker lagen wüst. Die zusammen 17 Amtsbauern und -kossäten im Dorf erledigten mit ihren Hand-, Spann- und Fußdiensten anscheinend alle anfallenden Arbeiten des wahrscheinlich viehlos wirtschaftenden Vorwerkes.

Das dem Bauernschutz im öffentlichen Interesse dienende uckermärkische Schoßregister von 1624 lässt auf eine beachtliche agrarstrukturelle Stabilität in Klein Ziethen seit 1577 schließen, war doch die Anzahl der Bauern- und Kossätenhufen sowie der Kossäten konstant geblieben und die der Bauern von sieben auf acht gestiegen. 2-3 Jahre später erfasste die politische, wirtschaftliche und gesellschaftliche Krise in ganz Mitteleuropa, die in der Katastrophe des Dreißigjährigen Kriegs (1618-1648) gipfelte, auch die Uckermark aufs Schwerste.

2.5 Der Untergang Klein Ziethens in den Kriegen des 17. Jahrhunderts

Die direkten und indirekten Kriegseinwirkungen erreichten 1637 ihren traurigen Höhepunkt. Im Frühherbst dieses Jahres verwüsteten und brannten kaiserliche Truppen u. a. Klein Ziethen nieder, dessen Einwohner geflohen waren; anschließend kehrten wohl nur ein Bauer und ein Kossät zurück. (Zumindest) 1650 und 1653 war der Ort eine Totalwüstung, 1662 lebten dort nur zwei Personen, 1680 waren erst vier Höfe bebaut, und 1686 – vor der systematischen Wiederbesiedlung (s. u.) – erst fünf elende Hütten von Familien bewohnt. Eine schnellere Erholung hatten dort und im übrigen Choriner Raum Durchmärsche, Einquartierungen, Plünderungen, Kontributionen usw. im Laufe des schwedisch-polnischen Kriegs von 1655-1660 und des brandenburgisch-schwedischen Kriegs von 1674-1679 verhindert. Im langen Kriegs- und Nachkriegszeitraum wurde insgesamt, wie vielerorts in Deutschland, die Kulturlandschaftsentwicklung der vorausgegangenen Jahrhunderte zunichte gemacht; an seinem Ende dürfte die Feldmark größtenteils wieder bewaldet gewesen sein. Darauf lässt auch schließen, dass der ab 1661 von der Havel bis zur Oder errichtete Wildzaun die Gemarkung Klein Ziethen zwischen ihrer östlichen Grenze und der Ortslage durchquerte; der mindestens 2 m hohe Zaun verfiel im 18. Jahrhundert.

2.6 Neuanfang und Neuerungen Klein Ziethens im Zeitalter des Absolutismus

Zu den Hugenotten und sonstigen Reformierten, die nach dem vom Großen Kurfürsten 1685 erlassenen Edikt von Potsdam ins aufstrebende Brandenburg-Preußen strömten, zählten 16 französisch sprechende Bauernfamilien aus dem Hennegau im heutigen Belgien. Diese sog. Refugierten ("Réfugiés") oder Kolonisten wurden in den Folgejahren unter Aufsicht des Amtes Chorin in Klein Ziethen angesiedelt und dabei staatlicherseits großzügig unterstützt (auch die 19 Kolonistenfamilien in Groß Ziethen). Die weitgehende Zerstörung des Dorfes und Einstellung der Landnutzung in den vorherigen rd. 50 Jahren machten sicherlich eine Neuvermessung der Ortslage und Feldmark notwendig. Offenbar wurde die bisherige Ortslage und -form beibehalten und demgegenüber die Flur – möglicherweise nur das Land von fünf früheren Dreihüfnern – total oder partiell umgelegt. Jede Siedlerfamilie erhielt 1 ½ "neue" (kleinere) Hufen, Hofstelle, Garten und Wöhrde. Bezieht man über das zugeteilte Land hinaus das bisherige Vorwerks-, von Arnsdorffsche, Kossäten-, Pfarr- und auch etwas Kirchenland in die Betrachtung ein, dann hatten die neuen Betriebe offenkundig einen mittelbäuerlichen, nicht einen großbäuerlichen Zuschnitt wie im Hochmittelalter. Den Siedlungs- und Betriebsaufbau einschließlich des Baus auch französischer Hausformen und der Wiederurbarmachung des verwachsenen und versumpften Acker- und Grünlandes ist ähnlich wie im Hochmittelalter vorstellbar. Dabei sind die meisten Kolonisten trotz ihrer protestantischen Ethik und der staatlichen Förderung angeblich nur langsam vorangekommen. Auf den Feldern und in den Gärten wurden aus der Heimat vertraute Kulturpflanzen eingeführt (Tabak, Kartoffel, der Maulbeerbaum zwecks Seidenraupenzucht, mehrere Gemüse-, Obst- und Blumenarten sowie Kräuter- und Heilpflanzen), die Klein Ziethen (und auch Groß Ziethen) bekannt und einzelne Bauern trotz langer Agrardepression wohlhabend machten. Auch durch diesen Neuerungsschub erhielt die Gemarkung allmählich ein "neues Gesicht". Die dortige sog. französische Kolonie zählte um 1700 über 100 Personen bei ziemlicher Fluktuation derselben; die an Kolonisten vergebenen Stellen blieben jedoch ihren Nachkommen rechtlich vorbehalten. Einschließlich der wenigen Lutheraner war die Gemeinde damals einwohnermäßig ungefähr halb so groß wie heutzutage.

Das für den Wiederaufbau benötigte viele Holz dürfte im angrenzenden Grumsiner und Schmargendorfer Forst eingeschlagen worden sein. Bis dahin und noch zeitweilig im 18. Jahrhundert bildeten die Schweinemast und die Hochwildjagd die landesherrlichen Haupteinnahmequellen aus der vorherrschenden Extensivnutzung dieser alten Eichen-Birken-Buchen-Wälder (LUTHARDT et al. 2004, passim). Die den Groß und Klein Ziethenern 1686 bewilligte Waldweide mit Rindern und Pferden hatte anfänglich eine geringe Bedeutung. Erst die Freigabe aller Wälder für die Beweidung um 1750 zog große Herden – auch von Schafen und wohl auch von Ziegen – nach sich bei gleichzeitigem Rückgang der Schweinemast. 1820, als die schädliche Waldweide- und Waldstreunutzung noch "blühte", durften die 19 Klein Ziethener Bauern 76 Pferde, 136 Rinder, 958 Schafe und 291 Schweine in die Schmargendorfer Forst eintreiben. Nach der Ablösung der Weideberechtigungen konnte gegen eine kleine Abgabe eine Zeitlang weiterhin Waldgras geworben werden (a. a. O. S. 24 und 41).

In der Regierungszeit Friedrichs des Großen (1740-1786) kamen Groß und Klein Ziethen zweimal in den Genuss der sog. Landesmelioration. Zu deren Beginn wurde der bald 200 ha große Ziethener See mittels eines "großen Wassergrabens", der den Geländerücken nördlich des Rosinsees durchstach, abgelassen zwecks Gewinnung von lokal benötigtem Acker- und Grünland. 1783/84 oder 1785/86 wurde die Sohle jenes Hauptgrabens auf Staatskosten und diejenige seiner Nebengräben auf Gemeindekosten tiefer gelegt, um der zwischenzeitlichen Sackung des mächtigen Torfsubstrats im früheren Seegebiet und dem Zufluss aus neuen Entwässerungsgräben im Grumsiner und im Schmargendorfer Forst Rechnung zu tragen. Die trockengelegte Fläche sollte nun als Dauergrünland genutzt und darauf Milchvieh geweidet werden (BORGSTEDE 1788 S. 363, LUTHARDT et al. 2004).

Im Sommer 1806 brannte nach einem Blitzschlag der Großteil des lokalen Gebäudebestandes ab, wodurch das Ortsbild jahrelang verschandelt wurde. Im Zuge des Wiederaufbaus wurde auf einer Anhöhe nördlich des Dorfes eine hölzerne Bockwindmühle (sog. Paltrockmühle) errichtet, die 1986 abbrannte.

2.7 Reform- und Meliorationsprojekte in Klein Ziethen im Industriezeitalter

Nach einem zaghaften Anlauf Ausgang des 18. Jahrhunderts erfolgte die Separation, die Aufhebung der gemeinschaftlichen Weidenutzung und die Zusammenlegung des betrieblichen Ackerlandes, in Klein Ziethen erst um 1843, und zwar ähnlich wie 1827-1835 in Groß Ziethen (MANOURY 1961). Mit dem Übergang zur Blockflur wurde die seit über 500 Jahren vorherrschende Flureinteilung und Wegführung und dadurch auch das Landschaftsbild stark verändert. Dazu gehört, dass die aufgeteilte Allmende der Kernberge, die mit degradiertem Wald, besser Gebüsch bestanden war, von ihren neuen Eigentümern gerodet und dann intensiver als Acker- und Grünland genutzt wurde. Jene landwirtschaftlichen Nutzflächen geringer Ertragsfähigkeit und starker Erosionsgefährdung forstete man um 1930 und kleckerweise nach dem Zweiten Weltkrieg wieder auf, und zwar vor allem mit Kiefern und Birken.

Dass die Separation das Abgehen vom Dorfsystem, d. h. von der geschlossenen Dorfanlage und traditionellen Dorfgemeinschaft, und die Einführung des Hofsystems erleichterte, exemplifizieren die 1845 und (bis) 1860 unweit der nördlichen Gemarkungsgrenze errichteten Abbauten Luisenfelde (mit anfänglich 129 ha und um 1900 rd. 250 ha Betriebsfläche) und Töpferberge, das Vorwerk jenes Guts. Anstelle des Vorwerkes ließ eine Eberswalder Industriellenfamilie 1921 ein herrenhausähnliches Jagdhaus und mehrere Nebengebäude neu bauen. In den Torfwiesen einer Senke westlich des Weges nach Luisenfelde wurde zwischen ungefähr 1850 und 1930 durch 13 Klein Ziethener Betriebe Torf gestochen.

Um 1840 wurde in dem tief eingeschnittenen Hauptgraben (Seebruch-Rosinsee) eine Rohrleitung (rd. 750 m lang, 0,45 m Ø) verlegt, die die Gemeinden Groß und Klein Ziethen vertraglich zu unterhalten hatten. Als diese Leitung das Seebruch nicht mehr ausreichend entwässerte, wurde 1905 durch das Meliorationsbauamt (Berlin-) Charlottenburg ein entsprechendes Projekt geplant und 1909 von den von der Wiedervernässung betroffenen Landeigentümern der "Wasser- und Bodenverband Seebruch in Klein Ziethen, Kreis Angermünde" (Verbandsgebiet: 175,5 ha) gegründet. Die Projektdurchführung 1912/13 bestand in der Tieferlegung und größeren Dimensionierung (0,80 m Ø) der Rohrleitung sowie im Ausbau offener Gräben.

Mitte der 1920er Jahre wurde die (neuerliche?) Entwässerung der Acker- und Wiesenstücke im "Klusheide" genannten Senkenbereich (23 ha) bei Luisenfelde in Angriff genommen, wo fast alle Klein Ziethener Bauern Land hatten. Letztere gründeten dazu eine Wassergenossenschaft.

Wenige Monate nach Ende des Zweiten Weltkriegs, den der Ort ohne nennenswerte Kriegseinwirkung überstand, erfolgte im Rahmen der sog. Demokratischen Bodenreform die entschädigungslose Enteignung der Eigentümer der Gutsbetriebe Luisenfelde und Töpferberge, zweier Großbauern und einer kleinen Teilfläche des Guts Altkünkendorf innerhalb der Gemarkung Klein Ziethen mit zusammen 442 ha Ackerland, 33 ha Wald, 16 Wohnhäusern und 17 Wirtschaftsgebäuden; ein "Naziverbrecher" musste seinen Pachtbetrieb abgeben. Aus der Bodenreform waren 1951 29 Kleinsiedlerbetriebe mit 1-5 ha LN und 45 Vollsiedlerbetriebe mit 10-15 ha LN hervorgegangen; im "Bodenfonds" verblieben 58 ha (ENDERS 1986 S. 1170). Für die Neubauern, überwiegend Heimatvertriebene und Flüchtlinge, wurden die enteigneten und einzelne großbäuerliche Wirtschaftsgebäude aufgeteilt und zu provisorischen Scheunen und Ställen umgebaut. Ihrem Mangel an Betriebsmitteln konnte jahrelang nur notdürftig abgeholfen werden. 1948-1951 wurden 14 Neubauerngehöfte (kleine normierte Wohnstallhäuser, z. T. mit Scheune) fertiggestellt, davon neun am Rande des Altdorfes, vier in Luisenfelde und eines in Töpferberge. Durch die staatlichen Jahresanbaupläne und Neulandgewinnungsauflagen änderte sich auch das Flurbild beträchtlich.

Das Ziethener Seebruch wurde in der zweiten Hälfte des 20. Jahrhunderts erneut mehrfach melioriert:

- 1958 (nach Vorarbeiten ab 1954) durch den Bau eines Schöpfwerkes mit Pumpenhäuschen (Wassereinzugsgebiet: über 1.550 ha), eines Auffangbeckens und einer elektrischen Freileitung, den Ausbau der Hauptvorflut- und Binnenentwässerungsgräben sowie die Tieferlegung von Rohrleitungen; der damalige Plan, die wieder stark vernässten und versauerten Wiesen an den Hauptgräben A-E (rd. 120 ha) umzubrechen, entsprechend zu düngen, neu einzusäen und dann intensiv zu nutzen, wurde aufgegeben (unrealisiert blieb auch die um 1970 projektierte Anlage für 5.000 Jungrinder mit angeschlossenem großflächigen, gülleberegneten Feldfutterbau in Groß und Klein Ziethen, Neugrimnitz und Altkünkendorf);
- in den 70er und 80er Jahren durch Instandhaltungsarbeiten an den Vorflutern (und auch am Sammelgraben der Klusheide).

Nach mehrjähriger Diskussion der Vor- und Nachteile einer gezielten Wiedervernässung des Seebruches – 1992/93 auch im ZALF – erteilte der Landrat des Landkreises Barnim im Jahr 2000 für die Betreibung des Schöpfwerkes eine wasserrechtliche Erlaubnis, die das Pumpregime auf der Basis von Pegelmessungen reguliert.

Im Rahmen des Flurmeliorationsprojektes, das 1987 zwischen dem Dorf und den Kernbergen durchgeführt wurde, wurden insgesamt 19 ha gedränt, 24 kleine Sölle und sonstige "Löcher" mit Erde verfüllt, über 700 Bäume gefällt usw. Die gesamte Vorteilsfläche belief sich auf ca. 250 ha (PROJEKTUNTERLAGEN 1986, passim).

Ein örtlicher Landwirtschaftsbetrieb, der 1951 aus den Flächen und Gebäuden von abgewanderten, "republikflüchtigen" und leistungsschwachen Alt- und Neubauern hervorgegangen war, bildete den Grundstock für die 1955 gegründete Landwirtschaftliche Produktionsgenossenschaft (LPG) Typ III "Thomas Münzer" Klein Ziethen mit anfänglich 14 Mitgliedern und 401 ha LN. Die letzten "freien" Bauern schlossen sich im sog. sozialistischen Frühling 1960 zu einer kleinen LPG Typ I zusammen und 1964 jener LPG Typ III an. Anschließend wurde durchgängig eine Großblockflur eingerichtet und nach der Eingliederung der lokalen Feldwirtschaft in die Kooperative Abteilung Pflanzenproduktion (KAP) Joachimsthal und die aus ihr hervorgegangene LPG Pflanzenproduktion Joachimsthal ab Mitte der 70er Jahre eine gemarkungsübergreifende Großraumwirtschaft betrieben. Die lokale Tierhaltung ging in der von den LPG Klein Ziethen, Groß Ziethen und Senftenhütte 1975 gegründeten LPG Tierproduktion Klein Ziethen (mit dortigem Sitz und großen Anlagen) auf, die sich auf Milch- und Läuferproduktion, Schweinemast und Schafhaltung spezialisierte. Dieser Großbetrieb wurde 1991/92 zusammen mit dem sog. Bereich III der liquidierten LPG (P) Joachimsthal (mit damals fast 2.000 ha LN in sieben Gemarkungen) in eine eingetragene Genossenschaft und der Unternehmensform nach in einen Gemischtbetrieb mit integriertem Produktionssystem umgewandelt. Lokal entstanden zwischen 1991 und 1996 auch drei wieder und neu eingerichtete Einzelunternehmen mit 2-180 ha Eigen- und/oder Pachtland: ein Haupterwerbs- (Marktfruchtbetrieb) und zwei Nebenerwerbsbetriebe (Gemischtbetriebe). Im letzten Jahrzehnt gingen die durchschnittliche Schlaggröße, der Viehbesatz, die Anbauintensität und auch die Umweltbelastung zurück. Trotz des Berufswechsels von vielen Einwohnern seit 1989/90 und trotz der Ansiedlung von acht kleinen Gewerbebetrieben (überwiegend Einmannbetrieben) seit 1995 ist Klein Ziethen eine Agrargemeinde geblieben. In seiner rd. 700jährigen Nutzungsgeschichte sind nämlich

- die Bearbeitung und Vermarktung von landwirtschaftlichen und sonstigen Produkten durch die vereinzelten lokalen Handwerker und Händler (auch bereits vor der Gewährung der Gewerbefreiheit im Jahr 1810),
- die Freizeit- und Erholungsaktivitäten von Einheimischen und (u. a. Berliner) Besuchern der betrieblichen Ferienanlage am Serwester See, der lokalen Gaststätte(n), des Biosphärenreservats Schorfheide-Chorin, des Aussichtspunktes auf dem Drebitzberg usw. sowie
- die ökologischen Zielen dienende Unterschutzstellung von Gemarkungsteilen, beginnend mit dem 1952 beschlossenen Landschaftsschutzgebiet "Choriner Endmoränenbogen"

stets von nachrangiger Bedeutung gewesen.

Danksagung

Diese Arbeit wurde gefördert durch das Bundesministerium für Ernährung, Landwirtschaft und Verbraucherschutz sowie das Ministerium für Ländliche Entwicklung, Umwelt und Verbraucherschutz des Landes Brandenburg.

Literatur

AUTORENKOLLEKTIV (1981): Um Eberswalde, Chorin und den Werbellin-See. Ergebnisse der heimatkundlichen Bestandsaufnahme in den Gebieten Joachimsthal, Groß Ziethen, Eberswalde und Hohenfinow. Werte unserer Heimat, Band 34, Akademie-Verlag Berlin.

BENOIT, W. & E. BENOIT (1909): Geschichte der Familie Benoit von 1621 bis 1909. Macklot'sche Druckerei, Karlsruhe.

BORGSTEDE, A. H. (1788): Statistisch-Topographische Beschreibung der Kurmark Brandenburg. 1. Th., Unger, Berlin.

ENDERS, L. (Bearb.) (1986): Historisches Ortslexikon für Brandenburg. T. VIII: Uckermark. Veröffentlichungen des Staatsarchivs Potsdam, Band 21, Hermann Böhlaus Nachf., Weimar.

ENDERS, L. (1992): Die Uckermark. Geschichte einer kurmärkischen Landschaft vom 12. bis zum 18. Jahrhundert. Veröffentlichungen des Brandenburgischen Landeshauptarchivs Potsdam, Band 28, Hermann Böhlaus Nachf., Weimar.

LUTHARDT, M., M. WULF & R. SCHULZ (Hrsg.) (2004): Ein Buchwald im Wandel - 300 Jahre Nutzungsgeschichte des Grumsiner Forstes. Verlag Natur & Text, Rangsdorf, 102 S.

MANOURY, K. (1961): Die Geschichte der französisch-reformierten Provinzgemeinden. Consistorium der französischen Kirche, Berlin.

PHILIPP, H.-J. (1999): Landschaftsveränderungen in uckermärkischen Dorfgemarkungen seit dem Hochmittelalter. Versuch der Rekonstruktion. ZALF-Berichte, Nr. 38, ZALF, Müncheberg.

PROJEKTUNTERLAGEN (1986): Dokumentation zur Grundsatzentscheidung, Vorbereitungs- und Ausführungsunterlagen "Melioration Kernberge - Klein Ziethen". Reg.-Nr. 4026/2/86, Meliorationsgenossenschaft "Prof. Dr. Petersen" Niederfinow.

SCHMIDT, A. (1999): Beitrag zur historischen Landschaftsanalyse für aktuelle Fragen des Naturschutzes: Eine Untersuchung durchgeführt am Beispiel des Biosphärenreservates Schorfheide-Chorin. Dissertation, Christian-Albrechts-Universität Kiel, GCA-Verl., Herdecke, 368 S.

Lokale Landschaftsaneignung durch Einwohner Klein Ziethens

Hans-Jürgen Philipp [5]

Zusammenfassung

Die beschriebene Explorations- oder Pilotstudie, wohl die erste ihrer Art in Brandenburg, basiert auf dem geografischen Aktionsraum-, soziologischen Alltagswelt- und psychologischen Aneignungskonzept. 1993 wurden 36 zufällig ausgewählte erwachsene Einwohner Klein Ziethens halbstandardisiert danach befragt, wie sie die landschaftlichen Verhältnisse in einem Ausschnitt ihres Aktionsraums und ihrer Alltagswelt, nämlich in der unbebauten Gemarkung ihrer Wohngemeinde, nutzen, kennen und bewerten und sich damit insgesamt angeeignet haben. Erwartungsgemäß äußerte die Mehrheit der Befragten eine häufige Nutzung wenigstens der Feldmark sowohl in den Jahren vor als auch nach der Wiedervereinigung, eine beträchtliche Lokalkenntnis zumindest gemäß Selbsteinschätzung und eine hohe, insbesondere ästhetische Wertschätzung des attraktiven Landschaftsausschnitts im Umland.

Abstract

The pilot study reported, presumably the first of its kind in Brandenburg, was based on the geographical activity space, the sociological everyday world and the psychological appropriation/acquisition concepts. In 1993 36 randomly selected adult Klein Zietheners were interviewed by means of a semi-standardized questionnaire and asked about their use, knowledge and valuation of the landscape features within a sector of their activity space and everyday world, namely within the so-called unsettled part of the local community area. Grosso modo conform with the main hypothesis, the majority of the respondents expressed an intensive use at least of the Feldmark in the years before and also since re-unification in 1990, a considerable knowledge according to self-appraisal, and a favorable, especially aesthetic valuation of the attractive environs.

1 Einleitung

Weitaus die meisten Bewohner Brandenburgs (ohne das bis 1920 dazugehörende Berlin) waren und sind Landbewohner, was bevölkerungsstatistische Zahlen und siedlungsstrukturelle Klassifizierungen belegen. Trotz dieses Übergewichtes ist der Aktionsraum von dortigen Landbewohnern, soweit bekannt, erst einmal erforscht worden. Dies geschah im Rahmen einer vom Verfasser 1993/94 durchgeführten Explorations- oder Pilotstudie in Klein Ziethen

---

[5] Korrespondierender Autor: Dr. H.-J. Philipp, Strebelstraße 13, D-70599 Stuttgart.
E-Mail: H.J.Philipp@web.de

und in Schönwerder bei Prenzlau (PHILIPP 1996, 1997). Aktionsraumforschung scheint im städtischen Raum Brandenburgs sogar bis heute unterblieben zu sein, nicht so in Berlin.

Das Aktionsraumkonzept ist insbesondere von der sog. Münchener Schule der Sozialgeografie in den 1960er und 1970er Jahren entwickelt und populär gemacht worden. Es bezeichnet den physischen Raumausschnitt des routinemäßigen oder alltäglichen Handelns eines Individuums oder einer Gruppe, damit seiner bzw. ihrer Lebenswelt des Alltags, kurz Alltagswelt, das ist ein Kernbegriff der phänomenologischen Soziologie. Solche Raumausschnitte werden von den betreffenden Individuen und Gruppen bewusst und unbewusst bevorzugt genutzt, gesteuert einerseits von Kenntnissen, Einstellungen, Bedürfnissen und Zielen und andererseits von zeitlichen, finanziellen, normativen und weiteren Handlungsbegrenzungen ("constraints"). Zu letzteren zählt auch die räumliche Wahrnehmung, die von persönlichen Präferenzen und kulturellen Werten (mit-)beeinflusst wird. "... aktionsräumliches Verhalten (ist) aus einer zweistufigen Selektion zu erklären: Aus der objektiven Raumstruktur wird nur ein Teil wahrgenommen (erste Selektion); aus diesem 'Wahrnehmungsraum' (mental map) wird in einer zweiten Selektionsstufe der tatsächlich genutzte Aktionsraum ausgewählt ..." (SCHEINER et al. 1999 S. 38f., vgl. a. a. O. S. 37ff.). An der sinnlichen Raumwahrnehmung im Zuge der Nutzung und an weiteren Informationsquellen knüpfen Deutungen und Bewertungen an, also ein "... interpretatives Sich-Zueigenmachen von Strukturen der äußeren Welt" (a. a. O. S. 67), beispielsweise der landschaftlichen Verhältnisse im Aktionsraum. In einem ähnlichen Sinne wird der ökopsychologische Aneignungsbegriff benutzt, verstanden als "... der *biographische* Prozess der individuellen Aneignung ... von räumlich-bedingter Umwelt ..."; "... Menschen (eignen) sich Räume (u. a.) dadurch an ..., dass sie sie frequentieren ... und damit für sich physisch, perzeptiv und emotional '*besetzen*' ..." (GRAUMANN 1990 S. 125 bzw. 127). Diese Bedeutung liegt dem Begriff 'Landschaftsaneignung' im obigen Titel zugrunde. - Soviel in nuce zu Ansätzen der Geografie, Soziologie und Psychologie des Alltags, die in den letzten Jahrzehnten en vogue gewesen sind.

Als Aktionsraum (-ausschnitt) der Landbewohner kommt in Deutschland traditionell das Gesamtgebiet (Gemarkung, Katasterbezirk) ihrer Wohngemeinde mit üblicherweise mehreren hundert bis wenigen tausend Hektar Fläche in Betracht, das entspricht der mesochorischen Landschaftsebene. Angesichts des heutzutage üblichen Verkehrsmittelbesitzes und Reiseverhaltens von Landhaushalten bzw. Landbewohnern dürfte dieses Gebiet die Fläche des Aktionsraums zumindest der meisten Erwachsenen de facto eher unter- als überschreiten. Dennoch wurde die Untersuchung in Klein Ziethen und Schönwerder dezisionistisch auf einen Gemarkungsausschnitt, die sog. unbebaute Gemarkung, beschränkt, definiert als das Gemeindegebiet ohne seine Siedlungsfläche (Gebäude- und Gebäudenebenflächen). Die Untersuchung bezog sich damit auf die Gesamtheit der terrestrischen und aquatischen Ökosysteme (Acker-, Grün-, Garten-, Öd-, Un- und Abbauland, Wälder und Feldgehölze, fließende und stehende Gewässer) und auf die Gesamtheit der zugehörigen und benachbarten Infrastrukturelemente (Straßen, Wege, Gräben, Deponien, Rastplätze, Badestellen usw.) innerhalb der Gemarkungsgrenze und zugleich außerhalb der Siedlungsfläche.

Die Raumstruktur des Klein Ziethener Auswahlgebiets, ein wichtiger Einflussfaktor des aktionsräumlichen und alltagsweltlichen Handelns, ist vor allem gekennzeichnet durch

- ein als Dauergrünland (Weiden und Wiesen) genutztes ausgedehntes und mächtiges Niedermoor, das Ziethener Seebruch, und mehrere kleine Niedermoore;

- mehrere offene und verrohrte Vorfluter und Binnengräben, die insbesondere das Seebruch und die Klusheide entwässern;
- den Serwester See und den Rosinsee am (südlichen bzw. südöstlichen) Gemarkungsrand mit rd. 90 ha bzw. 50 ha Wasserfläche;
- eine Vielzahl perennierend, periodisch und episodisch mit Wasser gefüllter Kleinhohlformen, hauptsächlich Sölle und Pseudosölle;
- den Höhenzug der Kernberge, weitere Hügel und Kuppen und insgesamt eine beträchtliche Reliefenergie;
- flache Wellen der Ziethener Moränenlandschaft;
- naturnahe Laub- und Mischwaldbestände südwestlich der Ortslage sowie nördlich des Ortsteils Luisenfelde und des Wohnplatzes Töpferberge, in denen Buchen, Kiefern, Robinien und Birken dominieren;
- mehrere, allerdings ungepflegte und überalterte Feldgehölze (Baum- und Strauchhecken, Gebüsche, Alleen, Streuobst) mit zahlreichen, fast ausschließlich einheimischen Baum- und Straucharten;
- die landwirtschaftlich dominierte Nutzungsstruktur (von der Gemarkungsfläche ohne ihre Siedlungsfläche sind 62 % Acker- und 22 % Grünland gegenüber nur 6 % Forsten und Holzungen);
- den vorherrschenden Anbau von Getreide (Winterroggen, -weizen und -gerste, Triticale), Raps, Silomais und Zuckerrüben auf den Schlägen mit regional überdurchschnittlicher Bodenzahl sowie
- eine modern ausgebaute Durchgangsstraße (mit Ortsumgehung) und befestigte Ortsverbindungswege.

Insgesamt zeichnet sich die Gemarkung Klein Ziethen durch eine reichhaltige Naturraumausstattung, eine beträchtliche Artenvielfalt, eine jahrhundertelang weitgehend nachhaltige Landnutzung und ein reizvolles Landschaftsbild aus, was ja ihre Einbeziehung in das Biosphärenreservat Schorfheide-Chorin veranlasst hat (weit überwiegend in dessen Schutzzone III, die sog. Zone der wirtschaftlich genutzten harmonischen Kulturlandschaft, die als großflächiges Landschaftsschutzgebiet ausgewiesen worden ist).

In Bezug auf den gewählten Aktionsraumausschnitt sollte insgesamt die Frage erforscht werden, 1. wie intensiv er von lokalen Bewohnern über einen mehrjährigen Zeitraum genutzt worden (und ob damit seine Einschätzung empirisch gerechtfertigt) ist, das ist der Nutzungsaspekt, 2. wie viel Erfahrungs- oder Alltagswissen (aus der eigenen Nutzung und derjenigen von verwandten und nicht-verwandten Mitbewohnern) und auch formales und Expertenwissen (aus heimatkundlichem Schulunterricht, gelegentlichen Medieninformationen, seltenen Amtskontakten u. dgl.) diese Akteure (Nutzer) inzwischen erworben haben (kognitiver Aspekt) sowie 3. wie letztere die sinnlich und sonst wie wahrgenommenen landschaftlichen Verhältnisse einschließlich deren rezenten Veränderungen mehrdimensional bewerten (Wertschätzungsaspekt). Die zugrunde liegende Leithypothese lautet: Die Einwohner der traditionellen Agrargemeinde Klein Ziethen (vgl. Philipp 2006) zeichnen sich - insbesondere nach langer lokaler Wohndauer, Berufstätigkeit und Besitzbindung - durch eine intensive Nutzung, beträchtliche Kenntnis und hohe Wertschätzung und damit durch eine günstig zu beurteilende Landschaftsaneignung auf dieser mesochorischen Ebene aus.

2 Untersuchungsmethodik

Aus Kostengründen konnte nur eine kleine Stichprobe der damals 142 erwachsenen Einwohner mit Erstwohnsitz im Dorf (sog. Gemeindehauptort) Klein Ziethen in die Untersuchung einbezogen werden. Gestützt auf das Einwohnerbuch der Gemeindeverwaltung und eine Zufallszahlentafel wurden 50 Personen ausgewählt und davon 36 mit Hilfe eines umfangreichen teilstandardisierten Erhebungsinstrumentes vom Verfasser einzeln mündlich befragt (Interviewdauer: 1-3 Std.); die übrigen 14 Personen konnten mehrmals nicht zuhause angetroffen oder nicht zum Interview überredet werden. Zur Datenanalyse wurden einerseits Codes und Typen entwickelt und andererseits statistische Verfahren (Kontingenztabellen-, Korrelations- und Faktorenanalyse) angewandt. Die geringe Anzahl der Erhebungs- und Untersuchungseinheiten limitierte von vornherein die Verallgemeinerungsfähigkeit der Ergebnisse.

Die Zusammensetzung der Befragten - auf dem Stand von Herbst 1993 - sei anhand von soziodemographischen und -ökonomischen Merkmalen beschrieben. Von jenen 36 Personen

- waren jeweils 50 % Männer bzw. Frauen;
- wurden 36 % zwischen 1909 und 1930, 31 % zwischen 1931 und 1953 und 33 % zwischen 1954 und 1975 geboren (die beiden ältesten Befragten waren 83 Jahre und der jüngste Befragte 18 Jahre alt sowie die Männer durchschnittlich sechs Jahre älter als die Frauen);
- wohnten 14 % seit vor 1945, 47 % seit 1945-1961 und 39 % frühestens seit 1962 (sowie der 'durchschnittliche Befragte' seit 33-34 Jahren) in Klein Ziethen; den letztgenannten Wert überschritten 22 fast ausschließlich ältere Befragte (61 %) mit 48 Jahren und unterschritten entsprechend 14 mehrheitlich jüngere (39 %) mit elf Jahren im Durchschnitt;
- waren seit ihrer Geburt 64 % höchstens zweimal und die weiteren 36 % drei- bis sechsmal "von einer Gemeinde in eine andere verzogen" (Durchschnitt: 2,0 solche Umzüge);
- sind 25 % als Einheimische und 75 % als Zugezogene klassifiziert worden;
- nannten 50 % einen achtklassigen, 36 % einen zehnklassigen, 11 % einen mindestens zwölfklassigen Schulabschluß und ein Mann (3 %) keinen dieser Abschlüsse;
- schlossen 42 % ihre Berufsausbildung mit der Facharbeiter- oder Teilfacharbeiterprüfung, 31 % mit einem Meister- oder Fachschul- und 8 % mit einem Hochschul- oder Universitätsabschluß (insgesamt 17 Befragte eine außerlandwirtschaftliche und zwölf eine landwirtschaftliche Ausbildung) ab; die übrigen 19 % blieben meist durch widrige Kriegs- und Nachkriegsumstände ohne Ausbildungsabschluss;
- waren 67 % verheiratet und je 17 % verwitwet bzw. ledig einschließlich verlobt;
- lebten 61 % in Ein- und Zweipersonen-, 25 % in Drei- und Vierpersonen- und die weiteren 14 % in Fünf- und Sechspersonenhaushalten (weitaus häufigste Haushaltsgröße: zwei Personen);
- schätzten die aktuelle wirtschaftliche Lage ihres Haushaltes 47 % als besser, 33 % als ungefähr gleich gut und 19 % als schlechter als bzw. wie vor der Wiedervereinigung ein;

- waren damals lediglich 36 % - mehrheitlich als Angestellte und Arbeiter - erwerbstätig (davon lediglich zwei Befragte in der Landwirtschaft) und demgegenüber 42 % Rentner, 17 % Vorruheständler und 6 % Arbeitslose;
- waren demgegenüber z. Z. der "Wende" 1989 64 % erwerbstätig, davon noch mehr als jeder zweite in der Landwirtschaft (mehrheitlich im Tierproduktionsbereich der LPG (T) Klein Ziethen); von den 13 weiteren Befragten (36 %) waren 28 % bereits Rentner und 8 % noch nicht erwerbstätig;
- gaben 58 % an, dass ihre (Gründungs-)Familie in Klein Ziethen Eigen- und/oder Pachtland (ohne Gartenland, jedoch einschließlich Wald) besitzt, dessen Fläche sich ziemlich gleichmäßig auf die Größenklassen bis 2 ha, 2-5 ha, 5-20 ha und 20-100 ha verteilt, entsprechend Zwerg- bis großbäuerlichen Betrieben; lediglich jeder vierte Eigentümer und Besitzer bewirtschaftete damals sein Land selbst oder zusammen mit Verwandten.

Nachstehend können aus Platzgründen nur wenige Ergebnisse vorgestellt werden (vgl. zu weiteren insbesondere PHILIPP (1997 S. 35ff.)).

3 Untersuchungsergebnisse

3.1 Aktionsraumnutzung

In engem Zusammenhang mit der Länge der lokalen Wohndauer und der Anzahl der Wohnortswechsel (s. o.) äußerten 81 % der befragten Klein Ziethener, in ihrem bisherigen Leben in Feldmark und Wald keiner anderen Gemeinde öfter gewesen zu sein (einschließlich eines Mannes, der sich ungefähr gleich häufig in den unbebauten Gemarkungen von Klein und Groß Ziethen sowie Senftenhütte aufgehalten haben will). Vier Fünftel der Befragten offenbarten damit sozusagen schlagartig die Zugehörigkeit der lokalen unbebauten Gemarkung zu ihrem Aktionsraum. Das übrige Fünftel führte als häufiger genutzte unbebaute Gemarkung diejenige von nahe gelegenen und entfernten Gemeinden an (Groß Ziethen, Bölkendorf usw. bzw. Malchin, Torgau usw.). Der dortige häufigere Aufenthalt war der lokalen Gemarkungsnutzung entweder vorausgegangen ("ich bin dort aufgewachsen", "weil ich dort wesentlich länger gelebt habe" usw.) oder konkurrierte aktuell mit ihr ("die dortige Natur mit ihren Bergen und Seen ist noch schöner ...", "das ist beruflich bedingt: ich gehe mit den Kindergartenkindern in Groß Ziethen ein- oder zweimal pro Woche in die dortige unbebaute Gemarkung"). Wer täglich zur Arbeit pendelte (nach Angermünde, Britz, Eberswalde usw.), nannte eher eine häufiger genutzte anderweitige Gemarkung.

Erfragt wurde zum einen die absolute Häufigkeit der lokalen Feldmark- und Waldaufenthalte in den letzten ein, zwei Jahren vor der Befragung und zum anderen die relative Häufigkeit dieser Aufenthalte, verglichen mit der Ära "vor 1990", also noch zu DDR-Zeiten. Tab. 1 enthält die vier ermittelten Antwortverteilungen (ohne Berücksichtigung der vier Befragten, die erst seit 1992 im Ort wohnten).

Den beiden Summenspalten zufolge suchte rezent jeder zweite berücksichtigte Befragte mindestens ein- oder zweimal pro Woche (und damit häufig) die Feldmark und nur ein Befragter - ein leidenschaftlicher Jäger - häufig den Wald auf. Die Befragten mit selteneren Feldmark- und Waldaufenthalten stehen im numerischen Verhältnis von 1:2. Häufige Feldmarkaufenthalte sind vor allem mit dem Bedürfnis nach Bewegung, Entspannung und Erholung, mit landwirtschaftlichem Beruf und Interesse sowie mit landschaftlichen Reizen begründet worden, seltene Feldmark- wie auch Waldaufenthalte demgegenüber u. a. mit Zeitmangel sowie mit alters- und gesundheitsbedingten Einschränkungen des Bewegungsradius und damit des Aktionsraums. Dass Feld und Wald auch weiterhin Bestandteil des Aktionsraums waren, legen folgende Begründungen nahe: "... man kennt dort alles, geht höchstens noch mit Bekannten hin"; "warum soll man immer wieder dahin, wenn man es schon kennt?"; "man ... sieht alles von hier (d. i. vom Dorf aus - H.-J.P.) und braucht deshalb nicht so oft raus". Relativ häufig angeführte Verzichtsgründe sind die Entfernung zu den lokalen Waldstücken und die Bevorzugung auswärtiger Wälder. Die Zusammenhänge zwischen den rezenten Nutzungsfrequenzen und den in Abschn. 2 erwähnten soziodemographischen und -ökonomischen Merkmalen sind nur schwach ausgeprägt, von zwei Ausnahmen abgesehen: Die Männer nutzten deutlich häufiger die Feldmark (und auch etwas häufiger den Wald) als die Frauen; ähnlich handelten die Befragten mit kürzerer gegenüber denjenigen mit längerer lokaler Wohndauer.

Tab. 1: Häufigkeit der Feldmark- und der Waldaufenthalte der Befragten vor und nach 1990.

Absolute Aufenthaltshäufigkeit nach 1990	Relative Häufigkeit der							
	Feldmarkaufenthalte				Waldaufenthalte			
	> vor '90	= vor '90	< vor '90	Σ	> vor '90	= vor '90	< vor '90	Σ
täglich oder fast täglich	1	1	2	4	1	-	-	1
3- oder 4mal pro Woche	2	-	1	3	-	-	-	-
1- oder 2mal pro Woche	2	3	4	9	-	-	-	-
1- oder 2mal pro Monat	-	2	2	4	-	4	1	5
1- oder 2mal pro Vierteljahr	-	1	3	4	-	2	4	6
seltener als 1mal pro Vierteljahr	-	1	7	8	3	4	13	20
Summe	5	8	19	32	4	10	18	32

Legende: > : öfter als, = : ungefähr gleich oft wie, < : weniger oft als.

Die obige Summenzeile weist aus, dass jeweils die Mehrheit der Befragten die Feldmark bzw. den Wald vor 1990 öfter als danach genutzt hatte. Dies wurde vor allem mit dreierlei begründet: 1. mit dem seitherigen Ausscheiden aus dem Erwerbsleben ("früher war ich jeden Tag draußen durch die Arbeit in der LPG"; "weil ich in der hiesigen Landwirtschaft bis 1984 tätig war"; "durch die landwirtschaftlichen Arbeiten bin ich oft ... zum Wald gefahren" usw.),

2. mit weniger Freizeit seither ("ich war in den letzten Jahren in der Lehre, hatte also weniger Zeit"; "ich gehe jetzt wieder zum Arbeiten und wir haben jetzt ein Kind" usw.) und 3. mit dem zunehmenden Alter ("aus Altersgründen - soviel laufen kann ich nicht mehr"; "dem Alter entsprechend" usw.). Ihre größere rezente Nutzungshäufigkeit erklärte die angeführte Minderheit vor allem damit, durch den (Vor-)Ruhestand nun mehr Zeit zu haben ("früher habe ich in der LPG-Werkstatt als Schlosser gearbeitet, da hatte ich weniger Zeit"; "durch den Vorruhestand habe ich mehr Freizeit, ich gehe deshalb mehr angeln und Pilze suchen" usw.). Folgen des Umbruchs von 1989/90 haben also auch auf Umfang und Art der Gemarkungsnutzung vieler Klein Ziethener durchgeschlagen. Die wohl wichtigsten hier interessierenden Konsequenzen sind die Abnahme der Nutzungsintensität insgesamt und der Wechsel von landwirtschaftlich zu nicht-landwirtschaftlich dominierten Nutzungsmustern (siehe auch unten) gewesen.

Die beiden Teiltabellen für die Feldmark- und die Waldaufenthalte lassen tendenziell erkennen, dass diejenigen Befragten, die nach 1990 nur selten in Feld und Wald gewesen sind, dort zuvor häufiger waren, und umgekehrt. Aus Tab. 1 geht nicht hervor, dass von den 36 Befragten 67 % häufigere rezente Feldmark- als Waldaufenthalte, 25 % ungefähr gleich häufige rezente Feldmark- wie Waldaufenthalte und nur 8 % häufigere rezente Wald- als Feldmarkaufenthalte meldeten. Auch dieser Befund spricht dafür, dass die zur Gemarkung gehörenden Waldstücke auf den Kernbergen und im Grumsiner Forst nur bei wenigen erwachsenen Klein Ziethenern zum Aktionsraum gehören.

Erwähnung verdient, dass sich rd. jeder zweite Befragte selbst als häufigster Nutzer der unbebauten Gemarkung in der Familie einschätzte. Die zweitmeisten Befragten setzten ihre(n) Ehepartner(in) oder Lebensgefährten/-gefährtin auf den ersten Platz. Erstaunlicherweise wurde kein einziges Mal ein Eltern- oder Großelternteil, aber siebenmal ein Kind oder Enkel (einschließlich Schwiegersohn) von Befragten genannt.

Mit Hilfe eines 13 Antwortvorgaben umfassenden sog. Kartenspiels (einschließlich der zu präzisierenden Vorgabe "zu sonstigen Zwecken", das jedem Befragten vorgelegt wurde, sind die folgenden vier Antwortverteilungen ermittelt worden (Tab. 2).

Das Spazierengehen und Wandern ragt als häufigster wie auch als zweithäufigster Zweck sowohl der heutigen Feldmark- als auch der heutigen Waldaufenthalte heraus. Bei den hauptsächlichen Spaziergängern und Wanderern in Feld und Wald handelt es sich weitgehend um dieselben Personen. Eine dem Spazierengehen ähnliche Freizeitaktivität ist das Ausgehen mit und Ausfahren von kleinen Kindern, das vier Frauen und nur ein Mann nannten. Großer Beliebtheit erfreuen sich in Klein Ziethen offensichtlich auch das Pilzsammeln und die Wildbeobachtung (weniger das Beerensammeln und die Jagd), außerdem das Baden und das Angeln in den beiden Seen, dem anscheinend vorwiegend bzw. ausschließlich Männer frönen. Die relativ schwache Besetzung der Vorgabe "zu land- oder forstwirtschaftlichen Arbeiten" spiegelt den landwirtschaftlichen Beschäftigungsabbau nach 1990 und die geringe Waldpflege wider. Ersichtlich ist auf vier Vorgaben keine einzige Nennung entfallen, was die nachrangige Bedeutung jener Aktivitäten anzeigt. Als sonstige primäre und sekundäre Zwecke der Feldmark- und Waldnutzung wurden u. a. bezeichnet: "um frische Luft zu schnappen", "um die Bodenbestellung und die landwirtschaftlichen Kulturen anzuschauen" und "um die schöne Aussicht vom Waldrand aus zu genießen". Der Besetzung der vorletzten Tabellenzeile zufolge verfolgen relativ viele Klein Ziethener insbesondere bei ihrer Waldnutzung nur einen einzigen Zweck (monofunktionale Nutzung). Auffällig ist schließlich noch, dass nur das Spazierengehen und Wandern und die land- und forstwirtschaftlichen Arbeiten deutlich öfter als häufigster denn als zweithäufigster Nutzungszweck angeführt worden sind. Eher sekundäre Zwecke stellen das Pilzsammeln, die Wildbeobachtung sowie das Ausgehen mit und Ausfahren von Kindern dar. Als Fazit drängt sich auf, dass heutzutage nur noch eine Minderheit die unbebaute Gemarkung hauptsächlich zu beruflichen Zwecken nutzt; dieser Aktionsraumausschnitt dient stattdessen vorrangig der Freizeitgestaltung und Naherholung, dem in den letzten Jahren durch die Anlage von Freizeit- und Erholungseinrichtungen (am Schmargendorfer Weg und auf dem Drebitzberg) Rechnung getragen worden ist.

Tab. 2: Häufigster und zweithäufigster Zweck der heutigen Feldmark- und Waldaufenthalte der Befragten.

Nutzungszwecke	Feldmarkaufenthalte			Waldaufenthalte		
	häufigster Zweck	zweithäufigster Zweck	Σ	häufigster Zweck	zweithäufigster Zweck	Σ
Spazierengehen und Wandern	20	7	27	24	8	32
Pilz- und Beerensammeln	-	6	6	5	5	10
Beobachten und Jagen von Wild	2	4	6	2	7	9
land- bzw. forstwirtschaftliche Arbeiten	6	-	6	2	-	2
Baden	3	3	6	-	-	-
Ausgehen und Ausfahren mit kleinen Kindern	-	4	4	1	-	1
Angeln und Fischen	2	1	3	-	-	-
Pendel- und sonstige Ausfahrten	1	2	3	-	-	-
Spielen und Sporttreiben	-	-	-	-	-	-
Boot- und Kahnfahren	-	-	-	-	-	-
Natur- und Umweltschutzarbeiten	-	-	-	-	-	-
Deponieren von Müll, Schutt und Schrott	-	-	-	-	-	-
sonstige Zwecke	2	1	3	2	1	3
kein zweithäufigster Zweck	entf.	8	8	entf.	15	15
Summe	36	36	72	36	36	72

Absolut oder zumindest relativ präferierten die meisten Befragten für ihre Aufenthalte in der lokalen unbebauten Gemarkung expressis verbis

- von den Jahreszeiten am meisten den Sommer und am wenigsten den Winter,
- von den Wochentagen am meisten den Samstag und den Sonntag,

- von den Tageszeiten am meisten den Nachmittag,
- von den Sozialsituationen die Begleitung durch mehrere Personen, vorzugsweise durch Verwandte, sowie
- die Fortbewegung per pedes.

Die meisten Feldmarkaufenthalte des Großteils der Befragten (92 %) und die meisten Waldaufenthalte sogar ihrer Gesamtheit beanspruchen heutzutage maximal drei Stunden; die meisten Aufenthalte der erst- und der letztgenannten Art dauern bei einem Zwölftel bzw. bei fast zwei Drittel der Befragten nicht einmal eine Stunde. Diese Befunde hängen gewiss zusammen mit a) der langjährigen Vertrautheit und dem damit verbunden nachlassenden Interesse der meisten Befragten mit bzw. an den unterschiedenen Gemarkungsausschnitten, b) dem niedrigen Anteil der landwirtschaftlichen Erwerbstätigen in den letzten Jahren sowie c) der geringen Größe und Pflege der lokalen Waldstücke. Erkennbar dauern die Feldmarkaufenthalte durchschnittlich länger als die Waldaufenthalte. Auch dies spricht dafür, dass die Feldmark und mit Einschränkungen die Waldfläche Teil des Aktionsraums fast aller erwachsenen Einwohner Klein Ziethens ist oder - im Falle der dort seit langem ansässigen Alten und Behinderten - in früheren Jahren gewesen ist.

3.2 Aktionsraumkenntnis

Es dürfte eine Binsenwahrheit sein, dass der Wissenserwerb und folglich der Wissensstand von Individuen und Gruppen selbst in Bezug auf einen kleinen Aktionsraum- und Landschaftsausschnitt wie die unbebaute Gemarkung einer Landgemeinde keineswegs identisch ist. Vielmehr pflegt z. B. der Bestand an lokalem, also regional wie auch kulturell spezifischem Wissen über die Umwelt zwischen der älteren und der jüngeren Generation, den Männern und den Frauen, den landwirtschaftlichen und den außerlandwirtschaftlichen Berufsgruppen, mit dem Grad der oralen Tradierung, der sozialen Integration und des lokalistischen Interesses und wohl aus weiteren Ursachen zu variieren, auch im Zeitablauf (ANTWEILER 1998 S. 470ff.).

Die allgemeine Frage "Gibt es eine Gemarkung, in der Sie sich noch besser auskennen als in der hiesigen?" verneinten 92 % und bejahten die übrigen 8 % der 36 Befragten, was als Bestätigung der obigen Schlussfolgerung der Zurechnung der unbebauten Gemarkung zum Aktionsraum fast aller Klein Ziethener Erwachsenen gewertet werden kann. Alle drei Jasager - zwei männliche (Vor-)Ruheständler und eine junge Krankenschwester - wurden außerhalb Klein Ziethens geboren und betrachteten es nicht als ihre Heimat(-gemeinde); zwei von ihnen waren erst 1-4 Jahre vor der Befragung zugezogen.

Zur Ermittlung des Vorstellungsbildes (Image) der Befragten von der lokalen Gemarkung wurde u. a. das fünffach abgestufte Gegensatzpaar (Polarität) vertraut vs. fremd eingesetzt; die erbetene Bewertung kombiniert offenkundig kognitive mit affektiven Elementen. Von den 36 Befragten urteilten 39 % "sehr vertraut", 50 % "eher vertraut" und die restlichen 11 % "weder vertraut noch fremd". Gehen wir nur auf die letztgenannte Minderheitsgruppe näher ein. Jene vier Personen, darunter drei Frauen und nur ein lokaler Landbesitzer, waren erst im Zeitraum 1985-1992 im Erwachsenenalter zugezogen. Je zwei von ihnen gaben an, in einer anderen Gemarkung öfter gewesen zu sein, z. Z. der Wende in der lokalen LPG Tierproduktion gearbeitet zu haben und aktuell hauptsächlich in Klein Ziethen zu arbeiten; nur einer meinte, sich in einer anderen Gemarkung besser auszukennen.

Ebenfalls zwei Fragen im Erhebungsinstrument sollten darüber Auskunft geben, wie die Befragten ihre Kenntnis speziell der unbebauten Gemarkung summarisch selbst einschätzen. Die erste davon - sie lautete: "Manche Leute kennen sich gut, andere Leute nicht so gut in ihrer Umgebung aus. Was würden Sie sagen: Kennen Sie sich in der unbebauten Gemarkung insgesamt sehr gut, gut oder weniger gut aus?" - beantworteten 31 % mit "sehr gut", 53 % mit "gut" und das übrige Sechstel mit "weniger gut", so dass diese Antwortverteilung der zuletzt behandelten ähnelt. Die (sehr) günstige Selbsteinschätzung wurde vor allem begründet

- mit meist langjähriger lokaler landwirtschaftlicher Tätigkeit ("weil ich ab der Bodenreform in der Landwirtschaft gearbeitet und an der Dränage des Seebruches mitgewirkt habe, ich war 30 Jahre in der LPG, davon 25 Jahre als Feldbaumeister"; "ich habe 40 Jahre auf dem Trecker, auf Kränen usw. gesessen und kenne deshalb jede Ecke, ich habe durch die MTS auch alle Siedlerstellen mitbearbeitet"; "sehr gut nicht, weil ich schon manches vergessen habe und meine Tätigkeit in der privaten und genossenschaftlichen Landwirtschaft schon lange zurückliegt"; "weil ich hier schon jahrelang arbeite, kenne ich die Gemarkung bis auf ein paar Kleinigkeiten" usw.);
- mit dem lokalen Aufwachsen und damit verbundenen Aktivitäten ("weil ich hier groß geworden und viel herumgelaufen bin"; "durch die Kindheit, das viele Herumkommen damals" usw.);
- mit langfristigem Wohnen im Ort ("weil ich hier immer gelebt habe und deshalb Weg und Steg kenne"; "weil ... ständig hier" usw.) sowie
- mit lokalen Freizeitaktivitäten als Erwachsene ("ich gehe hier viel spazieren, früher habe ich viel die Post ausgefahren mit meiner Frau, die Postbotin war"; "weil ich als Jäger überall hinkomme und auch naturverbunden bin" usw.).

Dies sind alles überzeugende sozusagen biographische Begründungen.

Weniger gute Kenntnis ist demgegenüber mit geringem Interesse, mangelnder Zeit, relativ kurzer Wohndauer und altersbedingter Vergesslichkeit erklärt und entschuldigt worden, was teils auf früher oder künftig bessere Kenntnis schließen lässt, teils von Desinteresse zeugt, das wenig 'Besserung' für die Zukunft erwarten lässt. Um eine Präzisierung ihrer räumlichen Kenntnislücken gebeten, nannten die angedeuteten sechs Befragten je zweimal das Seebruch, die Klusheide, das Gebiet rechts und links der Luisenfelder Straße nördlich des Mühlenberges sowie die Kernberge einschließlich des Buchholzer Wegs, d. s. mehrheitlich Grünlandgebiete in der nördlichen Gemarkungshälfte.

Signifikante Kovarianzen (auf dem 90%igen Sicherheitsniveau der Aussage) und mindestens mittelstarke Korrelationen charakterisieren die Besetzung der nachstehenden vier Teiltabellen.

Sofern sich die Männer lokal tatsächlich besser auskennen als die Frauen, dürfte dies vor allem mit dreierlei zusammenhängen: 1. mit der traditionellen Geschlechtererziehung auf dem Lande (den Jungen werden im Wohnumfeld mehr Freiheiten zugestanden als den Mädchen), 2. mit der verbreiteten Patrilokalität (die Frau zieht mit der Heirat an den Wohnort der Familie ihres Mannes) und 3. mit der traditionellen Geschlechterarbeitsteilung in der Landwirtschaft (den Männern obliegen in erster Linie die Feld- und sonstigen Außenarbeiten, den Frauen die Stallarbeiten, was auch zu DDR-Zeiten der Fall gewesen ist).

Auch die nachgewiesenen Beziehungen des Kenntnisstandes mit dem Lebensalter und der Wohndauer im Ort sind plausibel, bieten sich doch mit wachsendem Alter bzw. wachsender Wohndauer immer wieder Gelegenheiten, über die lokale Gemarkung "dazu zu lernen". Die letzte Teiltabelle lässt auf ein größeres Interesse der Landeigentümer und -besitzer an den lokalen Verhältnissen schließen. Eine weitere Kreuztabelle mit gesichertem und mittelstarkem Zusammenhang ist nicht in Tab. 3 aufgenommen worden, weil sie wohl "anders herum" kausal interpretiert werden muss: Nicht die subjektive Bewertung des "Wohnens und Lebens ... hier im Ort" dürfte mitentscheidend für die Selbsteinschätzung des Kenntnisstandes gewesen sein, sondern eher letztere für erstere.

Tab. 3: Subjektive Kenntnis der unbebauten Gemarkung sowie Geschlecht, Alter, lokale Wohndauer und lokaler Landbesitz der Befragten.

Kenntnis-stand	Geschlecht		Geburtsjahre			Wohndauer		Landbesitz	
	männl.	weibl.	1909-30	1931-53	1954-75	–1954	1954+	ja	nein
sehr gut	9	2	7	3	1	9	2	9	2
gut	8	11	6	4	9	7	12	8	11
weniger gut	1	5	-	4	2	1	5	4	2
Summe	18	18	13	11	12	17	19	21	15

Dagegen kovariieren und korrelieren mit dem subjektiven Kenntnisstand nur wenig - zumindest auf dem bivariaten Analyseniveau –

- die Anzahl der Wohnortswechsel und der lokale Status (Einheimische vs. Zugezogene),
- der höchste Schul- und Ausbildungsabschluss,
- die Größe des lokalen Landeigentums und -besitzes,
- der hauptsächliche Tätigkeitsort z. Z. der Wende und z. Z. der Befragung,
- die Häufigkeit der Feldmark- und der Waldaufenthalte vor und nach 1990 und auch
- die anderweitig bessere Gemarkungskenntnis und häufigere Gemarkungsnutzung.

Eine Bewertung des Kenntnisstandes beinhalten auch die dichotomischen Antwortvorgaben in der benutzten Frageformulierung "Möchten Sie sich in der unbebauten Gemarkung noch besser auskennen oder genügt Ihnen Ihre jetzige Kenntnis?"

Ersichtlich ist, dass zwar fast allen sehr guten Kennern der erreichte Stand genügte, aber weder die Gesamtheit noch eine Mehrheit der weniger guten Kenner wünschte weiteres Wissen. Damit hängen die nicht ausreichende Sicherheit und die nur mittlere Stärke des angenommenen Zusammenhanges zwischen den beiden Merkmalen zusammen. Die sechs Merkmalsausprägungskombinationen lassen sich folgendermaßen interpretieren:

1 Wer sich bereits sehr gut auskennt und wem dieser Stand deshalb genügt, der signalisiert große Zufriedenheit mit seinem Wissen;

2 wer sich zwar schon sehr gut auskennt und wem dieser Stand dennoch nicht genügt, der signalisiert großes Interesse an zusätzlichem Wissen;
3 wer sich gut auskennt und wem dieser Stand auch genügt, der signalisiert ziemliche Zufriedenheit;
4 wer sich gut auskennt und wem dieser Stand noch nicht genügt, der signalisiert ziemliches Interesse an Zusatzinformationen;
5 wer sich zwar erst weniger gut auskennt und wem dieser Stand trotzdem genügt, der signalisiert Desinteresse an weiteren Informationen (und auch nur geringes Interesse daran bereits in der Vergangenheit);
6 schließlich: wer sich erst weniger gut auskennt und wem dieser Stand deshalb nicht genügt, der signalisiert mehr oder weniger große Unzufriedenheit mit dem Erreichten.

Tab. 4 zufolge kommen von diesen sechs "Typen" der dritte und der erste, also die "informationsgesättigten" und damit verbunden zufriedenen, unter den Befragten mit zusammen 67 % am häufigsten vor.

Tab. 4: Bewertungen ihrer Kenntnis der unbebauten Gemarkung durch die Befragten.

Kenntnisstand	sehr gut	gut	weniger gut	Summe
genügt nicht	1	5	3	9
genügt	10	14	3	27
Summe	11	19	6	36

Wie unterscheiden sich die neun Befragten, denen ihr aktuelles Wissen nicht genügte, von den 27, die sich gegenteilig äußerten? Das Gros jener neun

- sind Frauen,
- gehört der jüngsten Altersgruppe Geburtsjahrgänge (1954-1975) wie auch der Gruppe mit der kürzesten lokalen Wohndauer (frühestens seit 1974) an,
- hatte eine nicht-landwirtschaftliche Ausbildung absolviert und mindestens zweimal den Wohnort gewechselt,
- war z. Z. der Wende außerlandwirtschaftlich und außerorts erwerbstätig gewesen,
- frequentierte Anfang der 90er Jahre Feld und Wald in Klein Ziethen nur selten,
- besaß lokal kein (eigenes) Land.

Der Kenntnisstand von Einzelnen und Gruppen ändert sich u. a. durch die sinnliche Wahrnehmung und die externe Informierung von bzw. über Neuerungen z. B. in Natur und Landschaft. In der Interviewsituation erinnerten sich von den 36 Befragten 47 % an 1-2, 28 % an 3-5 und die übrigen 25 % an keine Neuerungen (Veränderungen) in der unbebauten Gemarkung seit ihrer Jugend in oder seit ihrem Umzug nach Klein Ziethen. Tab. 5 informiert über zwei erwartete zweifaktorielle Zusammenhänge.

Die linke Teiltabelle lässt zwar den erwarteten positiven Zusammenhang zwischen der Wohndauer und der Änderungskenntnis erkennen, verwirft aber die zugrunde liegende Hypothese auf dem gewählten Sicherheitsniveau der Aussage (s. o.). Der gesicherte Zusammenhang in der rechten Teiltabelle ist selbstevident, weil das Wissen um Gemarkungsveränderungen Teil der gesamten Gemarkungskenntnis ist.

Tab. 5: Anzahl der seit der Jugend oder dem Zuzug erlebten Veränderungen in der unbebauten Gemarkung sowie lokale Wohndauer und subjektive Gemarkungskenntnis der Befragten.

Veränderungen	Wohndauer seit ...			Gemarkungskenntnis			jeweilige Summe
	vor 1954	1954-73	1974-93	sehr gut	gut	weniger gut	
keine	3	1	5	1	8	-	9
1-2	7	6	4	5	6	6	17
> 2	7	2	1	5	5	-	10
Summe	17	9	10	11	19	6	36

Welche Gemarkungsveränderungen sind miterlebt und - z. T. über Jahrzehnte, sogar mehr als ein halbes Jahrhundert lang - behalten worden? Von den insgesamt genannten 57 Veränderungen entfallen

- neun auf die (Hydro-)Melioration des Seebruches und mehrerer Sölle,
- sieben auf den Bau eines Schöpfwerkes (beim Seebruchrand) und seine Folgen,
- je sechs auf a) die Schlagvergrößerung einschließlich Großraumwirtschaft in den letzten Jahrzehnten, b) die Zunahme der Umweltbelastungen und ihrer Folgen und c) den (Aus-)-Bau von Straßen und Wegen,
- fünf auf den Bau von LPG-Anlagen,
- vier auf die Stilllegung von Ackerflächen seit der Wiedervereinigung,
- je drei auf a) sonstige Bewirtschaftungsveränderungen und ihre Folgen und b) den Bau einer Telefonabhöranlage des Ministeriums für Staatssicherheit im Gebiet der Kernberge usw.

Die angeführten Landschaftseingriffe zeugen von einem keineswegs unbeträchtlichen und unbedeutenden Wandel der unbebauten Gemarkung in der Jetztzeit.

Die betreffenden 27 Befragten sollten die erlebte(n) Veränderung(en) nicht nur beschreiben, sondern auch bewerten. Hierfür wurden ihnen vom Erhebungsbogen nicht Bewertungskriterien, sondern nur Bewertungsrichtungen ("... zum besseren oder zum schlechteren verändert?") an die Hand gegeben. Von jenen Befragten urteilten

- 22 % "zum besseren",
- 37 % "teils zum besseren, teils zum schlechteren" und
- 41 % "zum schlechteren", so dass die ungünstigen Bewertungen überwiegen.

Von den o. g. Landschaftseingriffen ist nur der Straßenbau ausschließlich günstig und die Stilllegung gleich häufig günstig wie ungünstig beurteilt worden; die übrigen Eingriffe sind überwiegend (Schlagvergrößerung, (Hydro-)Meliorationen, Schöpfwerk und LPG-Anlagen) und ausschließlich ungünstig (Umweltbelastungen, Bewirtschaftungsänderungen und Telefonabhöranlage) beurteilt worden. Mit dieser Bewertung der am häufigsten erwähnten Veränderungen im betrachteten Aktionsraumausschnitt sei eigentlich zur Bewertung dieses Ausschnittes durch die befragten Klein Ziethener übergeleitet.

3.3 Aktionsraumbewertung

Die Gegebenheiten und Begebenheiten im Aktionsraum werden von dessen Nutzern in der Regel nicht allein auf die eine oder andere Weise "zur Kenntnis genommen", sondern auch vielfältig bewertet. Diese Bewertungen können verschieden ausfallen und deshalb zwischen mehreren Akteuren umstritten sein. Jede solche - bewusste wie auch unbewusste - Bewertung z. B. von Landschaftsbild und -struktur im Aktionsraum erfolgt anhand von Wertmaßstäben (wie die Schönheit und Nützlichkeit der dortigen landschaftlichen Verhältnisse) und mündet damit in Werturteile, die teils individuell und teils sozial geprägt sind. Wiederholte gleiche Bewertungen verfestigen sich zu Einstellungen, die meist nur längerfristig geändert werden.

Mit Hilfe einer geschlossenen Frage ist die ästhetische Wirkung und Wertschätzung der unbebauten Gemarkung auf die Befragten gemessen worden, d. h. wie letztere insgesamt die Eigenart, Vielfalt und Harmonie der natürlichen Landschaftsausstattung (oder den Grad der sog. Naturschönheit) und die anthropogene Umwandlung der Natur- in eine Kulturlandschaft durch Maßnahmen der Landschaftsnutzung und -pflege (oder den Grad der sog. Kulturschönheit) im betrachteten Aktionsraumausschnitt bewerten. Danach empfanden 28 % diesen Ausschnitt summarisch als "sehr schön", 64 % als "ziemlich schön" und nur die übrigen 8 % als "weniger schön", was dafür spricht, dass die Klein Ziethener "ihre" unbebaute Gemarkung eher in einem rosigen als in einem düsteren Licht sehen. Diese Verteilung kovariiert mit der subjektiven Bewertung sowohl der Nutzung als auch der Kenntnis dieses Landschaftsausschnittes (wer letzteren als sehr schön empfand, der hielt sich dort eher sehr gern auf und der meinte sich dort auch eher sehr gut auszukennen, was beides plausibel erscheint). Aber: trotz ihrer intensiveren Nutzung und besseren Kenntnis von Feld und Wald urteilten ästhetisch die Männer kaum anders als die Frauen. Es bestehen auch keine zweifaktoriellen Zusammenhänge zwischen der ästhetischen Gemarkungsbewertung der Befragten und

- ihrem Lebensalter und Landbesitz,
- ihrem Ausbildungsniveau und -sektor (landwirtschaftlich vs. nicht-landwirtschaftlich),
- ihrer lokalen Wohndauer und -bewertung (gemessen mit Hilfe der Frage "Wohnen und leben Sie hier im Ort insgesamt sehr gern, ziemlich gern oder eigentlich nicht so gern?"),
- ihrer Häufigkeit der rezenten Feldmark- und Waldaufenthalte,
- ihrer Beurteilung der lokalen Bewirtschaftung von Feld und Wald (s. u.) sowie
- erstaunlicherweise ihren Antworten auf die geschlossenen Fragen "Wie wichtig ist es für Sie, in einer schönen Landschaft zu leben: sehr wichtig, ziemlich wichtig, wenig wichtig oder ganz unwichtig?" und "Stellen Sie sich vor, Sie müssten von diesem Ort wegziehen. ... würde Ihnen dann die Landschaft hier in der Gegend sehr fehlen, ziemlich fehlen, kaum fehlen oder überhaupt nicht fehlen?"

Auf die Unterfrage, was alles in der unbebauten Gemarkung als sehr schön oder schön empfunden wird, nannten die betreffenden 33 Befragten 80 lokale Landschaftsbestandteile. An der Spitze stehen

- die beiden Seen mit 20 Nennungen ("die schönen Seen - bis jetzt noch ..."; "der Reichtum an Seen ..." usw.),
- ein oder mehrere Berge einschließlich der Aussicht von dort mit 19 Nennungen ("wir haben ein paar Berge"; "... der Karnickelberg mit seiner wunderbaren Aussicht ..." usw.) und
- die Waldstücke mit zwölf Nennungen ("unsere Kernberge mit ihrem Wald"; "... der Wald (ist) noch einigermaßen in Ordnung" usw.).

Vergleichsweise wenige Befragte schätzten

- die Naturschönheit der Oberflächenform ("... das hügelige Gelände"; "... keine langweilige Ebene, flache Landschaft" usw.) und der Hohlformen ("... die Bruchlöcher, die das Wasser halten, wie die Buskie ..." usw.) im Zusammenhang mit der günstigen ökologischen Gesamtsituation ("... wir haben ... einwandfreie Gewässer, gute Luft, wenig Verkehr durch die Umgehungsstraße"; "wir haben noch einen leidlich gesunden Lebensraum ..." usw.) und
- die Kulturschönheit der Felder und Wiesen ("... die Felder an sich sind auch sehr schön, selbst in dieser Jahreszeit" (Herbst); "... die Wiesen beim Parkberg ..." usw.) und ihrer Bewirtschaftung ("die in Ordnung gehaltenen Felder"; "... die ganze Kultur der Landwirtschaft" usw.).

Drei Befragte fanden reflektiert oder unreflektiert alles schön ("so eine Landschaft, in der alles ein bisschen vorhanden ist, findet man selten"; "Bäume, Sträucher, Berge, Seen, Felder - alles, was hier rundum ist"; "... die Landschaft insgesamt ist schön").

In einzelnen zitierten Äußerungen verbinden sich erkennbar ästhetische mit ökonomischen und ökologischen Bewertungskriterien.

Den lediglich drei Befragten, die als weniger schön empfundene Gemarkungsbestandteile anführten, stehen 23 (64 % aller Befragten) gegenüber, die einzelne Bestandteile "... als Fremdkörper oder Schandfleck, also als unpassend in der Landschaft" (Ausschnitt einer Frageformulierung) ästhetisch und sonst wie kritisierten. Unangenehm waren diesen 23 vor allem die erhöht liegende und dadurch von allen Seiten einsehbare frühere Müllkippe am Buchholzer Weg und die noch exponierter liegenden, viel ausgedehnteren und z. T. ebenfalls unansehnlichen Stallanlagen samt Heizwerk auf dem Mühlenberg aufgestoßen (mit 16 bzw. sechs Nennungen). Auch die Nennungen der Lagerhallen am sog. Mietenplatz, der Telefonabhöranlage auf den Kernbergen, von Jaucheabflüssen ins Seebruch usw. sprechen dafür, dass die Klein Ziethener anthropogene Landschaftsverschandelungen und Umweltbelastungen sensibel registrieren und sich damit verbunden um die Erhaltung ihrer Lebenswelt sorgen.

Ungünstige Bewertungen erfolgter Landschafts- und Umweltveränderungen implizieren auch Teilantworten wie die folgenden auf die Frage "Welche Veränderungen in der unbebauten Gemarkung wünschen Sie sich für die Zukunft?": "Weniger Chemie und Großmaschinen

- die Landwirtschaft sollte naturnaher, umweltgerechter betrieben werden ..."; "... die Großraumflächen sollten verkleinert werden ..."; "die Stilllegungsflächen sollten verschwinden ..."; "dass die Müllkute dichtgemacht wird ..."; "... dass in den Rosinsee keine (Gülle-)Abflüsse mehr eingeleitet werden"; "... der Badestrand müsste besser gepflegt werden, was früher die Freiwillige Feuerwehr besorgt hat - durch die Privatisierung geschieht dort nichts mehr"; "die Agrargenossenschaft sollte wieder Hecken pflanzen ..."; "das Seebruch sollte wieder sich überlassen bleiben - das Futter dort spielt keine Rolle ..."; "man sollte vor allem den Wasserspiegel im Seebruch anheben, dann gibt es auch wieder Tau ..."; "die gesamte Stallanlage inklusive Heizwerk sollte weg, ist mit Asbestplatten unter den Decken ..."; "... die bestehenden Feldwege sollten wieder genutzt und nicht Zweitwege mehr angelegt werden". Hierin drücken sich restaurative Präferenzen - die Rückgängigmachung erlebter Gemarkungsveränderungen - aus.

Bis zum Befragungszeitraum dürften die Umweltmedien im Raum Klein Ziethen nicht unerheblich belastet worden sein, und zwar sowohl mit Nähr- und Schadstoffen aus der Pflanzen- und Tierproduktion (durch quecksilberhaltige Beizmittel, häufige Gülleausbringung, fehlerhafte Agrochemikalienausbringung aus der Luft und Spurengase aus der Massentierhaltung noch zu DDR-Zeiten) als auch mit Emissionen und Abfällen des Industriesektors, des Kraftfahrzeugverkehrs und der Privathaushalte in der Region. Infolgedessen konnte man gespannt sein auf die Beantwortung der schwierigen Frage "Wie stark ist Ihres Erachtens die unbebaute Gemarkung mit Schwermetallen und anderen Schadstoffen belastet: sehr stark, ziemlich stark, nur wenig oder gar nicht?" Von den 36 Befragten entschieden sich 6 % summarisch für "sehr stark", 25 % für "ziemlich stark", 44 % für "nur wenig" und 3 % für "gar nicht"; 22 % äußerten keine Meinung. Unter Vernachlässigung dieser Meinungslosen überwiegen also die günstigen Werturteile, was augenscheinlich konform geht damit, dass "die Zusammenhänge zwischen 'objektiven Umweltbelastungen' und der subjektiven Wahrnehmung der Umweltprobleme ... wohl eher schwach ausgeprägt (sind) ...", und damit, "... dass die Umweltbelastung ('hier in der Gegend'), die aus unmittelbarer Anschauung gewonnen werden kann, geringer eingeschätzt wird als Umweltprobleme allgemein", wie empirisch festgestellt wurde (DIERKES & FIETKAU 1988 S. 75 bzw. S. 68).

Die elf Befragten, die von sehr und ziemlich starker Schadstoffbelastung überzeugt waren, lasteten sie vor allem dem Agrochemikalieneinsatz und der Tierhaltung an ("... durch die Düngerstreuerei und die Pflanzenschutzmittel, die ganze Gifterei, so dass man heute keine Gänse und Enten mehr essen kann"; "... die Überdüngung der Felder ist in den Seen spürbar"; "jahrzehntelang aus der Tierhaltung ..."; "von den Stallungen auf dem Mühlenberg - Gülle läuft ohne weiteres den Berg runter Richtung Rosinsee"; "die Kuhstallheizung (mittels Braunkohlenbriketts) in der Vergangenheit" usw.). Nur fünf von insgesamt 23 Nennungen machen außerlandwirtschaftliche Emittenten verantwortlich ("durch die durchfahrenden Autos"; "vom Müllabkippen"; "Abflüsse der ... Häuser, Fäkalien, gelangen ins Seebruch und von dort in den Rosinsee"; "vom Teergeruch bei Nordostwind aus Richtung Schwedt bei dicker Luft im Winter, an trüben Tagen" usw.).

Die kritische Sicht vieler Klein Ziethener auf das lokale Geschehen belegen auch ihre Beurteilungen der Bewirtschaftung von Feld und Wald.

Der Summenzeile und der Summenspalte zufolge überwiegen die negativen Werturteile, besonders bezüglich der Waldbewirtschaftung. Die ungünstigen Beurteilungen der Landbewirtschaftung erklären sich z. T. aus antwortverzerrenden ungünstigen Beurteilungen des Leiters des lokalen LPG-Nachfolgebetriebs, die ungünstigen Beurteilungen der Waldbewirtschaftung hauptsächlich aus der jahrzehntelangen Vernachlässigung der Waldstücke durch den zuständigen Staatlichen Forstwirtschaftsbetrieb Neuhaus (Uckermark). Ersichtlich zollte nur jeweils ein Befragter den Bewirtschaftern ein dickes Lob. Die gleiche Beurteilung der Feld- und Waldbewirtschaftung durch lediglich jeden dritten Befragten und der insgesamt geringe Zusammenhang zwischen den beiden Verteilungen in Tab. 6 sprechen dafür, dass sich der Großteil der Befragten nicht durch die beiden Bewirtschaftungsfragen überfordert gefühlt hat.

Tab. 6: Bewertung der Bewirtschaftung der Felder und Wälder durch die Befragten.

Bewirtschaftung der Wälder	Bewirtschaftung der Felder					
	sehr gut	ziemlich gut	weniger gut	schlecht	keine Meinung	Summe
sehr gut	-	-	-	1	-	1
ziemlich gut	-	6	2	2	-	10
weniger gut	-	7	5	2	-	14
schlecht	1	3	5	1	1	11
Summe	1	16	12	6	1	36

Welche "Ecken" der unbebauten Gemarkung werden gern aufgesucht (und damit eher positiv bewertet), welche ungern (und damit eher negativ bewertet)? In der Gunst der - als mutmaßliche traditionelle Meinungsführer im Erhebungsbogen vorgegebenen - Einheimischen wie auch der Befragten selbst rangieren die bis 112 m hohen Berge und die beiden Seen in der Südhälfte der Gemarkung eindeutig an der Spitze, insbesondere weil sie schöne und weite Ausblicke bzw. Angel- und Bademöglichkeiten bieten. Dort liegt auch die vor allem gemiedene "Ecke", nämlich die Gegend der unansehnlichen früheren Müllkippe. Eher unbeliebt scheinen auch die Klusheide, das Seebruch sowie die zugewachsenen und schlechten Wegstrecken vor allem in der Nordhälfte zu sein. Die am häufigsten für die Nutzung präferierten und degoutierten Gemarkungsausschnitte sind überwiegend die am häufigsten als (sehr) schön bzw. als Schandflecke empfundenen Ausschnitte (s. o.).

Trotz der zahlreichen ungünstigen ästhetischen, ökologischen und ökonomischen Werturteile, die vorstehend referiert sind, gab nur jeder 18. Befragte an, sich "weniger gern" in der unbebauten Gemarkung aufzuhalten. Die weiteren Befragten wählten die Vorgaben "sehr gern" und "gern", was auf eine beträchtliche Gesamtwertschätzung dieses Aktionsraum- und Landschaftsausschnittes durch den Großteil der Bewohner schließen lässt. Mit 99,9%iger Sicherheit kovariiert diese Antwortverteilung mit der ästhetischen Gemarkungsbewertung, nicht aber mit der jeweils günstigen versus ungünstigen Bewertung a) der vermuteten Schadstoffbelastung, b) der Bewirtschaftung von Feld und Wald und c) der erlebten Landschaftsveränderungen. Als Bestätigung der Bedeutung des landschaftsästhetischen Empfindens für die mehrdimensionale Gesamtwertschätzung können auch folgende Befunde interpretiert werden: 1. hohe Gesamtwertschätzung wurde weitaus am häufigsten mit der Schönheit, Natürlichkeit und Vielfalt (in) der lokalen unbebauten Gemarkung begründet ("weil sie schön ist und natürlich, wenig ist künstlich gemacht außer den kultivierten Flächen ..."; "weil die Landschaft einfach schön ist"; "wegen der schönen Landschaft, wir haben hier alles: Wald, Berge, Hügel"; "weil sie sehr abwechslungsreich ist" usw.); 2. im Rahmen der Hauptkomponentenanalyse zur Ermittlung des Gemarkungsimage (PHILIPP 1997 S. 91ff.) erreichte die Bewertungsdimension (Ausgangsvariable) schön-hässlich den weitaus höchsten Varianzerklärungsanteil.

4 Schlussbemerkungen

Mit Explorations- oder Pilotstudien werden in der Regel andere Zwecke als die Ermittlung repräsentativer Ergebnisse verfolgt. Solche Ergebnisse verhinderte von vornherein die niedrige Anzahl der Erhebungs- und Untersuchungseinheiten, die die statistisch erforderliche Zufallsstichprobengröße deutlich unterschreitet. Infolgedessen konnte die in Abschn. 1 formulierte komplexe Leithypothese nicht einer strengen Prüfung unterzogen werden. Für deren (vorläufige) Bestätigung spricht jedoch in Abschn. 3 angeführte empirische Evidenz.

Aus der beschriebenen kleinen Studie können methodische und inhaltliche Verbesserungsvorschläge für eine - m. W. noch ausstehende - umfangreichere und vertiefende (Haupt-)Untersuchung des Aktionsraums und der Landschaftsaneignung von Landbewohnern abgeleitet werden. Die benutzten pauschalen oder nur in Bezug auf Feldmark und Wald differenzierenden Fragen sollten abgelöst oder zumindest ergänzt werden durch Fragen in Bezug auf kleinere Raum- und Landschaftsausschnitte, wie einzelne Fluren, Meliorationsgebiete, Biotope und Strukturelemente; solche Fragen geben absehbar genauer und zuverlässiger Auskunft über die Nutzung, Kenntnis und Bewertung. Mit Hilfe einer Vielzahl geeigneter Wissensfragen ("Wissenstest") könnte in stärkerem Maße als bereits geschehen (PHILIPP 1996 S. 86f., 1997 S. 41ff.) das "objektive" lokale Wissen, das ANTWEILER (1998 S. 474f.) in "declarative knowledge", "procedural knowledge" und "complex knowledge" gegliedert hat, ermittelt und damit verbunden überprüft werden, inwieweit z. B. der gute Kenntnisstand verschiedener Personen gemäß Selbsteinschätzung (die hier so bezeichnete subjektive Kenntnis) empirisch übereinstimmt oder nicht. Auch dürfte sich eine Spezialuntersuchung der interessierenden Wissensformen, -inhalte und -netzwerke der Geschlechts-, Alters-, Berufsgruppen usw. empfehlen. Im Einzelnen sollten auch Herkunft, Begründung und Stabilität geäußerter Bewertungen erforscht werden. Mittels nicht-teilnehmender strukturierter Beobachtung von mehreren Punkten im Aktionsraum aus könnten wahrscheinlich zutreffendere Aufschlüsse über die Nutzungshäufigkeiten und -zwecke und damit über die räumlichen, zeitlichen und sozialen Nutzungsmuster gewonnen werden als verbal und ex post. Weniger aufwendig wäre es, wenn die Untersuchungseinheiten über ihre Aktionsraumnutzung längerfristig Tagebuch führten oder vorgegebene Beobachtungsbogen selbst ausfüllten. Durch solche Varianten würde von Querschnitt- ("Momentaufnahmen") zu empfehlenswerteren Längsschnittuntersuchungen übergegangen, die Entwicklungs- und Wandlungsprozesse zu analysieren erlauben. Geeignet erscheinende Verfahren der Längsschnittuntersuchung stellen auch die Panel- und die Folgestudie dar.

Danksagung

Dieser Beitrag wurde durch das Bundesministerium für Verbraucherschutz, Ernährung und Landwirtschaft und das Ministerium für Landwirtschaft, Umweltschutz und Raumordnung des Landes Brandenburg gefördert.

Literatur

ANTWEILER, C. (1998): Local knowledge and local knowing. An anthropological analysis of contested, cultural products' in the context of development. *Anthropos* 93, S. 469-494.

DIERKES, M. & H.-J. FIETKAU (1988): Umweltbewußtsein – Umweltverhalten. Materialien zur Umweltforschung, Nr. 15, Kohlhammer, Stuttgart und Mainz.

GRAUMANN, C.-F. (1990): Aneignung. In: KRUSE, L., C.-F. GRAUMANN & E.-D. LANTERMANN (Hrsg.), Ökologische Psychologie, Ein Handbuch in Schlüsselbegriffen, Psychologie Verlags Union, München, S. 124-130.

LUTZE, G. (1997): Die Agrarlandschaft Chorin – Landschaftsentwicklung und aktuelle landschaftsbezogene Forschungen. *Archiv für Naturschutz und Landschaftsforschung* 36, S. 87-106.

PHILIPP, H.-J. (1996): Zur Agrarlandschaftskenntnis, -nutzung und -bewertung ostdeutscher Landbewohner – Ergebnisse einer Pilotstudie in Brandenburg. *Zeitschrift für Agrargeschichte und Agrarsoziologie* 44, S. 81-100.

PHILIPP, H.-J. (1997): Brandenburger Landbewohner und Agrarlandschaftsausschnitte. Ergebnisse einer explorativen Studie zur Gemarkungskenntnis, -nutzung und -bewertung. ZALF-Berichte, Nr. 30, ZALF, Müncheberg.

PHILIPP, H.-J. (2006): Exkurs zur Nutzungsgeschichte der Gemarkung Klein Ziethen. In diesem Band.

SCHEINER, J. (1998): Aktionsraumforschung auf phänomenologischer und handlungstheoretischer Grundlage. *Geographische Zeitschrift* 86, S. 50-66.

SCHEINER, J. (unter Mitarbeit von A. ILLIG & H. LICHTENBERG) (1999): Die Mauer in den Köpfen – und in den Füßen? Wahrnehmungs- und Aktionsraummuster im vereinten Berlin. In: FREIE UNIVERSITÄT BERLIN (Hrsg.), Berlin-Forschung, 19. Ausschreibung, Berlin.

SCHULZKE, D. (1993): Landschaftsanalyse als Grundlage für die Entwicklung der agrarischen Landnutzung. Methode und Ergebnisse im Biosphärenreservat Schorfheide-Chorin. *Naturschutz und Landschaftsplanung* 25, S. 165-169.

Dynamik des Bodenzustands und des Nährstoffstatus in der Ziethener Moränenlandschaft

Gerd Lutze [6], *Alfred Schultz & Karin Luzi*

Zusammenfassung

Vor dem Hintergrund sich ändernder Landbewirtschaftung sowie sich wandelnden Klimas und Witterung wurde auf Basis eines empirischen Stichprobeverfahrens die Entwicklung von Boden- und Nährstoffzustandsvariablen auf der Landschaftsebene über ein 10jähriges intensives Untersuchungsprogramm erfasst. Die gemessenen Werte zeichnen den Zusammenhang zwischen Witterungsverläufen, Biomasse- bzw. Ertragsentwicklung und Nährstoffentzügen bei zunehmender Schwankungsbreite nach.Gravierende Veränderungen der Bewirtschaftungsverhältnissen sowie die Umstellungen im Düngungsregime nach 1990 spiegeln sich bei wichtigen Zustandsvariablen der Bodenlandschaft wider. Während die besseren Grundmoränen-Standorte (D4 und D5) ein gutes Pufferungs- und Nachlieferungsvermögen bestätigen, reagieren die leichten Sandstandorte mit einem deutlichen Abwärtstrend bei P-, K-, N_{min}- und den pH-Werten. Die Bodenfruchtbarkeit der leichteren Böden in der Ziethener Moränenlandschaft ist durch sinkende P- und pH-Werte nachhaltige gefährdet.

Abstract

A changing land use mode and changing climate and weather in mind, the course of important soil and site variables was recorded for a ten year period based on a sample approach. The measured values show the connection between weather, biomass and yield, and nutrient uptake. For the analyzed variables an increasing range is found. Serious changes in mode and intensity of land use are reflected by important state variables of the soil landscape. While the better ground moraine sites (D4 and D5) confirm a good buffer and supply ability, the lighter sandy soils show a clear downward trend for P, K, N_{min} and pH values. The soil fertility of the lighter soils of the Ziethen Moraine Landscape is effectively endangered through decreasing P and pH values.

1 Einleitung

Die Zustandsvariablen der Bodenlandschaft spiegeln in besonderem Maße die Einflüsse der Bewirtschaftung bzw. von Klima und Witterung wider. Deshalb bildete die Erhebung von Bodenzustands- und Nährstoffinformationen sowie der wichtigsten Witterungsdaten im Rah-

---

[6] Korrespondierender Autor: Dr. sc. G. Lutze, Leibniz-Zentrum für Agrarlandschaftsforschung (ZALF), Institut für Landschaftssystemanalyse, Eberswalder Str. 84, D-15374 Müncheberg.
E-Mail: glutze@zalf.de.

men des Langzeitmonitorings in der Ziethener Moränenlandschaft eine zentrale Aufgabe (LUTZE 1997). Die Indikation von Bewirtschaftungseinflüssen über ausgewählte Landschaftszustandsvariablen liefert Informationen zur Einschätzung der Nachhaltigkeit der Bewirtschaftung der Moränenlandschaft. Allerdings war auch klar, dass die Zielvariablen neben den Bewirtschaftungsflüssen in nicht geringem Umfang von den vorherrschenden Standortparametern und von den Witterungsverläufen modifiziert bzw. gepuffert werden können.

Das zu Beginn der 90er Jahre aufgelegte intensive Erhebungsprogramm sollte zunächst Informationen über den Ausgangszustand nach dem Ende der Bewirtschaftungsweise unter DDR-Bedingungen geben und dann auch verfolgen, wie sich die Umstellung auf marktwirtschaftliche Produktionsbedingungen auswirkt, mit der erhebliche Veränderungen in der Landnutzung erwartet wurden. Der Beitrag behandelt folgende Schwerpunkte:

- Charakterisierung der Bodenlandschaft,
- Vorstellung des Konzeptes für die Stichprobennahme und
- Darstellung und Analyse des zeitlichen Verlaufs von ausgewählten Variablen des Boden- und Nährstoffzustandes.

Als wesentliche Komponenten eines langfristig orientierten Landschaftsmonitorings werden in diesem Beitrag der Wandel von Klima und Witterung und seine Auswirkungen für das Untersuchungsgebiet analysiert. Klimawandel und Dynamik der Witterung sind von besonderem interpretatorischen Wert im Kontext von Landnutzungsentwicklungen.

2 Charakterisierung von Bodenlandschaft

Der Boden im Hauptuntersuchungsgebiet Ziethener Moränenlandschaft hat seine natürliche Prägung durch die Sedimentablagerungen (geologische Herkunft) und Reliefformung der Pommerschen Phase der Wechseleiszeit erhalten. Historische und aktuelle Landnutzungseinflüsse führten zu einer erheblichen anthropogenen Überformung. Nach KOPP (1994) herrschen auf den Moränenstandorten als gesetzmäßige Vergesellschaftungen von Bodenformen im Betrachtungsraum zwei Bodenmosaike vor: anhydromorphe Sand-Geschiebelehm-Mosaike und anhydromorphe Geschiebelehm-Sand-Mosaike. Im gesamten Gebiet dominiert ein breites Band von Sand-, Tieflehm- und Lehm-Standorten, die durch Moorbildungen im Seebruch und den Senkenbereichen vervollständigt werden. Am Beispiel der MMK-Standorttypen (MMK - Mittelmaßstäbige Landwirtschaftliche Standortkartierung) werden die vorkommenden Bodeneinheiten aufgelistet (Tab. 1) und ihre räumliche Verbreitung veranschaulicht (Abb. 1). Ausführliche Erläuterungen zu den Legendeneinheiten findet man bei SCHMIDT & DIEMANN (1981).

Tab. 1: Bodeneinheiten der Ziethener Moränenlandschaft.

MMK Symbol	Standortregionaltyp	Substrat-flächentyp	Hydromorphie-flächentyp	Bodensystema-tische Einheit
D2a1 – 05	durchgehend "armer" Sand der ebenen bis kuppigen Platten	Anlehmsand	durchgehend sicker-wasserbestimmt	Braunerde
D2a3 – 03	Sand der ebenen bis kuppigen Platten mit vernässten Hohlformen	Sand mit Tieflehm	abgeschwächt sickerwasserbestimmt	Braunerde
D3a1 – 05	Sand u. Tieflehm der eben bis kuppigen Platten sowie Hügel	Tieflehm mit Sand	durchgehend sicker-wasserbestimmt	Braunerde
D3a4 – 09	Sand u. Bändersand m. Lehm der Kuppen, Hügel u. Hänge	Sand mit Tieflehm und Lehm	abgeschwächt sickerwasserbestimmt	Braunerde
D4a1 – 03	Tieflehm der ebenen bis welligen Platten	Tieflehm	durchgehend sicker-wasserbestimmt	Fahlerde
D4a2 – 05	Tieflehm der ebenen bis welligen Platten mit vernässten Senken	Tieflehm	abgeschwächt sickerwasserbestimmt	Fahlerde
D5a1 – 09 (05)	Tieflehm u. Lehm der ebenen bis welligen Platten u. Hügel	Lehm und Tieflehm	durchgehend sicker-wasserbestimmt	Fahlerde
D5a2 – 05 (11)	Tieflehm u. Lehm der Platten u. Hügel mit vernässten Hohlformen	Lehm und Tieflehm	abgeschwächt sickerwasserbestimmt	Parabraunerde
D5b1 – 07 (09)	teilweise staunasser Tief-lehm der ebenen u. welligen Platten	Tieflehm	schwach staunässe-beeinflusst	Braunerde
D5b6 – 03	teilweise grundnasser Lehm u. Tieflehm der ebenen u. welligen Platten	Lehm und Tieflehm	schwach grundwas-serbeeinflusst	Parabraunerde
D5b8 – 03	humusreicher, grund- u. staunasser Tieflehm bis Lehm der Niederungen u. tiefliegenden Platten	Lehm und Tieflehm	grundwasserbe-stimmt mit Staunässe	Pseudogley
Mo1c6 - 01	Torf ü. Sand u. Torf u. Sand		stark grundwasserbe-stimmt	Niedermoor
Mo1c7 – 01	Torf über Sand u. Ton ü. Mudde u./o. Sand		stark grundwasserbe-stimmt	Niedermoor
Mo1c3 – 01	Torf ü. Sand mit Torf ü. Mudde u. Lehm		stark grundwasserbe-stimmt	Niedermoor
Mo2b2 – 01	Torf mit Torf über Mudde		stark grundwasserbe-stimmt	Niedermoor

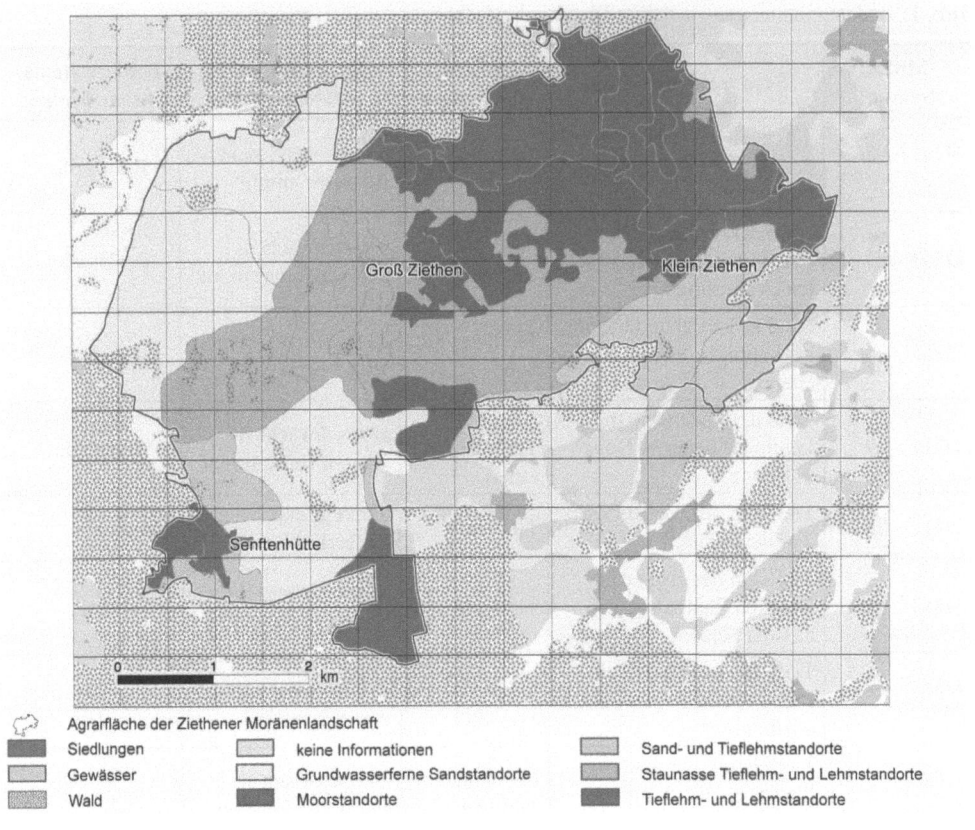

Abb. 1: MMK-Standorttypen in der Ziethener Moränenlandschaft.

Sehr anschaulich zeigen sich z. T. extreme Unterschiede zwischen den sickerwasserbestimmten und den staunassen Standorten. Während erstere sich in den Randbereichen des Untersuchungsgebietes befinden, liegen die staunassen Lehme und Tieflehme in den inneren Arealen.

Während die MMK die Bodenheterogenität als Summeneffekt auf der Landschaftsebene beschreibt, ermöglicht die Karte der Bodenschätzung mit ihren Klassenflächen eine kleinräumige Untersetzung und veranschaulicht die Verteilung der Bodenarten (Abb. 2).

Ein besonderes Charakteristikum der Boden- und Standortverhältnisse in der Ziethener Moränenlandschaft ist neben der großen Breite der vorhanden Bodenarten und -typen auch die kleinräumige Arealheterogenität, die wesentlich von den kuppigen Reliefverhältnissen bestimmt wird. In den erodierten Kuppenbereichen sind Pararendzinen, an den Mittel- und Unterhängen Parabraunerden mit dem Übergang zum Pseudogley anzutreffen (KARL 1983, SCHMIDT et al. 1986, SCHMIDT 1991, 1996). Die von SCHMIDT et al. (1986) abgeleiteten charakteristische Bodencatenen veranschaulichen die Situation der reliefbedingten Bodenmuster der Moränenstandorte in klassischer Weise. Als ein Ausdruck dieser hohen Variabilität wiesen sie z. B. auf einem ca. 4 ha großen Messfeld westlich von Groß Ziethen (Standorttyp D5b) bei pH-Werten eine weite Amplitude von 4,4 ... 7,0 nach.

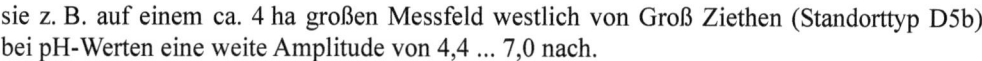

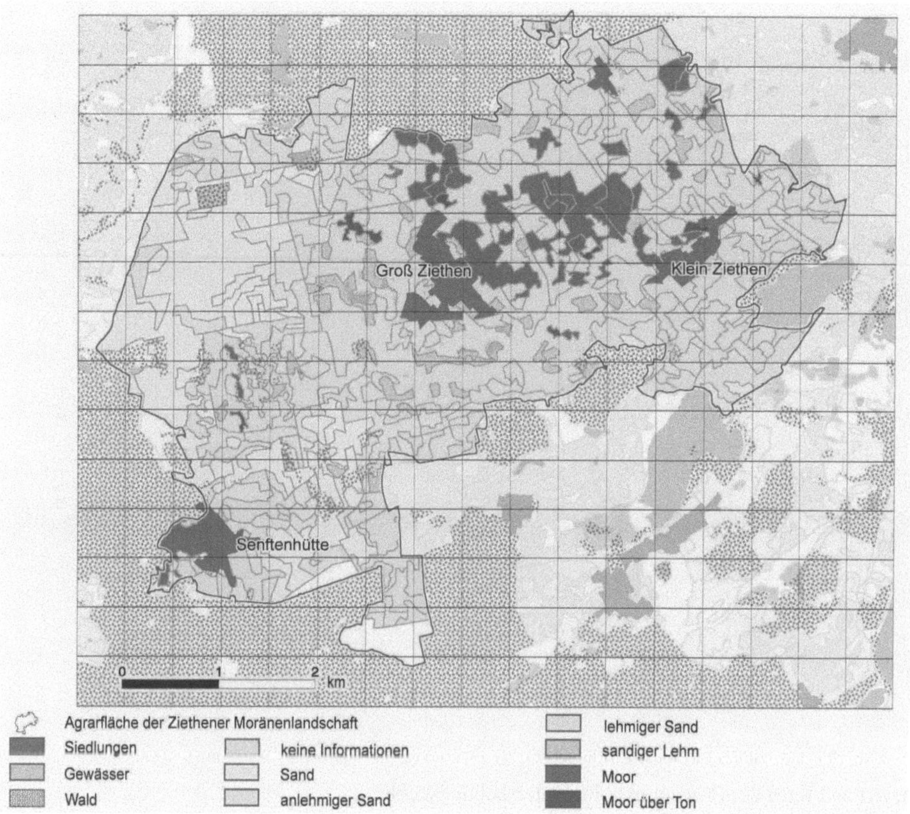

Abb. 2: Karte der Bodenarten der Bodenschätzung für die Ziethener Moränenlandschaft.

3 Erhebungskonzept

3.1 Stichprobenplan

Von 1992 bis 2001 wurde im agrarisch genutzten Kerngebiet der Agrarlandschaft Chorin – der Ziethener Moränenlandschaft - ein umfangreiches Stichprobenprogramm zur Ermittlung ausgewählter Zustandsvariablen des Bodenfeuchte- und Bodennährstoffhaushaltes durchgeführt. Einerseits wurden über den gesamten Beobachtungszeitraum dieselben Probenahmepunkte aufgesucht und beprobt (im weiteren als "Dauerpunkte" bezeichnet). Andererseits wurden in den Jahren 1996 und 1997 zusätzlich systematisch über die Landschaft verteilte Probenahmepunkte in die Untersuchungen einbezogen (im weiteren als "Gitterpunkte" bezeichnet). Abb. 3 gibt eine Übersicht über die Verteilung der Probepunkte im Untersuchungsgebiet.

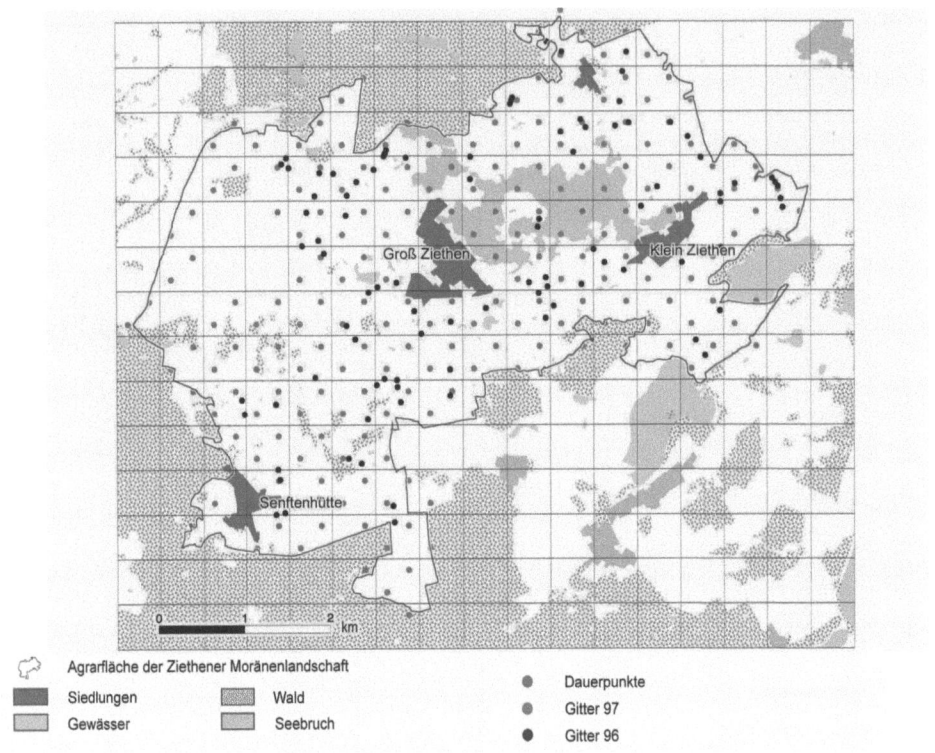

Abb. 3: Art und Lage der Probepunkte im Untersuchungsgebiet.

Dauerpunkte

Die Festlegung der insgesamt 94 Dauerpunkte erfolgte aufgrund einer Experteneinschätzung unter Berücksichtigung der vorhandenen Boden- und Terraininformationen entsprechend der Schlagstruktur von 1992 direkt im Gelände (auf der Grundlage der in DDR - Landwirtschaftsbetrieben üblichen Schlagkarte 1 mit Skizze der Bodenarten). Die einzelnen Punkte wurden so zwischen und auf den Schlägen verteilt, dass die dominierenden Boden- und Terrainverhältnisse im Untersuchungsgebiet durch die Dauerpunkte repräsentiert werden und eine Gesamteinschätzung der Boden-, Bodenfeuchte- und Bodennährstoffsituation zum Beobachtungszeitpunkt aus Expertensicht möglich ist. Hier fanden insbesondere die Erkenntnisse der Gesetzmäßigkeiten der Verteilung der Variabilität von Bodenparametern und Empfehlungen zu Probenahmergeln aus früheren Studien im Untersuchungsgebiet Berücksichtigung (SCHMIDT et al. 1986). Mit dem installierten Messnetz war nicht die repräsentative Aufnahme der räumlichen Verteilung der Variabilität der Bodenparameter innerhalb der großen Schläge beabsichtigt, sondern die Beurteilung des Status der jeweiligen Variablen in der Gesamtlandschaft bzw. in größeren Ausschnitten.

Die Lage der Messpunkte wurde in eine großmaßstäbige analoge Karte auf der Basis der betrieblichen Schlagkarte zusammen mit weiteren Orientierungsmerkmalen, die ein leichtes Wiederauffinden ermöglichen sollten, eingezeichnet; anschließend wurden Gauss-Krüger Koordinaten zugeordnet. Ab dem Jahr 2000 wurde die Punktsuche durch ein "hand-held"-GPS unterstützt.

Gitterpunkte

In den Jahren 1996 und 1997 erfolgte zeitgleich zu den Dauerpunkten eine Beprobung von zusätzlichen systematischen Probenahmepunkten, um weitere Daten für Genauigkeitsuntersuchungen und Methodenvergleiche zu haben. Dafür wurde über das gesamte Untersuchungsgebiet ein Punktraster mit einer Maschenweite von 500 m gelegt. Die Lage des Rasters in der Landschaft wurde nur durch die vorab festgelegte Ausdehnung des Untersuchungsgebietes bestimmt. Die im GIS berechneten Gauss-Krüger-Koordinaten der Gitterpunkte wurden in eine großmaßstäbige analoge Karte übertragen. Im Jahr 1996 erfolgte die Beprobung für die erreichbaren, im Offenland gelegenen Gitterpunkte dieses Punktrasters. Im Jahr 1997 wurde das Punktraster um jeweils 250 m in horizontaler und vertikaler Richtung verschoben, d.h. die Gitterpunkte des Jahres 1997 entsprechen den Mittelpunkten der Rasterflächen von 1996. Ansonsten wurde die Beprobung analog zu 1996 durchgeführt.

3.2 Methodik der Probenahme

Die Beprobung der Probepunkte erfolgte jeweils nach Ende der Anbausaison bzw. der Vegetationsperiode Ende Oktober/Anfang November. In den ersten Jahren 1992 bis 1999 wurden die einzelnen Proben per Hand mit Bohrstöcken der Fa. W. Josten gezogen (Abb. 4) und in der folgenden Jahren mit einem Geräteträger (Abb. 5).

Abb. 4: Bodenprobennahme per Hand.

Abb. 5: Bodenprobennahme mit Geräteträger. John Deere GATOR 6x4 Multiprob 120 (MP).

Die Probenahme wurde nach folgender Art und Weise vorgenommen: Für jeden Probepunkt wurde eine aus 10 Einstichen bestehende Mischprobe separat für die Bodenschichten 0 - 30 cm und 30 - 60 cm gebildet. Dabei wurden die einzelnen Einstiche in einem Kreis mit einem Radius von 3 m um den Probepunkt gleichmäßig verteilt, um den Einfluss von einzelnen Singularitäten weitgehend zu reduzieren. Die Aufbereitung und Weiterverarbeitung des Probegutes erfolgte in Laboreinrichtungen des ZALF in Müncheberg.

3.3 Erhebungsvariablen

Tab. 2 gibt eine Übersicht über die Anzahl der jährlich beprobten Messpunkte und die Art der anschließend durchgeführten Analysen. Zusätzlich zu den Beprobungen wurde ein flächendeckender Anbauplan für alle Untersuchungsjahre aufgenommen. Alle Proben wurden überdies als Trockenproben archiviert und stehen für weitere Untersuchungen zur Verfügung. Für alle Messpunkte wurde eine Feinkornanalyse durchgeführt.

4 Untersuchungen der Variablen des Boden- und Nährstoffzustandes

Das Erkennen langjähriger Trends von Variablen des Boden- und Nährstoffzustandes auf der Landschaftsebene bzw. innerhalb von Landschaftsausschnitten war von besonderem Interesse für die Beurteilung des landschaftsökologischen Status. Während die räumliche Variabilität stärker von den standörtlichen Bedingungen geprägt wird (SCHULTZ et al. 2006), sollten die zeitlichen Veränderungen stärker von den aktuellen (Biomasse-) Ertragsentwicklungen unter Beachtung langfristiger Wandlungen im Bewirtschaftungsregime und von den jährlichen Witterungsunterschieden abhängen. Da jedoch beide Einflusskomplexe in einer Wechselbeziehung stehen, die einzeln nicht quantifizierbar und statistisch nicht trennbar sind, erfassen die Messungen immer den Gesamteffekt.

Tab. 2: Übersicht über Anzahl der jährlichen Messpunkte und durchgeführten Analysen.

	1992	1993	1994	1995	1996	1997	1998	1999	2000	2001
Anzahl Messpunkte	92	92	94	94	194	197	94	94	94	91
organischer C	92	92	94	94	193	197	94	94	94	91
Bodenfeuchte	92	92	94	94	194	197	94	94	94	91
anorganischer N	92	92	94	94	194	197	94	94	94	91
pH-Wert	92	92	94	94	193	197	94	94	94	91
P	92	92	94	94	193	197	94	94	94	91
K	92	92	94	94	193	197	94	94	94	91

Von grundsätzlicher Bedeutung für die Bewertung der Entwicklung des Status der Bodenvariablen waren neben dem Wandel im Anbauspektrum gravierende Veränderungen im Düngungsregime. Nach Abwicklung bzw. Umstrukturierung des Agrochemischen Zentrums (ACZ) Althüttendorf, das praktisch alle Düngungs- und Pflanzenschutzmaßnahmen im Auftrag der ehemaligen LPG und auf der Basis von systematischen Bodenuntersuchungen ausführte, erfolgte seit 1990 praktisch keine separate Grunddüngung mehr. Aus der betrieblichen Schlagkartei ist zu entnehmen, dass Grunddüngungen und Kalkungen mindestens seit 1976 bis 1988 regelmäßig durchgeführt wurden. Dazu wurden Stallmistgaben zum Kartoffelanbau verabreicht. Seit 1991 wurden Phosphor- und Kalium-Düngungen nur noch in Verbindung einer Stickstoff-Phosphor-Kalium-Volldüngung (N, P, K) appliziert (P. KLAMANN, mündliche Mitteilung).

Für die Untersuchungen wurden die Variablen Gehalt an organischer Bodensubstanz (C_{org}), pH-Wert, Bodenfeuchte, anorganischer Stickstoffgehalt (N_{min}), Phosphorgehalt und Kaliumgehalt ausgewählt und analysiert. Die Datenbasis bildeten die Ergebnisse der Bodenanalysen der im oben beschriebenen Probepunktenetz gezogenen Proben. Sie wurden jeweils für die D2- und D3-Standorten bzw. die D4- und D5-Standorten aggregiert bzw. auch in der Gesamtheit betrachtet.

Zur Darstellung der Tendenz der Entwicklung der ausgewählten Variablen wurden lineare Trends verwendet.

4.1 Organische Substanz

Der Gehalt an organischer Bodensubstanz ist ein wichtiger Kennwert für die Fruchtbarkeit der Böden. Der spezifische Gehalt der Böden stellt sich über einen längeren Zeitraum im Ergebnis des Zusammenwirkens von Standortbedingungen und Bewirtschaftung ein. Unter Ackernutzung besteht auf den mineralischen Böden die Tendenz einer negativen Bilanz, da durch diese Nutzungsart eine intensive Mineralisierung gefördert wird. Die Analysen sollten zeigen, ob sich der seit den 90er Jahren in der Ziethener Moränenlandschaft abzeichnende Trend des Rückganges der Tierproduktion und schließlich ihrer Einstellung als auch der damit verbundene Trend des Verschwindens von humusmehrenden Feldfutterfrüchten aus der Fruchtfolge bereits in den Humusgehalten der Böden ausgewirkt hat.

Im Gebiet der Ziethener Moränenlandschaft können die gemessenen Werte der organischen Bodensubstanz generell als niedrig eingeschätzt werden. In Abb. 6 wird der Verlauf der gemessenen Werte über einen Zeitraum von 10 Jahren dargestellt. Die Kurvenverläufe dokumentieren, dass sich weder ein negativer noch ein positiver Trend abzeichnet.

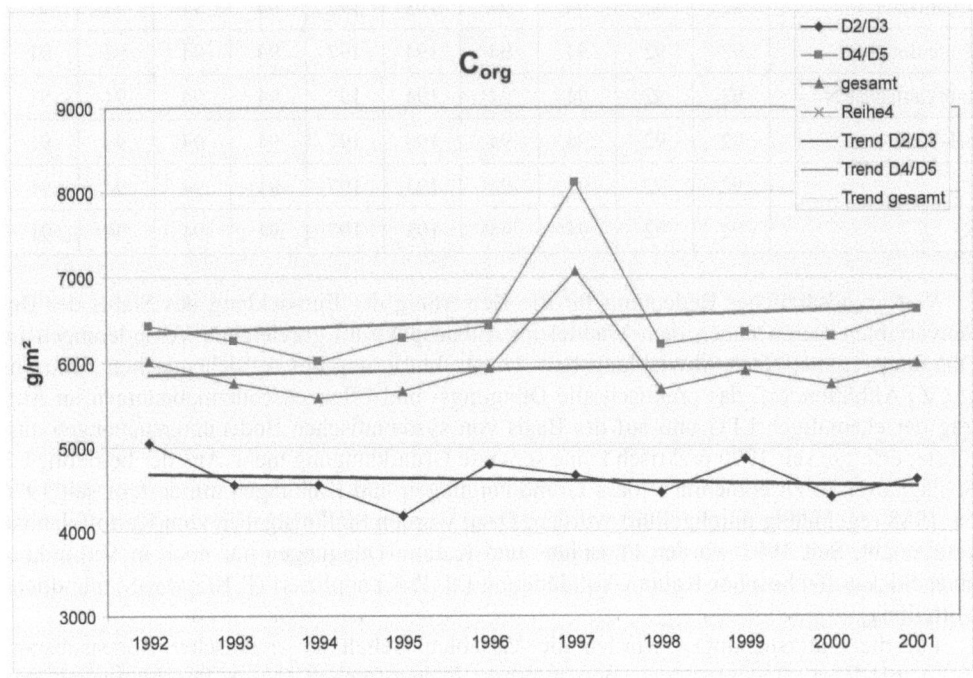

Abb. 6: Zeitlicher Verlauf der Gehalte an organischer Substanz.

Dieses Ergebnis entspricht den Erfahrungen aus anderen Untersuchen. Reproduzierbare Veränderungen im Humusgehalt stellen sich erst nach langjährig und drastisch gewandeltem Bewirtschaftungsregime ein.

4.2 pH-Wert

Als Maßzahl zur Kennzeichnung der Bodenreaktion ist der pH-Wert eine wichtige Bodenzustandsvariable. Im Gebiet der Ziethener Moränenlandschaft weisen die Böden auf Grund ihrer geologischen Herkunft und Genese eine große natürliche Variabilität bezüglich der Bodenreaktion auf. Sie schwanken sowohl im Gesamtgebiet als auch auf kleineren Teilflächen (SCHMIDT et al. 1986) zwischen stark sauer bis schwach alkalisch.

Abweichend zum Verlauf der Gehalte an organischer Substanz zeichnet sich bei den gemessenen pH-Werten ein leichter Abwärtstrend ab (Abb. 7). Dieser wird im wesentlichen bewirkt durch den deutlichen Abwärtstrend in der Gruppe der leichten Böden (D2/D3). Verbunden mit dem Absinken der pH-Werte auf den leichten Böden ist eine Zunahme der Schwankungsbreite der Werte.

Diese Entwicklung kann als ein Resultat von Extensivierungsprogrammen, die in den 90er Jahren in Form von Prämienzahlungen im Getreideanbau für die Unterlassung von Düngungs- und Pflanzenschutzmaßnahmen gezahlt wurden, interpretiert werden. Auf den besseren Böden blieb diese negative Wirkung aus, da die Böden der Grundmoräne mit dem Geschiebemergel im Unterboden bzw. auf den Kuppen in der Ackerkrume anstehend, ein ausgesprochen hohes Pufferungsvermögen besitzen. Für die Erhaltung der Bodenfruchtbarkeit ist dieser Trend auf den leichten Böden als nicht nachhaltig zu bewerten.

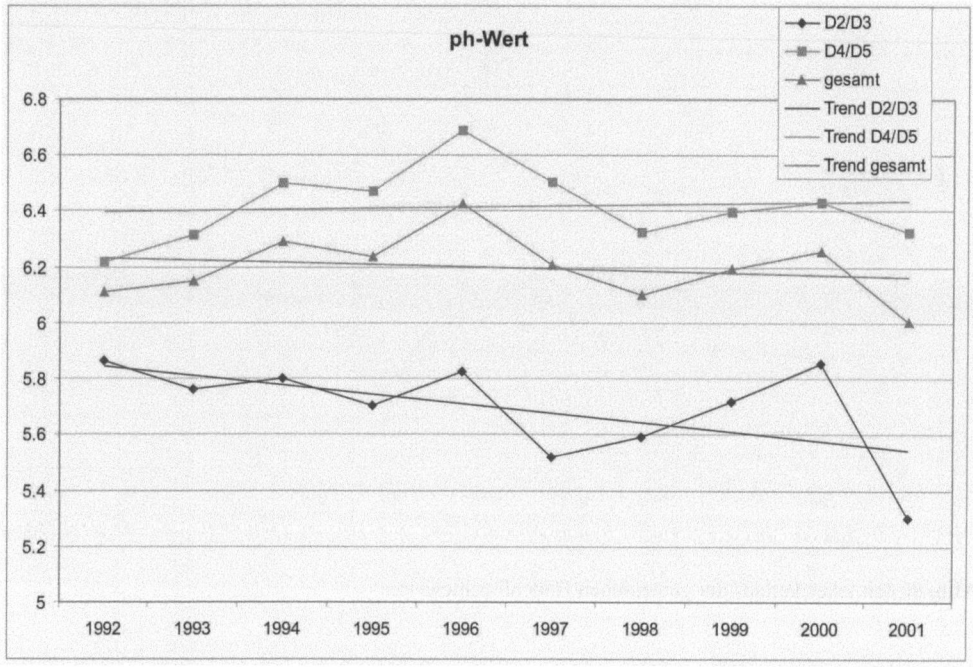

Abb. 7: Zeitlicher Verlauf der gemessenen pH-Werte.

4.3 Bodenfeuchte

Bei der Bodenfeuchte wurde im Vergleich zu den anderen untersuchten Variablen eine stärkere Abhängigkeit von den jährlichen Witterungsverläufen erwartet. Dazu kommt natürlich auch der Wasserentzug durch die produzierte Biomasse, der ebenfalls in deutlicher Beziehung zu Witterungsvariablen steht. Der Verlauf der gemessenen Bodenfeuchtewerte (Abb. 8) bestätigt diese These. Insbesondere die klimatische Wasserbilanz im Sommerhalbjahr steht in klarer positiver Korrelation zu den nach der Vegetationsperiode gemessenen Bodenfeuchtewerten. Eine Ausnahme bildet lediglich das Jahr 1998, in dem es Ende Oktober bzw. Anfang November vor der Probenahme noch auf das Messergebnis wirksame Regenereignisse gab. Auffällig ist auch hier die zunehmende Schwankungsbreite zwischen den Jahren.

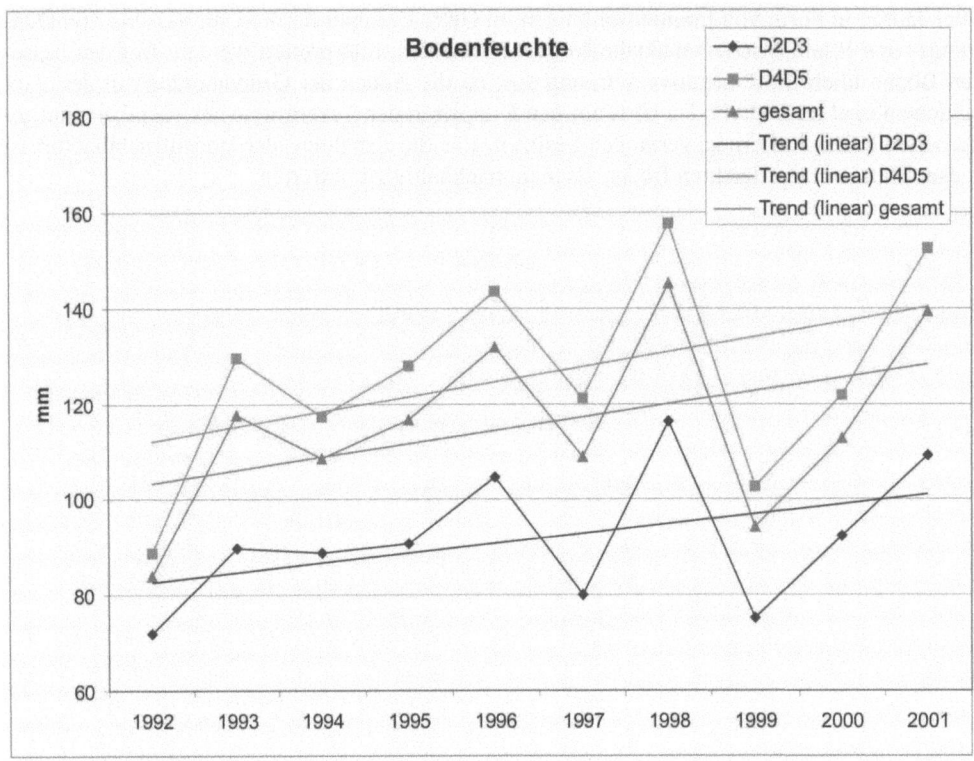

Abb. 8: Zeitlicher Verlauf der gemessenen Bodenfeuchtewerte.

4.4 Stickstoffvorräte

Für die Beurteilung des Nährstoffstatus der Landschaft ist der Stickstoffgehalt (N_{min}) eine aussagekräftige Größe, die sowohl in hohem Maße vom aktuellen Bewirtschaftungsregime, insbesondere von der Düngungsstrategie, als auch von der realisierten Ertragsleistung der landwirtschaftlichen Kulturen mit ihren N-Entzügen beeinflusst wird. Nicht unterschätzt werden dürfen die Auswaschungseffekte größerer Regenereignisse.

Auch diese Zustandsvariable wurde getrennt für die leichteren bzw. die schwereren Böden untersucht. Da die Messung nach der Vegetationsperiode Ende Oktober/Anfang November erfolgte, stellen die hier vorliegenden Daten N-Rückstandswerte dar.

Wie aus Abb. 9 zu ersehen ist, zeichnet sich beim N_{min} eine zu den pH-Werten analoge Entwicklung ab. Auf den besseren Standorten ist ein gleich bleibender Status festzustellen. Die auf diesen Schlägen angebauten Marktfruchtarten erfordern ein entsprechend hohes N-

Düngungsniveau und können dieses auch verwerten. Über den Zeitraum von 10 Jahren hat sich so ein nahezu konstantes N-Niveau eingestellt.

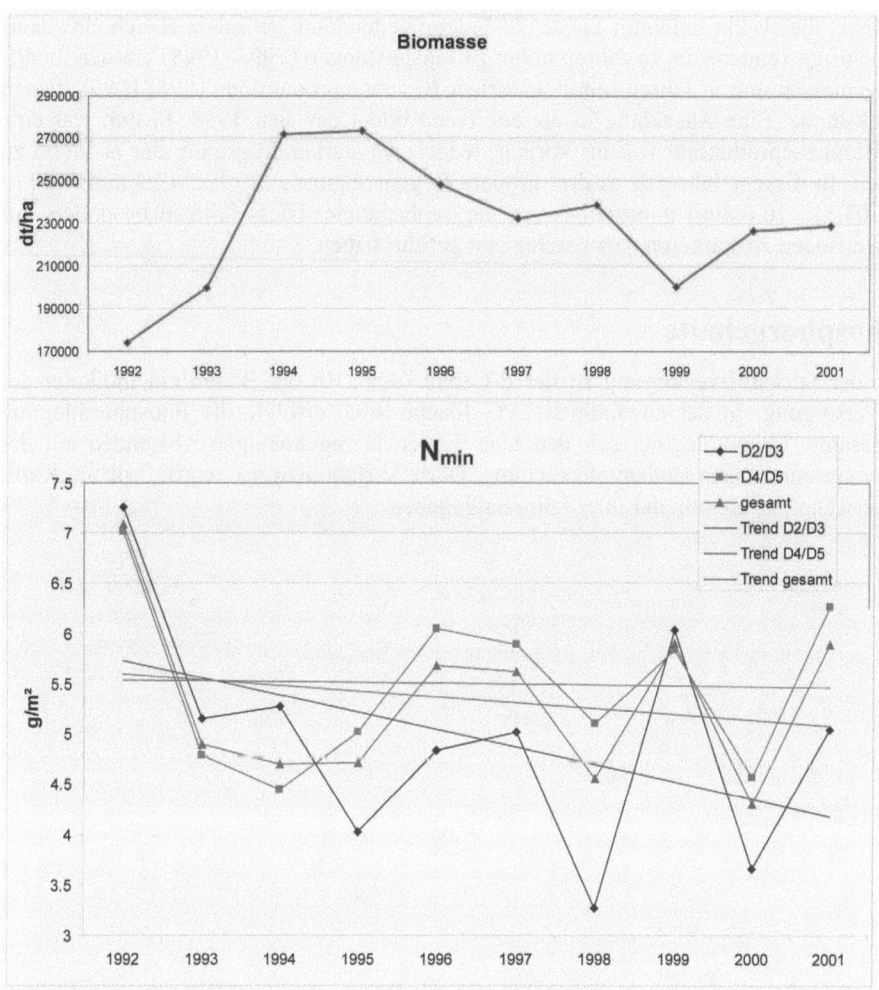

Abb. 9: Simulation der Biomasse (MIRSCHEL et al. 2006) und zeitlicher Verlauf der gemessenen N_{min}-Werte.

Auf den leichten D2/D3-Standorte konnte hingegen ein deutlicher Rückgang im N-Gehalt registriert werde, der mit z. T. erheblichen Schwankungen verbunden ist. Unter Beachtung der Anbaustruktur auf diesen Schlägen wird deutlich, dass sich hier der Hauptteil der betrieblichen Stilllegungen konzentriert. Unmittelbar nach dem Beginn von Stilllegungen (1993) (LUTZE 2006) sank der N-Gehalt der Böden drastisch. Neben der Etablierung von Stilllegungen wirkte sich auch die bereits erwähnte Extensivierung im Getreideanbau in der ersten

Hälfte der 90er Jahre aus. Sie ist maßgeblich für den ersten Rückgang im N-Gehalt der Böden verantwortlich.

Betrachtet man die zeitlichen Verläufe der N-Kurven im Kontext zur (berechneten) Gesamtbiomasse, die als ein Indikator für den N-Entzug gelten kann, so zeichnet sich eine deutlich gegenläufige Tendenz ab. In Jahren hoher Ertragsleistungen (1994, 1995) wurden niedrige Werte gemessen und in Jahren relativ niedriger Biomasseproduktion (1996, 1999) stiegen die N-Rückstände. Eine Ausnahme in diesem Trend bildet das Jahr 1998. In ihm war eine ähnliche Biomasseproduktion wie im Vorjahr, jedoch ein starker Rückgang der N-Werte zu verzeichnen. In diesem Jahr gab es drei größere Regenereignisse (25.10.: 12.4 mm; 01.11.: 11,2 mm; 03.11.: 10,6 mm) unmittelbar vor der Probenahme. Diese können besonders auf den leichten Böden zu stärkeren Auswaschungen geführt haben.

4.5 Phosphorgehalte

Neben der Stickstoffversorgung ist der P-Gehalt (Abb. 10) der Böden ein Indikator der Nährstoffversorgung. In der ehemaligen LPG Joachimsthal erfolgte die Phosphordüngung wie die gesamte Grunddüngung seit den 60er Jahren in regelmäßigen Abständen auf der Basis einer systematischen Bodenuntersuchung. Diese Verfahrensweise wurde, wie am Kapitelanfang erwähnt, zu Beginn der 90er Jahre aufgegeben.

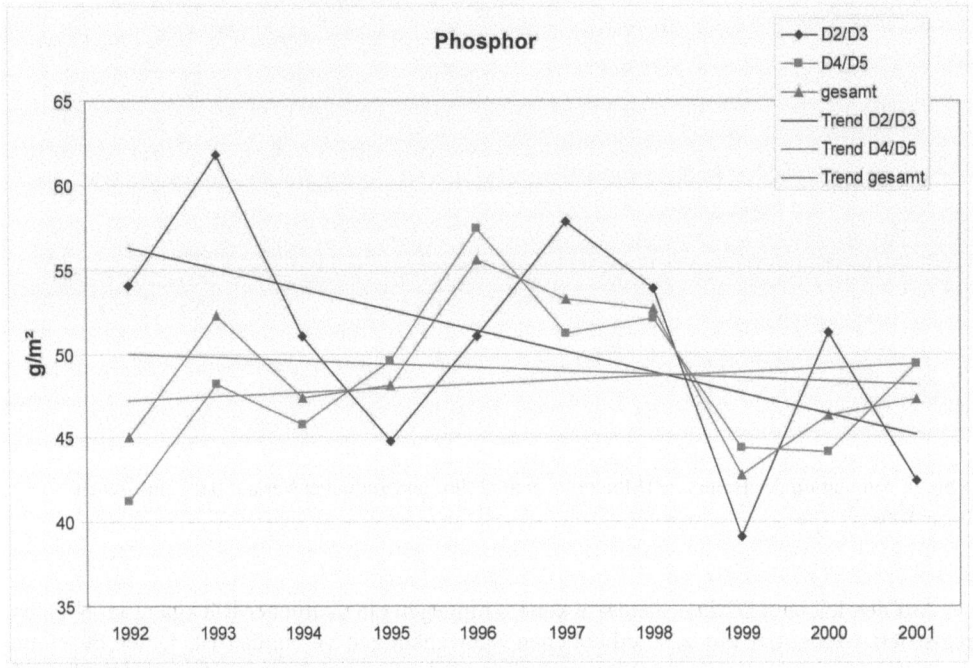

Abb. 10: Zeitlicher Verlauf der gemessenen Phosphor–Werte.

Am Beispiel der P-Gehalte der Böden spiegelt sich bei den gebildeten Bodengruppen eine gegenläufige Tendenz ab. Während bei den besseren Böden ein leicht steigender Trend erkennbar ist, weisen die schlechteren Böden einen deutlichen Abwärtstrend auf, der schließlich zu einem schwach sinkenden Trend der Gesamtwerte beiträgt.

4.6 Kaliumvorräte

Für die Beurteilung der Bodenfruchtbarkeit ist auch der Kaliumgehalt der Böden ein Standardwert. Anders als Phosphor ist Kalium mobiler und wird nicht festgelegt. Allerdings muss auch auf den leichteren Böden ein Entzugsausgleich über die Grunddüngung abgesichert werden.

In Abb. 11 werden die über den Zeitraum von 10 Jahren im Untersuchungsgebiet gemessenen Kalium-Werte dargestellt. Bei diesem Nährstoff zeichnet sich ein zum Phosphor analoger Trend ab. Während sich das Nährstoffniveau auf den fruchtbareren Böden nahezu gleichbleibend verhält, ist auf den leichteren Standorten ein deutlicher Abwärtstrend zu verzeichnen. Hier gilt die gleiche Erklärung wie beim Phosphor: Mit dem Wegfall der Grunddüngung im Untersuchungsgebiet erfolgte offensichtlich kein Ausgleich der Nährstoffentzüge mehr. Auch die über NPK-Volldüngung verabreichten Mengen konnten den Entzug nicht kompensieren. Hinzu kommt ein steigender Entzug mit wachsender Ertragsleistung.

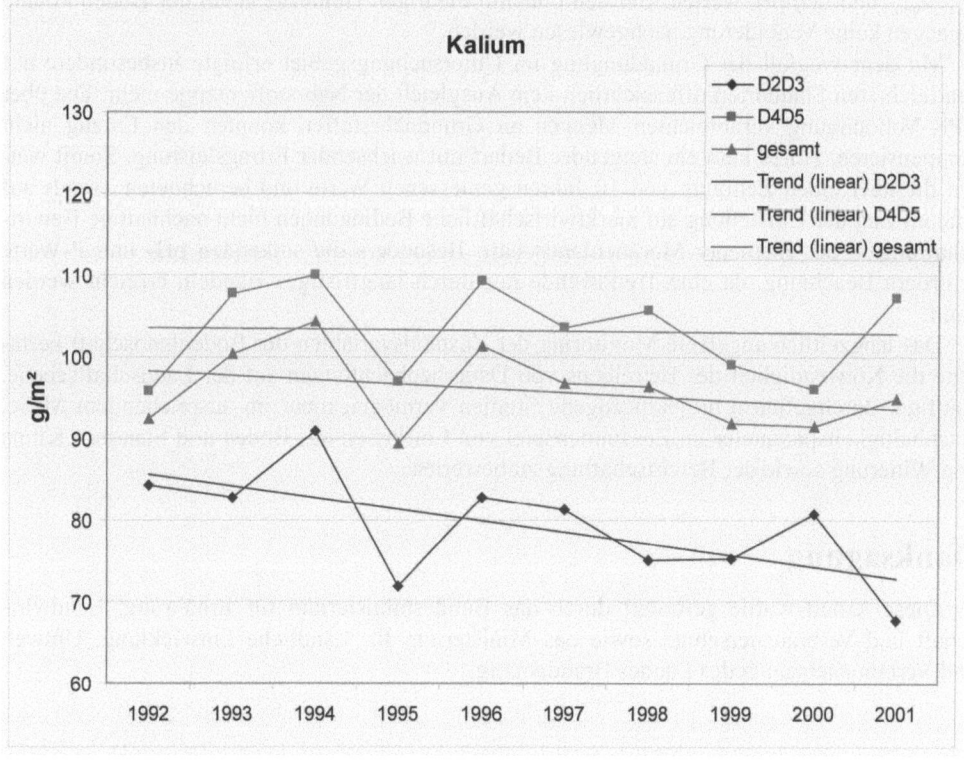

Abb. 11: Zeitlicher Verlauf der gemessenen Kalium–Werte.

5 Diskussion und Schlussfolgerungen

Im Ziethener Untersuchungsgebiet wird ein für Moränenlandschaften charakteristisches Boden- und Standortinventar vorgefunden. Auf der Basis eines empirischen Stichprobeverfahrens wurde die Entwicklung von Boden- und Standortvariablen auf der Landschaftsebene über ein 10jähriges intensives Bodenuntersuchungsprogramm erfasst. Vor dem Hintergrund der sich ändernden agrarischen Landbewirtschaftung und sich wandelnden Klimas und Witterung galt es, deren Wirkung auf Boden und Standort zu beobachten.

Zunächst zeichneten die gemessenen Bodenwerte den erwarteten Zusammenhang zwischen Witterungsverläufen, Biomasse- bzw. Ertragsentwicklung und Nährstoffentzügen nach. Die jährlichen Differenzen scheinen bei einigen Variablen zu einer zunehmenden Schwankungsbreite zu führen.

Da es in diesem Zeitraum z. T. zu gravierenden Veränderungen in den Eigentums- und Bewirtschaftungsverhältnissen kam, wurden auch wesentliche Einflüsse auf die Bodenzustandsvariable erwartet. Die Veränderungen im Spektrum der angebauten Fruchtarten in der Ziethener Moränenlandschaft (LUTZE et al. 2006) und die damit verbundene starke Orientierung auf einen nahezu reinen Marktfruchtanbau sowie die Umstellungen im Düngungsregime spiegelten sich bei wichtigen Bodenlandschaftsvariablen wider. Während die besseren Grundmoränen-Standorte (D4 und D5) ein gutes Pufferungs- und Nachlieferungsvermögen bestätigten, reagierten die leichten Sandstandorte mit einem deutlichen Abwärtstrend bei P-, K-, N_{min}- und den pH-Werten. Bei den ohnehin niedrigen Humusgehalten der Böden konnte hingegen keine Veränderung nachgewiesen werden.

Mit dem Wegfall der Grunddüngung im Untersuchungsgebiet erfolgte insbesondere auf den leichteren Standorten offensichtlich kein Ausgleich der Nährstoffentzüge mehr. Die über NPK-Volldüngung verabreichten Mengen an Grundnährstoffen konnten den Entzug nicht kompensieren. Hinzu kam ein steigender Bedarf mit wachsender Ertragsleistung. Somit weisen die über einen Zeitraum von 10 Jahren gemessenen Werte und berechneten Trends auf eine im Zug der Umstellung auf marktwirtschaftliche Bedingungen nicht nachhaltige Bewirtschaftung in der Ziethener Moränenlandschaft. Besonders die sinkenden pH- und P-Werte erfordern Beachtung, da eine Trendwende nur durch langfristiges Handeln erreicht werden kann.

Das langzeitlich angelegte Monitoring der Zustandsvariablen der Bodenlandschaft bestätigte die Notwendigkeit des Betreibens von Dauerbeobachtungen auf der Landschaftsebene. Häufiger durchgeführte projektbezogene Studien vermögen nicht im ausreichendem Maße, Nachhaltigkeitsparameter im Zusammenspiel von Einflüssen aus Boden und Standort, Klima und Witterung sowie der Bewirtschaftung zu bewerten.

Danksagung

Diese Arbeit wurde gefördert durch das Bundesministerium für Ernährung, Landwirtschaft und Verbraucherschutz sowie das Ministerium für Ländliche Entwicklung, Umwelt und Verbraucherschutz des Landes Brandenburg.

Literatur

KARL, U. (1983): Zur standortkundlichen Charakteristik und Typisierung von lehmigen Kuppenstandorten auf den Moränen des Jungpleistozäns im Tiefland der DDR. Dissertation A, Akademie der Landwirtschaftwissenschaften der DDR, 134 S. und Anlagenband.

KOPP, D. (1994): Böden. In: SCHROEDER, J. H. (Hrsg.), Führer zur Geologie von Berlin und Brandenburg, No. 2: Bad Freienwalde - Parsteiner See, Berlin, S. 43-45.

LUTZE, G. (1997): Die Agrarlandschaft Chorin - Landschaftsentwicklung und aktuelle landschaftsbezogene Forschungen. *Archiv für Naturschutz und Landschaftsforschung* 36, S. 87-106.

LUTZE, G., K. LUZI, W. HABERSTOCK & K.-O. WENKEL (2006): Wandel der landwirtschaftlichen Anbaustruktur unter dem Einfluss sich ändernder agrarökonomischer und gesellschaftlicher Verhältnisse in der Ziethener Moränenlandschaft im Zeitraum von 1976 bis 2005. In diesem Band.

MIRSCHEL, W., A. SCHULTZ, R. WIELAND, G. LUTZE & K. LUZI (2006): Modellgestützte Analyse ausgewählter Größen des Landschaftshaushaltes am Beispiel der Agrarfläche der Ziethener Moränenlandschaft. In diesem Band.

SCHMIDT, R. & M. DIEMANN (Hrsg.) (1981): Erläuterungen zur Mittelmaßstäbigen Landwirtschaftlichen Standortkartierung (MMK). Landwirtschaftsverlag Leipzig, 78 S.

SCHMIDT, R., H. MORGENSTERN, C. PFITZNER, M. SUCCOW, U. KARL, B. STROHBACH & J. RAPPE (1986): Gesetzmäßigkeiten der arealen Verteilung und der Variabilität von Bodenparametern als Grundlage der optimalen Probenahme für BFK und für den standörtlich differenzierten Einsatz von Maßnahmen zur Reproduktion der Bodenfruchtbarkeit. F/E-Bericht FZB Müncheberg, 31 S. und Anlageband.

SCHMIDT, R. (1991): Genese und anthropogene Entwicklung am Beispiel einer typischen Bodencatena des norddeutschen Tieflandes. *Petermanns Geographische Mitteilungen* 135, S. 29-37.

SCHMIDT, R. (1996): Vernässungsdynamik bei Ackerhohlformen anhand 10jähriger Pegelmessungen und landschaftsbezogener Untersuchungen. *Naturschutz und Landschaftspflege in Brandenburg*, Sonderheft Sölle, S. 49-55.

SCHULTZ, A., G. LUTZE & K. LUZI (2006): Räumliche Interpolation von Nährstoff und Bodeninformationen am Beispiel der Ziethener Moränenlandschaft. In diesem Band.

Räumliche Interpolation von Nährstoff- und Bodeninformationen am Beispiel der Ziethener Moränenlandschaft

Alfred Schultz [7], *Gerd Lutze & Karin Luzi*

Zusammenfassung

Die Ermittlung von flächen- bzw. raumbezogenen Informationen ist ein wichtiges Kriterium für die Beurteilung des ökologischen Zustandes von Landschaften im Allgemeinen und von landwirtschaftlichen Produktionssystemen im Speziellen. Auf der Grundlage umfangreicher Messdaten aus den Jahren 1992–2001 von Offenlandflächen aus der Agrarlandschaft Chorin wurde eine vergleichende Untersuchung verschiedener räumlicher Interpolationsverfahren in Abhängigkeit von Messpunktanzahl und –allokation sowie betrachteter Zustandsvariable durchgeführt. Bei den durchgeführten Analysen konnte kein favorisiertes Verfahren für die räumliche Interpolation ermittelt werden. Die untersuchten Verfahren zeigen unterschiedliche Ergebnisse zwischen den Jahren und zwischen den untersuchten Zustandsvariablen. Ist es nicht möglich, ein dichtes, systematisches Probenahmenetz zu etablieren, hat vor allem die Allokation der Probenahmepunkte einen großen Einfluss auf die Ergebnisse.

Abstract

The determination of area or space related information is essential for the evaluation of the ecological state of landscapes and agricultural land use systems. On the basis of a long run measurement programme at open area measurement points in the agricultural landscape of Chorin from 1992 till 2001, a comparative investigation of spatial interpolation methods dependent on number and allocation of sample points and on considered variable was accomplished. With the various investigated interpolation methods it was not possible to get a favourite one. The methods show different results between the years and the investigated variables. If it is not possible to establish a really dense systematic sampling net, the allocation of sample points is of great importance.

1 Einleitung

Die temporäre oder permanente Veränderung des Bodenzustandes in Landschaften, wie z. B. der Bodennährstoff- oder der Bodenfeuchteverhältnisse, ist oftmals kausaler Ausgangspunkt für die Veränderung von anderen Landschaftselementen bzw. -eigenschaften. Dazu

---

[7] Korrespondierender Autor: Prof. Dr. A. Schultz, Fachhochschule Eberswalde, Fachbereich Forstwirtschaft, Alfred-Möller-Str.1, D-16225 Eberswalde. E-Mail: aschultz@fh-eberswalde.de.

zählen z. B. die Veränderung der Habitateignung für Pflanzen und Tiere oder die Veränderung von ökologischen Leistungen (KAULE 1991). Bei der Beurteilung des ökologischen Zustandes von Landschaften im Allgemeinen und von landwirtschaftlichen Produktionssystemen im Speziellen besteht deshalb ein großer Bedarf hinsichtlich flächenbezogener Informationen des Stoffhaushalts.

Für die Bereitstellung dieser Informationen werden heutzutage sowohl direkte Verfahren der Probenahme als auch indirekte Verfahren der Modellierung und Simulation eingesetzt. Trotz vielfältiger und insbesondere in der jüngeren Vergangenheit gewachsener Möglichkeiten der Datenverarbeitung und Visualisierung besteht bei beiden Verfahrensgruppen dennoch eine erhebliche Ungewissheit hinsichtlich der tatsächlichen räumlichen Verteilung. Die Ermittlung von räumlich expliziten Verteilungsmustern kontinuierlicher Zustandsgrößen auf der Grundlage von Punktmessungen ist ein viel diskutiertes, aber noch immer nicht zufriedenstellend gelöstes Thema der landschaftsökologischen Forschung und Praxis. Dazu gehört auch, wie sich die kleinräumige, punktbezogene Variabilität von Messungen auf die Zuverlässigkeit von Gebietsschätzungen auswirkt (SCHULTZ & MIRSCHEL 1994). Häufig findet man für die Umschreibung dieses Themas den Terminus "Regionalisierung" oder den Ausdruck "vom Punkt in die Fläche" (STEINHARDT & VOLK 1999). Empirisches Wissen über die geoökologische Struktur (Bodeneigenschaften und Relief) des untersuchten Gebietes spielt insbesondere bei der Festlegung von Dauerbeobachtungspunkten eine wichtige Rolle.

Da auch Modellierungsansätze sowohl bei ihrer Entwicklung als auch bei ihrer Anwendung und flächenbezogenen Interpretation von punktbezogenen Probenahmen beeinflusst sind, kommt den punktbezogenen Probenahmen ein besonderer Stellenwert als primäre Informationslieferanten zu. Der folgende Beitrag soll verschiedene räumliche Interpolationsverfahren

- bei ihrer Anwendung auf Nährstoff- und Bodeninformationen aus dem landwirtschaftlich genutzten Kerngebiet der Agrarlandschaft Chorin (Ziethener Moränenlandschaft) vergleichen und
- die Auswirkungen von Messpunktdichte und –allokation auf flächenbezogene Zustandsgrößen untersuchen.

2 Methodischer Ansatz

2.1 Methoden der räumlichen Interpolation

Zustandsvariablen in Landschaften werden in der Regel auch nur an bestimmten Punkten gemessen. Für die ökologische Zustandsbeurteilung sind jedoch eher Daten über die räumliche Verteilung von Interesse. Aus Aufwands-, aber auch aus messtechnischen Gründen kann ein entsprechend dichtes Messnetz, um die kontinuierlichen Veränderungen der Zustandsvariablen in Landschaften zuverlässig verfolgen zu können, praktisch nicht etabliert werden. Die Ableitung von Daten über die räumliche Verteilung von Zustandsvariablen aus Punktmessungen erfolgt deshalb mit Methoden der räumlichen Interpolation. Für die praktische Durchführung der Interpolation gibt es zahlreiche Herangehensweisen, die sich hinsichtlich unterschiedlicher Kriterien klassifizieren lassen: z. B. Art der Merkmalsänderung im Raum oder Gewichtung der einbezogenen Messpunkte (KAPPAS 2001, BARTELME 2005). Generell wird dabei zwischen nichtstatistischen sowie statistischen und geostatistischen Verfahren unterschieden (ISAAKS & SRIVASTAVA 1992). Bei der räumlichen Interpolation im Rahmen von Gebietsschätzungen und raumbezogenen Analysen geht es nicht nur um flächenhafte Darstellungen im Sinne von Visualisierungen, die mit aktuell verfügbaren Software-Paketen wie z. B. ArcGIS Geospatial Analyst (JOHNSTON et al. 2002) oder Golden Software Surfer (GOLDEN SOFTWARE, INC. 2002) relativ schnell erzeugt werden können, sondern auch um Genauigkeits- bzw. Zuverlässigkeitsbetrachtungen. Basieren Hochrechnungen oder praktische Management-Entscheidungen auf interpolierten Raumkarten, sollte zumindest eine Abschätzung der Genauigkeit und Zuverlässigkeit des Verfahrens bzw. der interpolierten Werte bekannt sein.

Im Folgenden werden unterschiedliche räumliche Interpolationsverfahren in Abhängigkeit von der zu interpolierenden Variable und den für die Interpolation zur Verfügung stehenden Punktdaten untersucht und verglichen. Im Einzelnen sind das: a) Triangulation mit linearer Interpolation, b) lineares Kriging, c) quadratische inverse Distanz, d) gleitendes Mittel und e) als Hochrechnung bezeichnete einfache Durchschnittsbildung der Stichprobenwerte im jeweiligen Interpolationsgebiet. Ziel ist herauszufinden, welche quantitativen Unterschiede zwischen den Verfahren bestehen, und ob eine Präferenz für ein spezielles Verfahren ausgemacht werden kann. Die einzelnen Verfahren sollen an dieser Stelle nicht näher beschrieben werden. Es wird auf die einschlägige Literatur verwiesen (CRESSIE 1991, ISAAKS & SRIVASTAVA 1992, KAPPAS 2001). Für die räumlichen Analysen wurde das Software-Paket Surfer 8 der Firma Golden Software angewendet (GOLDEN SOFTWARE, INC. 2002).

2.2 Datengrundlage

Im Beitrag von LUTZE et al. (2006) ist das Schema für die Erhebung von Bodenzustands- und Nährstoffinformationen in der Ziethener Moränenlandschaft detailliert beschrieben. Die dort ermittelten Messergebnisse von sogenannten "Dauerpunkten" und von "Gitterpunkten" werden für die nachfolgenden Untersuchungen benutzt. Bei den "Dauerpunkten" handelt es sich um jährlich aufgesuchte Punkte, die die dominierenden Boden- und Terrainverhältnisse im Untersuchungsgebiet nach Expertenmeinung repräsentieren; bei den "Gitterpunkten" handelt es sich um ein über das gesamte Untersuchungsgebiet gelegtes Punktraster mit einer Maschenweite von 500 m. Als Stützstellen für die Interpolation dient zum einen die Menge der "Dauerpunkte" und zum anderen die gemeinsame Menge der "Dauerpunkte" und "Gitterpunkte" (im Folgenden als "alle Punkte" bezeichnet). Die Anzahlen der beiden Punktmengen stehen jeweils etwa im Verhältnis 1:2.

Da die Interpolationsverfahren unterschiedliche Reichweiten haben, wird, um die Ergebnisse besser vergleichbar zu machen, für die gemeinschaftliche Auswertung jeweils das Interpolationsgebiet der Triangulation benutzt, das als Teilmenge in allen anderen Interpolationsgebieten enthalten ist. Die Unterschiede, die durch die unterschiedlichen Punkte in den Jahren entstehen, werden duch eine relative Ergebnisdarstellung vergleichbar gemacht. Dafür wurden die Schätzwerte über das jeweilige Interpolationsgebiet gemittelt und als ein Wert dargestellt, was jedoch keine Auswirkungen auf die Genauigkeitsbetrachtungen hat. Das Gebiet des Ziethener Seebruchs mit den dort vorherrschenden Moorstandorten wurde bei der Analyse ausgeschlossen. Abb. 1 zeigt die Interpolationsgebiete in den einzelnen Jahren.

3 Ergebnisse

Im Folgenden werden beispielhaft die Bodenfeuchte, der Gehalt an anorganischem Stickstoff und der Phosphorgehalt jeweils in der Bodenschicht 0–60 cm in den Jahren 1996 und 1997 untersucht. Es handelt sich dabei um die Messwerte nach Ende der Anbausaison bzw. der Vegetationsperiode Anfang November.

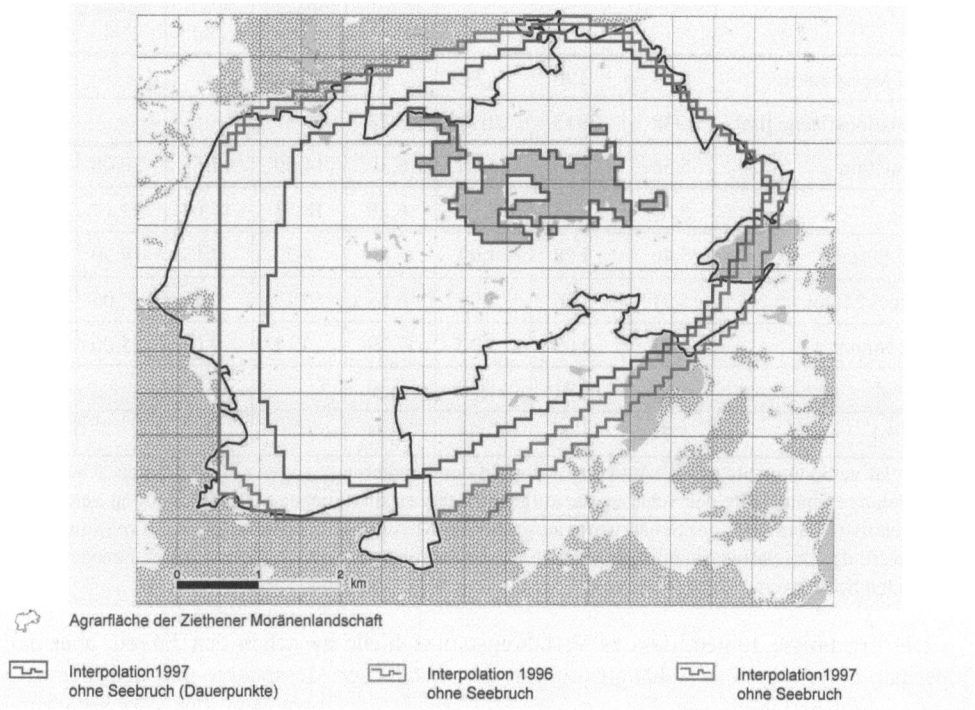

Abb. 1: Interpolationsgebiete für die Jahre 1996 und 1997.

3.1 Schätzung von Nährstoffinformationen in Abhängigkeit von Interpolationsverfahren und Punktzahl

Durchschnittlicher Stickstoffvorrat

Die praktische Idealsituation bei der Interpolation würde dann eintreten, wenn die Unterschiede zwischen den benutzten Verfahren und Datenmengen gleichermaßen gering ausfielen. In einer solchen Situation könnte man davon ausgehen, dass die tatsächliche Werteverteilung getroffen ist. Tab. 1 enthält ausgewählte Ergebnisse der räumlichen Interpolation des durchschnittlichen Vorrats an anorganischem Stickstoff (N_{min}) in der Bodenschicht 0–60 cm im jeweiligen jährlichen Interpolationsgebiet [g/m^2]. Lineares Kriging, quadratische inverse Distanz und gleitendes Mittel werden jeweils mit einem Suchradius von 2.000 m angewendet.

Tab. 1: Schätzung des durchschnittlichen Vorrats an anorganischem Stickstoff (N_{min}) in der Bodenschicht 0-60 cm [g/m^2] im jährlichen Interpolationsgebiet.

	alle Punkte		Dauerpunkte		durch Punktmengen verursachter Unterschied			
	1996	1997	1996	1997	1996		1997	
					dp_{min} [%]	dp_{max} [%]	dp_{min} [%]	dp_{max} [%]
Anzahl Messpunkte	187	190	92	92				
Interpolationsfläche [ha]	2738	2915	2078	2078				
Triangulation	5,56	5,25	4,86	6,30	14,40	12,59	20,00	16,67
Kriging	5,63	5,18	4,75	6,38	18,53	15,63	23,17	18.81
inverse Distanz	5,40	5,78	4,99	6,89	8,22	7,59	19,20	16,11
gleitendes Mittel	5,31	5,86	5,30	6,86	0,19	0,19	17,06	14,58
Hochrechnung	5,31	6,09	5,20	7,39	2,12	2,07	25,00	17,60
dv_{min} [%]	6,03	17,91	11,58	17,30				
dv_{max} [%]	5,74	14,94	10,38	14,75				

dv_{min}: relative Spannweite der Schätzwerte aufgrund der Verfahren bezogen auf minimalen Schätzwert; dv_{max}: relative Spannweite der Schätzwerte aufgrund der Verfahren bezogen auf maximalen Schätzwert; dp_{min}: relative Spannweite der Schätzwerte aufgrund der Messpunktmengen bezogen auf minimalen Schätzwert; dp_{max}: relative Spannweite der Schätzwerte aufgrund der Messpunktmengen bezogen auf maximalen Schätzwert.

Die Ergebnisse zeigen, dass es Verfahrensunterschiede zwischen den Jahren, aber auch innerhalb eines Jahres in Abhängigkeit von der Anzahl der Messpunkte und dem benutzten Interpolationsverfahren gibt. Für das Jahr 1997 reicht die Spannweite der Verfahrensunterschiede bis ca. 18 %, d. h. mit einem solchen Fehler müsste man bei der flächenhaften Interpretation der Messergebnisse kalkulieren; die Anzahl der einbezogenen Messpunkte spielt hier offenbar eine untergeordnete Rolle gegenüber dem Interpolationsverfahren. Dauerpunkte und alle Punkte liefern ein ähnliches Ergebnis. Es ist nicht zu entscheiden, welches Verfahren bevorzugt werden kann. Für das Jahr 1996 sind die Unterschiede zwischen den untersuchten Verfahren zwar insgesamt geringer, aber dafür hat die Anzahl der einbezogenen Messpunkte offenbar eine größeren Einfluss. Die größere Punktmenge halbiert die Verfahrensunterschiede in etwa. Hier ist die kleinere Dauerpunktmenge allein nicht ausreichend, ein zuverlässiges Gesamtbild zu liefern.

Die Verwendung der unterschiedlichen Punktmengen führt im Falle der Triangulation, des linearen Krigings und der quadratischen inversen Distanz in beiden Jahren und im Falle des gleitenden Mittels und der Hochrechnung für 1997 zu relativen Schätzwertunterschieden zwischen ca. 8 % und 25 %. Hier wird eine ausgeprägte Verfahrens- und Datenabhängigkeit deutlich. Die vorhandene Messpunktallokation und Messwerteausprägung lässt offenkundig keine zuverlässigere Schätzung zu. Erklärt werden kann das möglicherweise mit der lokalen, fruchtartenabhängigen Spezifik des Nährstoffentzuges, was kleinräumig zu großen Werteunterschieden führen kann. Eine Verbesserung erscheint nur durch ein generell dichteres Messpunktnetz in Verbindung mit einer schlagspezifischen Schätzung realistisch.

Durchschnittlicher Phosphorvorrat

Tab. 2 fasst die Ergebnisse der räumlichen Interpolation des durchschnittlichen Phosphorgehalts in der Bodenschicht 0-60 cm [mg/m^2] im jährlichen Interpolationsgebiet zusammen. Die für die Interpolation des Stickstoffs gemachten Aussagen treffen in analoger Weise auch für den Phosphor zu. Die relativen Unterschiede zwischen benutzten Verfahren und Punktmengen fallen allerdings etwas geringer aus.

Tab. 2: Schätzung des durchschnittlichen Vorrats an Phosphor (P) in der Bodenschicht 0-60 cm [mg/m^2] im jährlichen Interpolationsgebiet.

	alle Punkte		Dauerpunkte		durch Punktmengen verursachter Unterschied			
	1996	1997	1996	1997	1996		1997	
					dp$_{min}$ [%]	dp$_{max}$ [%]	dp$_{min}$ [%]	dp$_{max}$ [%]
Anzahl Messpunkte	187	190	92	92				
Interpolationsfläche [ha]	2738	2915	2078	2078				
Triangulation	60,08	58,72	55,66	51,51	7,94	7,36	14,00	12,28
Kriging	56,14	57,43	53,01	49,05	5,90	5,58	17,08	14,59
inverse Distanz	54,88	52,17	53,52	50,21	2,91	2,84	3,90	3,76
gleitendes Mittel	54,69	54,60	54,67	51,41	0,04	0,04	6,20	5,84
Hochrechnung	55,95	56,24	55,88	53,55	0,13	0,13	5,02	4,78
dv$_{min}$ [%]	9,47	12,56	5,41	9,17				
dv$_{max}$ [%]	8,66	11,15	5,14	8,40				

dv$_{min}$: relative Spannweite der Schätzwerte aufgrund der Verfahren bezogen auf minimalen Schätzwert; dv$_{max}$: relative Spannweite der Schätzwerte aufgrund der Verfahren bezogen auf maximalen Schätzwert; dp$_{min}$: relative Spannweite der Schätzwerte aufgrund der Messpunktmengen bezogen auf minimalen Schätzwert; dp$_{max}$: relative Spannweite der Schätzwerte aufgrund der Messpunktmengen bezogen auf maximalen Schätzwert.

Durchschnittlichen Bodenfeuchte

Tab. 3 zeigt die Ergebnisse der räumlichen Interpolation der durchschnittlichen Bodenfeuchte in der Bodenschicht 0-60 cm [mm] im jeweiligen jährlichen Interpolationsgebiet. Lineares Kriging, quadratische inverse Distanz und gleitendes Mittel wurden wieder jeweils mit einem Suchradius von 2.000 m angewendet.

Tab. 3: Schätzung des durchschnittlichen Bodenfeuchtegehalts in der Bodenschicht 0-60 cm [mm] im jährlichen Interpolationsgebiet.

	alle Punkte		Dauerpunkte		durch Punktmengen verursachter Unterschied			
	1996	1997	1996	1997	1996		1997	
					dp_{min} [%]	dp_{max} [%]	dp_{min} [%]	dp_{max} [%]
Anzahl Messpunkte	187	190	92	92				
Interpolationsfläche [ha]	2738	2915	2078	2078				
Triangulation	133,13	114,41	136,35	110,14	2,42	2,36	3,88	3,73
Kriging	132,94	115,06	139,50	113,87	4,93	4,70	1,05	1,03
inverse Distanz	133,03	111,63	135,24	111,80	1,66	1,63	0,15	0,15
gleitendes Mittel	133,96	112,29	134,62	112,59	0,49	0,49	0,27	0,27
Hochrechnung	133,46	110,97	131,61	108,73	1,41	1,39	2,03	2,02
dv_{min} [%]	0,77	3,69	5,99	4,73				
dv_{max} [%]	0,76	3,55	5,66	4,51				

dv_{min}: relative Spannweite der Schätzwerte aufgrund der Verfahren bezogen auf minimalen Schätzwert; dv_{max}: relative Spannweite der Schätzwerte aufgrund der Verfahren bezogen auf maximalen Schätzwert; dp_{min}: relative Spannweite der Schätzwerte aufgrund der Messpunktmengen bezogen auf minimalen Schätzwert; dp_{max}: relative Spannweite der Schätzwerte aufgrund der Messpunktmengen bezogen auf maximalen Schätzwert.

Als Erstes lässt sich feststellen, dass die Schätzwerte für beide Punktmengen ähnlich sind, und dass sowohl die durch die unterschiedlichen Punktmengen als auch die durch die unterschiedlichen Verfahren verursachten Spannweiten in keinem Fall mehr als ca. 6 % betragen. Die Ergebnisse zeigen weiterhin, dass die Verfahrensunterschiede bei der Schätzung der Bodenfeuchte generell geringer als bei der Schätzung des Stickstoff- und des Phosphorvorrats ausfallen. Das o. g. Maximum von ca. 6 % wird bei Nutzung der Dauerpunkte im Jahr 1996 erreicht.

Die Verwendung aller Punkte im Vergleich zu den Dauerpunkten reduziert für beide Untersuchungsjahre die Spannweite der Verfahrensunterschiede deutlich. Die "einfacheren" Verfahren quadratische inverse Distanz, gleitendes Mittel und Hochrechnung liefern für jeweils beide Betrachtungsjahre ähnliche Spannweiten. Bei der Triangulation und dem linearen Kriging ist eine offenbar größere Sensibilität gegenüber einzelnen Messwerten vorhanden.

Die Analyse der Schätzwerte zeigt, dass sich die Zustandsvariable Bodenfeuchte auf der Grundlage der vorhandenen Messpunkte räumlich zuverlässig und insgesamt besser interpolieren lässt als der anorganische Bodenstickstoff oder der Phosphor. Erklären kann man das möglicherweise damit, dass die Bodenfeuchte weniger vom spezifischen Entzugsverhalten der auf den Schlägen angebauten Fruchtarten als von den flächig wirkenden Wetterfaktoren beeinflusst wird, und dass dadurch weniger sprunghafte kleinräumige Werteunterschiede auftreten als im Falle des Bodenstickstoffs. In beiden Untersuchungsjahren lässt sich mit beiden Punktmengen eine relativ zuverlässige räumliche Interpolation realisieren.

3.2 Schätzung von Nährstoffinformationen in Abhängigkeit von Parametern der Interpolationsverfahren

Die oben vorgestellten Ergebnisse für die Schätzung des Bodenstickstoffs machen deutlich, dass man zumindest bei bestimmten Zustandsvariablen davon ausgehen muss, dass die Lage der Messpunkte in Verbindung mit der Messwertausprägung wesentlichen Einfluss auf die flächigen Interpolationsergebnisse hat. Deshalb muss man auch davon ausgehen, dass die konkreten Verfahrensparameter, wie z. B. Suchradien, signifikante Auswirkungen auf die Schätzergebnisse haben.

Im Folgenden soll beispielhaft untersucht werden, wie unterschiedliche Suchradien und die dadurch hervorgerufenen unterschiedlichen Anzahlen der von den Interpolationsroutinen berücksichtigten Messwerte auf die Schätzergebnisse wirken. Als Beispiele dienen das nichtstatistische Verfahren der quadratischen inversen Distanz und das geostatistische Verfahren des linearen Krigings sowie die gesamte Messpunktmenge für das Untersuchungsjahr 1997. Tab. 4 enthält eine Übersicht über die ermittelten Resultate.

Tab. 4: Einfluss des Suchradius und des Interpolationsverfahrens auf die Schätzung der durchschnittlichen Bodenfeuchte in der Bodenschicht 0–60 cm [mm] und des durchschnittlichen Vorrats an anorganischem Stickstoff (N_{min}) in der Bodenschicht 0-60 cm [g/m^2] im jährlichen Interpolationsgebiet; Beprobungsjahr 1997; 190 Messpunkte.

Suchradius	quadratische inverse Distanz		Kriging	
	Bodenfeuchte	N_{min}	Bodenfeuchte	N_{min}
1.000 m	112,16	5,70	113,67	5,35
2.000 m	111,63	5,78	115,06	5,18
3.000 m	111,44	5,80	114,88	5,14
4.000 m	111,30	5,83	114,84	5,14
5.000 m	111,21	5,85	114,82	5,13
dv_{min} [%]	0,85	2,63	1,22	4,29
dv_{max} [%]	0,85	2,56	1,21	4,11

dv_{min}: relative Spannweite der Schätzwerte aufgrund der Suchradien bezogen auf minimalen Schätzwert; dv_{max}: relative Spannweite der Schätzwerte aufgrund der Suchradien bezogen auf maximalen Schätzwert.

Im Fall der Bodenfeuchte beträgt die Spannweite der Schätzwerte aufgrund unterschiedlicher Suchradien zwischen 1.000 m und 5.000 m 0,85 % bzw. 1,21 %. Der Einfluss der unterschiedlichen Suchradien kann deshalb bei beiden betrachteten Interpolationsmethoden als von eher geringem Einfluss eingeschätzt und eine ausgeprägte Wechselwirkung zwischen Suchradius und Verfahren zumindest für die in der Ziethener Moränenlandschaft vorhandenen Raumsituation am Ende einer Vegetationsperiode ausgeschlossen werden.

Im Fall des anorganischen Bodenstickstoffs sind die aus den unterschiedlichen Suchradien resultierenden Unterschiede zwar größer als im Fall der Bodenfeuchte, aber dennoch deutlich kleiner als die oben dargestellten Unterschiede zwischen den verschiedenen Interpolationsverfahren und den benutzten Punktmengen. Die Wahl des "richtigen" Interpolationsverfahrens und die Allokation des Messpunkte sind offenbar wichtiger als die Wahl der Suchradien innerhalb eines Verfahrens. Oder anders ausgedrückt: Es gibt keine wesentlichen Unterschiede, ob man die gesuchten Werte mit Hilfe von Messpunkten aus der engeren oder weiteren Umgebung schätzt bzw. klein- und großräumige Variabilität sind von gleicher Größenordnung (siehe auch SCHULTZ & MIRSCHEL 1994).

4   Schlussfolgerungen

Viele Grundlagendaten für die Beurteilung des ökologischen Zustandes von Landschaften liegen als Punktmessungen vor (z. B. Bodenproben). Mit Hilfe räumlicher Interpolationsmethoden können aus solchen Punktmessungen flächige Aussagen abgeleitet werden. Durch den allgemeinen Entwicklungsfortschritt einschlägiger Auswertungs- und Visualisierungs-Software kann man zwar relativ schnell sehr anschauliche Interpolationsflächen erzeugen, hat aber nur in wenigen Fällen Informationen über die Zuverlässigkeit der Schätzungen. In Abhängigkeit vom benutzten Interpolationsverfahren und von der benutzten Datenmenge muss mit Schätzfehlern bis zu 20 % kalkuliert werden.

Die auf den Agrarflächen der Ziethener Moränenlandschaft durchgeführten raumbezogenen Datenanalysen zeigen, dass es kein generell favorisiertes räumliches Interpolationsverfahren gibt, das zu gleichermaßen zuverlässigen Schätzergebnissen für unterschiedliche Zustandsvariablen und Datensituationen führt. Die analysierten Zustandsvariablen anorganischer Stickstoff, Phosphor und Bodenfeuchte in der Bodenschicht 0–60 cm weisen unterschiedliche Verhaltensmuster hinsichtlich des Interpolationsverfahrens und der benutzten Messpunktmenge auf. Bei der Auswahl eines geeigneten räumlichen Interpolationsverfahrens für Zustandsvariablen in einer Landschaft muss man offenbar zwischen solchen Zustandsvariablen, deren Verteilung in der Fläche zum Beprobungszeitraum stark durch die Art der lokalen Nutzung beeinflusst wird, und solchen, die eher von den auf das gesamte Betrachtungsgebiet flächig wirkenden Faktoren beeinflusst sind, unterscheiden.

In die erste Gruppe fallen vor allem Bodennährstoffe und andere bodenchemische Zustände, deren zeitliche Ausprägung in erster Linie vom nutzungs- und standortbezogenen Entnahme- bzw. Veränderungsregime beeinflusst wird. Hier haben lokale, nichtstatistische Schätzer, wie z. B. das räumliche gleitende Mittel, keine Nachteile gegenüber aufwendigeren Interpolationsverfahren. Z. B. konnten bei den geostatistischen Analysen des Bodenstickstoffs keine ausgeprägten räumlichen Abhängigkeiten gefunden werden. Das Kriging ist deshalb hier auch kein Verfahren, das zuverlässigere Schätzergebnisse liefert. Bei der in den durchgeführten räumlichen Interpolationen erreichten Punktdichte von maximal ca. 6,5 Beprobungspunkten/100 ha muss mit einer Unsicherheit bis zu 20 % kalkuliert werden. Selbst wenn durch eine Hinzunahme von Messpunkten innerhalb eines Verfahrens keine Veränderung der flächenbezogenen Schätzwerte herbeigeführt werden kann - das Verfahren also konvergiert - muss weiterhin mit erheblichen Verfahrensunterschieden gerechnet werden. Ist es nicht möglich, einen dichteres, systematisches Probenahmenetz zu etablieren, kann vor allem eine auf Voruntersuchungen und fundierte Standortkenntnisse basierende Allokation der Probenahmepunkte im Interpolationsgebiet die Zuverlässigkeit der Interpolationen erhöhen.

Die zweite Gruppe umfasst Variablen, deren Veränderungen vor allem physikalische Ursachen haben. Hierzu gehört z. B. die im Beitrag analysierte Bodenfeuchte. Bei der Schätzung der Bodenfeuchte liefern alle angewendeten Verfahren sehr ähnliche Schätzergebnisse und wesentlich geringere Spannweiten zwischen den Verfahren. Sowohl nichtstatistische als auch statistische Schätzer können angewendet werden. Bei der geostatistischen Analyse der Bodenfeuchte im Untersuchungsgebiet konnte im Gegensatz zum Bodenstickstoff eine starke räumliche Abhängigkeit aufgezeigt werden. Die räumliche Interpolation mit Methoden des Krigings ist deshalb in diesem Fall durchaus zu empfehlen, weil zusammen mit jedem Schätzwert auch ein dazugehöriger Schätzfehler ermittelt wird. Die Spannweite der Schätzwerte, die den Verfahrensunterschieden oder den benutzten Punktmengen zugeordnet werden kann, beträgt nur für die Dauerpunkte im Jahr 1996 mehr als 5 %. Die größeren Punktmengen führen immer zu einer Reduktion der relativen Spannweiten der Schätzwerte, was im Falle des Bodenstickstoffs und des Phosphors nicht der Fall ist. Man könnte formulieren, dass sich die Variablen dieser zweiten Gruppe "einfacher" schätzen lassen.

Abschließend soll zumindest noch einmal darauf hingewiesen werden, dass bei den dargestellten Untersuchungen ausschließlich Messwerte vom Ende der Vegetationsperiode benutzt wurden. Das bedeutet, dass zumindest ein Teil der Variabilitätsunterschiede zwischen den untersuchten Zustandsvariablen aus ihrem unterschiedlichen zeitlichen Verlauf während der Vegetationsperiode resultiert. Um die erzielten Ergebnisse weiter zu generalisieren, wären identische Mess- und Auswerteschritte in Zeitscheiben während der Vegetationsperiode nötig. Mit einer Methodenabhängigkeit der räumlichen Interpolation, die Schätzwertunterschiede bis zu 20 % hervorruft, muss allerdings immer gerechnet werden.

Danksagung

Diese Arbeit wurde gefördert durch das Bundesministerium für Ernährung, Landwirtschaft und Verbraucherschutz sowie das Ministerium für Ländliche Entwicklung, Umwelt und Verbraucherschutz des Landes Brandenburg.

Literatur

BARTELME, N. (2005): Geoinformatik - Modelle, Strukturen, Funktionen. Springer.
CRESSIE, N. (1991): Statistics for spatial data. John Wiley & Sons, Inc., New York.
GOLDEN SOFTWARE, INC. (2002): Surfer 8. User's Guide. Golden, Colorado (USA).
ISAAKS, E.H. & R. SRIVASTAVA (1992): An Introduction to Applied Geostatistics. Oxford University Press.
JOHNSTON, K, J. M. VER HOEF, K. KRIVORUCHKO & N. LUCAS (2001): Using ArcGIS Geostatistical Analyst. ESRI, Redlands.
KAPPAS, M. (2001): Geographische Informationssysteme. Westermann.
KAULE, G. (1991): Arten- und Biotopschutz. Eugen Ulmer Verlag, Stuttgart.
LUTZE, G, A. SCHULTZ & K. LUZI (2006): Dynamik des Bodenzustands und des Nährstoffstatus in der Ziethener Moränenlandschaft. In diesem Band.

SCHULTZ, A. & W. MIRSCHEL (1994): Modelle auf dem Prüfstand - Wie genau sind agrarökologische Simulationsmodelle? *Zeitschrift für Agrarinformatik* 2, S. 22-29.

STEINHARDT, U. & M. VOLK (Hrsg.) (1999): Regionalisierung in der Landschaftsökologie. B. G. Teubner, Stuttgart, Leipzig.

Wandel der landwirtschaftlichen Anbaustruktur unter dem Einfluss sich ändernder agrarökonomischer und gesellschaftlicher Verhältnisse in der Ziethener Moränenlandschaft im Zeitraum von 1976 bis 2005

Gerd Lutze [8], *Karin Luzi, Werner Haberstock & Karl-Otto Wenkel*

Zusammenfassung

Die ökologischen Potenziale und der ökologischen Zustand der Agrarlandschaften wird in erheblichem Umfang von den Landnutzungs- und Anbaustrukturen direkt bzw. infolge der praktizierten Anbautechnologien bestimmt. Die generelle Verteilung der Landnutzungsarten im Projektgebiet folgt dem erwarteten Muster: Grundmoränen mit Ackernutzung, Moor und nasse Senken mit Grünland und schließlich Endmoränen bzw. trockene Sander mit Waldbeständen. Die geomorphologische Prägung sorgt für stabile Verteilungsverhältnisse, die durch weitere Faktoren, wie die Besitzverhältnisse, begrenzt modifiziert werden. Die landwirtschaftlichen Anbauverhältnisse sind in starkem Maße sowohl von den standörtlichen als auch von den agrarökonomischen Bedingungen abhängig. Den starken Einfluss der gesellschaftlichen bzw. ökonomischen Rahmenbedingungen auf die Anbaugestaltung dokumentieren die Ergebnisse der Analyse der angebauten Fruchtarten in der Ziethener Moränenlandschaft über den Zeitraum von 30 Jahren. Während sich unter den wirtschaftlichen Bedingungen der 70er und 80er Jahre eine nach Fruchtfolgeaspekten relativ ausgeglichene Anbaugestaltung etablierte, führten die EU-gesteuerten Förderbedingungen und die marktwirtschaftlichen Einflüsse zu einer Reduzierung der Fruchtartendiversität und zu einer Konzentration auf profitable Marktfrüchte. Hackfrüchte wurden drastisch reduziert und der Feldfutteranbau mit der Einstellung der Tierproduktion aufgegeben.

Abstract

The land use and crop cultivation structures determine directly or as a result of the applied technologies in a considerable circumference the ecological state of landscapes. The general distribution of the forms of land use in the project area follows the expected pattern: ground moraines with arable land use, muds and wet depressions with meadow land and terminal moraines or dry outwash plains with forest stands. The natural character leads to stable distribution relations, which are modified to a limited amount by other factors, such as the property relations. The actually grown agricultural crops depend on site, but also on agro-

---

[8] Korrespondierender Autor: Dr. sc. G. Lutze, Leibniz-Zentrum für Agrarlandschaftsforschung (ZALF), Institut für Landschaftssystemanalyse, Eberswalder Str. 84, D-15374 Müncheberg.
E-Mail: glutze@zalf.de

economic conditions. The results of the analysis of the crop spectrum in the Ziethen Moraine Landscape for the period of 30 years document the strong influence of the social and economic frame conditions on the crop rotation. While under the economic conditions of the 1970ies and 80ies the crop spectrum was quite well-balanced according to crop rotation aspects, the EU-controlled subsidies and the new market conditions of the 1990ies led to a reduction of the crop diversity and to a concentration on profitable market fruits. The amount of root crops was tremendously reduced and the fodder production was given up due to the termination of the animal breeding.

1 Einleitung

Die Landnutzungs- und Anbaustrukturen bestimmen direkt bzw. infolge der praktizierten Anbautechnologien in erheblichem Umfang das ökologische Potenzial und den ökologischen Zustand der Agrarlandschaften. Sie sind in starkem Maße sowohl von den standörtlichen als auch von ökonomischen Bedingungen abhängig. Ihrerseits haben sie einen maßgeblichen Einfluss auf das aktuelle Inventar und die Habitatstruktur bzw. -güte für zahlreiche freilebende Tier- und Pflanzenarten bzw. generell auf die Biodiversität von Agrarlandshaften. Inwieweit dabei auf die Landschaftsfunktion innerhalb der Leitplanken einer nachhaltigen Landschaftsnutzung eingewirkt wird, kann meist erst nach einem längeren Zeitraum bewertet werden. Aus diesem Grund sind langjährige Beobachtungsreihen der Landnutzungsveränderungen eine unverzichtbare Basis für Nachhaltigkeitsanalysen. Die möglichst weit rückschauende Rekonstruktion der Anbauverhältnisse sowie die Analyse der aktuellen Entwicklung wurden deshalb als eine wichtige Aufgabe des Landschaftsmonitorings in der Ziethener Moränenlandschaft realisiert. Langjährige Datenreihen sollten durch die Auswertung der vorhandenen Schlagdatei und eigene Beobachtungen flächenscharf analysiert werden.

Die Untersuchung der zeitlichen und räumlichen Veränderungen kann jedoch nur unter Beachtung der gesellschaftlichen und betrieblichen Rahmenbedingungen erfolgen. Deshalb galt es, auch diese Triebkräfte zu hinterfragen, um die Ursachen für Veränderungen zu erkennen.

2 Methoden und Datengrundlagen

Raumkonzept

Zur Untersuchung der Verteilung der Hauptformen der Landnutzung (Acker, Grünland, Wald) wurde die Umgebung der Agrarlandschaft Chorin (34.500 ha) herangezogen, da sich mit dieser Flächengröße eine höhere Repräsentanz verband. Hingegen konzentrierte sich die Analyse der landwirtschaftlichen Anbaustruktur auf das Hauptuntersuchungsgebiet der Ziethener Moränenlandschaft (ca. 1.795 ha landwirtschaftlich genutzte Fläche).

Geodaten

Als Datengrundlage zur Untersuchung der Verteilung der Landnutzung diente die Biotoptypenkartierung des Landes Brandenburg (LUA 1995). Zur Verschneidung der Landnutzung mit den geomorphologischen Formen wurde die Geologische Übersichtskarte des Landes Brandenburg (LGRB 1998) verwendet.

Schlagdaten und -karte

Für die Flächen im Hauptuntersuchungsgebiet der Ziethener Moränenlandschaft, die von der ehemaligen LPG Pflanzenproduktion Joachimsthal, Bereich III, Ziethen (gebildet 1975/76), bewirtschaftet wurden, konnten langjährige Datenreihen (Zeitraum von 1975 bis 1991) erschlossen werden. Die Ermittlung der angebauten Fruchtarten erfolgte für diesen Zeitraum auf der Grundlage der vorliegenden Schlagkartei, die auf der Basis der "Normativ-Schlagkarte" in Form von A4-Klappkarten im Betrieb geführt wurde. Dafür war es zunächst notwendig, die Eintragungen in eine Schlagdatei zu überführen und sie mit der digitalisierten Schlagkarte zu verbinden. Nach der im Betrieb verwendeten Schlagnummerierung konnten dann die angebaute Fruchtart den jeweiligen Schlagblöcken zuordnet werden. Problematisch war die räumliche Zuordnung im Falle von geteilten Schlägen, da nicht für alle Jahre entsprechende Schlagskizzen vorlagen.

Seit dem Jahr 1992 wurde das Gebiet im Wesentlichen von dem Landwirtschaftsbetrieb Klein Ziethen e. G. sowie von einigen Landwirten mit kleinen Anbauflächen bewirtschaftet. Seit den Jahren 1997/98 gab es wiederum Veränderungen in den Eigentums- und Landnutzungsverhältnissen, so dass nunmehr das Gebiet überwiegend vom Landwirtschafsbetrieb Klein Ziethen (1.400 ha) und einem zweiten Betrieb (ca. 300 ha) genutzt wird.

Die angebauten Fruchtarten sowie die aktuellen Schlageinteilungen wurden seit 1992 durch Feldaufnahmen kartiert (i. d. R. im Juni) und zu einem zweiten Termin überprüft. Für die aktuellen Anbauperioden wurden die Daten durch Erhebungen bzw. in Einzelfällen durch eine Befragung der Landwirte erfasst.

3 Verteilung der Landnutzungsarten und Entwicklung der Anbauverhältnisse der Hauptfruchtarten

Die Landnutzungsstrukturen in einer Region und die Anbauverhältnisse der Fruchtarten in den Landwirtschaftsbetrieben werden in ausgeprägter Weise durch das Wechselspiel von natürlichen (standörtlichen und klimatischen) Faktoren und anthropogen bedingten Einflüssen, darunter vor allem durch die agrarpolitischen und ökonomischen Fördermaßnahmen, gesteuert. Die natürlichen Faktoren wirken dabei eher als stabilisierende Komponente, während die wirtschaftlichen Einflüsse die Dynamik bestimmen (Abb. 1).

Die Analyse der Landnutzungsarten vermittelt Informationen über die Hauptstrukturen einer Landschaft und soll auch deren naturräumlich bedingtes Verteilungsmuster erklären. Die Entwicklung der landwirtschaftlichen Anbauverhältnisse wird nicht selten im Widerstreit von betriebs- und agrarökonomischen Zwängen mit acker- und pflanzenbaulichen Grundsätzen und Anforderungen vollzogen.

In der globalisierten Welt zeichnet sich der Trend ab, dass die handelspolitischen Einflussnahmen durch die Welthandelsorganisation (WTO) sowie die Beschlüsse der Europäischen Union (EU) stärker markt- bzw. anbauregulierend wirken als z. B. der Einfluss lokaler Verbraucher.

Auf den landwirtschaftlichen Nutzflächen und speziell auf den Ackerflächen eines Betriebes werden Ackerfrüchte in vielfältiger Kombination angebaut. Wesentliche Kennzeichen für den Ackerbau in einem Gebiet sind das Ackerflächen-, Fruchtarten- oder Anbauverhältnis und die Fruchtfolgegestaltung. Während das Fruchtartenverhältnis den prozentualen Anteil der einzelnen Feldfrüchte am Ackerland widerspiegelt, gibt die Fruchtfolge die zeitliche Aufeinanderfolge und regelmäßige Wiederkehr der Feldfrüchte auf den gleichen Ackerschlägen Auskunft (KÖNNECKE 1967). Das Anbauverhältnis und die Einhaltung von Fruchtfolgeregeln sind maßgebliche Charakteristika für eine nachhaltige Landbewirtschaftung.

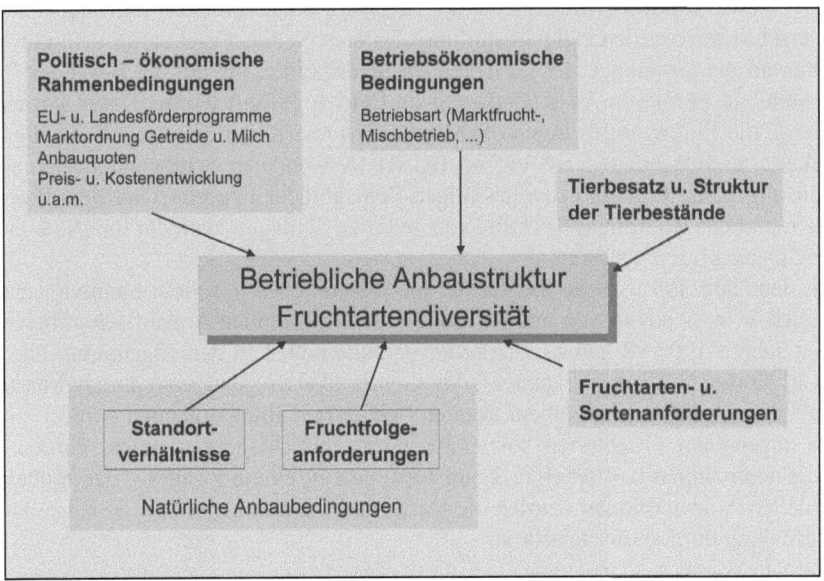

Abb. 1: Einflussfaktoren auf die betriebliche Anbaustruktur.

3.1 Verteilung der Landnutzungsarten im Projektgebiet

Bezüglich der Verteilung der land- und forstwirtschaftlichen Landnutzungsarten ergibt sich im Projektgebiet "Agrarlandschaft Chorin" über einen langen Zeitraum eine deutliche Dominanz der landwirtschaftlichen Nutzung (LUTZE & KIESEL 2006). Die Verteilung der Landnutzungsarten im Verhältnis zu den geomorphologischen Grundstrukturen wurde durch die Überlagerung beider Themen im Geografischen Informationssystem (GIS) untersucht (Tab. 1).

Aus Tab. 1 geht hervor, dass der Ackerbau auf den Grundmoränen ein klares Übergewicht besitzt. Das Grünland hat erwartungsgemäß auf den Moorstandorten seine Hauptverbreitung. Der relativ große Anteil von ca. 30 % des Grünlandes in den Grundmoränen resultiert aus Standorten in nassen bzw. vermoorten Senken als auch aus Hangkanten bzw. Hanglagen. Die Waldstandorte sind einerseits auf den Endmoränen bzw. Stauchungsgebieten und anderseits auf den Hochflächensedimenten (Sandern) etabliert.

Die Ergebnisse veranschaulichen, dass die geomorphologisch-naturräumlichen Strukturen zwar das Grundmuster der Landnutzung (Feld-Wald-Verteilung) in diesem Gebiet vorprägen, zeigen aber auch, dass eine gewisse Variabilität der Landnutzung innerhalb der geomorphologisch-naturräumlichen Grundeinheiten möglich ist. Die Verteilungsverhältnisse werden durch zahlreiche weitere Faktoren modifiziert und kleinräumig in nicht geringem Maße auch von den Besitzverhältnissen beeinflusst. Schließlich führen methodische, "themenbedingte" Maßstabsunterschiede beim Verschneiden zu einer "technisch bedingten" Unschärfe.

Die Analyse der Verteilung der Hauptnutzungsarten bestätigt die Grundthese, dass die aktuelle Landschaftsstruktur das Ergebnis der räumlichen und zeitlichen Wechselwirkungen zwischen den Geofaktoren einschließlich Klima sowie der anthropogen bedingten Landnutzung ist, wie dies für die nordostdeutschen Landschaften in einer Untersuchung von LUTZE et al. (2004) nachgewiesen wurde.

Tab. 1: Verteilung der Landnutzungsarten im Bezug zur Geomorphologie der Agrarlandschaft Chorin.

Geomorphologische Haupteinheiten								
Agrarlandschaft Chorin	Acker		Grünland		Wälder		gesamt	
eiszeitliche Bildungen	[1.000 ha]	[%]	[1.000 ha]	[%]	[1.000 ha]	[%]	[1.000 ha]	[%]
Becken- und Stillwassersedimente	0	1	0	0	0	2	0	1
Endmoränen und Stauchungskomplexe	2	7	0	4	2	31	4	12
Grundmoränenbildungen	21	77	0	31	1	10	21	62
Hochflächensedimente (Sander)	2	7	0	10	2	35	5	13
Tal- und Niederungsbildungen (Urstromtäler)	1	4	0	0	0	5	1	4
nacheiszeitliche Bildungen								
Auensedimente	0	0	0	0	0	0	0	0
Aufschüttungen	0	0	0	0	0	0	0	0
Dünen und Flugsande	0	0	0	0	0	5	0	1
organogene Bildungen (Niedermoore)	1	4	0	55	1	11	2	6
gesamt	27	100	0	100	7	100	35	100

Datenquellen: LGRB (1998), LUNG (1995)

3.2 Analyse der Struktur der Feldschläge

Für die landwirtschaftliche Bewirtschaftung bilden die Feldschläge die wesentliche Grundstruktur. Sie werden im Folgenden analysiert. Nicht selten wird - in unzulässiger Weise - von ihrer Struktur (meist nur von der Größe) auf die ökologische Qualität der Bewirtschaftung geschlossen.

Für die Ziethener Moränenlandschaft wurden aus der ehemaligen LPG Joachimsthal, Bereich III, Ziethen (Stand etwa 1988), 26 Schläge ausgewiesen. Die einzelnen Schläge wurden zeitweilig stark, in bis zu 24 Teilflächen untergliedert. Insgesamt entstanden so bis zu 315 Teilschläge, die in ihrer Grundstruktur über den Betrachtungszeitraum erhalten blieben, da sie naturräumlich bzw. durch die Wegestruktur determiniert sind. In der Abb. 2 werden die aktuellen Schlaggrenzen mit dem Anbau im Jahr 2004/2005 gezeigt.

Die Verteilung der Ackerflächen nach Schlaggrößen-Klassen wird in Abb. 3 und ihre Verteilung nach Ackerzahlklassen bzw. Landbaugebieten in Abb. 4 dargestellt. In letzterer wird das breite Spektrum in den natürlichen Standortbedingungen deutlich.

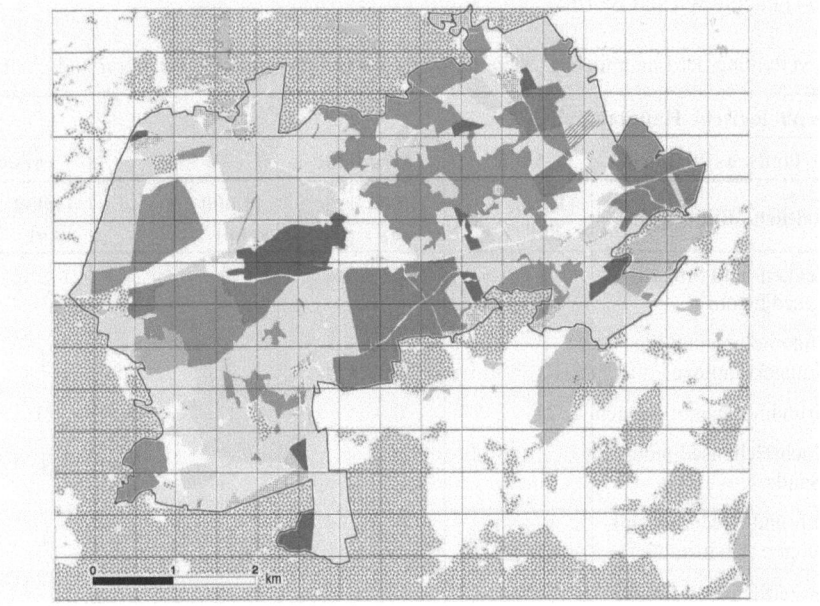

Abb. 2: Schlaggrenzen und Anbau im Jahr 2004/2005 in der Ziethener Moränenlandschaft.

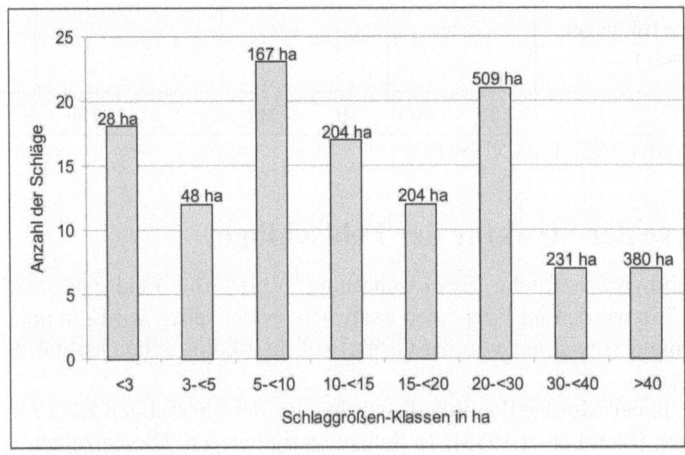

Abb. 3: Verteilung der Ackerflächen nach Schlaggrößen-Klassen.

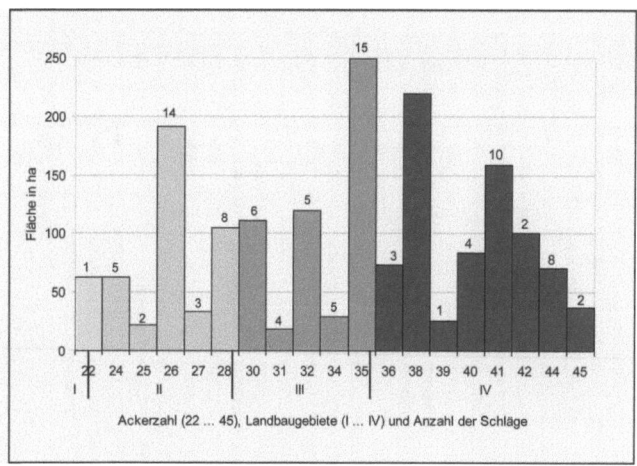

Abb. 4: Verteilung der Ackerflächen nach Ackerzahl-Klassen.

3.3 Analyse der Entwicklung der Anbaustrukturen (Fruchtarten-Diversität)

Die Entwicklung der Anbaustruktur im Hauptuntersuchungsgebiet Ziethener Moränenlandschaft wird in Abb. 5 über einen Zeitraum von 30 Jahren aufgezeigt. Bei der Analyse der Hauptfruchtartengruppen können folgende Trends festgestellt werden:

Getreideanbau (einschließlich der Druschfrucht Winterraps)

Bemerkenswert ist der bis zum Jahre 1990 sehr hohe Anteil von Winterroggen, der allerdings den leichten Grenzstandorten vorbehalten blieb. In den 90er Jahren ging seine Anbaufläche dennoch zugunsten von Triticale und vor allem von Winterraps zunächst deutlich zurück. Der infolge des Wegfalls der Roggenintervention (ab 2003) zu erwartende Rückgang im Roggenanbau trat nicht ein. Im Jahr 2004 erreicht der Winterroggen, wie etwa in den Jahren 1979 und 1985, mit ca. 30 % an der gesamten Anbaufläche seinen größten Anbauumfang. Während im Jahre 2003 bei niedrigen Erträgen mit sehr guten Preisen gute Erlöse erzielt wurden, sank der Erlös 2004 trotz sehr guter Erträge aber infolge niedriger Preise. Zukünftig wird möglicherweise durch das Ethanolwerk in Schwedt (z. Z. im Aufbau) ein neuer Bedarf entstehen, der über eine entsprechende Preisentwicklung auch den Roggenanbau in Ziethen beeinflussen kann.

Triticale wird seit Ende der 1980er Jahre angebaut und behauptet seit dieser Zeit mit einem stabilen Anteil von ca. 10 % eine wichtige Position im Getreideanbau.

Die ertragreichen Wintergetreidearten Gerste und Weizen behielten einen relativ stabilen Anbauumfang mit ca. 10-17 % (Weizen) bzw. ca. 10 % (Gerste). Sie waren damit wohl immer an der Grenze der standortbedingten Anbauausdehnung. Seit Ende der 90er Jahre änderte sich dies, in dem der Winterweizenanbau auf fast 30 % stieg und die Wintergerste auf 3 % sank.

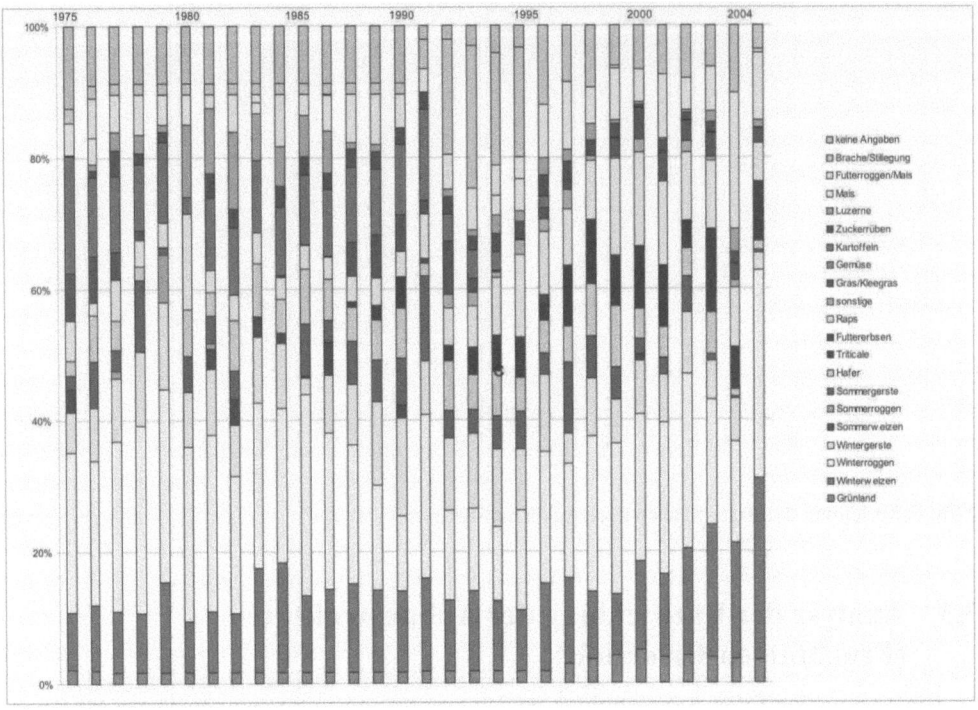

Abb. 5: Entwicklung der Anbaustruktur in der Ziethener Moränenlandschaft.

Unter den Sommergetreidearten erreichten nur Gerste und Hafer eine nennenswerte Größe. Während der Hafer fast stabil bei einem Anteil von 5-6 % lag, erreichte der Sommergerstenanbau nur dann etwa 10 %, wenn es zu Auswinterungen bei der Wintergerste kam.

Insgesamt stieg der Getreideanbau von z. T. unter 50 % in den 70er Jahren auf ein Niveau von 55 bis ca. 60 % in der Mitte der 80er Jahre bis 1996. Ab 1997 bis 2004 lag der Getreideanteil immer über 60 %.

Besonders prägnant zeigt sich der Einfluss von ökonomischen Rahmenbedingungen auf die Anbauentwicklung des Rapses. Der Ölfruchtanbau pendelte von Mitte der 70er Jahre bis Anfang der 90er Jahre auf niedrigem Niveau von ca. 3-6 %, was auch den Standortanforderungen des Rapses entspricht. Erst unter der Wirkung der neuen Förderbedingungen erreichte der Anbauumfang mehr als das Doppelte. Der Raps als attraktive Marktfrucht erlangte sogar einen Anteil von 14 % (1998, 1999) am Anbauspektrum. Dabei ist es aus anbautechnischer Sicht unerheblich, welchem Verwendungszweck das Produkt dient, d. h. ob es als Ölfrucht im Hauptanbau oder als "Non-food-Raps" auf Stilllegungsflächen produziert wird.

Hackfruchtanbau

Der Anbau der Hackfrüchte Kartoffeln und Zuckerrüben ist von sehr unterschiedlichen Trends gekennzeichnet. Mit ca. 10 - 13 % war der Kartoffelanbau bis zum Jahre 1990 eine bestimmende Größe in der Fruchtartenpalette. Nach einem deutlichen Rückgang Anfang der

90er Jahre ist die Kartoffel seit 1995 vollständig aus dem Anbau verschwunden. Die Kartoffel hatte in der DDR eine große ernährungswirtschaftliche Bedeutung und wurde in Ziethen vornehmlich als Speisekartoffel produziert. Ein gewisser Anteil von 10 - 15 % wurde auch als Pflanzgut erzeugt, ein weiterer Anteil diente als Futter. Mit dieser Kartoffelanbaufläche waren auch die Grenzen des Anbauumfangs in Ziethen erreicht, da die Boden- und Standortverhältnisse (Bodensiebfähigkeit, Hangneigung, Steinigkeit) eine weitere Ausdehnung nicht erlaubten.

Demgegenüber blieb der Anbau der Zuckerrüben auf ca. 2 - 3 % der landwirtschaftlichen Nutzfläche begrenzt, da die Standortbedingungen bzw. in den letzten Jahren die Anbauquoten-Regelung der EU keine weitere Ausdehnung zuließen.

Feldfutteranbau

Der Feldfutteranbau steht in engem Verhältnis zum Tierbesatz im Betrieb und dem damit zusammenhängenden Futterbedarf. Bemerkenswert ist aus heutiger Sicht der ausgedehnte Ackerfutteranbau in den 1970er und 80er Jahren. Mit einjährigem Futter, Kleegras, Luzerne, Futterroggen und Silomais nahmen diese Kulturen ca. 15 % des Anbauumfangs ein, auch wenn einigen davon nur ein episodisches Auftreten beschieden war. Im Zusammenhang mit dem aus der Tierproduktion anfallenden organischen Dünger ergab sich somit eine positive Wirkung auf die Bodenfruchtbarkeit.

Unter den Futterpflanzen nahm der Mais über eine lange Zeit den führenden Platz ein. Für den Bedarf der Tierproduktion wurden etwa 100 ha Silomais angebaut. Erst in den 90er Jahren ging der Futteranbau mit den abnehmenden Tierbeständen drastisch zurück. Nach dem Wegfall der Tierproduktion (2002) wurde in den letzten beiden Jahren nur noch Körnermais produziert.

Brache und Stilllegungen

Die heterogene Standortstruktur der Ziethener Moränenlandschaft brachte es mit sich, dass in einigen Arealen immer wieder Flächen brach fielen bzw. dann auch wieder in Nutzung genommen wurden (LUTZE & KIESEL 2006). Anders verlief die Entwicklung in den 90er Jahren. Nach dem Wirksamwerden der EU-Förderbedingungen war die starke Zunahme der Flächenstilllegungen eine der gravierendsten Auswirkungen auf das Anbauverhältnis. Ein kurzzeitiger Anstieg der Stilllegungen auf über 20 % ging erwartungsgemäß in erster Linie auf Kosten der Roggenanbaufläche. Der Rückgang der Stilllegungen in der zweiten Hälfte der 90er Jahre ist einerseits der Absenkung des Flächenstilllegungssatzes (1995/1997) und andererseits der Möglichkeit der Förderung des "Non-food-Rapses" auf den stillgelegten Flächen geschuldet.

Fruchtartendiversität

Insgesamt kann eingeschätzt werden, dass bedingt durch die Standortstruktur und Heterogenität der Anbaubedingungen bei den Hauptfruchtarten über den Zeitraum der 30 Untersuchungsjahre eine relativ große Vielfalt an Fruchtarten zum Anbau kam. Mit dem Rückgang der Tierproduktion und schließlich ihrer vollständigen Aufgabe sind die für die Bodenfruchtbarkeit wertvollen Fruchtarten im Anbau verschwunden und der Getreideanteil erhöhte sich zunehmend.

3.3 Fruchtfolgegestaltung in ausgewählten Anbaubereichen

Die verschiedenen Fruchtarten und die für sie erforderlichen Anbautechnologien stellen differenzierte Ansprüche an die Boden- und Standortbedingungen. Sie wirken unterschiedlich auf diese ein. Zweck der Fruchtfolge ist es, den Standort möglichst vollkommen zu nutzen und bei der zeitlichen Aufeinanderfolge der Fruchtarten möglichst eine wechselseitige Unterstützung im Sinne einer pflanzenbaulichen Komplementärwirkung zu erzielen (KÖNNECKE 1967).

Bei der Analyse der Fruchtfolgegestaltung galt es, die unterschiedlichen Standortbedingungen zu berücksichtigen. Am Beispiel von drei Ackerschlägen auf drei charakteristischen Standorten wurden die Fruchtfolgen untersucht. Die ausgewählten Flurstücke können standörtlich wie folgt charakterisiert werden (Tab. 2):

Tab. 2: Standortcharakteristika ausgewählter Schläge.

Schlag 23-24 Angermünder Straße rechts und Parkberg	Größe: 7 ha Ackerzahl: 49 (42 - 52) Standorttyp: D5b Substratflächentyp: Tieflehm mit Lehm Bodenart: L – lS
Schlag 37-01 Hindenburgplan - Reusenpfuhl	Größe: 15 ha Ackerzahl: 33 (26-35) Standorttyp: D3a Substratflächentyp: Sand mit Tieflehm Bodenart: S – lS
Schlag 43-01 Jazitzek	Größe: 14 ha Ackerzahl: 47 (39-54) Standorttyp: D5a Substratflächentyp: Tieflehm Bodenart: L – lS

In der Tab. 3 werden die Fruchtfolgen dieser drei Schläge für die Jahre 1975-2004 dargestellt. Nach Auskunft des Betriebes gab es keine speziellen Fruchtfolgebereiche, in denen entsprechende Rotationen etabliert wurden. Bestimmend waren in den 70er und 80er Jahren die Anbaumöglichkeiten von Kartoffel und Zuckerrüben auf den wenigen geeigneten Schlägen.

Bei der Betrachtung der einzelnen Fruchtfolgen wird ersichtlich, dass auf Grund der schlechten Standortqualität auf dem Schlag 37-01 die typischen Fruchtfolgeglieder Roggen-Roggen-Kartoffel anzutreffen waren. Nach dem Auslaufen des Kartoffelanbaues blieb eine reine Getreidefolge übrig.

Als Gegenstück dazu weist der Schlag 43-01 bis in die 90er Jahre mit den Gliedern Kartoffel-Zuckerrüben-Getreide zumindest zeitweilig eine optimale Kombination auf. In jüngster Zeit scheint sich die Kombination Winterraps-Winterweizen zur bestimmenden, sehr einseitigen Marktfruchtfolge zu entwickeln

Als sehr problematisch muss die Fruchtfolge auf dem Schlag 23-24 angesehen werden, mit zahlreichen Selbstfolgen von Wintergerste, Winterweizen und Winterraps. Aufgrund der sehr bindigen Bodenverhältnisse und der Vernässungsneigung sind Hackfrüchte hier nicht anbaufähig. Da derzeit der Ackerfutteranbau ebenfalls aufgegeben wurde, wird es sehr schwer, mit den verfügbaren Kulturen den klassischen Fruchtfolgeanforderungen zu entsprechen.

Tab. 3: Fruchtfolgen ausgewählter Schläge 1975-2004.

Jahr	Schlag 23-24	Schlag 37-01	Schlag 43-01
1975	So-Gerste	Wi-Roggen	So-Weizen
1976	Wi-Raps	Fu-Roggen/Silomais	Wi-Weizen
1977	Wi-Raps	Wi-Roggen	Zu-Rübe
1978	Wi-Gerste	Kartoffel	Kartoffel
1979	Wi-Gerste	Wi-Roggen	Wi-Weizen
1980	So-Gerste	Wi-Roggen	Wi-Gerste
1981	Luzerne	Kartoffel	So-Weizen
1982	Luzerne	So-Weizen	Wi-Weizen
1983	Luzerne	Wi-Roggen	Kartoffel
1984	Wi-Weizen	Kartoffel	Zu-Rübe
1985	Wi-Weizen	Wi-Roggen	So-Gerste
1986	Kartoffel	Wi-Roggen	Wi-Raps
1987	Wi-Weizen	Wi-Roggen	Wi-Gerste
1988	Wi-Gerste	Kartoffel	Wi-Gerste
1989	Wi-Gerste	Wi-Roggen	So-Gerste
1990	So-Gerste	Wi-Roggen	Fu-Erbse
1991	Zu-Rübe	Kartoffel	Zu-Rübe
1992	Wi-Weizen	Hafer	So-Weizen
1993	Wi-Gerste	Wi-Roggen	Wi-Weizen
1994	Wi-Raps	Wi-Roggen	Zu-Rübe
1995	Wi-Weizen	Hafer	Fu-Erbse
1996	Wi-Weizen	Wi-Roggen	So-Gerste
1997	Hafer	So-Weizen	Wi-Raps
1998	Zu-Rübe	Wi-Roggen	Wi-Weizen
1999	So-Weizen	Wi-Roggen	Wi-Raps
2000	Wi-Gerste	Wi-Roggen	Wi-Weizen
2001	Wi-Raps	Wi-Roggen	Zu-Rübe
2002	Wi-Weizen	Hafer	Wi-Gerste
2003	So-Weizen	Stilllegung	Wi-Raps
2004	Wi-Weizen	Wi-Roggen	Wi-Weizen

Zukünftig wird sich die Fruchtfolgegestaltung, auf den ökonomischen Druck des Marktes reagierend, weiterhin auf weniger, aber wirtschaftlich produzierbare Fruchtarten konzentrieren.

4 Diskussion

Bei der Analyse der aktuellen Verteilung der Hauptnutzungsarten Acker, Grünland und Wald im Projektgebiet Agrarlandschaft Chorin bestätigte sich die These, dass die geomorphologisch-naturräumlichen Strukturen das Grundmuster der Landnutzung in diesem Gebiet deutlich vorprägen. Es zeigte sich aber auch, dass eine gewisse Variabilität der Landnutzung innerhalb der geomorphologisch-naturräumlichen Grundeinheiten möglich ist. Zum Verständnis der heutigen Situation tragen auch Untersuchungen der historischen Veränderungen der Feld-Wald-Verteilung bei. So kam es in Zeiten mit wachsendem Bedarf an landwirtschaftlicher Nutzfläche häufig zu Veränderungen im Wald-Feld-Verhältnis (LUTZE & KIESEL 2006, SCHAUER 1966). SCHAUER (1966) wies z. B. nach, dass im Raum vom "Großblatt Templin-Schwedt-Freienwalde" die größeren Waldrodungen von Ende des 18. bis Mitte des 19. Jahrhunderts insbesondere in den Grundmoränen auf Standorten mit besseren Böden erfolgten, während sich die Aufforstungen auf Areale mit leichteren Böden konzentrierten. Kleinräumig wurde dieser Prozess der Nutzungsänderung z. T. unabhängig von den naturräumlichen Bedingungen mitunter stark durch die Besitzverhältnisse und andere Einflüsse modifiziert.

Für die Analyse der Landschaftsstruktur in den landwirtschaftlich genutzten Bereichen sind die Struktur der Feldschläge und das Anbauverhältnis der Hauptkulturen wichtige Indikatoren für die Bewertung der Landschaftsnutzung. Am Beispiel der Ziethener Moränenlandschaft konnten Veränderungen über einen Zeitraum von 30 Jahren, in denen dramatische gesellschaftliche Umbrüche stattfanden, untersucht werden.

Die GIS-gestützte Analyse des Strukturmerkmals "Schlaggrößen/Schlaggrenzen" veranschaulichte eine relative Konstanz im Untersuchungszeitraum. Die existierenden Grenzlinien werden von den standörtlichen Bedingungen und vom Wegenetz, aber auch von den Erfordernissen der leistungsfähigen Agrartechnik geprägt. Insbesondere im Bereich der kuppigen Grundmoräne bestehen schwierige Bewirtschaftungsbedingungen (Hangneigungsverhältnisse, Bodenheterogenität, Strukturreichtum mit Söllen und Senken). Dennoch bedingten die jährlich wechselnden Anforderungen bei der Realisierung der Anbaugestaltung häufige Veränderungen bei der Schlagteilung.

Die Ergebnisse der über den Zeitraum von 30 Jahren in der Ziethener Moränenlandschaft angebauten Fruchtarten dokumentieren in anschaulicher Weise den starken Einfluss der gesellschaftlichen bzw. ökonomischen Rahmenbedingungen auf die Anbaugestaltung. Während sich unter den wirtschaftlichen Bedingungen der DDR eine nach Fruchtfolgeaspekten relativ ausgeglichene Anbaugestaltung etablierte, führten die EU-gesteuerten Förderbedingungen und die marktwirtschaftlichen Bedingungen zu einer Reduzierung des Anbauspektrums und einer Konzentration auf profitable Marktfrüchte. Insbesondere mit der Aufgabe der Tierproduktion und dem kompletten Übergang zur Marktfruchtproduktion, mit Ausnahme eines kleinen Betriebes, haben sich die Anbauverhältnisse den allgemeinen Trends, wie sie z. B. in der Region (TÄTIGKEITSBERICHT 2004) und in den Bundesländern Brandenburg (AGRARBERICHT 2004) und Thüringen (ANDERS 2002) schon früher abzeichneten, angepasst. Obwohl die Agrargenossenschaft noch in den 90er Jahren versuchte, mit niedriger Intensität und breiter Pflanzen- und Tierproduktion einen größeren Mitarbeiterstamm zu beschäftigen, musste dieses Konzept auf Grund ökonomischer Zwänge inzwischen aufgegeben werden.

Schlussfolgerungen

Die Untersuchung der Verteilung der Hauptnutzungsarten Acker, Grünland und Wald demonstrierte den erwartungsgemäß engen Zusammenhang zu den geomorphologisch-naturräumlichen Strukturen, die somit das Grundmuster der Kulturlandschaft prägen und damit die Stabilität der Landschaftsstruktur bedingen. Kleinräumige "Abweichungen" erklären sich weitgehend aus der Nutzungsgeschichte und den Besitzverhältnissen.

Die Analyse der Entwicklung der Fruchtarten über einen Zeitraum von über 30 Jahren unterstreicht die wachsende Einflussnahme der globalen ökonomischen Rahmenbedingungen, die zu einer Konzentration auf immer weniger, aber profitabel anzubauende Fruchtarten drängt. Die aus landschaftsökologischer als auch aus acker- und pflanzenbaulicher Sicht wünschenswerte höhere Fruchtartendiversität ist betriebswirtschaftlich nur bedingt realisierbar.

Danksagung

Diese Arbeit wurde gefördert durch das Bundesministerium für Ernährung, Landwirtschaft und Verbraucherschutz sowie das Ministerium für Ländliche Entwicklung, Umwelt und Verbraucherschutz des Landes Brandenburg.

Die Autoren danken Herrn J. Beuster (Klein Ziethen) und Herrn P. Klamann (Groß Ziethen) für die Unterstützung bei der Bereitstellung der Originalschlagkartei und bei der Analyse der Anbaugestaltung im Untersuchungsgebiet. Ihr Hintergrundwissen war hilfreich für die Interpretation der Veränderungen und langjährigen Trends.

Literatur

AGRARBERICHT (2004). Agrarbericht 2004 zur Land- und Ernährungswirtschaft des Landes Brandenburg. Ministerium für Landwirtschaft, Umweltschutz und Raumordnung des Landes Brandenburg (MLUR), 95 S. Online im Internet, URL: http://www.mlur.brandenburg.de/info/berichte [Stand: 24.10.2006].

ANDERS, H. (2002): Strukturwandel in der Landwirtschaft Thüringens. Teil 1: Struktur der Bodennutzung und der Viehhaltung in den landwirtschaftlichen Betrieben. Online im Internet, URL: http://www.tls.thueringen.de/analysen/Aufsatz-05a-2002.pdf [Stand: 24.10.2006].

KÖNNECKE, G. (1967): Fruchtfolgen. VEB Deutscher Landwirtschaftsverlag Berlin, 335 S.

LGRB (1998): Geologische Übersichtskarte des Landes Brandenburg - Maßstab 1:300 000. Landesamt für Geowissenschaften und Rohstoffe Brandenburg, Kleinmachnow.

LUA (1995): Biotopkartierung Brandenburg - Kartieranleitung. Landesumweltamt Brandenburg, Potsdam, 128 S.

LUTZE, G. & J. KIESEL (2006): Genese und Nutzungsgeschichte der Agrarlandschaft Chorin. In diesem Band.

LUTZE, G., A. SCHULTZ & J. KIESEL (2004): Landschaftsstruktur im Kontext von naturräumlicher Vorprägung und Nutzung - Beispiele aus nordostdeutschen Landschaften. In: WALZ, U., G. LUTZE, A. SCHULTZ & R.-U. SYRBE (Hrsg.), Landschaftsstruktur im Kontext von naturräumlicher Vorprägung und Nutzung - Datengrundlagen, Methoden und Anwendungen, IÖR-Schriftenreihe, Band 43, Dresden, S. 313-324.

SCHAUER, W. (1966): Untersuchungen zur Waldflächenveränderung im Bereich des Großblattes Templin-Schwedt-Freienwalde während der Zeit von 1780 bis 1937. *Archiv für Forstwesen* 15, S. 1307-1326.

TÄTIGKEITSBERICHT (2004): Tätigkeitsbericht des Landwirtschafts- und Umweltamtes des Landkreises Uckermark für das Jahr 2003. Landwirtschafts- und Umweltamts des Landkreises Uckermark, 35 S.

Standort und Vegetationsentwicklung von landwirtschaftlich genutzten Grünlandflächen des Ziethener Seebruchs und konzeptionelle Betrachtungen zur Wiedervernässung [9]

Gisbert Schalitz [10], *Wilhelm Schmidt, Horst Käding & Wolfgang Leipnitz*

Zusammenfassung

Beim Ziethener Seebruch handelt es sich um die seltene Form eines Muddemoores, das sich über einem ehemaligen Seegrund gebildet hat. Die eutrophen Pflanzenbestände spiegeln die hohe Nährstoffversorgung des Standortes wider. Unterlassung der Düngung und extensive Milchviehweide haben im Zeitraum 1992 bis 2000 nicht zum Absinken der Grünlanderträge und Veränderungen der Futterqualität geführt. Eine partielle Wiedervernässung mit Wiederbelebung des Torfwachstums ist realisierbar, sie kann aber nur mit entsprechenden Kompensationsleistungen für den Landwirtschaftsbetrieb verbunden sein.

Abstract

The Ziethener Seebruch is an area with a seldom form of a mud peat, which had developed above a former seaground. The eutrophic species of grassland plants reflect a high nutrient supply of soil. From 1992 to 2000 a failure of fertilization and extensive milkcow pasture have not caused a decrease of grassland yields and change of fodder quality. It is possible to realize a partially rewetting to reactivate the peat growth. However, this can only be connected with a compensation programme for the agricultural farm.

1 Einleitung

Die Grundlage der Untersuchungen ist eine moorkundliche Standortbewertung des Ziethener Seebruchs. Die flächendeckenden Vegetationsanalysen der Jahre 1992 und 2000 sollen Auskunft geben über die Entwicklung der Bestandeszusammensetzung sowie die Ertragsverhältnisse des Grünlandes. Die Auswirkungen der extensiven Weidenutzung bzw. des Weidemanagements im o. g. Untersuchungszeitraum waren zu überprüfen.

---

[9] Der Inhalt dieses Beitrages stellt den Erkenntnisstand von Ende 2002 dar. Inzwischen haben Veränderungen in der Tierproduktion in den Betrieben des Projektgebietes stattgefunden. Die Aussagen zur Vegetation und Wiedervernässung sind davon jedoch nicht betroffen (Die Herausgeber).

[10] Korrespondierender Autor: Prof. Dr. sc. G. Schalitz, Leibniz-Zentrum für Agrarlandschaftsforschung (ZALF), Forschungsstation Landwirtschaft, Außenstelle Paulinenaue, Gutshof 7, D-14641 Paulinenaue. E-Mail: gschalitz@zalf.de

Von den standörtlichen Gegebenheiten und den aktuellen Produktionsbedingungen ausgehend, werden Vorstellungen für die Wiedervernässung zum Schutz des Moores abgeleitet und zukünftige Nutzungsmöglichkeiten begründet.

2 Material und Methoden

2.1 Moorkundliche Standortaufnahme

Das Ziethener Seebruch liegt am östlichen Rande des Biosphärenreservats Schorfheide-Chorin und wird auf der Topographischen Karte 1:10 000, Blatt-Nr. 0709-221 (Groß Ziethen) dargestellt. Es besteht aus einer zusammenhängenden Fläche, die zur Gemarkung Ziethen gehört. Mehrere Seitentäler sind mit der zentralen Fläche verbunden, sie entwässern auch dorthin (relativ kleinräumiges, abgeschlossenes Wassereinzugsgebiet).

Die Feldarbeiten wurden in den Monaten August und September 1992 unter Leitung von W. Schmidt durchgeführt. Dabei sind 52 Bohrungen mit der Klappsonde bis zum mineralischen Untergrund niedergebracht worden. An 4 Bohrpunkten wurden Bodenproben in ungestörter Lagerung und an weiteren 21 Bohrpunkten solche in gestörter Lagerung entnommen. Schwerpunkte der Arbeiten waren die lagemäßige Erfassung des Moorvorkommens und die Kennzeichnung des Moorkörpers durch Bohrungen und Peilungen. Zur weiteren Kennzeichnung des Moorkörpers diente die Entnahme von Bodenproben und deren Untersuchung im Labor.

2.2 Aufnahmemethodik der Pflanzenbestände

Die für das Untersuchungsgebiet Ziethener Seebruch bestimmenden Vegetationsformen sind nach SUCCOW (1988) ausgewiesen worden. In Anlehnung an die Methodik der flächendeckenden Graslandeinschätzung der DDR vom Jahre 1987 (GLE) erfolgte eine Untersetzung nach Flächen relativ einheitlicher Bestandeszusammensetzung (Tab. 1).

Tab. 1: Bewertungsschema der Pflanzenbestände im Ziethener Seebruch.

Bewertung nach GLE (1987) (präzisiert)	Dominierende Wertzahlen nach KLAPP (1971)	Dominierende Wertzahlen nach ELLENBERG (1952)
P1 => 80 % sehr wertvolle Grünlandpflanzen	8	5
P2 = 65 - 80 % gute und sehr gute Grünlandpflanzen	7 / 8	4 / 5
P3 = 50 - 65 % mittelwertige bis gute Grünlandpflanzen	5 / 6 / 7	3 / 4
P4 = < 50 % mittelwertige und bessere Grünlandpflanzen	3 / 4	2
P5 = minderwertige Arten und Schadpflanzen dominieren (sind Hauptbestandsbildner)	-1 bis 2	1

* Die aufgeführten Hauptbestandsbildner bei den Bonituren 1992 und 2000 nahmen mindestens 90 % Ertragsanteil ein. Insgesamt sind 38 Großflächen abgegrenzt und bewertet worden (Abb. 1).

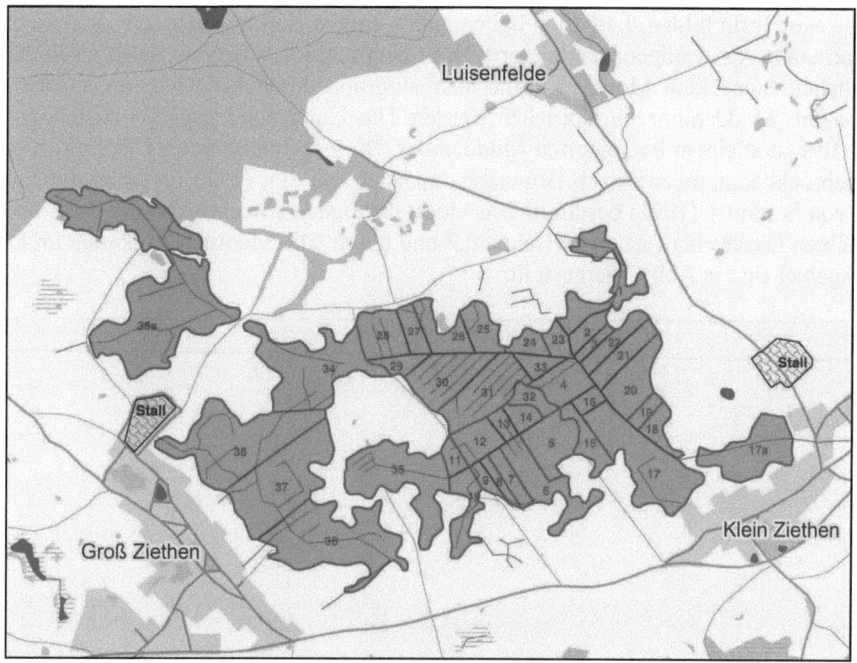

Abb. 1: Das Ziethener Seebruch und die abgegrenzten Grünlandschläge.

2.3 Bewertung des Flächenmanagements

Das Weide- bzw. Mähweidemanagement ist mehrfach über die Untersuchungsjahre analysiert worden. Es kamen Betriebsdaten des Landwirtschaftlichen Betriebes e. G. Klein Ziethen und Expertengespräche zur Auswertung.

3 Ergebnisse und deren Diskussion

3.1 Moorgenese, Stratigraphie und Moormächtigkeit

Es zeigte sich eine ungewöhnliche und sehr seltene Moorgenese, die zu zwei übereinander liegenden Verlandungsmooren geführt hat.

Das unten liegende Verlandungsmoor ist vollständig ausgebildet; über Detritusmudde mit einer Mächtigkeit bis zu 3,5 m steht gering zersetzter Braunmoostorf an, dessen Schichtmächtigkeit bis zu 2,5 m erreicht. Andere Torf- und Muddearten treten kaum auf. Durch Verschlechterung der Abflussverhältnisse bildete sich ein See, der auch bis dahin nicht vermoorte Bereiche überstaute. Das Untersuchungsgebiet erhielt damit seine heutige Flächenausdehnung und vom gebildeten See auch seinen Namen. Aus dem See sedimentierte im Laufe der Zeit flächendeckend Lebermudde, die in Schichtmächtigkeiten bis zu reichlich 1 m auftritt.

Zu Beginn der Regierungszeit Friedrich des II. wurde der ca. 200 ha große Ziethener See abgelassen (LUTZE et al. 2006). Auf der oberflächig anstehenden Lebermudde konnten sich seither kaum Torfe bilden. Lediglich bei einigen wenigen Bohrungen zeigte sich ein erneutes Torfwachstum von wenigen Zentimetern. Die Lebermudde als oberste Substratschicht ist im eigentlichen Sinne kein Moor, es sollte aber aufgrund des hohen Gehaltes an organischer Substanz als Muddemoor angesprochen werden. Das Untersuchungsgebiet besteht somit aus einem Torf- und einem überlagerten Muddemoor. Die Ergebnisse von 27 Bohrprofilen längs des Seebruchhauptgrabens, nach Brunnenbaumeister KRÜGER (1973), werden durch die Befunde von SCHMIDT (1992) bestätigt. Die Moormächtigkeit (Mächtigkeit der Torf- und Muddeschichten insgesamt) variiert zwischen 0,2 und 6,4 m. Die Moormächtigkeiten im Untersuchungsgebiet sind in Abb. 2 dargestellt.

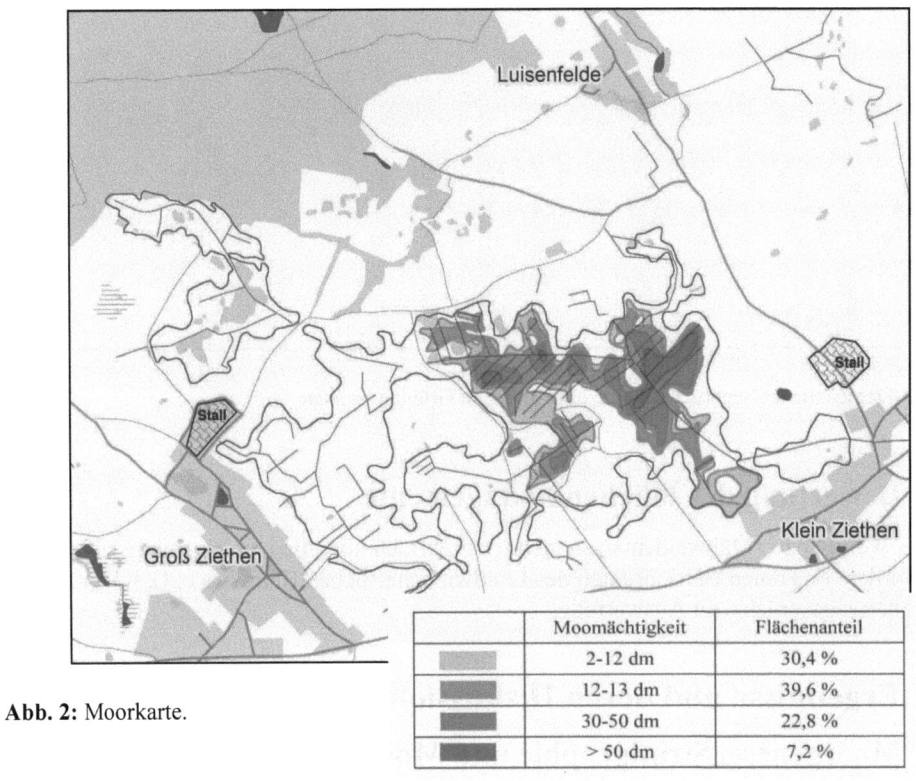

Abb. 2: Moorkarte.

	Moomächtigkeit	Flächenanteil
	2-12 dm	30,4 %
	12-13 dm	39,6 %
	30-50 dm	22,8 %
	> 50 dm	7,2 %

Standorte mit einer Moormächtigkeit > 12 dm gelten als mittel- bis tiefgründig. Es herrschen somit überwiegend tief- und sehr tiefgründige Niedermoore vor. Insgesamt ist der Aufbau des Moorkörpers als heterogen zu bezeichnen. Der mehrmalige Wechsel von Torf- und Muddeschichten spiegelt sich in den Profilen von KRÜGER (1973) als auch eigenen Bohrungen wider. Darüber hinaus gibt es im Untersuchungsgebiet 7 eingelagerte Mineralbodeninseln mit sehr unterschiedlicher Größe. Auf kleineren Teilflächen finden sich weiterhin einige anthropogen initiierte Sanddeckschichten zum Zwecke ackerbaulicher Nutzung. Der mineralische Untergrund besteht meist aus Ton, aber auch lehmige und sandige Substrate kommen vor (Tab. 2).

Tab. 2: Ausgewählte Schichtenverzeichnisse des Ziethener Seebruchs (SCHMIDT 1992).

Bohrung	Substratschichtung nach Kartieranleitung	Schichtstärke	Substrat
Bohrung 3	-/ 4,2 2,1	1,4 dm	Lebermudde, schwach sandig, krümelig, sekundär mit organischen Stoffen angereichert
		2,3 dm	Lebermudde, bröcklig
		4,2 dm	Lebermudde, Torf-Bänder, Schwundspalten
		6,3 dm	Braunmoostorf, H 3-4*)
		7,5 dm	lehmiger Sand
Bohrung 26	-/2,1 8,9 26 12	1,4 dm	schwach vererdeter Niedermoortorf
		2,1 dm	Seggen-, Schilf-, Braunmoostorf H 5-6
		4,5 dm	Lebermudde, sehr weich, Torf-Nester
		11 dm	Lebermudde, sehr weich
		21 dm	Braunmoostorf H 2
		26 dm	Lebermudde-Bänder H 3
		27 dm	Braunmoos-Seggenmischtorf H 5-6
		37 dm	Braunmoostorf, H 2
		49 dm	Detritusmudde, sehr weich, elastisch
		53 dm	Ton
Bohrung 33	1,6/ 2,6 4,8 2 8 7	1,6 dm	anmooriger Sand, Lebermudde-Nester
		3,2 dm	Lebermudde, bröcklig
		4,2 dm	Lebermudde, lehmig, weich
		7 dm	Braunmoostorf H 2
		9 dm	Braunmoostorf H 3-4, Lebermudde-Bänder
		11 dm	Lebermudde, weich
		16 dm	Braunmoostorf H 3-4
		19 dm	Braunmoos-Seggen-Mischtorf H 4-5
		26 dm	Detritusmudde, weich
		29 dm	Ton
Bohrung 49	-/ 6,2 14, 8 6	0,7 dm	Lebermudde, halbfest, Torfhaltig, krümlig, sekundär mit organischen Stoffen angereichert
		1,8 dm	Lebermudde, halbfest, plattig-bröcklig
		3,4 dm	Lebermudde, halbfest
		6,2 dm	Lebermudde, sehr weich
		21 dm	Braunmoostorf H 2-3
		27 dm	Detritusmudde, elastisch, sehr weich
		31 dm	Ton
Bohrung 52	-/6,2 36,8 1	1,3 dm	Lebermudde, krümlig, sekundär mit organischen Stoffen angereichert
		2,1 dm	Lebermudde, platt-bröcklig, halbfest
		4,0 dm	Lebermudde, weich bis halbfest
		6,2 dm	Lebermudde, weich
		14 dm	Braunmoostorf H 2
		19 dm	Braunmoos-Seggen-Mischtorf H 3-4

H = Humositätsgrad nach VON POST (Physikalische Eigenschaften der Moorsubstrate); H 1 = fast unzersetzt, Pflanzenstruktur weitgehend erhalten; H 10 = fast vollständig zersetzt

Das Substanzvolumen (SV) der oberflächig anstehenden Torfe (Muddemoor) beträgt 12-4 Vol. %, das der übrigen Torfe 4-8 Vol. %. Die Lagerungsdichte der letzteren ist damit als sehr gering bis gering zu bezeichnen. Bei den Lebermudden ist zu unterscheiden, ob sie im Ober- bzw. Unterboden oder im Untergrund anstehen. Erstere besitzen schrumpfungsbedingt SV-Werte zwischen 20 und 25, letztere zwischen 7 und 10 Vol. %. Die Detritusmudde unterscheidet sich in der Lagerungsdichte von den Lebermudden kaum (Tab. 3).

Tab. 3: Ziethener Seebruch - bodenphysikalische Daten (SCHMIDT 1992).

Bohrung	Entnahmebereich [dm]	Bodenbeschreibung	Feuchtrohdichte [g/100 cm³]	Trockenrohdichte [g/100 cm³]	Reindichte [g/cm³]	SV [Vol.%]	Wasservol. [Vol.%]	Glührückstand [%]	Einheitswasserzahl
3	0,5 – 1	Lebermudde, schwach sandig, krümlig, sek. mit organischen Stoffen angereichert	67,7	40,6	1,79	22,6	27,1	48,1	1,00
	1,5 – 2	Lebermudde, bröcklig	79,3	46,0	1,84	25,1	33,2	51,0	1,06
	3,5 – 4	Lebermudde, Torf-Bänder	83,4	31,3	1,71	18,2	52,0	43,6	
	5 – 5,5	Braunmoostorf H 3-4	70,6	20,2	1,62	12,4	50,4	30,9	
26	0,5-1	schwach vererdeter Niedermoortorf	70,6	21,3	1,65	12,9	49,3	23,5	2,28
	1,5-2	Seggen-Schilf-Braunmoos-Mischtorf H 5-6	84,4	21,9	1,61	13,6	62,4	18,8	2,11
	5-5,5	Lebermudde, sehr weich	104,4	18,0	1,86	9,7	86,4	48,0	3,55
	7-7,5	Lebermudde, sehr weich	101,3	14,9	1,72	8,7	86,4	31,5	3,94
	9-10	Lebermudde, sehr weich	98,6	11,9	1,69	7,0	86,6	29,1	
	14-15	Braunmoostorf H 2	92,6	6,7	1,72	3,9	85,8	32,5	
	19-20	Braunmoostorf H 2	92,9	7,8	1,71	4,6	85,1	30,4	
	29-30	Braunmoostorf H 2	95,9	8,3	1,61	5,2	87,5	19,0	
	39-40	Detritusmudde, elastisch, weich	94,5	10,8	1,80	6,1	83,6	39,8	1,53
49	0,5-1	Lebermudde, torfhaltig, krümlig	61,2	38,1	1,69	22,5	23,1	28,6	2,02
	1,5-2	Lebermudde, bröcklig, halbfest	78,7	43,6	1,75	24,9	35,1	36,1	2,32
	5-5,5	Lebermudde, sehr weich bis weich	104,6	17,7	1,81	9,7	86,8	43,9	
	19-20	Braunmoostorf H 2	92,5	8,1	1,54	5,3	84,3	10,9	
	39-40	Detritusmudde	100,9	22,5	1,87	11,9	78,4	50,7	
52	0,5-1	Lebermudde, torfhaltig, krümlig, sek. mit organischer Substanz durchsetzt, halbfest	67,9	33,7	1,73	19,4	34,2	36,4	1,20
	1,5-2	Lebermudde, bröcklig, halbfest	67,6	37,4	1,76	21,2	30,2	39,6	1,49
	3-3,5	Lebermudde, weich bis halbfest	96,5	32,0	1,72	18,7	64,4	40,2	
	5-5,5	Lebermudde, weich Braunmoostorf H 2	100,8	13,8	1,56	8,8	87,1	31,8	
	7,5-8	Braunmoostorf H 2	100,6	8,9	1,52	5,8	91,8	13,5	
	9-10	Braunmoostorf H 3	98,6	9,4	1,52	6,2	89,2	12,5	
	19-20	Braunmoostorf H 3	97,8	8,0	1,51	5,3	89,8	19,9	
	29-30	Braunmoos-Seggen-Mischtorf H 5-6	100,4	10,6	1,54	6,9	89,8	18,0	
	39-40		67,7	40,6	1,55	8,1	86,3	10,3	

Die Glührückstände der Torfe liegen zwischen 10 und 30 %. Im Unterschied dazu erreichen die Leber- und Detritusmudden Werte bis zu 50 %. Sie können als mineralstoffreich gelten und sind damit auch ein beachtliches Reservoir für Grunddüngernährstoffe und Mikroelemente.

Die Einheitswasserzahlen der im Untergrund anstehenden Lebermudden schwanken zwischen 2 und 4, im Oberboden fallen sie bis auf den Wert von 1 ab. Die oberflächennah anstehenden Torfe liegen mit Werten von über 2 deutlich über den Lebermudden.

Die Rückquellungseffekte fallen insgesamt im Vergleich zu anderen Mooren gering aus.

3.2 Vegetationsanalyse landwirtschaftlich genutzter Grünlandflächen 1992/2000

Die Einbeziehung der Vegetationsdecke bildet einen wesentlichen Teil einer landschaftsökologischen Gebietscharakterisierung. Ziel der vegetationskundlichen Untersuchungen war es, Vegetationsgruppierungen auszuscheiden, die wesentliche ökologische Gegebenheiten widerspiegeln.

Es ist notwendig, die Vegetation nicht allein nach maximaler floristischer Ähnlichkeit zu typisieren (Methode der Pflanzensoziologie) sondern den bestmöglichen Bezug zu abiotischen Standortparametern herzustellen. Diese Vorgehensweise geht bereits auf PETERSEN (1965) zurück. Es wird dann von einer Vegetationsform (im Gegensatz zur pflanzensoziologisch gefassten Assoziation) gesprochen. Solche Vegetationsformen für Niedermoore hat SUCCOW (1988) auf der Basis von ökologisch-soziologischen Artengruppen definiert.

Im Untersuchungsgebiet konnten vier typische Vegetationsformen des Niedermoorgraslandes und ein Großröhricht nachgewiesen werden. Diese Einheiten sollen im Folgenden floristisch und ökologisch charakterisiert werden, um so Rückschlüsse auf standörtliche Gegebenheiten zu ziehen.

Lichtnelken - Quecken - Grasland (*Silene alba - Agropyron repens* - Gesellschaft)

Kennzeichnende Arten sind Weiße Lichtnelke (*Silene alba*), Quecke (*Agropyron repens*) sowie Vertreter der Artengruppe, die eine gute Abgrenzung zum meist feuchteren Naturgrasland ermöglichen: Vogelmiere (*Stellaria media*) und Löwenzahn (*Taraxacum officinale*).

Mit Ackerkratzdistel (*Cirsium arvense*), Lanzett-Kratzdistel (*Cirsium vulgare*), Große Klette (*Arctium lappa*) und Weiße Taubnessel (*Lamium album*) sind Arten, die zur Trockenheit neigende, nitrophile Standorte anzeigen, mit höchster Stetigkeit vertreten. Als typische Ackerunkräuter wurden in den trockneren Flächen Weißer Gänsefuß (*Chenopodium album*), Hirtentäschel (*Capsella bursapastoris*) sowie Vogelknöterich (*Polygonum aviculare*) gefunden.

Diese Gesellschaft besiedelt im Untersuchungsgebiet die mineralischen Randzonen sowie Mineralbodenkuppen im zentralen Teil. Darüber hinaus tritt sie in einem kleinflächigen Mosaik im Südwesten des Untersuchungsgebietes auf.

Als Wasserstufe lässt sich auf Grund der Zeigerwerte die Stufe 3- (trocken) nachweisen.

Bärenklau - Quecken - Grasland (*Heracleum spondylium - Agropyron repens* - Gesellschaft)

In dieser Vegetationsform ist die Quecke stark vertreten, als markante Pflanze tritt der Bärenklau in Erscheinung. Hierzu gehören auch die von Großer Brennnessel (*Urtica dioica*), Ackerkratzdistel (*Cirsium arvense*) und Gundermann (*Glechoma hederacea*) im Unterwuchs geprägten Bestände. Für diese Vegetationsform sind auch Arten aus früheren Ansaatmischungen der Grabenränder bzw. Aushubflächen charakteristisch wie Knaulgras (*Dactylis glomera-*

ta), Wiesenrispe und Gemeine Rispe (*Poa pratensis et trivialis*) Wiesenschwingel (*Festuca pratensis*) sowie Ausdauerndes Weidelgras (*Lolium perenne*). Diese Vegetationsform ist besonders im zentralen Teil des Untersuchungsgebietes anzutreffen, wo in der Regel Weide oder extensive Mähweide stattfindet.

Aus den Wasserstufenzeigerwerten der beteiligten Arten ergibt sich eine Wasserstufe von 2-, d. h. mäßig trocken.

Rasenschmielen - Quecken - Grasland (*Deschampsia cespitosa - Agropyron repens*-Gesellschaft)

Es dominieren Quecke und Rasenschmiele. Die Gesellschaft tritt vorwiegend in den feuchteren Weidebereichen auf. Die Anwesenheit von Arten mit höheren Feuchtigkeitsansprüchen wie Rohrglanzgras (*Phalaris arundinacea*) und Kohlkratzdistel (*Cirsium oleraceum*) deutet auf stärkeren Grundwassereinfluss bzw. Stau- und Haftnässe hin.

Aus den Wasserstufenzeigerwerten der vorkommenden Arten ergibt sich eine Wasserstufe 2±, d. h. mäßig wechselfeucht.

Kriechhahnenfuß - Rispen - Grasland (*Ranunculus repens - Poa pratensis*-Gesellschaft)

In dieser kräuterreichen Gesellschaft ist die Quecke zwar vertreten aber nicht dominant. Es treten weiterhin Gemeine Rispe (*Poa trivialis*), Gänsefingerkraut (*Potentilla anserina*), Wiesenlabkraut (*Galium mollugo*), Gemeiner Beinwell *(Symphytum officinale)* und Kohldistel *(Cirsium oleraceum)* auf.

Die mittlere Wasserstufe liegt hier bei 2+ frisch. Es handelt sich hierbei zumeist um Mähweiden oder bevorzugte Mähflächen im Raum Groß Ziethen.

Das Ziethener Seebruch hat sich als ein über Jahre hin wüchsiger Grünlandstandort erwiesen. Die besondere Moorbildung eines Muddemoores (hoher Anteil an Mineralbestandteilen und eingetragenen Nährstoffen) lässt bei Mineralisierung eine hohe Nährstoffnachlieferung zu, was sich im Pflanzenbestand deutlich widerspiegelt. Die Erträge sind, obwohl so gut wie keine zusätzliche Düngung erfolgte, seit 1992 nicht abgesunken (Tab. 4). Insbesondere in den Senken waren hocheutrophe Pflanzenbestände im Jahre 2000 genau so wie im Jahre 1992 zu verzeichnen. Wahrscheinlich spielen auch Stoffeinträge aus dem umgebenden Einzugsgebiet eine wichtige Rolle.

Die Lage der einzelnen beprobten Flächen ist aus Abb. 1 zu entnehmen.

Tab. 4: Erträge nach GLE im Ziethener Seebruch [dt/ha TM].

	1992 (n = 37)	2000 (n = 38)
dt/ha	59,60	59,20
s	13,35	10,75
S %	22,41	18,16
mittlerer Fehler	2,20	1,74
Schiefe	-0,02	0,44
P-Stufe	3,13	3,09

Aus den 38 Flächenaufnahmen der Jahre 1992 und 2000 lassen sich interessante Trends der Vegetationsentwicklung ableiten. Dabei können nicht alle Einzelaufnahmen dargestellt werden, die die Grunddatei ausmachen, wohl aber Entwicklungsrichtungen, die einmal durch den Standort, zum anderen aber durch die Nutzungsweise wesentlich bestimmt sind.

Aus anderen Moorgrünlandgebieten ist bekannt, dass bei extensiver Weide mit starker Zunahme von Brennnesseln und insbesondere der Ackerkratzdistel zu rechnen ist (SCHOLZ 1995). Nach Neueinwanderung in extensive Niedermoorweiden breitete sich die Ackerkratzdistel in konzentrischen Ringen rasch um 5 – 6 m pro Jahr aus. Die Zonen zwischen den Distelherden werden durch auskeimende Samenpflanzen erschlossen, so dass die effektive Weidefläche drastisch zurückgeht. Ohne spezielle Pflegemaßnahmen wären die Untersuchungsflächen im Havelländischen Luch zunächst ganzheitlich verunkrautet.

Anders im Seebruch: Die Distel ist fast über alle Flächen verbreitet, aber es gibt keine geschlossenen Distelbestände. Zwischen den einzelnen, oft schwächlichen Distelpflanzen steht reichlich Gras, das von den Weidetieren aufgenommen wird. Die Distel ist offensichtlich im Grünlanddauerbestand über viele Jahre nicht so konkurrenzstark und ausdauernd, wie es nach einer Neubesiedlung erscheint. Es gibt Hinweise aus unseren Untersuchungen in Paulinenaue, dass Distelbestände nach längerer Besiedlung eines Standortes wieder schütterer werden und sogar zusammenbrechen können. Im Zeitraum 1992 bis 2000 waren solche Veränderungen im Ziethener Seebruch nicht zu bemerken, da der Besiedlungszeitpunkt schon wesentlich früher gelegen haben dürfte. Gute Erstbesiedler sind offensichtlich keine guten Langzeitkonkurrenten (BEGON et al. 1991).

Die Präsenz der Großen Brennnessel ist im Ziethener Seebruch wesentlich stärker als auf den Paulinenauer Niedermoorweiden. Brennnesseln können durch Weidegang mit Extensivrassen stark zurückgedrängt werden, wenn nach dem ersten Frost geweidet wird. Das ist bei Mutterkuh- und Jungrinderweide in der Regel der Fall, da meist ganzjährige Freilandhaltung vorherrscht. Die Tiere verbeißen dann die eiweißreichen Brennnesseln sehr stark und treten den Boden an den betreffenden Stellen ordentlich fest. Die Milchkühe im Ziethener Seebruch (Deutsches Schwarzbuntes Rind) werden aber meist um den 20. Oktober vor den ersten Frösten eingestallt. Das Fehlen einer Mutterkuhherde sollte deshalb möglichst durch eigenes Jungvieh kompensiert werden, das ohne Probleme länger draußen weiden kann. Die Brennnessel ist ein hochwertiges und gut verdauliches Futter, das nur der Brennhaare wegen gemieden wird. Ist deren Wirkung verpufft (Anwelken, Frosteffekt wirkt durch Aufreißen der Zellverbünde ebenso), wird sie gern von den Tieren aufgenommen. Auch Nachmahdgut wird abgesehen von verschmutzten Teilen noch gefressen. Im Mähgut ist Brennnessel gut verwertbar (Heu, Anwelksilage).

Die Quecke zeigte von 1992 zu 2000 eine rückläufige Tendenz in der Artmächtigkeit. Die Ursache dürfte darin liegen, dass kaum noch zusätzliche Stickstoffgaben verabreicht wurden.

Dafür waren Wiesenrispe und Gemeine Rispe im Vergleich zu 1992 etwas stärker vertreten. Bemerkenswert ist, dass sich Ausdauerndes Weidelgras (*Lolium perenne*) und Weißklee (*Trifolium repens*) auf vorwiegend stark frequentierten Weiden gut gehalten, ja sogar ausgebreitet haben. Es hat nachweislich seit 1992 keinerlei Neuansaaten oder Nachsaaten im Untersuchungsgebiet gegeben. Offensichtlich haben sich ausdauernde Varietäten selektiert, begünstigt durch den hohen Mineralstoffanteil des Moorbodens und das konstant gebliebene Nutzungsregime. Auch zu DDR-Zeiten angesäte Arten wie Knaulgras (*Dactylis glomerata*), Wiesenschwingel (*Festuca pratensis*) und Wiesenlieschgras (*Phleum pratense*) haben sich mit gewissen Anteilen gehalten. Der Anteil Lücken im Bestand war im Jahre 2000 unverändert gering, sie wurden rasch von Einjähriger Rispe (*Poa annua*) und Weißklee (*Trifolium repens*) geschlossen. Auffällig zu 1992 war die stärkere Verbreitung der großblättrigen Ampferarten im Jahre 2000 (Tab. 5). Sie haben insbesondere in den stärker eutrophierten Senken erheblich zugenommen. Hier kommt auch die Große Klette häufig vor, vergesellschaftet mit Rohrglanzgras (*Phalaris arundinacea*). Um eine Massenausbreitung des Ampfers (*Rumex obtusifolius et crispus*) zu vermeiden, sollten befallene Flächen regelmäßig nachgemäht werden. Es gilt, die Samenvermehrung des Ampfers unbedingt zu verhindern. Gegebenenfalls ist partielle Herbizidbehandlung zur Eindämmung vorzunehmen. Nach allem bisherigen Wissen ist mit einem selbsttätigen Rückgang des Ampfers auch in längeren Zeiträumen nicht zu rechnen. Im Gegenteil kann der extrem lange lebensfähig bleibende Samenpool zu einer immer neuen Populationsauffrischung führen (POSCHLOD & BINDER 1991). Die Lebensdauer der Ampferarten im Bodensamenvorrat wird mit bis zu 80 Jahren angegeben. Im Gegensatz zur Ackerkratzdistel erfolgt die Vermehrung des Ampfers generativ, d. h. über sehr ausdauernde und robuste Samen. Es bilden sich also fortwährend Jungpflanzen, während es sich bei der Distel um vorwiegend klonales Wachstum handelt, das sich erschöpft. Die Ursache für die erhebliche Vermehrung des Ampfers wird in der starken Verdichtung des Oberbodens durch hohe Radlasten und extreme Trittbelastungen gesehen. Der verdichtete Oberboden schränkt die Wachstums- und Entwicklungsmöglichkeiten vieler Grünlandarten ein. Der relativ große Samen des Ampfers erhält in bestimmten Freiräumen Bodenschluss und die sich entwickelnde kräftige Pfahlwurzel durchdringt leicht einen verfestigten Krumenhorizont. Mit dem verstärkten Moorabbau geht auch eine größere Dichtlagerung des Oberbodens einher (ILLNER & SCHALITZ 1989).

Tab. 5: Ausgewählte Ergebnisse der Grünlandeinschätzung 1992 und 2000 (Dateiauszug).

Nr. der Probefläche	Hauptbestandsbildner	Bewertung nach GLE	Nutzungsart	Ertrag dt/ha TM	Bemerkungen
	1992				
19	Agropyron repens, Urtica dioica, Arctium lappa	P_4	Mähweide	65	stark eutrophiert
20	Agropyron repens, Dactylis glomerata, Poa pratensis, Lolium perenne, Achillea millefolium, Taraxacum officinalis	P_3	Mähweide	60	mittel eutroph
	2000				
19	Agropyron repens, Dactylis glomerata, Rumex crispus et obtusifolius	P_3	Mähweide	60	Ampfer stark in Zunahme
20	Agropyron repens, Poa pratensis et trivialis, Dactylis glomerata, Rumex crispus et obtusifolius	P_3	Mähweide	60	Ampfer stark in Ausbreitung

Der Anteil ungenutzter Flächen hat sich seit 1992 erhöht. Inzwischen sind 12 ha Großröhricht als Vogelschutzgebiet anerkannt worden, worüber eine direkte vertragliche Vereinbarung besteht.

Aufgrund der eutrophen Beschaffenheit des gesamten Seebruchs (insbesondere der stärker frequentierten "Nur"-Weiden) ist die Gesamtartenzahl an Pflanzen im Untersuchungsgebiet relativ gering. An seltenen und/oder schützenswerten Arten wurden nur wenige gefunden:

1. Geflecktes Knabenkraut	*Dactylorhiza maculata*
2. Strandknöterich	*Polygonum maritima*
3. Großer Wiesenknopf	*Sanginsorba officinalis*
4. Bittersüßer Nachtschatten	*Solanum dulcamara*
5. Gelbe Schwertlilie	*Iris pseudacorus*
6. Sumpflabkraut	*Galium palustre*

Wenn sich auch im Nahbereich Groß Ziethen die Anzahl der Grünlandkräuter erhöhte (reine Mähnutzung oder extensive Mähweide), so werden doch auf einer Probefläche nach BRAUN-BLANQUET von 25 m² kaum mehr als 20 Arten gefunden.

3.3 Diskussion von Wiedervernässungskonzepten und deren Realisierbarkeit

Das Ziethener Seebruch war bis in die Zeit des Absolutismus noch ein See, der eine Insel umspülte, mit ortsansässiger Fischerei. Die Entwässerung erfolgte zunächst über offene Gräben zum Rosinsee. Ende der 50er Jahre wurde ein Schöpfwerk errichtet. Dazu war es notwendig, die Hauptgräben zu erneuern und ihre Sohle ca. 50 cm tiefer zu legen. Das Ziethener Seebruch wurde flächendeckend gedränt, wobei z. T. ausgesprochen tiefe Gräben und Verrohrungen entstanden sind, die die Flächen stark zergliedern.

Zurzeit wird das ca. 200 ha Grünland umfassende Seebruch landwirtschaftlich hauptsächlich über die Weidehaltung von Milchkühen genutzt. Im Landwirtschaftlichen Betrieb e. G. Klein Ziethen existieren zurzeit 180 Milchkühe, davon weiden 90 im Seebruch. Für 6 Monate Weidezeit beträgt die Besatzstärke etwa 0,4 GV/ha Grünlandfläche. Die übrigen Milchkühe werden in Senftenhütte gehalten, sie erhalten einen Teil des Winterfutters mit aus dem Seebruch. Der Milchviehstall in Klein Ziethen besitzt eine klassische Rohrmelkanlage, die eine hygienisch einwandfreie Milchgewinnung ermöglicht. Die vorhandene Milchquote wird zu 98 bis 99 % ausgeschöpft, was wesentlich zur wirtschaftlichen Stabilität des Betriebes beiträgt.

Im Betrieb ist die Rasse Deutsches Schwarzbuntes Rind über die Wende hinaus weitergezüchtet worden. Die eigene Jungrinderaufzucht erfolgt in der Stallanlage Groß Ziethen. Von dort aus weiden die älteren Jungrinder partiell im Seebruch. Kälber und zu besamende Jungtiere werden wegen arbeitswirtschaftlicher und organisatorischer Probleme im Stall in Klein Ziethen gehalten. Bei der reichlich zur Verfügung stehenden Fläche wäre der Weidegang aller Jungtiere aber unbedingt empfehlenswert, da damit wesentliche tiergesundheitliche und ökonomische Vorteile verbunden sind.

Bei der Weidehaltung der Milchkühe wird das Konzept verfolgt, den Tieren beständig große Flächen zuzuteilen, sodass selektiv zu jeder Zeit gutes Futter im Angebot ist. Dieses Konzept eines hohen selektiven Futterangebotes wird bereits seit 1992 angewandt und hat sich betriebswirtschaftlich inzwischen bewährt. Dabei werden 6.000 Liter pro Kuh Jahresleistung erzielt bei maximaler Kraftfutterzufütterung von 3 kg/Tier und Tag aus eigener Produktion. Nach dem Kalben liegen die Einsatzleistungen um 25 bis 30 l Milch pro Kuh.

Wenn aus Grundfutter 5,7 MJ NEL/kg TS selektiv entnommen werden können, so sind 20 kg Tagesleistung Milch mit geringem Konzentrataufwand zu erbringen (Abb. 3).

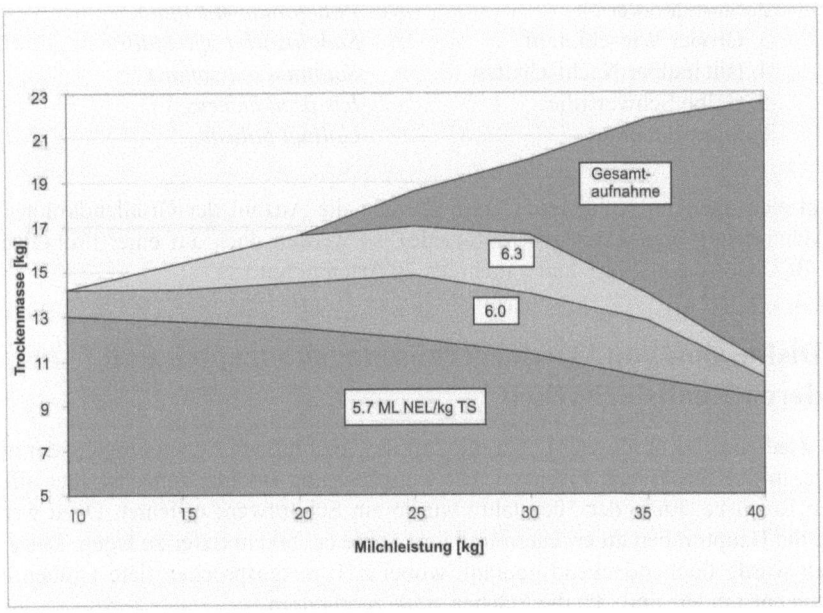

Abb. 3: Einfluss von Grünfutterqualität und Kraftfuttermenge auf die Grundfutterverdrängung sowie Gesamtfutteraufnahme (JACOB 2000).

Höhere Milchleistungen führen zur Grundfutterverdrängung und machen den Wiederkäuer buchstäblich zum Schwein. Eine solche Entwicklung ist aus Sicht der Welternährung aber auch ausgeglichener Stoffkreisläufe verantwortungslos und abzulehnen. Dass sich der Betrieb in Ziethen nicht an dem "run" auf die 10.000 Liter-Kuh beteiligen muss, ist allerdings seiner reichlichen Flächenausstattung bei relativ niedriger Milchquote geschuldet. Ein kleinerer Betrieb wäre zu intensiver Futternutzung und Kraftfutterzukauf verurteilt. Herkömmliche Futterproben einer bestimmten Gesamtmasse pro Flächeneinheit geben allerdings in solchen Fällen immer einen zu niedrigen Futterwert an. Gefressenes Futter entspricht hier nicht annähernd dem gewachsenen Futter. Die ermittelte P-Stufe nach Grünlandeinschätzung (GLE) entspricht folglich nicht dem Futterwert des gefressenen Weidefutters, sie ist bestenfalls für Silagen oder Heu (Mähfutter) aussagekräftig.

Das extensive Beweidungsregime des Betriebes Klein Ziethen hat über den Zeitraum 1992 bis 2000 nicht dazu geführt, dass die Pflanzenbestände qualitativ schlechter geworden sind. Allerdings hat es sich generell um mittelwertige bis schlechte Pflanzenbestände gehandelt (meist P3, z. T. P4 (nach Graslandeinschätzung GLE 1987)). Die Bestände waren in der Regel aber nur locker von Unkräutern durchsetzt, wobei ausgesprochene Giftpflanzen nicht vorkommen. Für den geringen Tierbesatz war der Anteil wertvoller und schmackhafter Futterpflanzen stets ausreichend (Abb. 4). Bei selektiver Unterbeweidung fressen die Weidetiere meist *Poa pratensis et trivialis*, *Lolium perenne*, *Trifolium repens*, *Taraxacum officinale* und andere Wildkräuter. Hochstauden wie Brennessel und Disteln wurden vor allem durch gelegentliche Kombination von Mahd und Weide (extensive Mähweidenutzung) eingeschränkt.

Abb. 4: Selektive Beweidung bei niedriger Besatzstärke im Ziethener Seebruch.

Die Qualität des Mähfutters ist dann allerdings entsprechend schlecht, was man an etlichen im Gebiet liegen gelassenen Heurollen unschwer erkennen kann (sie dienen meist als Ansitz für Greifvögel). Dort wo überwiegend gemäht worden ist (2x Mahd, dann herbstliches Überweiden), sind die besten Pflanzenbestände zu finden. Das ist in den etwas höher gelegenen Lagen um Groß Ziethen der Fall, wo wertvolle kräuterreiche P2-Bestände zu verzeichnen sind. Dieses aushagernde Nutzungsregime ergibt sich dort aus Entfernungsgründen, denn bis in die Groß Ziethener Lage müssen die Tiere ca. 2 km laufen. Bei zweimaligem Melken im Stall fällt schon eine Wegstrecke von ca. 8 km pro Tag an. Bei den Ursachen für Tierverluste der ansonsten langlebigen Milchkühe rangieren folglich Klauenprobleme mit 6 – 7 % ganz vorn (BEUSTER 2000).

Perspektivisch ist die Errichtung eines modernen Laufstalles in Groß Ziethen für 200 Milchkühe angedacht. Die Pflanzenbestände sind in diesem Gebiet, wie schon 1992 festgestellt, eindeutig besser und die Laufstrecke der Tiere verringert sich spürbar (SCHALITZ 1992). Der damalige Vorschlag zur Wiedervernässung ging schon davon aus, die zukünftige Milchproduktion in dieser Gemarkung zu konzentrieren und die tiefer gelegenen Bereiche im Raum Klein Ziethen in der Nähe des Schöpfwerkes zu vernässen (Abb. 5). Aus der Sicht der Orientierung im Land Brandenburg, mehr Wasser in die Landschaft zu bringen, ist dieses Konzept heute nach wie vor aktuell.

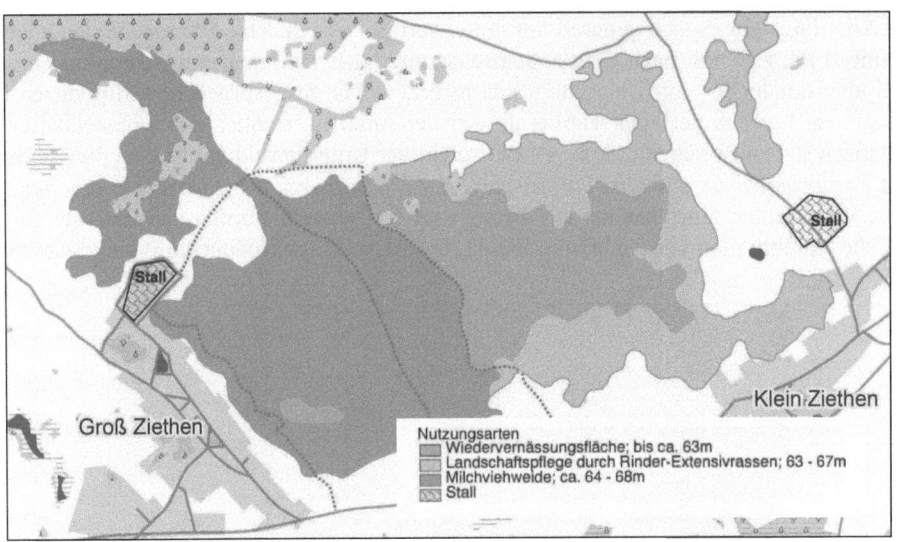

Abb. 5: Flächennutzungskonzept.

Nach den Wasserständen der Hauptgräben (61,73 m am Schöpfwerk und 63,08 m am entferntesten Punkt) kann angenommen werden, dass die Wiedervernässung vorerst bis zur Höhenlinie 63,0 m eintreten könnte (QUAST 1992). Als theoretische Vernässungsgrenzen werden die Höhenlinien 62,5 m und 65,0 m als Minimum/Maximum unterstellt.

Die Maximalgrenze (67,5 m) würde etwa der Bewirtschaftungsgrenze vor der Rekonstruktion vor 1958 entsprechen.

Die Erfahrungen von damals besagen, dass umgebendes Gelände einschließlich Kiestagebau von einer eventuellen Wiedervernässung nicht betroffen wären. Während im Groß Ziethener Bereich (bis ca. Mitte Seebruch) im August 2000 kein Wasser in den Gräben stand, füllten sich diese in Richtung Klein Ziethen mehr und mehr. Diese Flächen sind etwas tiefer gelegen und wie QUAST (1992) zeigte, eher zur Wiedervernässung geeignet. Um die schlechteren Pflanzenbestände (in der Regel P4) ist es aus futterwirtschaftlicher Sicht weniger schade. Verbleibende Randbereiche sollten nach SCHALITZ (1992) mit Mutterkühen beweidet werden. Da es im Territorium keine Mutterkuhquote mehr gibt, käme derzeit nur die Jungrinderaufzucht in Betracht. Dazu wäre dann die Stallanlage Klein Ziethen umzuprofilieren.

Der Betrieb Groß/Klein Ziethen besitzt heute eine ausgewogene Produktionsstruktur und verfügt über gesicherte Einnahmen. Die Vollkostenrechnung der Milchproduktion ergab bei einem Preis von 0,28 ct/l Milch einen jährlichen Reingewinn von 17.500 €. Dieses positive und Arbeitsplatz sichernde Ergebnis darf durch keinerlei unsichere Experimente in Frage gestellt werden. Deshalb kann nur eine teilweise, gut durchdachte Anhebung der Wasserstände in Betracht gezogen werden.

Ohne die Kosten der Wiedervernässung im Einzelnen zu kalkulieren, steht doch fest, dass eine Reihe von Voraussetzungen erfüllt sein muss, um dem Landwirtschaftsbetrieb keinen wirtschaftlichen Schaden zuzufügen. Dabei ist grundsätzlich festzustellen, dass eine Wiedervernässung am Standort großflächig möglich wäre und sich die Kompensationsmaßnahmen für den Betrieb vergleichsweise kostenmäßig in Grenzen halten. Die vorhandene Anzahl an Tieren könnte bei Einsatz von Intensivierungsmitteln (Düngung, Bestandesverbesserung, Narbenpflege usw.) durchaus auf der halben Fläche ernährt werden. Die Intensivierung der Grünlandflächen erfordert aber finanzielle Mittel, die dauerhaft aufgebracht werden müssen. Der Ausfall der überfluteten Flächen müsste deshalb über Dauerpacht oder Kauf zu angemessenen Konditionen finanziell abgegolten werden.

Da der Betrieb zurzeit nicht über Investmittel für einen Stallneubau (Laufstall für 200 Tiere) in Groß Ziethen verfügt, wäre auch diesbezüglich eine Lösung zu finden. Die dann mögliche Verkürzung der Laufstrecke für die Rinder zum Melken von derzeit 4 km auf 2 km könnte zu einer zusätzlichen Leistungssteigerung beitragen. Die weitere Zuchtarbeit (Nachzucht des bodenständigen Deutschen Schwarzbunten Rindes) darf durch die eventuelle Wiedervernässung ebenfalls nicht gefährdet werden. Es bietet sich dafür die zusätzliche Nutzung eines Seitentales nahe dem zukünftigen Jungviehstall an (Gemarkung Klein Ziethen).

Durch eine partielle Wiedervernässung des Seebruchs im Raum Klein Ziethen wäre die Artenvielfalt insgesamt wesentlich zu verbessern. Insbesondere ist mit einer spürbaren Zunahme der Wasservögel zu rechnen, wobei der im Gebiet gelegentlich anzutreffende Fischadler ein festes Revier bekäme. Das landschaftliche Design am Rande des Biosphärenreservates Schorfheide-Chorin würde eine wesentliche Aufbesserung erfahren.

4 Schlussfolgerungen

Das Ziethener Seebruch hat eine sehr seltene Moorgenese erfahren und ist als Verlandungsmoor (Muddemoor) anzusprechen, das einen relativ hohen Mineralstoffanteil besitzt. Aufgrund der mehrfachen Grundwasserabsenkungen ist eine starke Mineralisierung der organischen Substanz und damit ein hoher Eutrophierungsgrad des Standortes gegeben.

Die Pflanzenbestände zeigen dies eindeutig an, seltene und schützenswerte Arten treten kaum noch auf. Aus landschaftsökologischer Sicht wäre die Anhebung der Grundwasserstände einschließlich einer Teilvernässung folgerichtig. Die betrieblichen Gegebenheiten des Landwirtschaftlichen Betriebes e. G. Klein Ziethen sind so, dass diesbezügliche Lösungen bei dem gegebenen niedrigen Tierbesatz und der reichlichen Flächenausstattung durchaus möglich sind.

Wenn von deutlich verringerter landwirtschaftlich genutzter Grünlandfläche dann gleiche Leistungen erbracht werden müssen, sind die Kosten der Intensivierung exakt zu ermitteln und dem Betrieb langfristig zu erstatten. Investitionen für notwendige Stallumbauten müsste der Betrieb angemessen und rechtzeitig erhalten.

Danksagung

Diese Arbeit wurde gefördert durch das Bundesministerium für Ernährung, Landwirtschaft und Verbraucherschutz sowie das Ministerium für Ländliche Entwicklung, Umwelt und Verbraucherschutz des Landes Brandenburg.

Literatur

BEGON, M., J.L. HARPER & C.R. TOWNSEND (1991): Ökologie. Birkhäuser Verlag Basel, Boston, Berlin.

BEUSTER, A. (2000): Mündliche Mitteilung zu Betriebsergebnissen der Agrar GmbH Groß/Klein Ziethen.

ELLENBERG, H. (1952): Wiesen und Weiden und ihre standörtliche Bewertung. Eugen Ulmer Verlag Stuttgart.

ILLNER, K. & G. SCHALITZ (1989): Moormineralisation und Moorbewirtschaftung. Lehrbrief Humboldt-Universität zu Berlin.

JACOB, H. (2000): Lehrmaterial Grünlandwirtschaft. Universität Hohenheim, Institut für Pflanzenbau und Grünland, Fachgebiet Grünlandlehre.

KLAPP, E. (1971): Wiesen und Weiden. Verlag Paul Parey, Berlin und Hamburg.

KRÜGER, E. (1973): Schichtenverzeichnis von Bodenprofilen am Ziethener Seebruchgraben. Unveröffentlichtes Material in Vorbereitung der Rekonstruktion des Vorflutgrabens 8.

LUTZE, G. & J. KIESEL (2006): Genese und Nutzungsgeschichte der Agrarlandschaft Chorin. In diesem Band.

GLE (1987): Richtlinie zur flächendeckenden Graslandeinschätzung in der DDR. Ministerium für Land-, Forst- und Nahrungsgüterwirtschaft der DDR.

PETERSEN, A. (1965): Das kleine Gräserbuch. Akademie-Verlag Berlin.

POSCHLOD, P. & G. BINDER (1991): Die Bedeutung der Diasporenbank in Böden für den botanischen Arten- und Biotopschutz. In: HENLE, K. & G. KAULE (Hrsg.), Arten- und Biotopschutzforschung für Deutschland, *Berichte aus der ökologischen Forschung* 4, S. 180-192.

QUAST, J. (1992): Charakterisierung der hydrologischen Situation im Experimentalgebiet Groß/Klein Ziethen im Hinblick auf eine Wiedervernässung des Seebruchs. Unveröffentlichte Studie, ZALF, Müncheberg.

SCHALITZ, G., KÄDING, H. & W. LEIPNITZ (2000): Grunddatendatei zur Bewertung der Pflanzenbestände im Ziethener Seebruch 1992 und 2000. Internes Arbeitsmaterial, ZALF, Müncheberg,

SCHALITZ, G. (1992): Voraussichtliche Auswirkungen der Wiedervernässung des Seebruches im Experimentalgebiet Groß/Klein Ziethen auf die Grünlandbewirtschaftung. Unveröffentliche Studie, ZALF, Müncheberg.

SCHMIDT, W. (1992): Moorkundliche Standortaufnahme des Ziethener Seebruchs. Unveröffentlichtes Arbeitsmaterial, Institut für Grünland- und Moorökologie, ZALF, Müncheberg,

SCHOLZ, A. (1995): Vom Weidevieh gemiedene Pflanzen, Ausbreitung und Maßnahmen zur Eindämmung. *Zeitschrift für Kulturtechnik und Landentwicklung* 36, S. 173-175.

SUCCOW, M. (1988): Landschaftsökologische Moorkunde. Gebrüder Borntræger, Berlin und Stuttgart.

Die Moore in der Ziethener Moränenlandschaft – Entstehung, Verbreitung und heutiger Zustand

Jana Chmieleski [11]

Zusammenfassung

Wegen ihrer Eignung als Grünlandstandorte wurden Niedermoore großflächig melioriert. Als Folge der Entwässerung kommt es zu aeroben Verhältnissen im Torfkörper und damit zur Mineralisierung der organischen Substanz. Dieser Prozess verläuft in Abhängigkeit von der Entwässerungsintensität sehr schnell, wie aus zahlreichen Beispielen (SUCCOW et al. 2001, ZEITZ 1993, ZEITZ et al. 1995) bekannt ist. Auch die Niedermoorflächen im Projektgebiet Agrarlandschaft Chorin wurden und werden z. T. landwirtschaftlich genutzt. Im Beitrag wird anhand einiger Beispiele aufgezeigt, wie die Moore entstanden sind, welche landschaftlichen Bedingungen dazu beitrugen und wie der Mensch seit langer Zeit auf die Entwicklung der Moore Einfluss nimmt.

Abstract

Because of their suitability as grassland, fens are often ameliorated on large areas. As consequence of the drainage aerobic conditions emerge in the peat body and the organic matter mineralises. This process may proceed very rapid dependent on the drainage intensity as known from numerous examples (SUCCOW et al. 2001, ZEITZ 1993, ZEITZ et al. 1995). The fen areas of the Agricultural landscape of Chorin were and are used for agricultural purposes, too. By means of examples the paper shows how the fens emerged, which agricultural conditions contributed to the their development, and how humans influenced the developmental processes.

1 Prozesse der Moorbildung im Untersuchungsgebiet

1.1 Moortypen

Moore sind Ökosysteme, in denen Torf akkumuliert wird bzw. wurde und die im natürlichen, vom Menschen wenig beeinflussten Zustand, einen charakteristischen Pflanzen- und Tierbestand aufweisen. Unter dem bodenkundlichen Aspekt sind Moore definiert als Böden aus Torfen mit einer Mächtigkeit von mindestens 30 cm (AD-HOC-ARBEITSGRUPPE BODEN 2005). Torf wiederum ist eine organische Ablagerung mit mehr als 30 Masse-% organischer

---

[11] Korrespondierender Autor: Dr. J. Chmieleski, Humboldt-Universität zu Berlin, Landwirtschaftlich-Gärtnerische Fakultät, Fachgebiet Bodenkunde und Standortlehre, Invalidenstr. 42, D-10115 Berlin. Email: jc@gondwana.de.

Substanz, bestehend aus mehr oder weniger zersetzten Pflanzenresten. Er entsteht im wassergesättigten Milieu, wo biologische und oxidative Abbauprozesse gehemmt sind. Mudden sind limnische Sedimente mit einem Anteil an organischer Substanz von mindestens 5 Masse-% (a. a. O.). Sie bestehen aus autochthoner organischer Substanz (z. B. Algen- und Makrophytenreste, Reste von Tieren und koprogene Partikel), biogenen und minerogenen Kalken und Silikaten (Sand, Schluff und Ton), die aus dem Einzugsgebiet mit dem Oberflächenabfluss in die Seen verlagert werden.

Moore entstehen bei der in Nordostdeutschland vorherrschenden, leicht negativen klimatischen Wasserbilanz, nahezu ausschließlich in Talbereichen, Becken und anderen offenen und geschlossenen Hohlformen, wo das Niederschlagswasser sich sammelt bzw. Grundwasserleiter angeschnitten werden. Man spricht dann von Niedermooren, also Mooren, die durch das Grundwasser bzw. das oberflächennah zufließende Wasser gespeist werden. In Abhängigkeit von ihrer historischen und aktuellen Wasserversorgung lassen sich verschiedene hydrologisch-genetische Moortypen (SUCCOW 1988, SUCCOW & JOOSTEN 2001) unterscheiden: Verlandungs-, Versumpfungs-, Quell-, Durchströmungs- und Kesselmoore. Diese Typen können auch miteinander verzahnt vorkommen, da sich Wasserregimes sowohl klimabedingt als auch durch anthropogene Einflussnahme verändern.

Die Mehrheit der im Untersuchungsgebiet vorkommenden Moore ist vom Typ der **Verlandungsmoore**. In ihrer Größe variieren Verlandungsmoore von weniger als 1 ha Größe bis zu 100 ha. Sie entstehen, wie der Name sagt, durch die Verlandung von Seen infolge der Gewässerbodenaufhöhung mit Mudden und dem anschließenden Aufwachsen torfbildender Pflanzen. Die Muddesedimentation wird von der Torfbildung abgelöst und ein Moor mit den typischen Pflanzengesellschaften entsteht.

Die Verlandungsmoore im Untersuchungsgebiet sind oft mit **Versumpfungsmooren** vergesellschaftet. Diese entstehen bei einem Anstieg des Grundwassers über gut wasserdurchlässigen Sanden. Charakteristisch ist die Entstehung von Torfen direkt auf dem Mineralboden ohne vorherige Seephase. Wegen ihrer Geringmächtigkeit und direkten Verzahnung mit dem Grundwasserleiter reagieren sie besonders schnell auf veränderte Wasserbedingungen im Einzugsgebiet und somit auf anthropogene Einflüsse, wie z. B. Entwässerung. Versumpfungsmoortorfe weisen daher im Vergleich zu anderen hydrologischen Moortypen hohe Glührückstände und Trockenrohdichten auf (VELTY & ZEITZ 2002). Moorsackungsprozesse, die zu einer kurzfristigen Regulation der moorinternen Wasserverhältnisse führen könnten, finden auf Grund der geringen Substratmächtigkeiten bei diesem Moortyp kaum statt. Deshalb sind es vor allem die Randbereiche der Moore im Untersuchungsgebiet, die die am stärksten pedogen veränderten Böden aufweisen. Im Zentrum sind die Torfe meist mit Mudde unterlagert und bis zu mehreren Metern mächtig. Hier finden Sackungs- und Setzungsprozesse statt, die dazu führen, dass die oberen Bereiche der Torfkörper wieder in den Kapillarsaum des Moorwasserspiegels gelangen und damit der Mineralisierung entzogen sind. Versumpfungsmoore sind meist primär eutroph, heute überwiegend trocken und mit Brennesselgesellschaften besiedelt.

Im Untersuchungsgebiet werden an vielen Stellen Grundwasserleiter angeschnitten, so dass sich bei entsprechendem Wasserdargebot **Quellmoore** mit den typischen kalkreichen Substraten bilden konnten. Sie treten meist am Rand von Tälern oder Becken auf und sind erkennbar an ihrer Aufwölbung und den dem Moorzentrum zugewandten steilen Hängen.

In Vergesellschaftung mit Quellmooren treten im Untersuchungsgebiet Moore mit einem Durchströmungsregime, sogenannte **Durchströmungsmoore**, auf. Sie werden von Grundwasser oder Interflow versorgt. In ihnen strömt das Wasser oberflächennah, was zur charakteristischen "Schwammsumpfigkeit" führt.

Kesselmoore sind ausschließlich in den Endmoränengebieten zu finden, also z. B. in den Kernbergen bzw. in den Wäldern südlich und südöstlich vom Parsteiner See. Ihr Vorkommen ist an geschlossene Hohlformen gebunden. Sie besitzen ein sehr kleines Einzugsgebiet, meist mit steilen Hängen, aus dem nur wenig Wasser zuströmt. Charakteristisch sind bis zu mehrere m mächtige Sphagnumtorfe über Mudden (TIMMERMANN 1999). Nach einer Seephase wachsen die Moore langsam aus dem Grundwasserspiegel hinaus und werden zunehmend über Niederschlagswasser ernährt, so dass es zu einem autogenen Torfwachstum kommt. Typische Pflanzen der Kesselmoore sind an niedrige pH-Werte und geringe Nährstoffversorgung angepasste Gattungen bzw. Arten, wie z. B. Torfmoose, Wollgras und Sumpfporst.

1.2 Entstehung und Typen der Hohlformen

Die Ziethener Moränenlandschaft ist geprägt durch eine kuppige und wellige Grundmoräne. Charakteristisch für diese Landschaft ist ein Mosaik aus offenen und geschlossenen Hohlformen sowie Höhenrücken und -kuppen. Becken und Niederungen entstanden entweder durch exarative und glaziohydrodynamische Prozesse oder durch sogenannte latente Prozesse (NITZ 1984). Zu den exarativen Prozessen gehört die erosive Tätigkeit der Schmelzwässer der Gletscher, die zur Entstehung von Abflussbahnen führte. Diese erreichen mehrere Kilometer Länge, bis zu 100 m Breite und sind heute bis zu 30 m gegenüber den höchsten Punkten des Reliefs eingesenkt. Die mineralische Basis der Rinnen ist nur selten eben, vielmehr ist sie untergliedert in einzelne Beckenbereiche, die auf Toteiskörper zum Ende der letzten Vereisung zurückzuführen sind. Mit dem Austauen des Toteises entstanden geschlossene kleine Einzugsgebiete um die einzelnen Kessel herum. Die Kessel wurden jedoch im Laufe des Spätglazials und Holozäns mit Sedimenten aufgefüllt, was eine Nivellierung des Reliefs bewirkte und zum Zusammenschluss von Einzugsgebieten führte. Diese Becken waren lange Zeit wassererfüllt und verlandeten im Laufe der Zeit durch die Akkumulation von Mudden. Ein typisches Beispiel für eine ehemalige Abflussbahn ist die Niederung nördlich von Senftenhütte. Sie verläuft in ost-westlicher Richtung und ist gegenüber der Umgebung mehrere Meter eingetieft. In ihr reihen sich mehrere Kessel, in denen heute Moore ausgebildet sind, aneinander. Ebenfalls auf exarative Prozesse zurückzuführen sind die Becken des Ziethener Seebruchs sowie des Parsteiner Sees, beide in unmittelbarer Nähe zur Endmoräne gelegen. Beide sind als sogenannte Gletscherzungenbecken entstanden. Ihre charakteristischen Merkmale sind eine große Fläche, viele Buchten und eine im Vergleich zu ihrer Größe relativ geringe Tiefe. So ergaben z. B. Untersuchungen im Ziethener Seebruch eine maximale Mächtigkeit der limnischen und telmatischen Akkumulationen von 6 m (SCHMIDT 1994).

Die Erhaltung der überwiegend auf den Grundmoränenflächen vorkommenden kleinen Hohlformen ist auf das Vorhandensein von Toteiskörpern zum Ende der letzten Eiszeit zurückzuführen. Diese vom Gletscher abgelösten Eiskörper, die bis zu mehrere hundert Meter horizontale und mehrere Zehner Meter vertikale Ausdehnung erreichen konnten, verhinderten ein vollständiges Auffüllen der Hohlformen mit Sedimenten. In den Hohlformen bildeten sich Seen, die seitdem vielfachen Wasserstandschwankungen und Verlandungsprozessen unterlagen. Im Untersuchungsgebiet gibt es eine Vielzahl von wassererfüllten und trockenen Söllen.

In ihnen haben sich häufig Kleinstmoore entwickelt. Als echte glazigene, also in ehemaligen Toteislöchern entstandene Sölle, sind ungefähr die Hälfte aller Sölle einzuordnen (Tab. 1).

Tab. 1: Verteilung der genetischen Hohlformtypen (UG westlich von Groß Ziethen, DREGER 1994).

Hohlformtyp	Anzahl	Anteil [%]
Glazigene Sölle	18	44
Oberflächenwasser-Pseudosölle	7	17
Vermoorte Senken	16	39

Der Mensch hat dazu beigetragen, Einzugsgebiete zu vergrößern. Durch den Bau von Gräben und Rohleitungen wurden Kleinsteinzugsgebiete zusammengeschlossen und der Wasserabzug von großen Flächen über die Vorfluter organisiert.

Vermoorte Senken sind relativ weit im Gebiet verbreitet, es handelt sich dabei um tieferliegende Geländebereiche, die erst im Zuge von Grundwasseranstiegen zu feuchten oder nassen Standorten wurden. In ihnen findet man häufig stark zersetzte Torfe, die dem hydrologisch-genetischen Typ der Versumpfungsmoore zuzuordnen sind. Beispiele finden sich nordöstlich von Senftenhütte, sowie östlich der Straße Klein Ziethen-Luisenfelde, kurz nach dem Ortsausgang von Klein Ziethen.

Zu Verdichtungen im Boden beitragende Kolluvien[12] sowie andere, primär durch Ton- und Schluffablagerungen verdichtete Areale, bilden die Grundlage für sogenannte Oberflächen-Pseudosölle. Die Kolluvien bestehen aus dem mineralischen und organischen Material der unmittelbar angrenzenden Flächen und sind überwiegend als humose sandige Lehme ausgebildet. In ihnen sammelt sich episodisch Wasser, z. B. nach Starkregenereignissen. Es verdunstet jedoch so rasch, dass sich keine organischen Sedimente akkumulieren können.

2 Methoden

Im Sommer 2001 und Frühjahr 2002 wurden umfangreiche Geländearbeiten und -begehungen durchgeführt. Die Geländearbeiten bezogen sich insbesondere auf das Ziethener Seebruch (CHMIELESKI 2006). Einzelne Untersuchungen wurden auch in der Klusheide und den Moorflächen nördlich von Senftenhütte vorgenommen. Für das Ziethener Seebruch liegen umfangreiche Daten zur Substratmächtigkeit von SCHMIDT (1994) vor. Im Ziethener Seebruch wurden 14 Bodenprofile bis in eine Tiefe von 120 cm aufgegraben und zwei ungestörte Kernbohrungen abgeteuft (Abb. 1). In einer detaillierten Ansprache der Bodenprofile wurden die Parameter Bodenhorizont, Substrat, Bodenart/Torf- bzw. Muddeart, Gefüge, Hydromorphiemerkmale, Kalkgehalt bestimmt.

---

[12] Als Kolluvium bezeichnet man durch natürliche und anthropogene Einflüsse umgelagertes Bodenmaterial. Abgetragen wird Lockermaterial von Geländeerhebungen durch Wind- und Wassererosion, während es in den Senken und Becken der Umgebung akkumuliert wird. Kolluvien besitzen oft einen höheren Anteil an organischer Substanz als ihr Ausgangsmaterial, da durch die Erosion bevorzugt leichteres (im Vergleich zu den mineralischen Bestandteilen) organisches Material transportiert wird.

Zur Quantifizierung der Größe und Anzahl der Moorflächen wurde die im Institut für Landschaftssystemanalyse des ZALF Müncheberg erarbeitete Geodatenbasis genutzt. Die Analyse der Moorflächen basiert auf verschiedenen Kartenwerken: den Karten der Reichsbodenschätzung aus den 30er bis Anfang 50er Jahren sowie der im Rahmen der Mittelmaßstäbigen Standortkartierung erhobenen Daten aus den 60er und 70er Jahren. Eine umfangreiche Erhebung der Sölle des Gebietes erfolgte durch DREGER (1994, 2002). Aussagen zum Meliorationssystem basieren im Wesentlichen auf einer Kartierung aus den 90er Jahren (KAPPES 1996) sowie auf eigenen Begehungen.

Im nordwestlichen Randbereich des Ziethener Seebruchs (Abb. 1b, Profil- und Bohrpunkte) wurde eine Pollenanalyse durch Frau Dr. J. Strahl, Landesamt für Bergbau, Geologie und Rohstoffe Brandenburg (Kleinmachnow), durchgeführt, deren Hauptzweck es war, die innerhalb eines Profils auftretenden Sedimentationswechsel zeitlich einzuordnen sowie die jeweiligen Sedimentationsbedingungen genauer zu rekonstruieren.

3 Verbreitung der Moore

Insgesamt nehmen im Projektgebiet Agrarlandschaft Chorin die Moore eine Fläche von ca. 965 ha ein, was einen Anteil von 12 % ausmacht. Es gibt 122 Moorflächen im Untersuchungsgebiet. Darin eingeschlossen sind die Verlandungsgürtel der großen Standgewässer sowie 20 Sölle (Abb. 1), die aufgrund ihrer Größe eine Zwischenstellung zwischen den Söllen und Mooren einnehmen.

Im Projektgebiet sind überwiegend Verlandungs- und Versumpfungsmoore verbreitet (Tab. 2), was auf Grund der geomorphologischen Gegebenheiten im Gebiet, mit der Vielzahl an geschlossenen und offenen Hohlformen, zu erwarten war. In den größeren Becken sind Verlandungsmoore mit Versumpfungsmooren vergesellschaftet. Diese Kombination ist typisch für die Moore im Jungmoränenland, insbesondere für die in ehemaligen Schmelzwasserrinnen entstandenen Moore und tritt auch in anderen Gebieten, z. B. in der Uckermark auf (CHMIELESKI 1997).

Tab. 2: Beispiele für verschiedene hydrologisch-genetische Moortypen (SUCCOW 1988).

Moor	Hydrologischer Moortyp	Größe [ha]
Ziethener Seebruch	Verlandungs- und Versumpfungsmoor	234
Klusheide	Verlandungs- und Versumpfungsmoor	31
Torfstich bei Luisenfelde	Verlandungs- und Versumpfungsmoor	20
Rinnenmoore nordöstlich von Senftenhütte	Verlandungsmoore- und Durchströmungsmoor	ca. 90
Sölle	Versumpfung-/Überflutungs-/Verlandungsmoore	insgesamt ca. 142

Zahlenmäßig überwiegen die kleineren Moorflächen in kleineren Becken und Rinnenabschnitten. Sie machen fast die Hälfte aller Moorflächen aus (Tab. 3), erreichen aber nur rund

12 % der Gesamtfläche. Demgegenüber nehmen die zwei über 100 ha großen Moorflächen Ziethener Seebruch und die Moorflächen um den Serwester See mehr als ein Drittel der Gesamtfläche ein.

Tab. 3: Flächenverteilung der Moore nach Größenklassen.

Moorfläche [ha]	Anzahl	Gesamtfläche [ha]	Gesamtfläche [%]
< 1	34	20,2	2,1
1 – 5	60	114,9	11,9
5 – 10	10	67,2	7,0
10 – 20	7	97,2	10,1
20 – 50	8	254,4	26,4
50 – 100	1	58,4	6,1
100 – 250	2	352,3	36,5

Ersichtlich wird aus Tab. 4, dass auch die Moore schwerpunktmäßig auf den Grundmoränenflächen vorkommen, jedoch mit einer deutlich geringeren Verbreitung als es bei den Söllen der Fall ist.

Tab. 4: Verteilung der Moore auf die geomorphologischen Formen im Projektgebiet (* von der oben genannten Flächenanzahl abweichende Summe ergibt sich aus der Aufteilung von Moorflächen auf verschiedene geomorphologische Formen).

Geomorphologische Form	Anzahl der Moore*	gesamte Flächengröße [ha]	gesamte Flächengröße [%]
Beckensande	4	6,4	0,7
Blockpackungen (Satzendmoränen)	10	23,2	2,4
Sande und Kiese der Sander (Angermünder Staffel)	26	245,8	25,5
Sande und Kiese der Sander (Pommersches Stadium)	5	27,6	2,9
Schluffe und Tone	1	1,9	0,2
Stauchendmoränen	32	182,7	19,0
Till (Geschiebemergel/ Grundmoräne)	74	476,7	49,4

Moore befinden sich auch in den Endmoränenbereichen nördlich des Ziethener Seebruchs, in den Kernbergen, wie auch in den Sanden und Kiesen der Angermünder Staffel. Letztere umfassen vor allem die Verlandungsbereiche der großen im Südosten des Untersuchungsgebietes gelegenen Seen, wie z. B. Serwester See oder Rosinsee.

Zwischen den Ortslagen Klein und Groß Ziethen liegt das flächenmäßig größte Moorgebiet, das Ziethener Seebruch, ein ehemaliger Flachsee. Es ist eingebettet in kuppige und flachwellige Grundmoränenflächen und den sich unmittelbar nördlich anschließenden Stauchendmoränenbereich und hat eine Größe von 234 ha. Andere relativ große, ebenfalls ehemals genutzte Moorflächen, sind die "Klusheide", östlich von Luisenfelde, mit einer Größe von 31 ha sowie die Torfwiesen, mit einer Flächengröße von 20 ha.

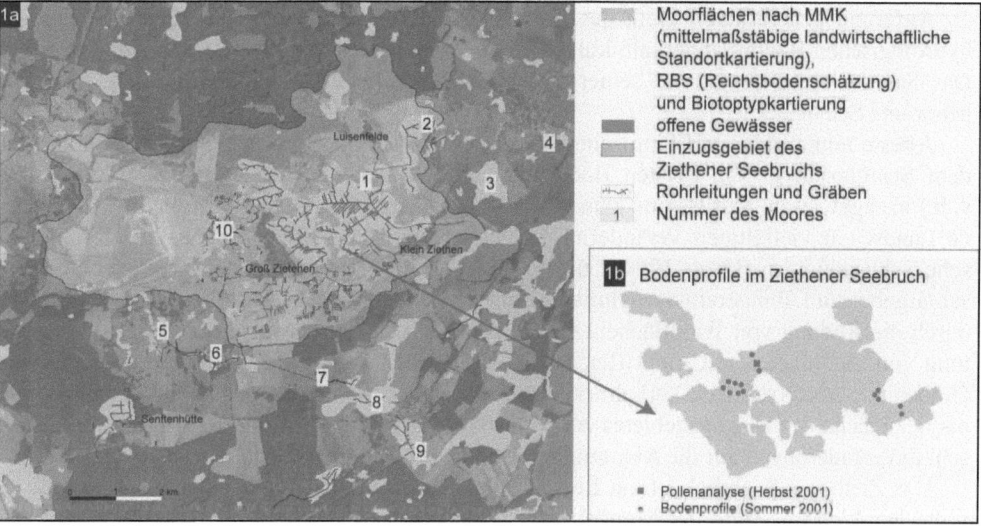

Abb. 1: Übersicht über die Moorflächen im Projektgebiet Agrarlandschaft Chorin.

4 Moorentstehung und Moortypen anhand einiger Beispiele

Das Ziethener Seebruch als Beispiel für die abwechslungsreiche Entstehungsgeschichte von Mooren (Abb. 1, 1a, Nr. 1)

Die flache Senke des Ziethener Seebruchs, deren mineralische Basis vorwiegend aus Ton, Geschiebemergel und sandigen Substraten besteht, weist ein sehr heterogenes Basisrelief auf und hat eine Größe von ca. 234 ha. Die Fläche ist eingebettet in kuppige und flachwellige Grundmoränenflächen in westlicher, südlicher und östlicher Richtung und den sich unmittelbar nördlich anschließenden Stauchendmoränenbereich der Angermünder Staffel. Die Sedimentabfolge besteht aus einem mehrfachen Wechsel von Mudde und Torf und ist damit Ausweis mehrerer Veränderungen des Seespiegels. Die Moormächtigkeit variiert zwischen 0,3 m und 6,4 m. Der See, aus dem das Ziethener Seebruch hervorgegangen ist, war lange Zeit ein flaches verlandendes Gewässer, das über einen Graben abgelassen wurde. Umgeben ist das Bruch von ackerbaulich genutzten Grundmoränenflächen, auf denen es bei entsprechenden Windgeschwindigkeiten zur Erosion und Verlagerung feiner Partikel kommt. Das Ziethener Seebruch ist gegenüber seiner Umgebung um 10–20 m, mit relativ flach einfallenden Hängen eingetieft: Die Geländeniveaus in der unmittelbaren Umgebung betragen zwischen 65 bis 78 m NN. Der tiefste Punkt der Mooroberfläche befindet sich bei rund 62 m NN und die Rohrsohle vom Mahlbusen des Schöpfwerkes liegt auf 61,50 m NN. Die Basis des Seebruchs liegt noch einmal max. 7 m darunter, also bei ca. 55 m NN. 70 % der Fläche sind nicht tiefer als 3 m. Die flache Senke, deren mineralische Basis vorwiegend aus Geschiebemergel besteht, hat ein sehr heterogenes Basisrelief, in dem sich fünf Kessel, die zwischen 5 und 7 m tief sind, aneinander reihen.

Aufgrund der geringen Tiefe des Ziethener Seebruchs spiegeln sich Veränderungen im hydrologischen Regime innerhalb kurzer Zeit in veränderten Sedimentationsprozessen wider. Das Seebruch nahm während seiner Entwicklung häufig eine Zwischenstellung zwischen Moor und See ein.

Älteste telmatische und limnische Akkumulationen im Ziethener Seebruch stammen aus dem Spätglazial. In den tiefsten Beckenbereichen wurde Laacher See Tephra (ca. 11 000 v. h.) nachgewiesen. Seit Beginn seiner Entstehung waren das Moor selbst und die umgebende Landschaft vielfältigen Veränderungen unterworfen. Das waren zum einen großklimatische Schwankungen (LANG 1994, LIEDTKE & MARCINEK 1995) mit Auswirkungen auf Wasserdargebot und Temperaturverhältnisse. Zum anderen hat der Mensch die Landschaft, z. B. durch die Rodung von Waldflächen zur Gewinnung von Acker, die Gründung und Ausbreitung von Siedlungen, mit Eingriffen in den natürlichen Wasserhaushalt durch den Bau von Gräben usw. (KÜSTER 1995) erheblich verändert. Beckentiefe und -gestalt sowie das Verhältnis der Fläche des Einzugsgebietes zur Moorfläche determinieren die Auswirkung der Landschaftsveränderungen auf die Akkumulationsbedingungen im Moor.

Das Ziethener Seebruch ist ein Beispiel für die Verzahnung verschiedener Moortypen infolge von sich im Laufe der Moorentstehung ändernden hydrologischen Verhältnissen: Das Becken war bis vor ca. 250 Jahren von einem flachen See ausgefüllt, der zur Gewinnung landwirtschaftlicher Nutzfläche abgelassen wurde. Als Relikte dieses Sees stehen im Ziethener Seebruch verbreitet Detritusmudden oberflächennah an, da sich nach der Seeablassung keine Torfe bilden konnten. Die Sedimentabfolge beginnt in den tieferen Beckenbereichen mit mehreren Dezimetermächtigen Feindetritusmudden, denen sich Braunmoostorfe anschließen. Charakteristisch für das Ziethener Seebruch sind häufige lithologische Wechsel zwischen limnischen und telmatischen Akkumulationen. Es tritt jedoch nicht nur ein häufiger Wechsel zwischen See- und Moorphasen auf, sondern auch innerhalb des Moores herrschte eine unterschiedliche Verlandungsdynamik. Die Ergebnisse der Pollenanalyse (Tab. 5) zeigen, dass nahezu über die gesamte Zeit der Entstehung ein Nebeneinander von Moor- und Flachwasserbereichen vorhanden war. Dies hängt mit dem Beckenrelief zusammen: in den Bereichen geringer Beckentiefe herrschten überwiegend telmatische und in den tiefen Kesseln limnische Verhältnisse.

Das Ziethener Seebruch wird durch fünf Kessel, die durch mineralische Schwellen voneinander getrennt sind, gebildet. In den Kesseln erreicht die Moormächtigkeit mehr als fünf Meter, während sie auf den Mineralschwellen 1,20 m nicht überschreitet. Die überwiegende Fläche erreicht Moormächtigkeiten zwischen 1,20 und 3,00 m. Auf Grund des Reliefs kamen Moor-, Verlandungs- und offene Wasserflächen nebeneinander vor. Dies spiegelt sich auch in der taxonomischen Zusammensetzung der Pollen und Mikroreste wieder, bei denen vielfach Vertreter der Sumpf- und der Wasservegetation in einer Probe vorkommen. Die darin repräsentierten Veränderungen der Wasserstände wurden durch Veränderungen der hydrologischen Bedingungen hervorgerufen, wie es schon für zahlreiche Seen und Moore im Jungmoränenland beschrieben wurden (KAISER 2001, CHMIELESKI 1997, DRIESCHER 1974). An der Stelle der Pollenbohrung begann die Akkumulation von limnischen Sedimenten in der Jüngeren Dryas (10 900 bis 10 200 v. h.) mit der Ablagerung von Feinsand, Schluff- und Tonmudde.

Tab. 5: Ergebnisse der Pollenanalyse für das Ziethener Seebruch (Probenentnahme siehe Abb. 1).

Teufe [m]	Sediment	Einordnung	Vegetation
2,38 – 2,05	Feinsand, Schluff- und Tonmudde	Jüngere Dryas	keine nennenswerte Sumpf- und Wasservegetation, sporadisches Vorkommen von Laichkraut (*Potamogeton*), Ährentausendblatt (*Myriophyllum spicatum*), Schachtelhalm (*Equisetum*), Pflanzen der Röhrichte, z. B. Schilf (*Phragmites*) Igelkolben (*Sparganium*), Süßwasseralge *Pediastrum* insbesondere *P. kawraiskyi* und die seltenere *P. boryanum* var. *longicorne* im Spektrum deuten auf kühlere Wassertemperaturen hin Häufung von Macrosleren des Geweihschwammes (*Spongilla* cf. *lacustris*) und seltener auch des Krustenschwammes (*Trochospongilla horrida*), beides Arten stehender und fließender Gewässer, Auftreten von Strudelwürmer (*Tubellaria*) und der Rotatorie *Filinia hofmannii* (im Spektrum Dauereier)
1,99 – 1,96	Tonmudde	Präboreal	häufige Nachweise von Macrosleren, Alge *Pediastrum* mit geringeren Werten vertreten
1,95 – 0,49	Wechsel von Torfmudde und Torf in unterschiedlichen Zersetzungsgraden	Subboreal	ausgeprägtes Nebeneinanderexistieren von Pflanzen der versumpften bzw. vermoorten Bereiche sowie der in das offene Wasser hineinragenden Schwingrasen und Pflanzen der untergetauchten und Schwimmblattvegetation
0,50 – 0,02	Wechsel von Detritusmudde, Torfmudde und Torf in unterschiedlichen Zersetzungsgraden, schwankende Wasserstände bzw. Verzahnung von Wasser- und Sumpfflächen	Älteres Subatlantikum	Vegetation offener Wasserbereiche bzw. der Schlenken (insbesondere Seerosengewächse, seltener *Myriophyllum*, *Ceratophyllum* und *Polygonum amphibium*), Algen (*Pediastrum boryanum* und Zygnemataceae) zeigen erhöhte Werte und überwiegt gegenüber den Vertretern der Sumpf- (monolete Farne, Cyperaceae, *Equisetum*, *Menyanthes*) und Röhrichtstandorte (*Typha-Sparganium*), Vertreter der Schwimmplattvegetation, oberste entnommene Probe zeigt deutliche Verarmung der höhren und niederen Wasserflora

Diese Epoche ist gegenüber der vorhergehenden durch einen anhaltenden Kälterückschlag geprägt, der sich auch in der Vegetationszusammensetzung der Niederungen wiederspiegelt. Die Pollenprobe enthielt sehr geringe Werte der Sumpf- und Wasservegetation. Bis mindestens ins Präboreal (10 200 bis 9 000 v. h.) wurden weiterhin mineralische Mudden akkumuliert. In der geringmächtigen Schicht Tonmudde, die ins Präboreal datiert wurde, fanden sich Macloslerlen des Geweihschwammes sowie die Alge *Pediastrum* mit geringen Werten.

Die das Subboreal (4 500 bis 3 000 v. h.) repräsentierende Pollenprobe weist eine Verzahnung von telmatischen und aquatischen Lebensräumen aus. Das Sediment wechselte zwischen faserreicher Detritusmudde und Mudde. Wahrscheinlich traten auf Grund der fortgeschrittenen Verlandung ehemaliger Seebereiche bei vergleichbaren Wasserständen größere Landbereiche auf, die mit Röhricht- und Sumpfpflanzen bestanden waren. Dagegen waren in den tiefsten Bereichen der Becken Wasserflächen vorhanden, in denen Pflanzen der untergetauchten und Schwimmblattvegetation siedelten. An dieser Stelle war also während der gesamten Epoche ein See vorhanden, dessen Wasserstand allerdings schwankte.

Das Ältere Subatlantikum (7 500 bis 6 000 v. h.) begann mit der Ablagerung von Detritusmudde. Im weiteren Verlauf weist das Sediment mehrfache Übergänge zwischen Detritusmudde, faserreicher Detritusmudde (als Übergangsbildung im Flachwasserbereich) und Torf auf. Diese sind Folge von Wasserstandsschwankungen. Bei besonders niedrigen Wasserständen waren nur noch die tiefsten Bereiche der Becken mit einem See erfüllt. Im Pollenspektrum überwiegt zunächst die Vegetation offener Wasserbereiche gegenüber der Sumpfflora und Röhrichtstandorte. Im Übergang zum hangenden Torf nehmen die Anzeiger der Wasserflora deutlich ab. Abgeschlossen wurde der Sedimentationszyklus in allen untersuchten Profilen durch eine Detritusmuddeschicht, die ab einer Tiefe von 80 cm Beimischungen von Braunmoosen enthielt. Es tritt nicht nur ein häufiger Wechsel zwischen See- und Moorphasen auf, sondern auch innerhalb des Moores herrschte eine unterschiedliche Dynamik der Verlandung. So zeigte die Pollenanalyse ein gleichzeitiges Vorkommen von telmatischen und limnischen Organismen. Nahezu über die gesamte Zeit der Entstehung existierte eine mosaikartige Verteilung von Moor- und Flachwasserbereichen. Erstere traten in den Bereichen mit geringer Beckentiefe auf und letztere in den tiefen Kesseln.

Fläche Nr. 2 (Abb. 1)

Die ca. 20 ha große Fläche ist ein von Druckwasser durchströmtes Moor, dessen Austritte an mehreren Stellen sichtbar werden und durch kleinflächige Seggenriede gekennzeichnet sind. Die hydrologischen Verhältnisse sind durch ein kombiniertes Quell-Durchströmungsregime mit punktuellen Quellaustritten und einem Wasserzug durch die Fläche mit dem Gefälle geprägt.

Rinnenmoore zwischen Senftenhütte und Serwest (Abb. 1, Nr. 6-9)

Zwischen den Orten Senftenhütte und Serwest befindet sich eine in ost-westlicher Richtung verlaufende Rinne, die teilweise moorerfüllt ist. Hier überwiegen Verlandungsmoore, die mit Versumpfungsmooren verzahnt sind. Bei Fläche Nr. 6 handelt es sich um einen flachen See mit einem Bruchwaldsaum. Durch die Fläche verläuft ein breiter Graben, der auf Grund seiner hohen Wasserstände den See speist. Moor Nr. 8 ist eine vermoorte Senke mit einer nur geringmächtigen Torfauflage, die ausschließlich durch einen Grundwasseranstieg entstand und somit dem Typ der Versumpfungsmoore zuzuordnen ist. Die zentralen Bereiche der Flächen 7 und 9 sind nass und mit einem Schilfröhricht bestanden. Der südliche Rand von Fläche 9 weist eine leicht geneigte Oberfläche auf, die auf die Ausbildung eines Quellmoores hindeutet. Während der Geländebegehungen im Frühjahr 2002 wurden in ca. 50 m Entfernung auf der sich anschließenden Ackerfläche mehrere Quellaustritte mit starker Wasserschüttung beobachtet. Solche Quellen wurden auch an anderen Stellen im Untersuchungsgebiet beobachtet und weisen auf gespanntes Grundwasser hin.

Sölle

Für die sogenannten echten in ehemaligen Toteislöchern entstandenen Sölle ist eine frühe limnische Phase, die häufig bereits im Spätglazial einsetzt, typisch (DREGER 2002). Repräsentiert wird die limnische Sedimentationsphase durch Mudden, die direkt dem Mineralboden aufliegen. Diese erreichen Dezimeter-, seltener Metermächtigkeit, sind in Basisnähe häufig tonig und werden von Torfen, überwiegend Grobseggentorfe mittlerer Zersetzungsgrade, überlagert. Seltener sind Braunmoos- und Torfmoostorfe. Die oberen Torfschichten sind aufgrund der Entwässerungsmaßnahmen überwiegend stark zersetzt. Nur auf wenigen Flächen kommen oberflächennah gering bis mäßig zersetzte Torfe vor. Die Substratmächtigkeiten erreichen in den Söllen westlich von Groß Ziethen bis zu 3,5 m (DREGER 1994). Weniger als ein Drittel der Sölle sind ganzjährig wasserführend und mehr als zwei Drittel sind periodisch wasserführend.

5 Heutiger Zustand der Moore

Alle im Untersuchungsgebiet Agrarlandschaft Chorin vorkommenden Moore sind anthropogen beeinflusst und verändert. Gegenwärtig werden ca. 50 Niedermoorflächen als Grünland oder Weide genutzt (Abb. 3). Mehr als zwei Drittel der Moore sind von Acker umgeben und damit erheblichen Belastungen ausgesetzt.

Tab. 6: Verteilung von Nutzungsarten in den Einzugsgebieten der Moore.

Nutzung/Vegetation im EZG	Anzahl der Moore	Anzahl [%]
Ackerland	100	79,3
Gartenland	4	3,2
Wald/Forst	18	14,3
Gehölz	4	3,2

Die Bewertung der Flächen im Rahmen der Reichsbodenschätzung ergibt geringe bis mäßige Grünlandpunkte (überwiegend zwischen 20 und 40). Trotzdem werden viele Flächen und ein Teil bis heute (z. B. Ziethener Seebruch) genutzt (Abb. 3).

Im Untersuchungsgebiet wurden mehrere großräumige Meliorationen durchgeführt, die vor allem die staunassen Grundmoränenflächen mit einer Fläche von insgesamt 39,2 ha (Hutscheplan 1985: 4,6 ha, Kernberge 1986: 8,8 ha, Schäferei 1988: 25,8 ha) umfassten (Abb. 3).

Von den Meliorationsprojekten waren vorwiegend die auf dem Acker gelegenen Hohlformen, also Sölle und kleinere Senken, betroffen. Deren Anzahl reduzierte sich beim Projekt "Hutscheplan" von 49 auf 11, beim Projekt "Kernberge" von 42 auf 18 und beim Projekt "Schäferei" von 69 auf 52. Die Anzahl der Sölle nach der Melioration bezogen auf Hektar Vorteilsfläche ist beim Projekt "Schäferei" mit 0,22 am günstigsten, während bei den beiden anderen Projekten die Anzahl der Sölle auf weniger als 0,01 Soll pro ha reduziert wurde.

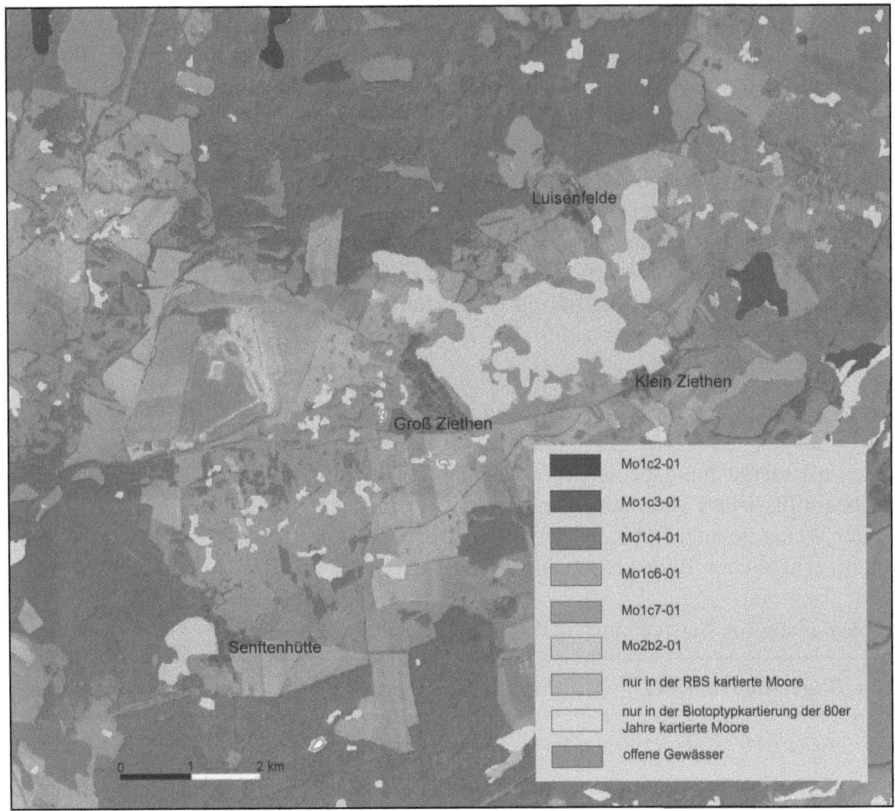

Abb. 2: Übersicht der in der Mittelmaßstäbigen Landwirtschaftlichen Standortkartierung (MMK) und Reichsbodenschätzung (RBS) kartierten Moorflächen im Projektgebiet.

Die Gesamtlänge des Grabensystems im Untersuchungsgebiet beläuft sich auf etwa 38,8 km (Abb. 3), von dem ein Großteil noch mehr oder weniger intakt ist. So sind z. B. die beiden Moorflächen nördlich von Senftenhütte, rechts und links des Weges nach Klein Ziethen, durch einen breiten Graben miteinander verbunden (Moore Nr. 6, 7 und 9, Abb. 1). Das Wasser kommt zum Teil aus den sich in Richtung Osten anschließenden Moor- und Ackerflächen sowie aus der Moorfläche selber. Das Zentrum des Moores Nr. 7, das gegenüber den randlichen Moorbereichen ca. 50 cm eingesenkt ist, war bei Begehungen im Frühjahr

2001 teilweise mit Wasser überstaut, während die höheren Moorbereiche trocken waren. Als Vegetation hat sich ein, für eutrophe Standortverhältnisse charakteristisches, Schilfröhricht etabliert, während sich an trockenen Stellen Weidengebüsch, das insbesondere in den Randbereichen kräftig ausgebildet ist, ausgebreitet hat. In den Randbereichen und in den zentralen Arealen ist der Bodentyp Erdniedermoor vorherrschend, was vermuten lässt, dass der zur Zeit der Begehung hohe Wasserstand saisonbedingt war und zum Sommer unter die Geländeoberfläche absinkt. Über den intakten, ca. 2 m breiten Graben, der am Nordrand der Fläche verläuft, wird während der sommerlichen Periode das Moorwasser abgeführt. Die Moorfläche westlich des Weges (Nr. 6) ist gegenwärtig fast vollständig geflutet, nur randlich finden sich einige Verlandungsinseln und ein alter Erlenbestand.

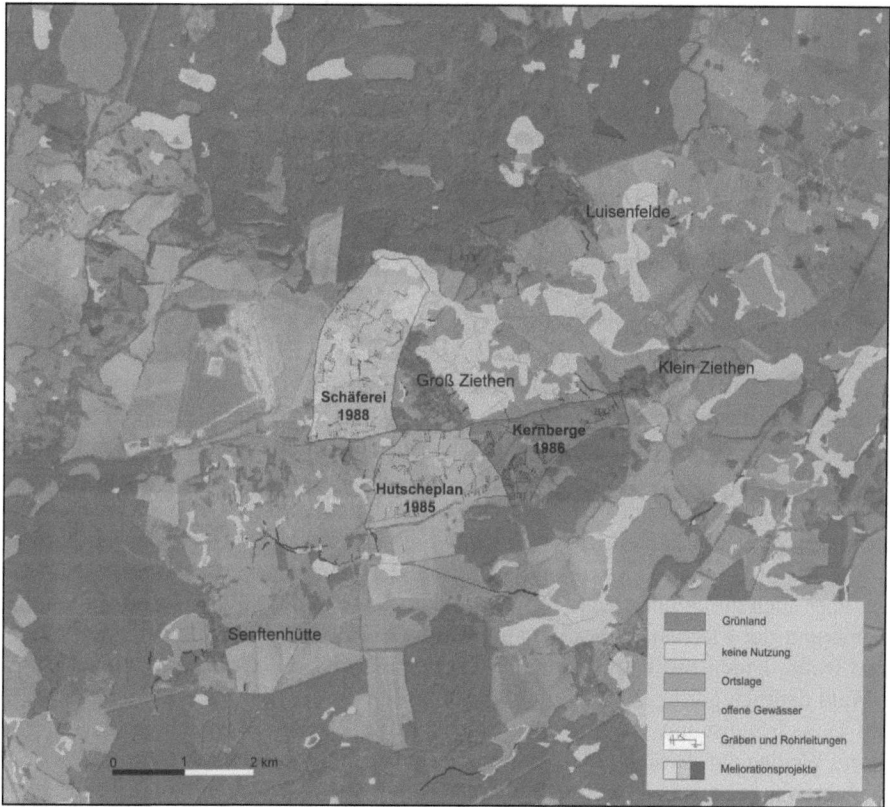

Abb. 3: Karte der heutigen Nutzung der Moore im Projektgebiet.

Fläche Nr. 7 mit nur geringmächtigen Versumpfungstorfen, die nicht muddeunterlagert sind, wird heute als Wiese bzw. Weide genutzt. Hier ist der Boden noch stärker degradiert und der Oberboden vermulmt. Bei vermulmten Torfen ist die organische Substanz stark mineralisiert und erreicht daher häufig nur etwas mehr als 30 Masse-%. Das Substrat liegt damit in Hinblick auf die bodenkundliche Kennzeichnung an der Grenze zum Anmoor. Allerdings ist die pedogen veränderte Schicht mit ca. 30 cm relativ geringmächtig. Die darunterliegenden Torfe waren zwar sehr trocken, wiesen aber einen relativ geringen Zersetzungsgrad der Stufen 3-4 (VON POST & GRALUND 1926) auf, was auf eine sehr schnelle und starke Entwässerung zurückzuführen ist.

Das Ziethener Seebruch wurde nach seiner erstmaligen Melioration zu Beginn des 18. Jahrhunderts noch einige Male melioriert und später durch ein Schöpfwerk verstärkt. Das Grabensystem ist relativ dicht ausgebaut und beläuft sich insgesamt auf 23,1 km Grabenlänge. Bei den im Ziethener Seebruch untersuchten Böden handelt es sich um pedogen veränderte Mudden. Es handelt sich um Detritusmudden, die aufgrund der hohen Gewichtsanteile an organischer Substanz Vererdungsprozessen unterliegen. Als Folge des hohen Wassergehalts im natürlichen Zustand kommt es bei Entwässerung zu erheblicher Schrumpfung, mit zu 1 m Tiefe reichenden Schrumpfrissen und zur Ausbildung eines Sekundärgefüges. Infolge der stark komprimierten Mudden tritt Staunässe auf, wie im Frühjahr/Frühsommer der Jahre 2001 und 2002 auf den Flächen beobachtet wurde.

Die Klusheide (Nr. 2) und die Fläche Nr. 3, östlich von Luisenfelde, wird noch zu Teilen als Wiese genutzt. Auf der Hochfläche etwas oberhalb von Fläche Nr. 3 sind einige kleinere Kessel erhalten (Nr. 4), die ebenfalls moorerfüllt sind. Im Frühjahr 2002 wiesen sie teilweise Stauwasser auf. Trotz ihrer Degradierung besitzen sie eine wichtige Lebensraumfunktion in der Agrarlandschaft, so konnte z. B. der nach der Roten Liste des Landes Brandenburg geschützte Laubfrosch beobachtet werden.

Die in den kleinen Hohlformen entstandenen Sölle sind im Frühjahr überstaut und fallen im Laufe der Vegetationsperiode oft trocken. Die Vegetation wird meist dominiert von Hochstaudenfluren und Röhrichten. Die Beschattung variiert stark, teilweise fehlt jeglicher Strauch- und Baumbewuchs, manchmal sind nur vereinzelte Sträucher vorhanden. Von landwirtschaftlichen Flächen umgebene Sölle unterscheiden sich grundlegend von Söllen, die inmitten von Wald liegen. Im Sprachgebrauch wird deshalb auch häufig unterschieden nach Feld- und Waldsoll. Auf Feldsölle wirken sich anthropogene Einflüsse stärker aus, was sich in hohen Akkumulationsraten von Kolluvien zeigt. Diese betragen im Untersuchungsgebiet bis zu mehr als einem halben Meter Mächtigkeit (DREGER 1994). Mit der Zuführung von Pflanzennährstoffen, die zur Düngung auf die Felder gebracht werden und mit dem Grundwasser, aber auch durch oberflächliche Erosionsprozesse in die Sölle gelangen, kommt es zur Eutrophierung der Flächen. Waldsölle sind diesen Einflüssen nicht in so starkem Maße ausgesetzt. Dafür leiden sie häufig unter Wassermangel, da die Grundwasserneubildungsrate unter Wald deutlich geringer ist als auf den Ackerflächen. Bei den im Wald gelegenen Söllen handelt es sich meist um mit Bruchwald bestandene Flächen. Als Baumarten treten meist Erlen und Weiden auf, Birken treten diesen gegenüber in ihrer Bedeutung zurück.

In mehreren gegenwärtig wassererfüllten Becken, wie z. B. östlich von Luisenfelde, wurden "ertrunkene" Bruchwälder mit abgestorbenen Bäumen beobachtet. Das Absterben der Bäume wurde auf den Zeitraum um 1995 geschätzt, da das Totholz noch fest im Wasser stand, jedoch schon stark abgebaut war. Möglicherweise hat eine Vernachlässigung des Meliorationssystems seit 1990 zu einer geringeren Wasserabfuhr aus dem Einzugsgebiet geführt, wodurch ehemalige Moore und Sölle wieder überstaut wurden.

6 Schlussbetrachtung

Im Hauptuntersuchungsraum Ziethener Moränenlandschaft kommen verschiedene hydrologisch-genetische Moortypen vor. Die Mehrheit ist dem Typ der Verlandungsmoore zuzuordnen. Allerdings zeigen alle Moore die für das Jungmoränenland typische Überprägung durch Versumpfungsprozesse. Neben dieser natürlichen "Moorsukzession", die sowohl auf Veränderungen im Landschaftswasserhaushalt als auch auf Mechanismen der Selbstregulation beruht, tritt ein anthropogen induzierter Versumpfungsprozess auf, der für das Ziethener Seebruch erkannt wurde (CHMIELESKI 2006). Dabei führen zwei Prozesse zu weiterhin hohen Wasserständen, unter denen das Wachstum von Torf jeweils eine begrenzte Zeit möglich ist: Sackung und Verdichtung. Die Sackung wirkt solange der Stagnation des Wachstums entgegen, bis der Sackungsbetrag durch den Wachstumsbetrag annulliert wird. Die Verdichtung resultiert aus der Konsolidierung als Folge der Sackung, ist also ein Ergebnis der Volumenabnahme. Mit der vertikalen Volumenabnahme geht auch eine horizontale Volumenverringerung einher, die sich in der Ausbildung von Klüften äußert. Diese dienen als bevorzugte Wasserleitbahnen, in denen, bei Vorhandensein eines Gefälles, der Wasserfluss stattfindet, Stauwasser also abgeführt wird. Die Bildung von Klüften wirkt daher dem Wasserstau entgegen.

Sackung und Verdichtung rufen eine "Versumpfung" des Standortes hervor, die vom Prinzip her dem der Bildung eines Stauwasserversumpfungsmoores entspricht. Nur ist der Stauer hier nicht der mineralische Untergrund (z. B. Geschiebemergel) sondern die Mudde. Die für Versumpfungsmoore typischen Merkmale, wie intraannuell fluktuierender Wasserstand, mit hohem Wasserstand im Frühjahr und herbstlichen Trockenphasen sowie geringe Torfmächtigkeiten, kommen ebenfalls in den anthropogen induzierten Versumpfungsmooren vor. Dies führt dazu, dass die Torfschichten überwiegend hohe Zersetzungsgrade aufweisen, wie es auf den untersuchten Flächen der Fall war.

Wegen des Wechsels von Torfbildungs- und Torfabbauphasen wird das Höhenwachstum mehr oder weniger im Gleichgewicht gehalten. Daher handelt es sich bezüglich des Torfwachstums "von Natur aus" um einen stagnierenden Moortyp. Bezüglich der Bodenbildung lässt sich daraus schlussfolgern, dass der vererdete Oberboden (entspricht dem Oberbodenhorizont des Bodentyps Erdniedermoor, nHv) ein stabiles Stadium der Degradation ist und in der Folge (wenn der Wasserstand nicht anthropogen verändert wird) keine Vermulmung des Oberbodens auftritt

Die Moore im Untersuchungsgebiet werden schon seit langer Zeit entweder landwirtschaftlich oder zur Torfgewinnung genutzt. Um eine Nutzung zu ermöglichen, wurden die Flächen bis in die 80er Jahre des 20. Jahrhunderts mehrfach melioriert. Gegenwärtig werden vor allem die großen Flächen, wie z. B. das Ziethener Seebruch, als Grünland genutzt. Die genutzten Moore sind pedogen verändert und oftmals degradiert. Die Entwässerungssysteme sind weiterhin intakt, was zu einer andauernden Entwässerung der Moore führt. Die für die Mehrzahl der Moore anzunehmenden im Verlauf des Jahres schwankenden Wasserstände führen zu einem verstärkten Torfabbau.

Im Ziethener Seebruch laufen die Mineralisierungsprozesse in den Detritusmudden weiterhin ungehemmt ab. Unter dem Aspekt des Moorschutzes in seiner Gesamtheit von Bodenschutz und Schutz von Flora und Fauna ist die Nährstofffreisetzung kritisch zu bewerten. Die Pflanzenbestände spiegelten nach Erhebungen in den Jahren 1992 und 2000 (SCHALITZ 2006) eine hocheutrophe Situation wider. Das Ziethener Seebruch hat naturgemäß ein hohes Nährstoffpotenzial, wäre also generell eutroph. Bei den gegenwärtigen Wasserständen treten niedermoortypische Pflanzenarten nur in geringer Anzahl auf und sind auf die tiefer liegenden Bereiche beschränkt.

Im gesamten Untersuchungsgebiet sind die Bedingungen für eine Torfbildung nur an sehr vereinzelten Stellen gegeben, in den größeren Mooren stagniert das Torfwachstum bzw. findet im Gegenteil eine weitere Mineralisierung statt. Intakte Niedermoore sind jedoch bedeutende Filter für chemische Verbindungen und haben eine Funktion als Retentionsflächen für Wasser. Mit einem gezielten Konzept zur Wiedervernässung, verbunden mit einem kontrollierten Rückbau von Entwässerungsanlagen, könnten einige Flächen in einen naturnäheren Zustand überführt und die Torfbildung induziert werden. Diese Maßnahmen würden die im Bundesbodenschutzgesetz verankerten Bodenfunktionen "Lebensraum" und "Speicher- und Regelungsfunktion" positiv beeinflussen.

In der Ziethener Agrarlandschaft sind die Moore ein prägender Bestandteil. Sie besitzen herausragende Bedeutung für den ästhetischen Charakter der Landschaft sowie für die Rekreation der Bevölkerung.

Literatur

AD-HOC-ARBEITSGRUPPE BODEN (2005): Bodenkundliche Kartieranleitung (KA5). Bundesanstalt für Geowissenschaften und Rohstoffe, Hannover.

CHMIELESKI, J. (1997): Das Baberowmoor – Moor- und Landschaftsgenese im Bereich der Pommerschen Eisrandlage. Telma, Band 27. Hannover.

CHMIELESKI, J. (2006): Zwischen Niedermoor und Boden – Pedogenetsiche Untersuchungen und Klassifikation mitteleuropäischer Mudden. Dissertation, Landwirtschaftlich-Gärtnerische Fakultät, Humboldt Universität zu Berlin.

DREGER, F. (2002): Geo- und bioökologische Analyse und Bewertung von Söllen in der Agrarlandschaft Nordostdeutschlands am Beispiel des Biosphärenreservates Schorfheide-Chorin. Dissertation, Humboldt-Universität zu Berlin.

DREGER, F. (1994): Ökologische Charakterisierung von wasserführenden Acker- und Grünlandhohlformen (Sölle) im Biosphärenreservat "Schorfheide-Chorin". Diplomarbeit, Universität Bielefeld, 144 S.

DRIESCHER, E. (1974): Veränderungen an Gewässern in historischer Zeit. Dissertation B, Geographisches Institut, Humboldt Universität zu Berlin.

KAISER, K. (2001): Die spätglaziale bis frühholozäne Beckenentwicklung in Mecklenburg-Vorpommern. Untersuchungen zur Stratigraphie, Geomorphologie und Geoarchäologie. Universität Greifswald.

KAPPES, R. (1996): Bewertung des Zustandes der kulturtechnischen Anlagen in der Ziethener Moränenlandschaft und Vorschläge für erforderliche Unterhaltungsmaßnahmen. Gutachten im Auftrag des Institutes für Landschaftsmodellierung, ZALF, Müncheberg, 10 S.

KÜSTER, H. (1995): Geschichte der Landschaft in Mitteleuropa. Beck, München.

LANG, G. (1994): Quartäre Vegetationsgeschichte Europas. Fischer, Jena.

LIEDTKE, H. & J. MARCINEK (Hrsg.) (1995): Physische Geographie Deutschlands. Justus Perthes Verlag, Gotha.

NITZ, B. (1984): Grundzüge der Beckenentwicklung im mitteleuropäischen Tiefland – Modell einer Sediment- und Reliefgenese. *Peterm. Geogr. Mitt.* 128, S. 133–142.

SCHMIDT, W. (1994): Moorkundliche Standortaufnahme des Ziethener Seebruchs. Unveröffentlichtes Arbeitsmaterial, Institut für Grünland- und Moorökologie, ZALF, Müncheberg.
STRAHL, J. (2002): Bericht zur pollenanalytischen Untersuchung von 23 Proben aus dem Profil 13, Ziethener Seebruch. Unveröffentlichter Bericht, Land Brandenburg.
SUCCOW, M. (1988): Landschaftsökologische Moorkunde. Gebrüder Borntäger, Berlin und Stuttgart.
SUCCOW, M. & H. JOOSTEN (Hrsg.) (2001): Landschaftsökologische Moorkunde. Stuttgart.
TIMMERMANN, T. (1999): Sphagnum-Moore in Nordostbrandenburg: Stratigraphisch-hydrodynamische Typisierung und Vegetationswandel seit 1923. Dissertationes Botanicae, Band 305, Stuttgart.
VELTY, S. & J. ZEITZ (2002): Soil properties of drained and rewetted fen soils. *Plant Nutrition and Soil Science* 165, pp. 618-626.
VON POST, L. & E. GRALUND (1926): Södra Sveriges Torvillgangar I. Sver. Geol. Undersönkning Arsbok 19, No 2, Stockholm, 127 S.
ZEITZ, J. (1993): Zustandserfassung und Kartierung der Moorböden im Niedermoorgebiet Oberes Rhinluch als Grundlage für die Planung von standortangepaßten, umweltschonenden Nutzungsformen. Forschungsabschlußbericht, Förderprojekt des Ministeriums für Umwelt, Naturschutz und Raumordnung des Landes Brandenburg, Referat Bodenschutz. 200 S.
ZEITZ, J., H. LEHRKAMP & R. TÖLLE (1995): Auswirkungen intensiver Landnutzungen auf pedogene Merkmale in Niedermooren - untersucht an einem Versumpfungsmoor Brandenburgs. *Mitteilung der Deutschen Bodenkundlichen Gesellschaft* 76, S. 979-982.

Modellgestützte Analyse ausgewählter Größen des Landschaftshaushaltes am Beispiel der Agrarfläche der Ziethener Moränenlandschaft

Wilfried Mirschel [13], *Alfred Schultz, Ralf Wieland, Gerd Lutze & Karin Luzi*

Zusammenfassung

Klimatische Wasserbilanz, ökonomisch verwertbarer Ertrag, Gesamtbiomasse, Stickstoffaufnahme durch die Pflanzenbestände und die pflanzliche Kohlenstoffbindung sind Zustandsgrößen, die im Landschaftshaushalt eine bedeutende Rolle spielen. Für eine Quantifizierung dieser Größen bezogen auf Agrarflächen werden detailliert die dafür notwendigen Modellansätze und Algorithmen als Grundlage einer räumlichen Abschätzung dieser beschrieben. Für die Agrarflächen der Ziethener Moränenlandschaft werden diese Landschaftshaushaltsgrößen unter Nutzung des Simulationssystems SAMT (Spatial Analysis and Modeling Tool) modellgestützt analysiert, zum einen für den Zeitraum von 1975 bis 2004 auf der Grundlage von realen Daten der Ziethener Moränenlandschaft und zum anderen für den Zeitraum von 2005 bis 2050 auf der Grundlage regionaler Landnutzungs- und Klimaszenarien. Die Ergebnisse der Klimaszenariorechnungen zeigen, dass sich im Vergleich zum Jahr 2004 die Klimatische Wasserbilanz bis zum Jahr 2050 stark verändern wird und dass für die nächsten 50 Jahre bei den landwirtschaftlichen Kulturen mit zunehmenden klimabedingten Ertragseinbußen zu rechnen ist, die durch den zu erwartenden Anstieg der CO_2-Konzentration in der Atmosphäre nur teilweise kompensiert werden.

Abstract

Climatic water balance, yield, biomass, nitrogen uptake by plants and carbon sequestration by plants are state variables which play an important role within the whole landscape balance. For a quantification of these state variables for arable land, models and algorithms are described in detail as basis for their spatial estimation. For the whole arable land within the Ziethen moraine landscape these state variables were analysed using the necessary models and algorithms and using the Spatial Analysis and Modeling Tool (SAMT). The analysis is realized first for the time period from 1975 till 2004 using real data sets from the Ziethen moraine landscape and second for the time period from 2005 till 2050 using spatial land use and climate scenarios. A comparison (2004 vs. 2050) of the climate scenarios simulation results shows that the climatic water balance will decrease significantly up to the year 2050 and that in the next 50 years yield losses caused by climate change will occur for all impor-

---

[13] Korrespondierender Autor: Dr. W. Mirschel, Leibniz-Zentrum für Agrarlandschaftsforschung (ZALF), Institut für Landschaftssystemanalyse, Eberswalder Str. 84, D-15374 Müncheberg.
E-Mail:wmirschel@zalf.de

tant agricultural crops. The increase of CO_2 content in the atmosphere will only partly compensate the estimated yield losses.

1 Einleitung und Aufgabenstellung

Veränderungen in Landschaften, z.B. hervorgerufen durch sich relativ rasch ändernde Klimabedingungen, durch Veränderung einzelner Landschaftselemente bzw. durch eine veränderte anthropogene Landnutzung in urbanen, land-, forst- und wasserwirtschaftlichen Bereichen, führen bedingt durch das vorhandene naturgesetzliche Wirkungsgefüge immer zu Veränderungen im gesamten Landschaftshaushalt.

Landschaftshaushalt kann dabei in Anlehnung an LESER (1994) wegen der globalen anthropogenen Beeinflussung der Landschaften nicht mehr als "Haushalt der Natur" umschrieben werden, sondern ist ein naturgesetzliches Wirkungsgefüge von Naturgütern (natürlichen Landschaftshaushaltsfaktoren) und anthropogenen Wirkungsfaktoren (Maßnahmen und Nutzungen), die alle miteinander ein offenes System (Landschaftsökosystem) bilden, in einem Fließgleichgewicht stehen und die biotischen, stofflichen und energetischen Umsätze eines Landschaftsraumes sowie die Wirkungsbeziehungen zu benachbarten Landschaftsökosystemen in Raum und Zeit charakterisieren und beschreiben.

Für die Beurteilung des ökologischen Zustandes und der ökologischen Leistungen von Landschaften im Allgemeinen und von agrarisch genutzten Landschaftsausschnitten im Besonderen besteht deshalb ein großer Bedarf hinsichtlich räumlicher Informationen zum Landschaftshaushalt insgesamt und zu den einzelnen Landschaftshaushaltsgrößen im Einzelnen. Informationen werden besonders auch nachgefragt zu den Auswirkungen von Veränderungen in der Landschaft bzw. im Landschaftshaushalt.

Um diese Informationen in recht kurzer Zeit und mit ausreichender Sicherheit bereitstellen zu können, ist aus zeitlichen und finanziellen Gründen für ganze Landschaften der rein experimentelle Weg zur Informations- und Erkenntnisgewinnung nicht relevant. Für die Informationsbereitstellung stehen für eine räumliche Zustandsanalyse sowohl direkte Verfahren des landschaftsbezogenen Monitorings als auch Fernerkundungsverfahren zur Verfügung. Für gegenwärtige und zukünftige Abschätzungen zum Landschaftshaushalt können indirekte Verfahren aus den Bereichen der Modellierung und der Simulation genutzt werden. Letztere Verfahren befinden sich gegenwärtig weltweit in einer breiten Entwicklung. Dennoch gibt es gerade hier aufgrund großer Wissensdefizite über das komplexe Wirkungsgefüge von Landschaften noch große Unsicherheiten bei modellgestützten landschaftsbezogenen Aussagen. Dies bezieht sich weniger stark auf ganzheitlich landschaftsraumbezogene Aussagen, als viel mehr auf die Erstellung von räumlich expliziten Verteilungsmustern dynamischer Größen des Landschaftshaushaltes.

Dennoch stellen die Modellierungsansätze zur Analyse von Größen des Landschaftshaushaltes, die sowohl bei ihrer Entwicklung als auch bei ihrer Anwendung und flächenbezogenen Interpretation vom punkt- bzw. flächenbezogenen Monitoring beeinflusst sind (SCHULTZ et al. 2006), sowohl für vergangene und gegenwärtige Zeiträume, aber besonders auch für zukünftige Zeiträume die einzig realistische Alternative dar.

Am Beispiel der Agrarflächen der Ziethener Moränenlandschaft sollen in diesem Beitrag abhängig von den einzelnen Größen des Landschaftshaushaltes unterschiedliche Modellierungsansätze vorgestellt, ihre Anwendungen bei der modellgestützten Analyse ausgewählter Zustandsgrößen des Landschaftshaushaltes demonstriert und die dabei erzielten Ergebnisse vorgestellt und diskutiert werden. Diese Größen werden dabei über einen vergangenen realen Zeitabschnitt (1975-2004) sowie auf der Grundlage der regionalen Klimaszenarien nach GERSTENGARBE et al. (2003) über einen zukünftigen Zeitabschnitt (2005-2050) betrachtet und analysiert.

2 Untersuchungsraum, Datengrundlage und Simulationsplattform

2.1 Untersuchungsraum

Die Agrarflächen der Ziethener Moränenlandschaft liegen als Teil des Biosphärenreservates Schorfheide-Chorin in der Agrarlandschaft Chorin, ca. 60 km nordöstlich von Berlin und damit direkt nördlich von Eberwalde. Eine nähere Beschreibung des Untersuchungsraumes hinsichtlich seiner geografischen Lage, seiner administrativen Unterteilung, seiner Nutzung sowie hinsichtlich seiner Naturraum-, Boden- und Standortsverhältnisse ist bei WENKEL et al. (2006) zu finden. Die Charakterisierung des Untersuchungsraumes hinsichtlich seines Klimas und seiner Witterung wird im Detail bei MIRSCHEL et al. (2006) vorgenommen.

Die Bodenqualität der Ackerstandorte ist in den drei zur Ziethener Moränenlandschaft gehörenden Gemarkungen Groß Ziethen, Klein Ziethen und Senfthütte unterschiedlich. Mit Böden im Bereich zwischen D2a und D3a erreichen die Agrarflächen in Senftenhütte eine Ackerzahl von nur 32 im Gemarkungsdurchschnitt. In Groß Ziethen ist die auf die Gemarkung bezogene durchschnittliche Ackerzahl mit 33 ebenfalls nicht sehr groß, aber hier kommen bereits Böden zwischen D2a und D5b vor. Die Grünlandzahl ist hier 36. In Klein Ziethen hingegen beträgt die gemarkungsdurchschnittliche Ackerzahl 40, bedingt durch Böden zwischen D4a und D6b. Die Grünlandzahl ist mit 39 in Klein Ziethen ebenfalls höher.

Die Agrarflächen des Untersuchungsgebietes werden gegenwärtig durch drei Landwirtschaftsbetriebe bewirtschaftet. Durch die gesellschaftlich und ökonomisch vorgegebenen Rahmenbedingungen zeigen sich dabei signifikante Veränderungen bei der Nutzung der Agrarflächen des Untersuchungsgebietes auf. Der ökonomische Zwang zur Reduzierung der Beschäftigten in den Landwirtschaftsbetrieben auf ein Minimum und der Wegfall der Tierproduktion seit 2002 hat einen gravierenden Einfluss auf die Anbaustruktur auf den Agrarflächen (LUTZE et al. 2006). Gegenwärtig ist die Zahl der hauptsächlich angebauten Fruchtarten stark eingeschränkt, es wird kaum noch Feldfutter angebaut. Die Hackfrüchte sind fast ganz aus der sehr engen Fruchtfolge verschwunden.

Gegenüber Ende der 1970er Jahre hat sich der Anbauumfang von Winterweizen und Winterroggen im Jahr 2004 fast verdoppelt. Betrug er 1975 noch ca. 30 % der Anbaufläche, lag er im Jahre 2004 bei ca. 60 %. Während die Kartoffeln in den 1970er Jahren noch einen Anbauanteil von 10 ... 15 % aufwiesen, wurden sie in den letzten Jahren gar nicht mehr angebaut. Bei den Zuckerrüben ist es ähnlich. Die beschlossenen Neuregelungen bei der Zuckerrübensubvention werden aus ökonomischen Gründen in Zukunft auch diese Fruchtart ganz aus der Fruchtfolge verschwinden lassen. Der Einbau von Triticale in die Fruchtfolgen ist im Untersuchungsgebiet seit Ende der 1980er Jahre zu erkennen. Der Anbauanteil von Triticale beträgt gegenwärtig etwas mehr als 10 %. Die Dynamik des Anbauanteils von Raps in der Fruchtfolge ist sehr eng an die Dynamik der dafür bereitgestellten Förderung gekoppelt. Am meisten Raps wurde Mitte der 1990er Jahre angebaut, wo der Anbauanteil teilweise bis 18 % betrug. Gegenwärtig ist der Raps-Anbauanteil wieder zurückgegangen. Aufgrund des Fehlens von betriebseigenen Tierbeständen ist auch der Umfang des Luzerneanbaus stark zurückgegangen. Die Maisanbaufläche hat aufgrund des verstärkten Körnermaisanbaus hingegen wieder zugenommen. Eine ganz deutliche von entsprechenden Fördermaßnahmen abhängige Dynamik ist bei der Größe der Stilllegung zu erkennen. Während die Stilllegung vor 1990 bedeutungslos war, wuchs der Stilllegungsanteil danach rapide an und erreichte Mitte der 1990er Jahre teilweise einen Flächenanteil von 20 %. Bedingt durch die in den letzten Jahren geänderten Fördermaßnahmen für Stilllegungsflächen liegt der Flächenanteil gegenwärtig wieder etwas unter 10 %. Eine ausführliche Analyse der Veränderungen in der Anbaustruktur der letzten 30 Jahre ist bei LUTZE et al. (2006) zu finden.

2.2 Datengrundlage

Für eine modellgestützte Analyse von Landschaftshaushaltsgrößen einer Region sind digitale flächenbezogene Informationen eine unabdingbare Voraussetzung. Deshalb wurden für das Untersuchungsgebiet Ziethener Moränenlandschaft Karten mit folgendem Inhalt erstellt:

- Standorttyp lt. Mittelmaßstäbiger Landwirtschaftlicher Standortkartierung (MMK, SCHMIDT & DIEMANN (1991)),
- Neigungsflächentyp lt. MMK,
- Hydromorphieflächentyp lt. MMK,
- Steinigkeit lt. MMK,
- Ackerzahl lt. Gemeindedatendatei (GEMDAT) (LIEBEROTH et al. 1977),
- Mesoskalige Klimazonierung nach ADLER (1987),
- Mittlere klimatische Wasserbilanz (Grundlage: 1961-1990) und
- Digitales Geländemodell (DGM 25).

Eine weitere Voraussetzung für eine regionale Analyse von Landschaftshaushaltsgrößen ist die Verfügbarkeit wichtiger Wetter- und Klimadaten, wie z. B. Temperatur, Niederschlag und Globalstrahlung. Für eine historische Analyse in der Ziethener Moränenlandschaft wurden für den Zeitraum von 1950 bis 1991 die meteorologischen Standarddaten der Station Angermünde des Deutschen Wetterdienstes (DWD) verwendet und für den Zeitraum von 1992 bis 2004 die meteorologischen Standarddaten einer in Groß Ziethen, mitten im Untersuchungsgebiet stationierten automatischen Wetterstation. Um zukunftsorientierte Abschätzungen und regionalisierte Szenarien realisieren zu können, wird für den Zeitraum von 2005 bis 2055 auf die Klimaszenariodaten vom Potsdam-Institut für Klimafolgenforschung (PIK Potsdam) (GERSTENGARBE et al. 2003) zurückgegriffen. Grundlage für diese statistisch abgeleiteten regionalisierten Klimaszenarien ist das Klimamodell ECHAM4-OPYC3 des Max-Planck-Institutes für Meteorologie Hamburg, bei dem das Emissionsszenario A1B-CO_2 und ein Temperaturanstieg für den Zeitraum von 2001 bis 2055 von 1,4 K angenommen werden.

2.3 Simulationsplattform

Für interaktive räumliche Analysen sowie Simulations- und Szenariorechnungen, bei denen räumliche Daten mit Modellen gekoppelt werden müssen, bedarf es einer speziellen

Plattform, die mit der Bereitstellung geeigneter Tools eine räumliche Modellierung unterstützt. Für die modellgestützte Analyse ausgewählter Größen des Landschaftshaushaltes in der Ziethener Moränenlandschaft wurde deshalb auf das am Institut für Landschaftssystemanalyse des ZALF Müncheberg entwickelte *Spatial Analysis and Modeling Tool* (SAMT) zurückgegriffen, was all diesen Anforderungen entgegenkommt. Dabei wurde für die gesamte Ziethener Moränenlandschaft von einem Grundraster der Größe von 1 ha (100 m x 100 m) ausgegangen. Alle digitalen In- und Outputkarten basieren auf diesem Grundraster und sind damit rasterkongruent. Eine detaillierte Beschreibung von SAMT und seiner Arbeitsweise ist bei WIELAND et al. (2004, 2006) zu finden. Konkrete Anwendungen mit SAMT sind bei MIRSCHEL et al. (2006) vorgestellt.

3 Landschaftshaushaltsgrößen

Die drei tragenden Säulen des Landschaftshaushaltes sind der Wasserhaushalt, der Energiehaushalt und der Stoffhaushalt. Zum Energiehaushalt zählen unter anderem der Strahlungshaushalt und der Bodenwärmehaushalt. Bodenwasserhaushalt und atmosphärischer Feuchtehaushalt gehören zum Wasserhaushalt. Zum Stoffhaushalt dagegen gehören unter anderem der Stickstoff-, der Kohlenstoff-, der Kalium- und der Phosphorhaushalt sowie die Nettoprimärproduktion, unterteilt in Biomasseakkumulation und Ertragsbildung. All diese einzelnen Teile des Landschaftshaushaltes werden durch Zustandsgrößen charakterisiert, die einer Dynamik in unterschiedlicher zeitlicher Auflösung (Dynamik im Jahr, Dynamik über Jahrzehnte bzw. Jahrhunderte) unterliegen und damit maßgebliche Informationen zum Landschaftshaushalt und damit zum Landschaftszustand liefern.

Aufgrund der Vielzahl möglicher Zustandsgrößen zur Beschreibung des Landschaftshaushalts wurden für die modellgestützte Analyse des Landschaftshaushalts der Agrarflächen der Ziethener Moränenlandschaft einige wichtige Größen stellvertretend ausgewählt. Im Einzelnen sind dies die klimatische Wasserbilanz, der ökonomisch verwertbare Ertrag und die Biomasse sowie die pflanzenbestandsbezogenen Teile des Stickstoff- und Kohlenstoffhaushaltes, d.h. die Stickstoffaufnahme durch die Pflanzenbestände und die pflanzliche Kohlenstoffbindung.

3.1 Klimatische Wasserbilanz

Berechnungsalgorithmus

Die klimatische Wasserbilanz (KWB, mm) ist die Differenz zwischen Niederschlagshöhe (NIED, mm) und potenzieller Verdunstung (PET, mm):

$$KWB = NIED - PET \qquad (1)$$

und zwar für einen betrachteten Standort und eine definierte Betrachtungszeitspanne. Bedingt dadurch, dass die Verdunstung nur schwer zu bestimmen ist, weil sie hauptsächlich von der Bodenart, vom Bodenbedeckungsgrad durch verschiedene Pflanzen, vom physiologischen Zustand des Pflanzenbewuchses und vom Wassergehalt des Bodens abhängt, wird als Maß für die potenzielle Verdunstung die Wassermenge angegeben, die ein kurz gehaltener und optimal mit Wasser versorgter Grasbestand, der auf einem einheitlichen Boden steht, an die Atmosphäre abgibt. Der Jahresgang der KWB wird in Mitteleuropa hauptsächlich durch die Verdunstung bestimmt. Während für die Niederschlagshöhen Messwerte aus einem Niederschlagsmessnetz herangezogen werden können, wird die potenzielle Verdunstung berechnet. Hier wird die für Ostdeutschland angepasste und ausreichend überprüfte Formel nach WENDLING et al. (1991), die auf der Globalstrahlung (G, J cm^{-2}) und der Tagesmitteltemperatur (T, °C) basiert, verwendet:

$$PET = (G+K) \frac{T+22}{150(T+123)} \quad (2)$$

Die Konstante K berücksichtigt dabei den Einfluss der durch die maritime Standortlage bedingten höheren Luftfeuchte (K = 54 im Küstenbereich bis 30 km; K = 93 für das Binnenland < 400 m über NN).

Während Temperatur und Strahlung großräumigen Verteilungsmustern folgen, zeichnen sich beim Niederschlag, bedingt durch häufiger territorial abgegrenzte Gewitter- und Starkniederschlagsereignisse, wesentlich kleinräumigere Verteilungsmuster ab, die selbst in einer relativ kleinen Region wie der Ziethener Moränenlandschaft eine Unterteilung in Niederschlagszonen rechtfertigen (SCHULTZ & MIRSCHEL 1994). Da für die Betrachtung langer Zeitreihen aber auf die meteorologischen Daten aus dem Messnetz des Deutschen Wetterdienstes (DWD) zurückgegriffen werden muss, kann für die gesamte Ziethener Moränenlandschaft nur eine einheitliche KWB berechnet werden. Für eine allgemeine gebietsbezogene Aussage wird auf die jährliche KWB, d.h. auf den Zeitraum eines Kalenderjahres, orientiert.

Ergebnisse

Die für die Agrarflächen der Ziethener Moränenlandschaft gültige jährliche KWB ist für den Zeitraum 1975 - 2050 in Abb. 1 wiedergegeben. Betrachtet man den linearen Trend über den gesamten Zeitraum ergibt sich eine zu erwartende Abnahme der jährlichen KWB um 189 mm auf ein Niveau unterhalb –250 mm. Vergleicht man die vergangene Zeitperiode bis 2005 mit der prognostischen Zeitperiode bis 2050, ergeben sich für die beiden Zeitabschnitte unterschiedliche Aussagen. Während für die letzten 30 Jahre bei großen Extrema in einzelnen Jahren im linearen Trend ein Anstieg der jährlichen KWB erkennbar ist, kann auf der Grundlage der vom PIK-Potsdam verwendeten Klimaszenarien (GERSTENGARBE et al. 2003) für die bevorstehenden 45 Jahre bis 2050 im linearen Trend eine Abnahme der jährlichen KWB um 110 mm abgeschätzt werden.

Betrachtet man die meteorologischen Sommer- und Winterhalbjahre, die sich von Mai bis Oktober bzw. von November bis April erstrecken, getrennt, lässt sich ableiten, dass im Zeitraum von 1975 bis 2050 im linearen Trend die KWB im Winterhalbjahr um 110 mm und im Sommerhalbjahr um 80 mm zurückgeht. Das im Winterhalbjahr um 30 mm größere Defizit der KWB ist trotz leicht zunehmender Winterniederschläge hauptsächlich bedingt durch die zunehmenden Wintertemperaturen und die daraus resultierenden höheren täglichen Verdunstungsraten.

Vergleicht man im Zeitraum 1975-2050 die KWB in den einzelnen Quartalen des Jahres, so stellt man fest, dass diese im ersten und vierten Quartal durchweg positiv ist, sie am Ende des Zeitraumes in beiden Quartalen aber recht nahe der Grenze zur Negativbilanz liegt. Im ersten Quartal ist dabei durch eine leichte klimabedingte Zunahme der Niederschläge im linearen Trend über die 75 Jahre die Abnahme der KWB mit 32 mm nur etwa halb so groß wie die Abnahme mit 57 mm im vierten Quartal. Im zweiten und dritten Quartal ist die KWB jahreszeitlich bedingt jeweils über den gesamten 75jährigen Zeitraum negativ. Durch zunehmende Vorsommertrockenheiten ist dabei das Defizit in der KWB im zweiten Quartal über die gesamten Zeitspanne ausgeprägter als im dritten Quartal. Die über den 75jährigen Zeitraum klimaänderungsbedingte Zunahme des Defizits in der KWB ist dabei in beiden Quartalen etwa gleich stark ausgeprägt. Die Zunahme des Defizits in der KWB hat natürlich negative Auswirkungen auf die Pflanzenentwicklung und damit auf die Biomasse- und Ertragsbildung, d. h., es sind je nach Fruchtart leichte bis gravierende Ertragseinbußen zu erwarten.

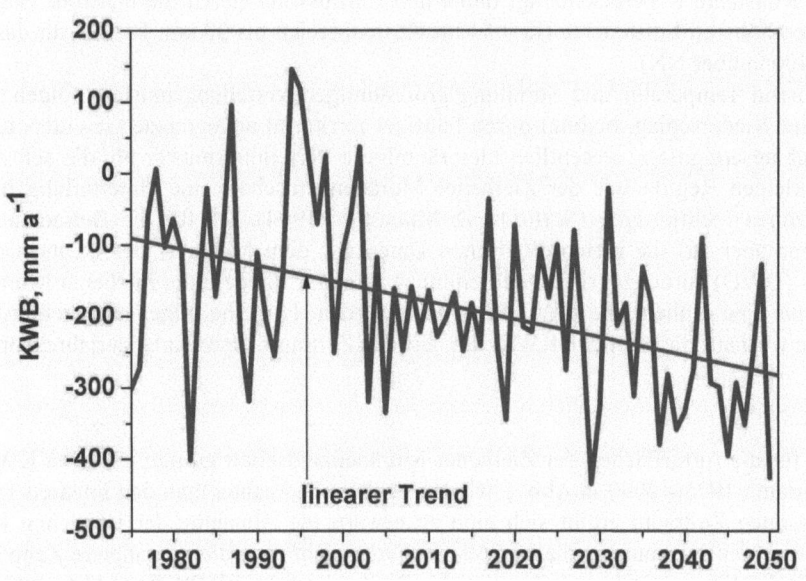

Abb. 1: Jährliche klimatische Wasserbilanz auf den Agrarflächen der Ziethener Moränenlandschaft im Zeitraum 1975 – 2050.

Während des Biomasse- und Ertragsbildungsprozesses spielt die Wasserversorgung der Pflanzenbestände die entscheidende Rolle. Für die Berücksichtigung des Wasserversorgungszustandes im Fall einer statischen Biomasse- und Ertragsabschätzung wird oft auf die Niederschlagssumme bzw. die KWB zurückgegriffen (z. B. ROTH 1995, KINDLER 1992), in der Regel aber nur auf die jeweiligen Summen des Kalenderjahres. Bei ganzjährig wachsenden Fruchtarten ist dies richtig, bei im Laufe des Jahres abgeernteten Fruchtarten ist dies aber nicht legitim, denn die Niederschlagsmenge, die nach der Ernte fällt, hat keinen Einfluss auf den Ertragsbildungsprozess. Deshalb ist in diesen Fällen die Jahresbezogenheit den Vegetationszeiträumen der jeweiligen Fruchtart anzupassen, d. h. der 12monatige Zeitraum für die Berücksichtigung einer Jahresniederschlagssumme bzw. einer jährlichen KWB beginnt 12 Monate vor dem Erntemonat der jeweiligen Frucht. Bei Winterweizen z. B. erstreckt sich der Zeitraum zwischen September des Aussaatjahres und August des Erntejahres, bei Kartoffeln zwischen November des Vorerntejahres und Oktober des Erntejahres, bei Winterraps zwischen August des Aussaatjahres und Juli des Erntejahres und bei Zuckerrüben zwischen Dezember des Vorerntejahres und November des Erntejahres.

Berechnungen für die Agrarflächen der Ziethener Moränenlandschaft zeigen, dass dadurch zwischen den fruchtartbezogenen KWBen für einen 12monatigen Zeitraum Differenzen von bis zu 80 ... 90 mm auftreten können. Vergleicht man für die Ziethener Moränenlandschaft die fruchtartenbezogenen KWBen der Jahre 1991-2000 mit denen der Jahre 2041-2050, so ergeben sich im Mittel der Jahre je nach Fruchtart Bilanzabnahmen zwischen 205 mm und 214 mm. Für alle Fruchtarten bedeutet das eine signifikante Zunahme der Trockenstressbelastung.

3.2 Ertrag

Der Naturalertrag ist eine wichtige Größe für die Abschätzung und die Bewertung der Produktivität von Agrarstandorten in einer Region. Diese Größe ist zum einen ein Maß für die Produktivität bei der Biomassebildung und damit eine ökologische Größe, und zum anderen die Ausgangsgröße für ökonomische Standortbewertungen und damit in Kombination mit Produktpreisen eine monetäre Größe.

Schätzalgorithmus

Grundlage für die regionale Abschätzung des Naturalertrages bildet ein dreistufiger statischer Schätzalgorithmus, der sich aus einer standorttypabhängigen Matrix zum Naturalertrag, einem Korrekturalgorithmus nach Standortmerkmalen sowie einem züchtungs- und technologiebedingten Ertragstrend zusammensetzt. Diese drei Stufen sind additiv miteinander verknüpft.

Die Naturalertragsmatrix basiert auf sehr umfangreichen statistischen Auswertungen von Daten repräsentativer landwirtschaftlicher Betriebe (Referenzbetriebe) in verschiedenen Standort-Klima-Regionen auf dem Gebiet der Neuen Bundesländer bis zu Beginn der 1990er Jahre (Datenspeicher "Einheitliche Schlagkartei (DASKE)" (KÜHN et al. 1974)) und ist eine Erweiterung der Schätzmatrix nach KINDLER (1992). Dabei können für 56 Standorttypen der MMK (SCHMIDT & DIEMANN 1991) für vergleichbare Witterungsbedingungen die Basis-Naturalerträge für 16 landwirtschaftliche Fruchtarten bzw. Fruchtartengemische sowie zwei Grünlandnutzungen (intensiv, extensiv) bestimmt werden. Tab. 1 zeigt für Winterweizen und Triticale den Naturalertrag nach MMK-Standorttypen.

Die Basis-Naturalerträge werden in Abhängigkeit von MMK-Standortmerkmalen, wie der Steinigkeit (SK_MMK, t ha^{-1}), der Hangneigung (HaNe, %), dem Hydromorphieflächentyp (HfT_MMK), der Ackerzahl (AZ), der Höhe über NN (HüNN, m) und dem Neigungsflächentyp (NfT_MMK), sowie von klimatischen Größen, wie der wachstumswirksamen Temperatur (WaWiTemp, °C) nach ADLER (1987), der mesoskaligen Klimazonierung (KlZo) (ADLER 1987) und der KWB (vgl. Gl. (1)), mit Zu- und Abschlägen versehen. Die dabei zur Anwendung kommenden statistischen Algorithmen für die Berechnung der Zu- und Abschläge gehen auf KINDLER (1992) zurück, wurden aber in Abhängigkeit von der Standortdatenverfügbarkeit unterschiedlich stark modifiziert und erweitert. Die Berechnung der KWB, die nicht aufgrund langjährig gemittelter Wetterdaten, sondern fruchtartabhängig für die aktuelle Anbauperiode bestimmt wird, erfolgt dabei entsprechend der weiter oben beschriebenen Methodik (vgl. Gl. (1) und Gl. (2)). Für Winterweizen ist der Algorithmus für die fruchtartabhängigen Zu- und Abschlagskorrekturen (E_{korr}) bei MIRSCHEL et al. (2003) beschrieben und für Winterraps bei MIRSCHEL et al. (2006).

Tab. 1: Naturalertrag (NE, dt ha^{-1})) für Winterweizen (WW) und Triticale (TR) in Abhängigkeit von MMK-Standorttypen (StT) modifiziert und erweitert (nach KINDLER 1992).

Diluvialböden			Alluvialböden			Lösböden			Verwitterungsböden		
StT	NE$_{WW}$	NE$_{TR}$	StT	NE$_{WW}$	NE$_{TR}$	StT	NE$_{WW}$	NE$_{TR}$	StT	NE$_{WW}$	NE$_{TR}$
D1a	35	37	Al1a	61	56	Lö1a	76	71	V1a	70	65
D2a	37	42	Al1b	58	53	Lö1b	72	67	V2a	65	60
D2b	40	46	Al1c	55	50	Lö1c	68	63	V2c	61	57
D3a	44	46	Al2b	56	51	Lö2c	66	61	V3a	61	57
D3b	47	47	Al2c	52	48	Lö2d	64	59	V3b	60	55
D3c	45	44	Al3a	62	57	Lö3a	76	71	V3c	50	46
D4a	54	52	Al3b	59	54	Lö3c	68	63	V4a	56	52
D4b	57	55	Al3c	57	53	Lö4b	68	63	V4b	50	48
D4c	57	54				Lö4c	63	58	V5a	59	54
D5a	60	54				Lö5b	67	62	V5b	58	55
D5b	65	57				Lö5c	65	60	V5c	50	54
D5c	65	56				Lö6b	64	59	V6b	55	53
D6a	62	58				Lö6c	60	55	V7a	54	49
D6b	67	62							V7b	55	51
D6c	67	62							V7c	48	47
									V8a	55	55
									V9a	44	49

Der nur schwer quantifizierbare ertragswirksame Fortschritt durch die Züchtung neuer Sorten und die Anwendung neuer Anbautechnologien und Managementstrategien wird in erster Näherung über einen linearen Trend (E_{Trend})

$$E_{Trend} = K_{\Delta E} \cdot (Jahr - 1990) \tag{3}$$

erfasst, wobei das Züchtungs- und Managementniveau des Jahres 1990 den Ausgangspunkt bildet. Der für das Land Brandenburg ermittelte durchschnittliche jährliche Ertragszuwachs (ΔE, dt ha^{-1}), der teilweise auf bis zu 23 Jahre umfassenden Datenreihen (LANDESAMT FÜR DATENVERARBEITUNG UND STATISTIK 1997, AGRARBERICHT 2001) basiert, ist für die einzelnen Fruchtarten in Tab. 2 zusammengefasst.

Tab. 2: Durchschnittlicher jährlicher züchtungs- und managementbedingter Ertragszuwachs (ΔE) wichtiger landwirtschaftlicher Fruchtarten im Land Brandenburg.

Fruchtart	ΔE [dt ha^{-1}]	Fruchtart	ΔE [dt ha^{-1}]
Winterweizen	1.21	Zuckerrüben	11.18
Wintergerste	0.82	Kartoffeln	5.87
Winterroggen	0.81	Winterraps	0.30
Triticale	1.10	Futtererbse	0.75
Hafer	0.23	Luzerne	0.40
Sommergerste	0.25	Silomais	1.69
Sommerweizen	0.51	Futterrüben	10.20
Sommerroggen	0.24	Luzerne	0.40
Körnermais	2.77	Ackerbohne	0.38

Der hier dargestellte dreistufige statische Algorithmus für die Abschätzung des Naturalertrages wurde für eine raumbezogene Berechnung in SAMT implementiert. Das Schema der Implementierung ist in Abb. 2 widergegeben.

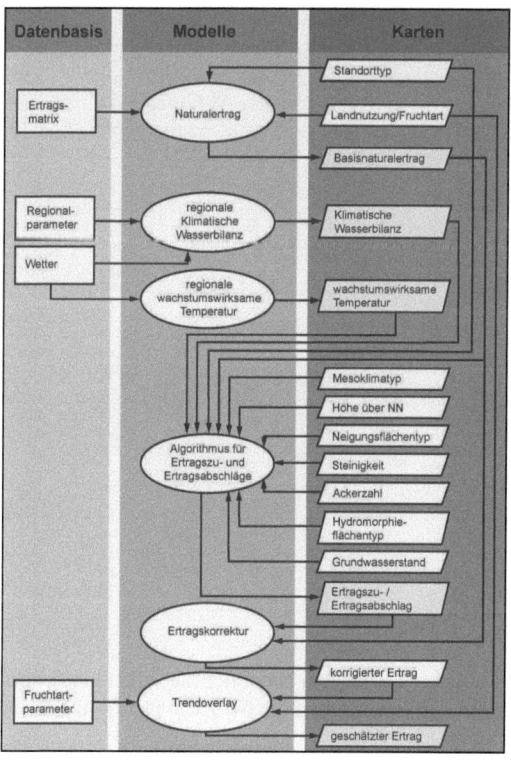

Abb. 2: Schema für die Implementierung des Algorithmus zur Ertragsschätzung auf Praxisschlägen im Spatial Analysis and Modeling Tool (SAMT).

Ergebnisse

Bei einem auf der gesamten landwirtschaftlichen Anbaufläche der Ziethener Moränenlandschaft angenommenen einheitlichen Fruchtartanbau (Wetterdaten der Anbauperiode 2003/04 unterstellt) ergeben sich fruchtartspezifisch unterschiedliche Verteilmuster für den Naturalertrag und damit verbunden auch unterschiedliche potenzielle Anbauflächen. Sowohl für die Naturalerträge als auch die potenziellen Anbauflächen sind beispielhaft für Winterweizen, Silomais, Zuckerrüben und Winterraps die Verteilmuster in den Abb. 3 bis 6 dargestellt. Die für die wichtigsten Fruchtarten berechneten standortbedingten Ertragsschwankungen sind wie auch die jeweilige potenzielle Anbaufläche für die Ziethener Moränenlandschaft in Tab. 3 zusammengefasst.

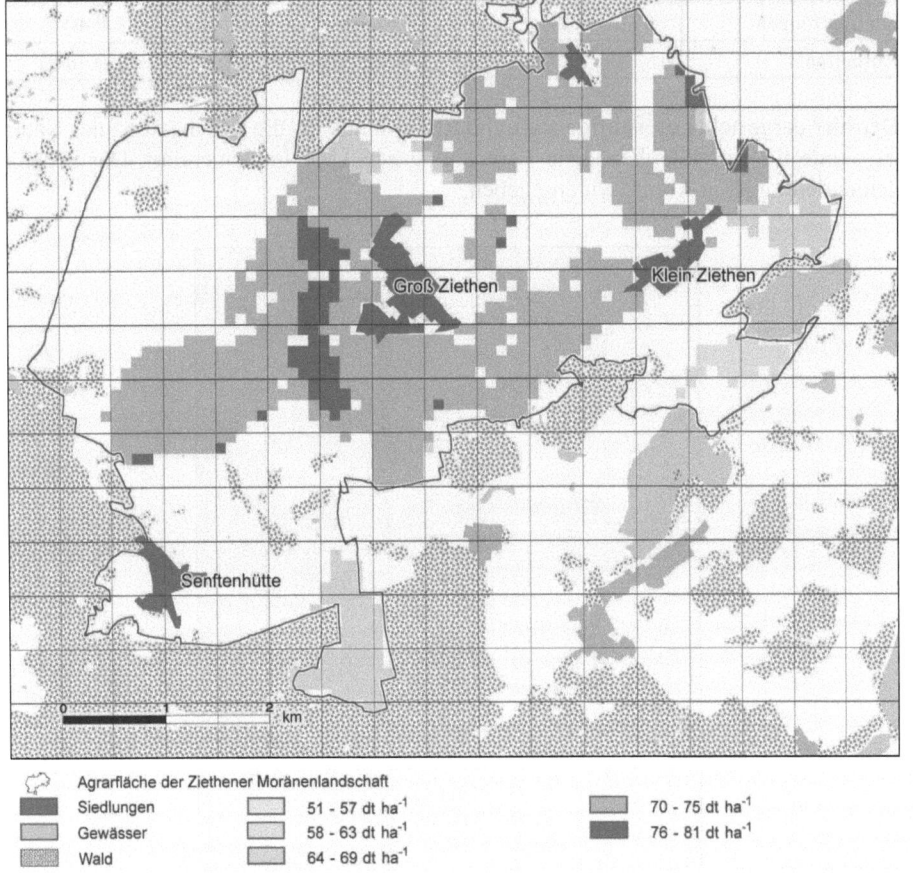

Abb. 3: Räumliche Verteilung des geschätzten Naturalertrages für Winterweizen und der potenziellen Winterweizenanbaufläche auf den Ackerstandorten der Ziethener Moränenlandschaft.

Die in den Abb. 3 bis 6 für Winterweizen, Silomais, Zuckerrüben und Winterraps ausgewiesenen Naturalerträge sind in ihrer räumlichen Verteilung in etwa eine Widerspiegelung der Bodenkarte und damit auch der Wasserverfügbarkeitsverhältnisse, d. h. auf den qualitätsmäßig schlechtesten, den sandigen Böden, werden immer die geringsten Erträge erzielt, auf den besseren Standorten entsprechend bessere Erträge. Bei der Naturalertragskarte für Zuckerrüben werden die leichten sandigen Anbaustandorte als für einen ökonomischen Zuckerrübenanbau ungeeignet erkannt, und damit wird für diese Standorte auch kein Ertrag ausgewiesen. Dies kommt auch in Tab. 3 über die potenzielle Anbaufläche zum Ausdruck, die bei Zuckerrüben nur 56,6 % des Ackerlandes beträgt. Bei Winterweizen und Winterraps ist sie ebenfalls eingeschränkt, auf 70,5 % der Ackerfläche. Ein Vergleich mit den aktuellen Fruchtartanbauplänen der vergangenen Jahrzehnte zeigt, dass die leichtesten Standorte im Nordwesten der Ziethener Moränenlandschaft und nahe Senftenhütte reine Winterroggen-Standorte sind, und dort auch der Winterweizen nicht mehr ökonomisch vertretbar angebaut werden kann.

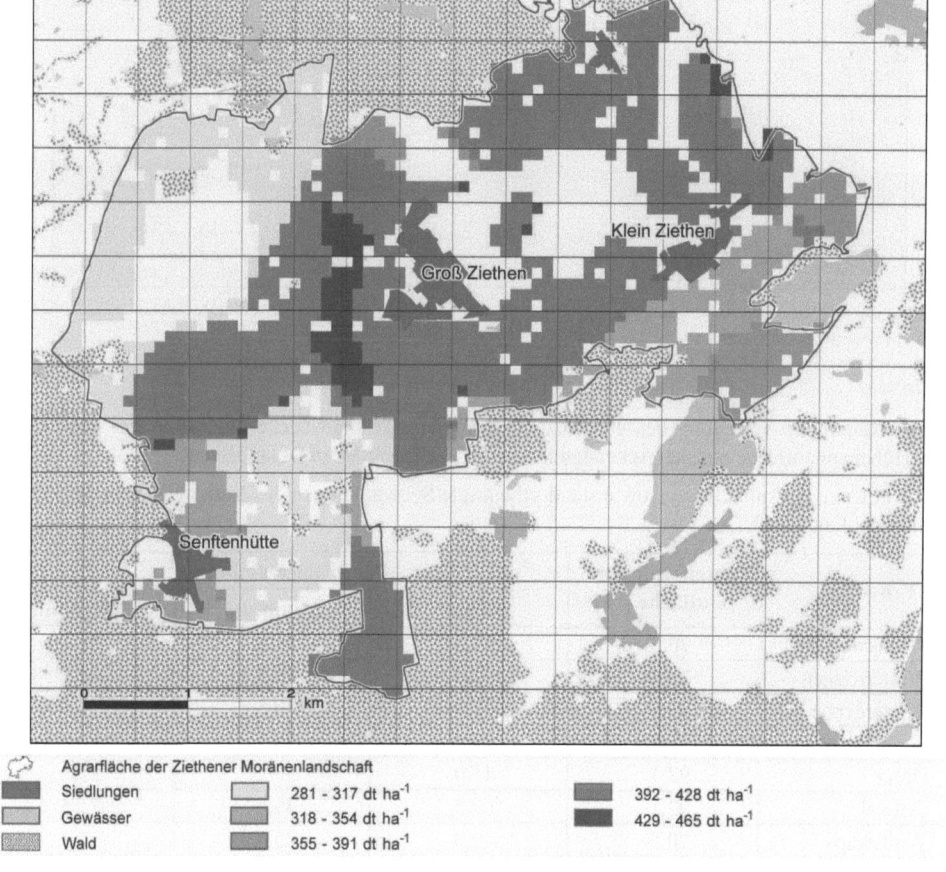

Abb. 4: Räumliche Verteilung des geschätzten Naturalertrages für Silomais und der potenziellen Maisanbaufläche auf den Ackerstandorten der Ziethener Moränenlandschaft.

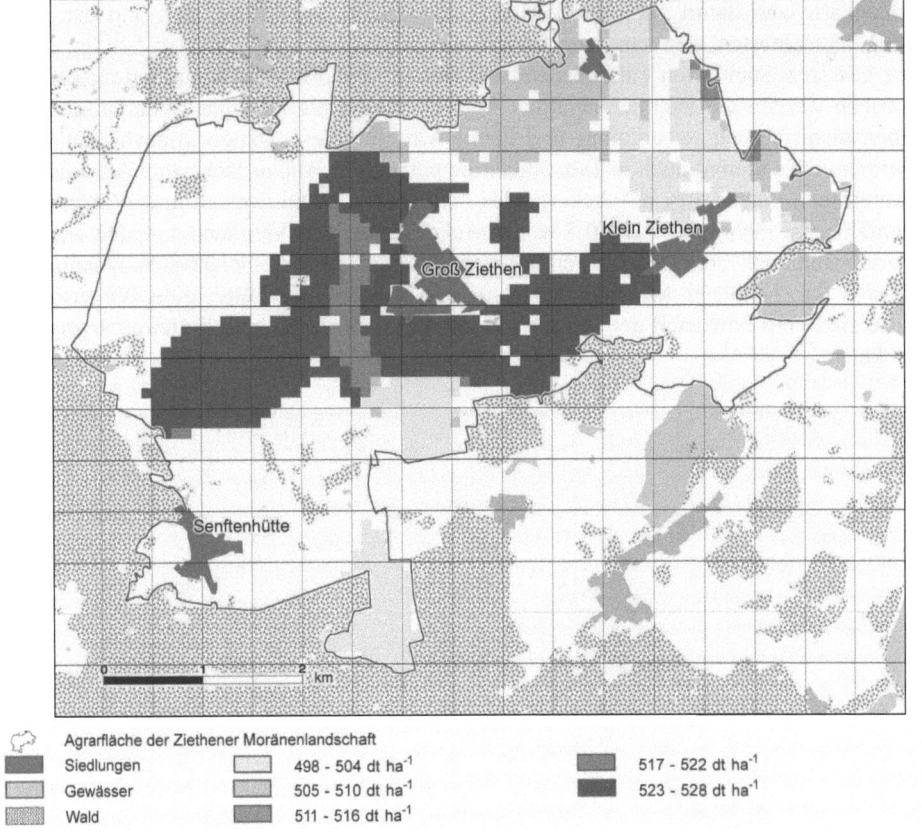

Agrarfläche der Ziethener Moränenlandschaft
Siedlungen
Gewässer
Wald
498 - 504 dt ha⁻¹
505 - 510 dt ha⁻¹
511 - 516 dt ha⁻¹
517 - 522 dt ha⁻¹
523 - 528 dt ha⁻¹

Abb. 5: Räumliche Verteilung des geschätzten Naturalertrages für Zuckerrüben und der potenziellen Zuckerrübenanbaufläche auf den Ackerstandorten der Ziethener Moränenlandschaft.

Tab. 3: Potenzielle Anbaufläche sowie standortbedingte Schwankungen des Naturalertrages der Ziethener Moränenlandschaft.

Fruchtart	potenzielle Anbaufläche [%]	Naturalertrag [dt ha⁻¹]		
		Mittel	**Minimum**	**Maximum**
Winterweizen	70,5	69,6	51,6	81,1
Winterroggen	92,1	52,3	41,5	63,5
Wintergerste	92,1	57,3	39,5	71,5
Sommergerste	92,1	42,4	29,7	54,0
Hafer	92,1	41,0	30,5	51,7
Triticale	92,1	60,5	49,5	71,5
Winterraps	70,5	29,9	25,8	34,8
Kartoffeln	92,1	338,0	277,9	367,9
Zuckerrüben	56,6	516,7	498,6	528,6
Luzerne	70,5	337,2	285,1	385,1
Silomais	92,1	376,5	281,2	465,2
Kleegras	92,1	355,1	299,5	409,5

Landschaftshaushalt 177

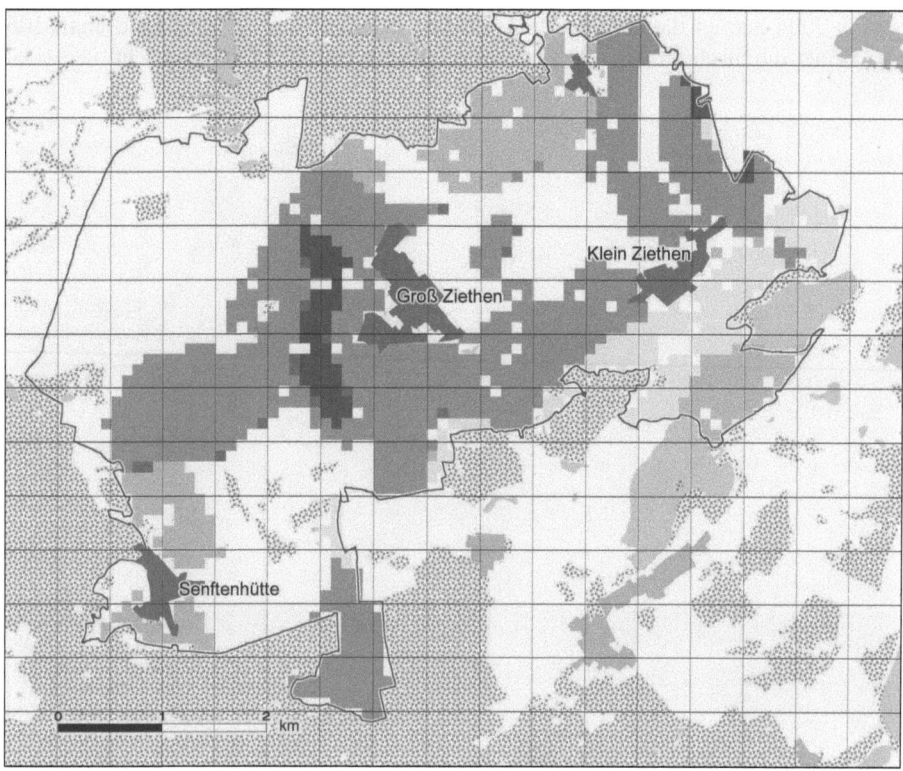

Abb. 6: Räumliche Verteilung des geschätzten Naturalertrages für Winterraps und der potenziellen Rapsanbaufläche auf den Ackerstandorten der Ziethener Moränenlandschaft.

Da es für die Praxis aber realitätsfremd wäre, von einem Anbau nur einer Fruchtart auf allen verfügbaren landwirtschaftlichen Anbauflächen auszugehen, sondern auf den einzelnen Agrarflächen über die Jahre immer Fruchtfolgen zum Anbau kommen, ist es für eine praxisnahe regionale Ertragsabschätzung unbedingt notwendig, gemarkungsbezogen konkrete oder szenariobezogene Fruchtartanbausituationen zu berücksichtigen.

Da dabei aber Erträge unterschiedlicher Größenordnung (Raps: 20 ... 50 dt ha^{-1}; Zuckerrüben, 250 ... 700 dt ha^{-1}) zu berücksichtigen sind, werden die Erträge, um sie fruchtartübergreifend vergleichbar zu machen, auf einer energetischen Grundlage in Getreideeinheiten (GE, bezogen auf den energetischen Wert einer dt Wintergerste) umgerechnet. Danach entsprechen z. B. 1 dt Zuckerrüben 0,27 GE, 1 dt Sonnenblumen 2,6 GE, 1 dt Luzerne als Grünfutter 0,16 GE, 1 dt Raps 2,46 GE, 1 dt Winterweizen 1,07 GE, 1 dt Hafer 0,85 GE, 1 dt Körner-mais 1,1 GE und 1 dt Kartoffeln 0.22 GE (BMVEL 2004).

Für das Anbaujahr 2004 ergibt sich auf der Grundlage des konkreten Fruchtartenanbaus in der Ziethener Moränenlandschaft die in Abb. 7 wiedergegebene, in GE umgerechnete Ertragskarte. Standort- und fruchtartbedingt schwanken dabei die Erträge zwischen 14,3 GE ha^{-1} und 85,7 GE ha^{-1}. Abb. 8 zeigt ein Histogramm zur Häufigkeitsverteilung der geschätzten GE-Erträge für 2004 in der Ziethener Moränenlandschaft. Für die Anbaubedingungen in 2004 beträgt die Gesamtertragsleistung der Ziethener Moränenlandschaft 106.548 GE, was einer durchschnittlichen Hektarertragsleistung von 55,7 GE entspricht.

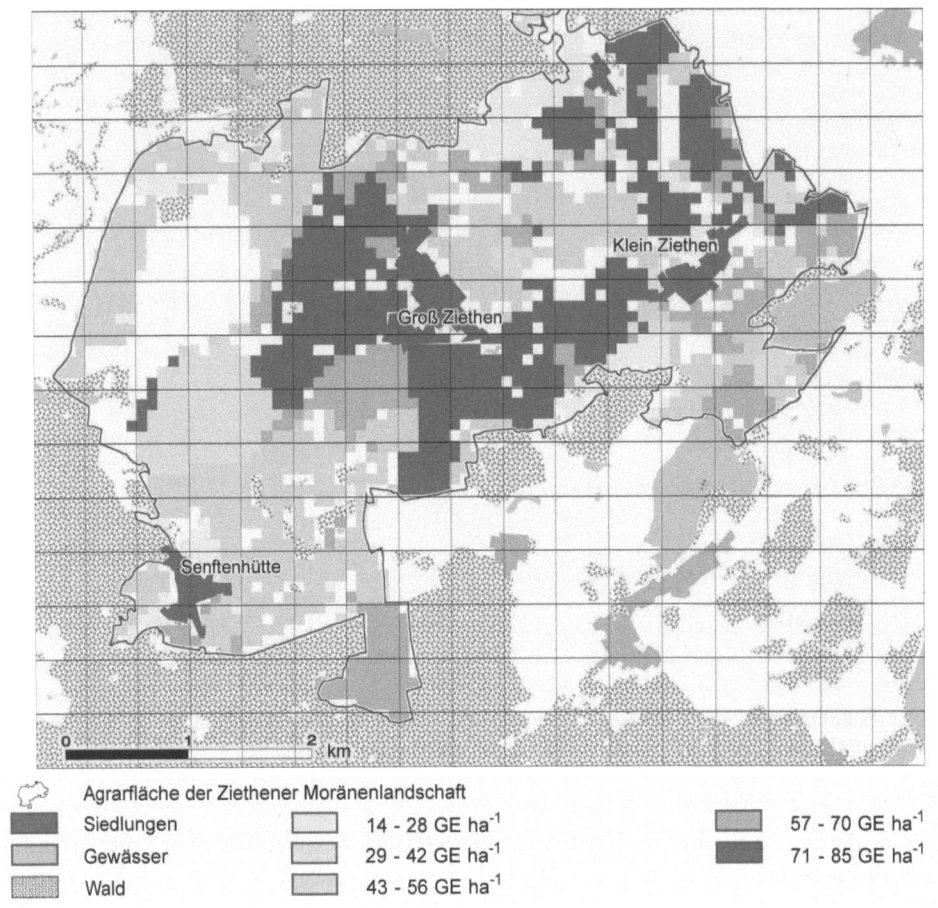

Abb. 7: Räumliche Verteilung der GE-Erträge auf den Agrarflächen der Ziethener Moränenlandschaft unter Berücksichtigung der konkreten Anbausituation des Jahres 2004.

Für eine Überprüfung des oben beschriebenen Algorithmus zur Abschätzung des Naturalertrages standen für die Ziethener Moränenlandschaft nur für den Zeitraum von 1976 bis 1989 Praxiserträge von 11 unterschiedlichen Fruchtarten aus den geführten Ackerschlagkarteien zur Verfügung. Um diesen 14jährigen Zeitraum auch in seinem Trend zu erfassen, wurden die Jahre 1977, 1984 und 1989, d.h. Jahre vom Anfang, aus der Mitte und vom Ende des Zeitraumes, ausgewählt, wobei 1989 ein relativ trockenes Jahr war. 1977 wurden die Fruchtarten Hafer, Sommergerste, Wintergerste, Winterraps, Winterroggen, Winterweizen, Kartoffeln und Zuckerrüben, für die auch jeweils einige Ertragserhebungen vorlagen, in die Überprüfung mit einbezogen. 1984 waren es Hafer, Wintergerste, Winterraps, Winterroggen, Winterweizen sowie Kartoffeln und 1989 waren es Hafer, Sommergerste, Wintergerste, Winterraps, Winterroggen, Winterweizen, Zuckerrüben, Kartoffeln, Triticale, Silomais und Ackergras. In den drei Jahren, in denen insgesamt die Erträge von 100 Ackerschlägen Berücksichtigung fanden, lagen dabei die mittleren Abweichungen zwischen den geschätzten Naturalerträgen und den in den Landwirtschaftsbetrieben erhobenen Erträgen über alle betrachteten Fruchtarten und Schläge bei 24,8 %. Die dabei in der Praxis auftretenden hauptsächlich standortabhängigen relativen Ertragsschwankungen lagen bei den einzelnen Fruchtarten in der gleichen Größenordnung wie die bei den geschätzten Naturalerträgen. Zu beobachten ist, dass die Ertragsschätzungen in der Tendenz in allen Jahren im Vergleich zu den tatsächlichen Erträgen etwas höher ausfallen. In den feuchten bzw. normal mit Wasser versorgten Jahren 1977 und 1984 ist die Überschätzung stärker ausgeprägt als im Jahr 1989, in dem Trockenperioden auftraten.

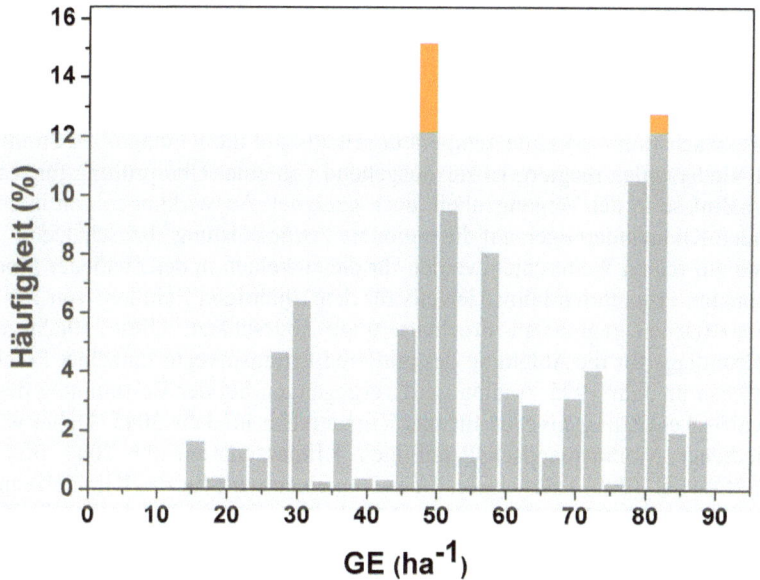

Abb. 8: Histogramm zur Häufigkeitsverteilung der für die konkreten Anbaubedingungen in 2004 abgeschätzten GE-Erträge in der Ziethener Moränenlandschaft.

Führt man diesen Vergleich fruchtartbezogen durch, erkennt man in der Übereinstimmungsgüte zwischen den geschätzten Naturalerträgen und den Ertragserhebungen in der Praxis auf Schlagebene fruchtartbezogene Unterschiede. Während die mittlere Abweichung zwischen geschätztem und erhobenem Ertrag im Mittel über die Jahre 1977, 1984 und 1989 für Wintergerste (Basis: 14 Schläge) bei 11,6 % lag, lag sie für Winterweizen (Basis: 16 Schläge) bei 20,3 %, für Winterroggen (Basis: 26 Schläge) bei 20,9 % und für Zuckerrüben (Basis: 5 Schläge) bei 26,9 %. Berücksichtigt man die Über- und Unterschätzung des Ertrages auf den jeweiligen Schlägen und gewichtet die einzelnen Abweichungen über die gesamte in den Vergleich einbezogene Anbaufläche der jeweiligen Fruchtart, dann ergibt sich im Mittel über die drei Jahre für Winterweizen eine Überschätzung von 18,4 %, für Winterroggen von 14,2 %, für Wintergerste von 7,5 %, für Zuckerrüben von 4,6 % und für Winterraps von 33,7 %.

Die tendenziell zu beobachtende Überschätzung des Ertrages hat mehrere Ursachen. Eine davon ist der im Modell nicht berücksichtigte ertragssenkende Schädlings-, Pilz- und Unkrautbefallsdruck. Eine zweite Ursache kann auch ein gegenwärtig im Modell nicht berücksichtigter Mangelzustand in der Stickstoffversorgung sein, und eine weitere Ursache ist sicher auch im unterschiedlichen die Züchtung und den Technologiefortschritt berücksichtigenden Ertragstrend auf Landes- und Gemarkungsebene zu sehen. Der im Modell berücksichtigte Ertragstrend, der sich auf die Landesstatistik des Landes Brandenburg bezieht, liegt in der Regel über dem Ertragstrend der Ziethener Moränenlandschaft für den Zeitraum von 1976 bis 1989. Während die im Modell verwendeten Ertragstrends für Winterweizen, Winterroggen, Wintergerste und Zuckerrüben entsprechend 1,21 dt ha^{-1}, 0,81 dt ha^{-1}, 0,82 dt ha^{-1} und 11,18 dt ha^{-1} (vgl. Tab. 2) betragen, weisen die für die Ziethener Moränenlandschaft für 1976-1989 ermittelten Trends Werte von 0,54 dt ha^{-1}, 0,59 dt ha^{-1}, 0,98 dt ha^{-1} und – 0,64 dt ha^{-1} aus.

Da die beschriebene Methodik zur regionalen Abschätzung der Ertragsleistung über die KWB und die wachstumswirksame Temperatur sensitiv auf die Klimagrößen Strahlung, Temperatur und Niederschlag reagiert, ist sie, ausgehend von einer Überprüfung für reale Fruchtartanbauverhältnisse in der Vergangenheit, auch geeignet, Auswirkungen von in der Zukunft zu erwartenden Klimaänderungen auf die regionale Ertragsleistung abzuschätzen.

Basierend auf realen Wetterdaten werden für die einzelnen in der Ziethener Moränenlandschaft angebauten Fruchtarten immer jeweils für den 10jährigen Zeitraum von 1991 bis 2000 die jahresspezifischen regionalen Fruchtarterträge abgeschätzt. Diese 10jährigen Reihen bilden die Grundlage für die Ableitung des mittleren Ertragsniveaus einzelner Fruchtarten für das Klimaniveau im Jahr 1995. Analog wird vorgegangen bei der Bestimmung des mittleren fruchtartspezifischen Ertragsniveaus für das Klimaniveau im Jahr 2045. Dabei wird auf die für die Ziethener Moränenlandschaft gültigen Klimaszenarien für 2041 bis 2050 von GERSTENGARBE et al. (2003) zurückgegriffen. Zum einen wird für das Klimaniveau von 2045 keine Änderung des CO_2-Gehalts der Atmosphäre berücksichtigt, d.h. der heutige CO_2-Gehalt wird beibehalten, und zum anderen wird ein im Jahr 2045 zu erwartender CO_2-Gehalt der Atmosphäre von ca. 465 ppm (WEIGEL 2003) angenommen. Um dabei den Klimaänderungseinfluss auf die Ertragsleistung einzelner Fruchtarten im Zeitraum bis 2045 separat abschätzen zu können, wird bei den Simulationsrechnungen für die Jahre von 2041 bis 2050 das gängige Agromanagement der 1990er Jahre angenommen, bei Beibehaltung des Sortenspektrums auf dem Züchtungsniveau von Mitte der 1990er Jahre. Bei der ertragswirksamen Berücksichtigung des CO_2-Einflusses wurde auf die für Wintergerste, Zuckerrüben, Winterweizen und Weidelgras im FACE-Experiment der FAL Braunschweig erzielten Messergebnisse unter Freilandbedingungen zurückgegriffen. Ausgehend von einer dabei für alle vier Fruchtarten durchschnittlich erzielten Ertragssteigerung von 10,7 % bei einem CO_2-Anstieg von 375 ppm auf 550 ppm (WEIGEL et al. 2005) wurde der Einflussfaktor bei Annahme einer linearen Änderung auf ein CO_2-Niveau von 465 ppm umgerechnet.

Tab. 4 fasst für die einzelnen Fruchtarten die bezogen auf das Klimaniveau im Jahr 1995 unter den getroffenen Annahmen für das Klimaniveau im Jahr 2045 zu erwartenden klimabedingten Ertragsveränderungen zusammen, einmal ohne und einmal mit Berücksichtigung des

CO_2-Einflusses auf die Ertragsbildung. Zusätzlich werden für den Fall ohne Berücksichtigung des CO_2-Einflusses auch die Schwankungen um das jeweilige Ertragsmittel dargestellt.

Tab. 4: Klimabedingte Ertragsauswirkungen (2045 vs. 1995) ausgewählter Ackerfruchtarten und verschiedener Grünlandnutzungsintensitäten, berechnet für die Agrarflächen der Ziethener Moränenlandschaft.

Fruchtart	Ertragsänderung [%] 2045 vs. 1995	Schwankung um das Ertragsmittel [%]		Ertragsänderung [%] 2045 vs. 1995
		1995	2045	
		CO_2: 375 ppm		CO_2: 465 ppm
Winterweizen	-5,2	33	34	+0,1
Winterroggen	-11,7	43	46	-7,9
Wintergerste	-10,4	38	40	-6,5
Triticale	-7,5	39	41	-3,5
Sommergerste	-18,2	46	44	-14,3
Hafer	-21,8	45	46	-15,0
Winterraps	-21,7	48	59	-18,9
Zuckerrüben	-13,9	45	69	-10,8
Kartoffeln	-29,3	61	123	-26,3
Silomais	-20.7	49	51	-16,8
Luzerne	-34,1	66	86	-30,6
Klee/Kleegras	-32,5	63	78	-28,8
Ackergras	-32,7	52	79	-29,0
Grünland (int.)	-25,8	70	69	-21,9
Grünland (ext.)	-34,7	63	92	-31,6

Im Fall einer Nichtberücksichtigung des CO_2-Einflusses kommt es im Vergleich zu 1995 auf dem Klimaniveau von 2045 bei den Ackerfrüchten zu Ertragseinbußen zwischen 5,2 % bei Winterweizen und 34,1 % bei Luzerne und bei Grünland zwischen 25,8 % bei intensiver und 34,7 % bei extensiver Grünlandnutzung. Die Schwankungen um das jeweilige Ertragsmittel sind für das Klimaniveau in 2045 bis auf einige Ausnahmen fast bei allen Fruchtarten größer als für das Klimaniveau von 1995. Dieser Fakt weist auf eine Zunahme ertragswirksamer Extremereignisse (extreme Trockenperioden mit hohen Temperaturen, Extremniederschlag) in den Jahren von 2041 bis 2050 hin.

Im Falle der Berücksichtigung des CO_2-Einflusses bei einem angenommenen CO_2-Gehalt in der Atmosphäre von 465 ppm fallen die auf dem Klimaniveau von 2045 zu erwartenden Ertragsverluste etwas geringer aus. Besonders deutlich wird dies bei den Wintergetreidearten, wobei bei Triticale und besonders bei Winterweizen der zu erwartende CO_2-Düngungseffekt den durch sonstige Klimagrößen hervorgerufenen Ertragsverlust weitgehend wieder kompensiert.

Um die rein klimabedingte Veränderung der GE-Leistung der landwirtschaftlich genutzten Flächen in der Ziethener Moränenlandschaft im Jahr 2045 gegenüber 1995 abzuschätzen, wurde für den Zeitraum 1991-2000 auf reale Wetter-, Agromanagement- und Fruchtartanbaudaten zurückgegriffen. Für den Zeitraum 2041-2050 hingegen wurden die Klimaszenarien von GERSTENGARBE et al. (2003) verwendet und wird vom Fruchtartanbau, dem Agromenagement sowie dem Sortenspektrum und damit dem Züchtungsniveau von 2004 ausgegangen. Dabei wird im Jahr 2045 für die Agrarflächen der Ziethener Moränenlandschaft im Vergleich zu 1995 im 10jährigen Mittel eine klimabedingte Abnahme der GE-Leistung von 21,5 % berechnet. Sowohl die Zunahme der mittleren Abweichung vom jeweiligen 10jährigen GE-Mittel von 11,6 % (1995) auf 15,1 % (2045) als auch die Zunahme der Schwankungsbreite um das GE-Mittel im 10jährigen Mittel von 132 % (1995) auf 148 % (2045) unterstreichen auch hier den Hinweis auf die Zunahme von wetterbedingten Extremereignissen in den Klimaszenarien im Zeitraum 2041-2050 im Vergleich zum Zeitraum 1991-2000.

Setzt man für diesen Vergleich anstelle des Fruchtartanbaus von 2004 den Fruchtartanbau von 1995, bei dem eine etwa dreimal größere Stilllegungsfläche existent war, eine durch einen etwas erhöhten Hafer- und Wintergerste-, aber stark verminderten Winterweizen-, Winterroggen- und Triticaleanbau gemarkungsweit gesehen geringere Getreideanbaufläche vorhanden war und geringfügig mehr Winterraps angebaut wurde, ergibt sich für das Jahr 2045 auf den Agrarflächen der Ziethener Moränenlandschaft im Vergleich zu 1995 im 10jährigen Mittel eine klimabedingte Abnahme der GE-Leistung von 23,7 %. Vergleicht man bei gleichbleibenden Klimaänderungen die Auswirkungen der Änderungen im Fruchtartanbau 2004 gegenüber 1995, ergibt sich aus den Simulationsrechnungen mit dem Fruchtartanbau aus dem Jahr 2004 eine um 2,2 GE ha^{-1} höhere Ertragsleistung.

Wird der über einen linearen fruchtartabhängigen Trend berücksichtigte Züchtungs- und Managementfortschritt bei der Abschätzung der Produktivität der Agrarflächen in der Ziethener Moränenlandschaft berücksichtigt, ergibt sich die in Abb. 9 bis zum Jahr 2050 dargestellte Produktivitätsentwicklung. Bis 2004 wurden dabei die realen Daten zugrunde gelegt und ab 2005 wurde mit einem gegenüber 2004 unveränderten Fruchtartanbau gerechnet. Während von 1975 bis 2004 die jährlichen Produktivitätsschwankungen durch die Witterungsschwankungen und den von Jahr zu Jahr variierenden Fruchtartanbau beeinflusst werden, werden diese im Zeitraum von 2005 bis 2050 entsprechend der getroffenen Annahmen nur durch die Witterungsschwankungen beeinflusst (Abb. 9). Legt man über den gesamten Zeitraum von 1975 bis 2050 einen linearen Trend, ergibt sich eine jährliche Produktivitätssteigerung von 0,57 GE ha^{-1} a^{-1}, was für die gesamte Ziethener Moränenlandschaft einem absoluten Anstieg von 1142 GE a^{-1} entspricht.

Interessant ist auch, das Ertragsverhalten einzelner Fruchtarten in der Ziethener Moränenlandschaft in Feucht- und Trockenjahren sowohl auf dem heutigen Klimaniveau als auch auf dem Klimaniveau von 2050 zu vergleichen. Dafür werden zum einen die Erträge der Jahre 2003 (sehr trockenes Jahr) und 2004 (feuchtes Jahre) und zum anderen die Jahre 2049 (feuchtes Jahr) und 2050 (trockenes Jahr) verglichen. Die Daten für das Wetter der letzten beiden Jahre wurde dem Klimaszenario von GERSTENGARBE et al. (2003) entnommen.

Für das heutige Klimaniveau ergibt sich dabei, dass im Vergleich zum Feuchtjahr im Trockenjahr die Erträge bei Wintergetreide um 19 % niedriger liegen, bei Sommergetreide um 21 %, bei Hackfrüchten um 50 %, bei Feldfutter inkl. Silomais um 33 %, bei Raps um 18 %

und bei Grünland um 34 %. Auf dem Klimaniveau von 2050 ist der trockenjahrbedingte Ertragsverlust bei Wintergetreide und Hackfrüchten mit entsprechend 10 % und 11 % geringer und bei Sommergetreide, Feldfutter inkl. Silomais sowie Grünland mit entsprechend 23 %, 43 % und 37 % größer. Bei Raps hingegen gibt es keine nennenswerte Veränderung bei den trockenjahrbedingten Ertragseinbußen. Dabei profitieren die Wintergetreidearten von den prognostizierten milderen und feuchteren Wintern, während die Sommergetreidearten und das Feldfutter unter den zunehmenden Vorsommertrockenheiten und den geringeren Sommerniederschlägen zu leiden haben.

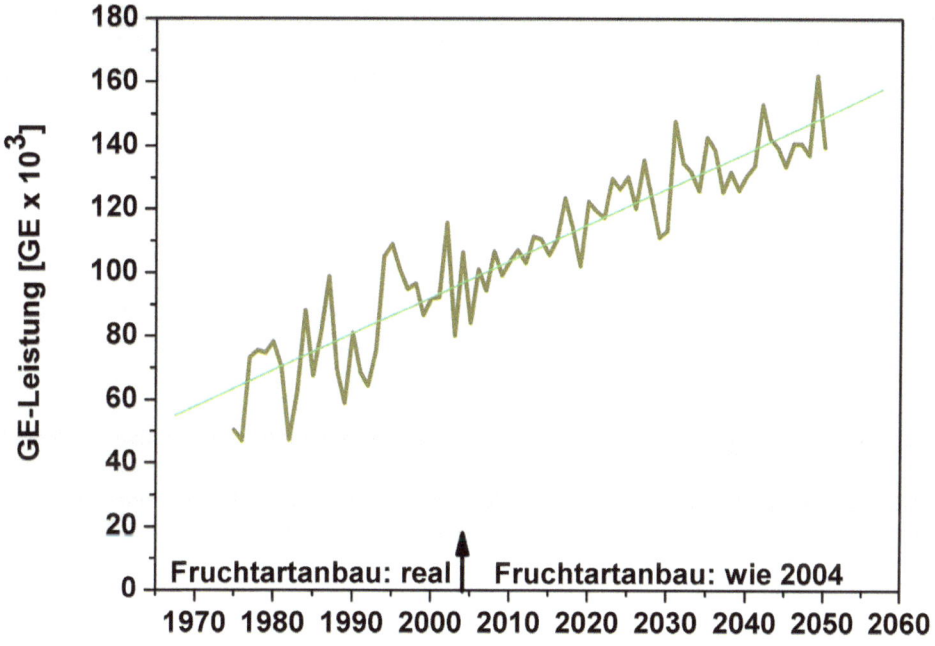

Abb. 9: Produktivitätsentwicklung der landwirtschaftlich genutzten Flächen in der Ziethener Moränenlandschaft unter Berücksichtigung eines linearen Trends für die in Zukunft zu erwartenden Züchtungs- sowie Managementfortschritte.

3.3 Biomasse

Die gebildete Gesamtbiomasse ist ebenfalls eine wichtige Landschaftshaushaltsgröße. Die Biomasse ist ein signifikanter Bestandteil z. B. des Humus-, des Stickstoff- und des Kohlenstoffhaushaltes der Landschaft und hat damit auch einen wesentlichen Einfluss auf die standortbezogene Bodenfruchtbarkeit. Sie hat aber auch durch die nach der Ernte auf dem Standort verbleibende Biomasse (Wurzel- und Ernterückstände bzw. Koppelprodukt, z. B. Stroh) einen wesentlichen Anteil an der Dynamik dieser Größen sowohl innerhalb eines Jahres (schnell abbaubare organische Substanz) als auch über größere Zeiträume (langsam abbaubare organische Substanz).

Schätzalgorithmus

Grundlage für die regionale Abschätzung der zur Ernte vorhandenen Gesamtbiomasse ist ein einfacher Ansatz, der von der regionalen Ertragsschätzung ausgeht und mittlere fruchtartspezifische Verhältniszahlen verwendet:

$$BM_G = BM_E + BM_K + BM_W$$

$$BM_E = E \cdot I_{TM}$$
$$BM_K = BM_E \cdot I_{K/S\_F/B} \qquad (4)$$
$$BM_W = (BM_E + BM_K) \cdot I_W$$

Dabei ist BM_G die Gesamtbiomasse zur Ernte (dt TM ha^{-1}), TM ist die Trockenmasse, BM_E ist der Ertrag (dt TM ha^{-1}), BM_K ist die Biomasse des Koppelproduktes zur Ernte (dt TM ha^{-1}), BM_W ist die Wurzelbiomasse zur Ernte (dt TM ha^{-1}), E ist der Ertrag (dt ha^{-1}) bei ernteüblichem Feuchtegehalt des Erntegutes, I_{TM} ist der fruchtartspezifische Trockenmasseindex, $I_{K/S\_F/B}$ ist der fruchtartspezifische Index für das Korn/Stroh- bzw. das Frucht/Blatt-Verhältnis und I_W ist das Spross/Wurzel-Verhältnis zur Ernte, das ebenfalls fruchtartspezifisch ist. Der Trockenmasseindex ist z. B. bei Getreide und Buchweizen 0,86, bei Grünland, Kleegras, Weidelgras und Luzerne 0,2, bei Raps und Sonneblumen 0,91, bei Zuckerrüben und Kartoffeln 0,23 bzw. 0,22 und bei Silomais 0,28 (SCHWEDER et al. 1998). Die Verhältniszahl $I_{K/S\_F/B}$ ist für die einzelnen Fruchtarten (z. B. 1:1 (Winterweizen), 1:1,2 (Hafer), 1:0,7 (Zuckerrüben)) ebenfalls SCHWEDER et al. (1998) entnommen. Die Werte zum Spross/Wurzel-Verhältnis zur Ernte sind dem zum Erntezeitpunkt existenten Verhältnis zwischen oberirdischer Pflanzentrockenmasse und Ernte-/Wurzelrückständen gleichgesetzt und basieren auf Angaben von KÖHNLEIN & VETTER (1953), LIEBEROTH (1982) und KOCH (1998) sowie auf Angaben aus den Faustzahlen für Landwirtschaft und Gartenbau (FAUSTZAHLEN 1993). Das Verhältnis I_W beträgt z. B. 0,13 für Winterroggen, 0,15 für Winterweizen, 0,17 für Wintergerste, 0,14 für Triticale, 0,26 für Lupine und 0,64 für Luzerne.

Ergebnisse

Um die Produktivität der Agrarflächen der Ziethener Moränenlandschaft hinsichtlich der Gesamtbiomasse zur Ernte aufzuzeigen, wird beispielhaft der Zeitraum von 1990 bis 2004 mit seiner konkreten Landnutzung betrachtet. Abb. 10 zeigt dabei zum einen die gesamte Gesamtbiomasse zur Ernte als Summe über alle Agrarflächen der Ziethener Moränenlandschaft pro Jahr und zum anderen die hektarbezogene Gesamtbiomasse zur Ernte mit entsprechenden minimalen, mittleren und maximalen Werten.

Dabei repräsentieren die Minimalwerte die Gesamtbiomasse zur Ernte auf den schlechten sandigen Böden mit geringer Ackerzahl und die Maximalwerte die Gesamtbiomasse zur Ernte auf den guten Böden mit hoher Ackerzahl. Aus dem Vergleich der Lage des zeitlichen

Verlaufs der mittleren Werte zu den Verläufen der Minimal- und Maximalwerte wird deutlich, dass in der Ziethener Moränenlandschaft die Böden mit den niedrigeren Ackerzahlen überwiegen und nur auf Einzelschlägen eine hohe Biomasseproduktivität erreicht werden kann. In allen in Abb. 10 dargestellten zeitlichen Verläufen prägt sich ganz deutlich der Witterungseinfluss durch. Die Jahre 1992, 1999 und 2003, in denen ein deutlicher Mangel bei der Versorgung der Pflanzenbestände mit Wasser auftrat, weisen zur Ernte auch eine geringe Gesamtbiomasse auf. Ganz deutlich wird das im Jahr 2003. Betrachtet man den 15jährigen Zeitraum von 1990 bis 2004 insgesamt und ermittelt einen linearen Trend, lässt sich ungeachtet des Witterungseinflusses für diesen Zeitraum eine Zunahme bei der Gesamtbiomasse erkennen (Abb. 10 oben), die zum großen Teil durch die Fortschritte in der Züchtung und die Anwendung verbesserter Anbautechnologien bestimmt ist. Dieser Trend beträgt auf die gesamte Agrarfläche der Ziethener Moränenlandschaft bezogen 2.628,4 dt TM a^{-1}. Hektarbezogen entspricht dieser Trend einem jährlichen Zuwachs bei der Gesamtbiomasse zum Zeitpunkt der Ernte von 1,17 dt TM $ha^{-1} a^{-1}$.

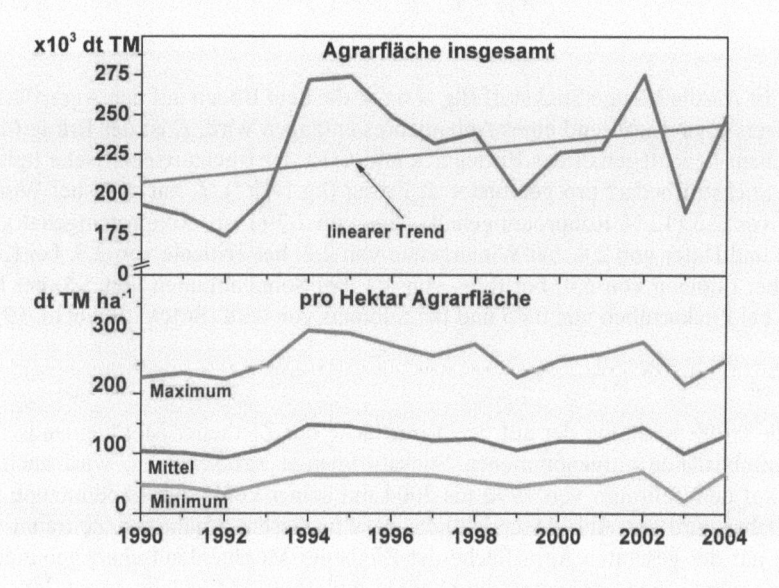

Abb. 10: Gesamtbiomasse zum Zeitpunkt der Ernte bezogen auf die gesamte Agrarfläche der Ziethener Moränenlandschaft (oben) und bezogen auf einen Hektar Agrarfläche mit Minimum, Maximum und Mittelwert (unten) im 15jährigen Verlauf über den Zeitraum von 1990 bis 2004.

3.4 Stickstoffaufnahme durch den Pflanzenbestand

Betrachtet man den Stickstoffhaushalt bzw. die Stickstoffbilanz einer Landschaft oder eines Landschaftsausschnittes, spielt die Stickstoffmenge, die dem Boden durch den Pflanzenbestand im Laufe eines Jahres entzogen wird, eine signifikante Rolle. Diese Größe ist auf landwirtschaftlich genutzten Flächen auch wichtig für ein ökologisch und ökonomisch nachhaltiges operatives Düngungsmanagement der angebauten Frucht, aber auch der nachfolgenden Frucht. Für die Festlegung der Stickstoffdüngung der Nachfrucht sind die auf den Agrarflächen eventuell verbleibenden Pflanzenfraktionen (Ernte- und Wurzelrückstände, Stroh, Rübenblatt, ...) und die damit über die Pflanze in den Boden rückgeführten Stickstoffmengen eine wichtige Größe.

Schätzalgorithmus

Der pflanzenbedingte Stickstoffentzug ist durch die auf der Photosynthese basierenden Assimilat- und daran anschließende Biomassebildung pflanzenphysiologisch sehr eng an die Größe der gebildeten Gesamtbiomasse und damit auch an den Ertrag gekoppelt. Zusätzlich ist der Stickstoffentzug auch abhängig von der angebauten Fruchtart. Daher wird die Stickstoffaufnahme durch den Pflanzenbestand fruchtartspezifisch basierend auf dem Ertrag wie folgt abgeschätzt:

$$N_{Pf} = E \cdot I_N \qquad (5)$$

Dabei ist N_{Pf} die Menge Stickstoff (kg N ha^{-1}), die dem Boden auf den Agrarflächen durch den Pflanzenbestand während eines Anbaujahres entzogen wird, E ist der Ertrag (dt ha^{-1}) bei ernteüblichem Feuchtegehalt des Erntegutes und I_N ist der fruchtartspezifische Index für den mittleren Stickstoffbedarf pro geernteter dt Ertrag (kg N dt^{-1}). I_N hat z. B. bei Winterweizen den Wert von 2,3 (12 % Rohproteingehalt) bzw. von 2,7 (14 % Rohproteingehalt), bei Winterroggen und Hafer von 2,0, bei Wintergerste von 2,2, bei Triticale von 2,3, bei Körnermais von 2,4, bei Lupinen von 6,4, bei Raps von 4,4, bei Sonnenblumen von 5,5, bei Kartoffeln von 0,45, bei Zuckerrüben von 0.46 und bei Silomais von 0,38 (SCHWEDER et al. 1998).

Ergebnisse

Um die Größenordnung der auf der Agrarfläche der Ziethener Moränenlandschaft durch die Pflanzenbestände aufgenommenen Stickstoffmenge abzuschätzen, wird auch hier beispielhaft auf den Zeitraum von 1990 bis 2004 mit seiner konkreten Landnutzung zurückgegriffen. Dabei wird aus Abb. 11 ersichtlich, dass in diesem 15jährigen Zeitraum die in der Biomasse auf der gesamten Agrarfläche der Ziethener Moränenlandschaft gebundene Stickstoffmenge jahres- und anbaustrukturabhängig zwischen 184.081 kg N im Jahr 1992 und 372.143 kg N im Jahr 2002 schwankt.

Im linearen Trend über den 15jährigen Zeitraum von 1990 bis 2004 lässt sich analog zur Gesamtbiomasse auch beim Stickstoffentzug durch die Pflanze eine Zunahme erkennen (siehe Abb. 11 oben). Dieser Trend beträgt auf die gesamte Agrarfläche der Ziethener Moränenlandschaft bezogen 5.164,9 kg N a^{-1}. Hektarbezogen entspricht dieser Trend einem jährlichen Zuwachs beim pflanzlichen Stickstoffentzug von 2,48 kg N ha^{-1} a^{-1}.

Da der Stickstoffentzug durch die Pflanzen eng mit dem Ertrag und der gebildeten Gesamtbiomasse korreliert ist, ergibt sich über den Zeitraum von 1990 bis 2004 zwischen den entsprechenden Kurvenverläufen für die Gesamtbiomasse (Abb. 10) und die Stickstoffentzüge durch die Pflanze (Abb. 11) eine starke Ähnlichkeit.

Je nach Anbauziel bzw. Anbaumanagement und damit verbundener Nutzung von Ernte- und Koppelprodukten verbleibt ein Teil der durch die Pflanzenbestände dem Boden bis zur Ernte entzogenen Stickstoffmenge auf den Ackerschlägen. Dieser Stickstoff ist in organischer Substanz gebunden und wird durch die im Boden stattfindenden Abbauprozesse mehr oder weniger schnell wieder freigesetzt.

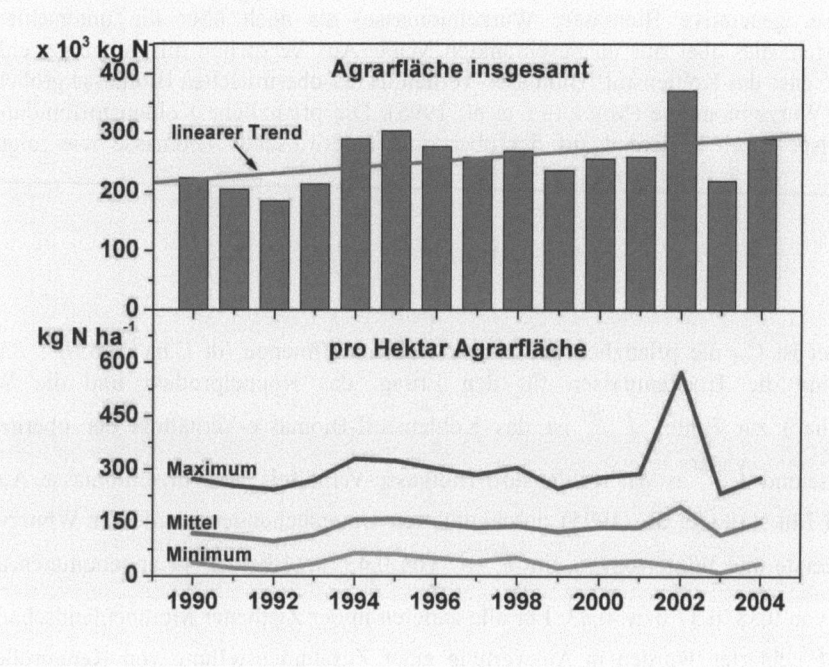

Abb. 11: Pflanzliche Stickstoffaufnahme bezogen auf die gesamte Agrarfläche der Ziethener Moränen- landschaft (oben) und bezogen auf einen Hektar Agrarfläche mit Minimum, Maximum und Mittelwert (unten) im 15jährigen Verlauf über den Zeitraum 1990 – 2004.

3.5 Pflanzliche Kohlenstoffbindung

Die Kohlenstoffbindung durch Pflanzenbestände ist genau wie Ertrag, Gesamtbiomasse und Stickstoffaufnahme eine der wichtigen Landschaftshaushaltsgrößen und nimmt im Rahmen der gegenwärtigen Fokussierung auf Fragen der agrarflächenbezogenen Kohlenstoffse- questrierung im regionalen Maßstab an Bedeutung zu. Gerade die im Boden gespeicherte organische Substanz trägt neben der längerfristigen Kohlenstofffestlegung auch zur Verbesse- rung der Bodenfruchtbarkeit bei. Als Sekundäreffekt bewirken höhere Werte an organischer Substanz im Boden eine Verbesserung des Bodenwasserspeichervermögens und damit eine bessere Wasserversorgung der Pflanzenbestände.

Schätzalgorithmus

Die pflanzliche Kohlenstoffbindung ist, bedingt durch den während der Photosynthese in einem relativ konstanten Verhältnis realisierten Einbau von Kohlenstoff in die Biomasse, pflanzenphysiologisch sehr eng an die Größe der Gesamtbiomasse gekoppelt. Dieses Kohlenstoff-Biomasse-Verhältnis schwankt sowohl über die Pflanzenfraktionen (z. B. vegetative Biomasse, generative Biomasse, Wurzelbiomasse) als auch über die unterschiedlichen Fruchtarten, dies aber nur im beschränkten Maße. Aus Versuchen mit Wintergetreide wird deutlich, dass das Kohlenstoff-Biomasse-Verhältnis der oberirdischen Biomasse größer ist als das der Wurzelbiomasse (MIRSCHEL et al. 1995). Die pflanzliche Kohlenstoffbindung wird fruchtartspezifisch basierend auf der ober- und unterirdischen Biomasse wie folgt abgeschätzt:

$$C_{Pf} = (BM_E + BM_K) \cdot I_C^{OBM} + BM_W \cdot I_C^{WBM} \qquad (6)$$

Dabei ist C_{Pf} die pflanzlich gebundene Kohlenstoffmenge (dt C ha^{-1}), BM_E, BM_K und BM_W sind die Trockenmassen für den Ertrag, das Koppelprodukt und die Wurzeln (dt TM ha^{-1}) zur Ernte, I_C^{OBM} ist das Kohlenstoff-Biomasse-Verhältnis der oberirdischen Biomasse und I_C^{WBM} ist das Kohlenstoff-Biomasse-Verhältnis der Wurzelbiomasse. Aufgrund der von MIRSCHEL et al. (1995) durchgeführten Untersuchungen wurde für Winterweizen, Wintergerste und Winterroggen ein I_C^{OBM} von 0,43, 0,44 bzw. 0,44 angenommen und ein I_C^{WBM} von 0,38, 0,37 bzw. 0,33. Für alle anderen in der Ziethener Moränenlandschaft angebauten Fruchtarten wurden in Auswertung einer Zusammenstellung von Kenngrößen verschiedener Ackerkulturen (CROPDATA 1999) durchschnittliche fruchtartunabhängige Werte für I_C^{OBM} und I_C^{WBM} angesetzt, d. h. für I_C^{OBM} der Wert 0,43 und für I_C^{WBM} der Wert 0,40.

Ergebnisse

Als Grundlage für die Abschätzung der Größenordnung der pflanzlichen Kohlenstoffbindung auf der Agrarfläche der Ziethener Moränenlandschaft wird wie bei den beiden anderen Landschaftshaushaltsgrößen ebenfalls auf den Zeitraum von 1990 bis 2004 mit seiner konkreten Landnutzung zurückgegriffen. Dabei wird aus Abb. 12 ersichtlich, dass im 15jährigen Zeitraum die in der Biomasse auf Agrarflächen der Ziethener Moränenlandschaft gebundene Kohlenstoffmenge jahres- und anbaustrukturabhängig zwischen 73.100 dt C im Jahr 1992 und 115.492 dt C im Jahr 2002 schwankt. Auch in den Jahren 1994 und 1995 wurden mit 114.073 dt C bzw. 114.939 dt C ähnlich große Kohlenstoffmengen pflanzlich gebunden wie im Jahr 2002. Dagegen liegt die pflanzliche Kohlenstoffbindung im Trockenjahr 2003 mit 79.505 dt C auf einem ähnlich niedrigen Niveau wie 1992.

Der lineare Trend über den Zeitraum von 1990 bis 2004 weist analog zur Gesamtbiomasse und zum Stickstoffentzug durch die Pflanze auch bei der pflanzlichen Kohlenstoffbindung eine Zunahme auf (Abb. 12 oben). Er beträgt auf die gesamte Agrarfläche der Ziethener Moränenlandschaft bezogen 1.105 dt C a^{-1}. Hektarbezogen entspricht dieser Trend einem jährlichen Zuwachs bei der pflanzlichen Kohlenstoffbindung von 0,49 dt C ha^{-1} a^{-1}.

Da der Einbau von Kohlenstoff in die pflanzliche Biomasse durch den Prozess der auf der Photosynthese basierenden Assimilatbildung in einem relativ konstantem Verhältnis steht, ergibt sich über den betrachteten Zeitraum von 1990 bis 2004 zwischen den entsprechenden Kurvenverläufen für die Gesamtbiomasse (Abb. 10) und die pflanzliche Kohlenstoffbindung (Abb. 12) eine starke Analogie. Genau wie beim in der Pflanze eingelagerten Stickstoff verbleibt je nach Anbauziel bzw. Anbaumanagement und damit verbundener Nutzung von Ernte- und Koppelprodukten ein Teil der Biomasse und damit des pflanzlich gebundenen Kohlenstoffs auf den Ackerschlägen und trägt zur Anreicherung der leicht bzw. schwer abbaubaren Fraktionen der organischen Bodensubstanz bei.

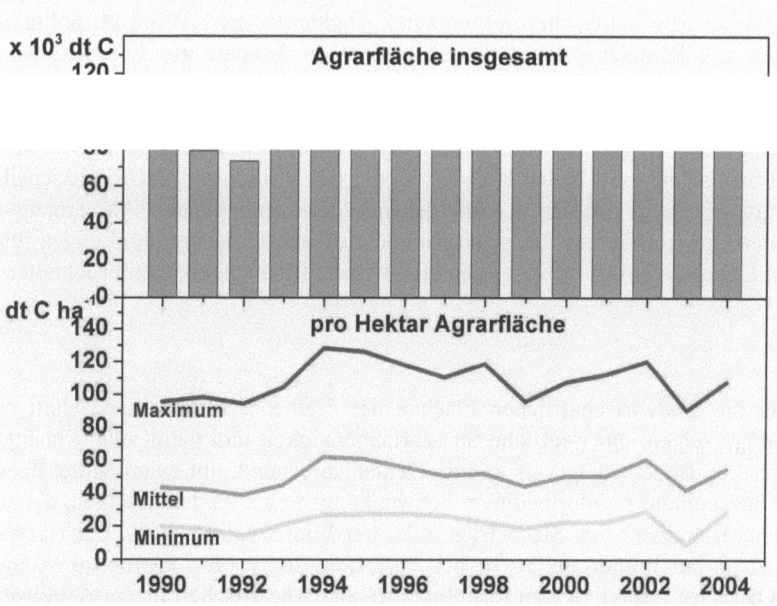

Abb. 12: Pflanzliche Kohlenstoffbindung bezogen auf die gesamte Agrarfläche der Ziethener Moränenlandschaft (oben) und bezogen auf einen Hektar Agrarfläche mit Minimum, Maximum und Mittelwert (unten) im 15jährigen Verlauf über den Zeitraum von 1990 bis 2004.

4 Diskussion und Schlussfolgerungen

Für eine sowohl statische Zustandsbeschreibung als auch eine Beschreibung der zeitlichen Veränderung einer Landschaft sind ausgewählte Landschaftsindikatoren sehr gut geeignet. Aus den oben für einzelne Landschaftshaushaltsgrößen, die auch als Landschaftsindikatoren fungieren, dargestellten Simulationsergebnissen lassen sich sowohl für die vergangenen 25

Jahre als auch die zukünftigen 45 Jahre mit dem zu erwartenden Trend für die Ziethener Moränenlandschaft einige Schlussfolgerungen ableiten.

Klimatische Wasserbilanz

Hinsichtlich der KWB lässt sich der Zeitraum von 1975 bis 2005 in zwei Abschnitte unterteilen. Von 1975 bis 1990 ist dabei im 15jährigen Trend eine leichte Zunahme von 2 mm a^{-1} zu beobachten und im sich daran anschließenden Zeitraum bis 2005 eine im 15jährigen Mittel deutliche Abnahme von 8,5 mm a^{-1}. Letzteres ist in engem Zusammenhang mit dem besonders deutlichen Ansteigen der mittleren Jahrestemperatur und der damit verbundenen Zunahme der Verdunstung zu sehen. Für den Zeitraum von 2006 bis 2050 wird auf der Grundlage der Klimaszenarien von GERSTENGARBE et al. (2003) im Trend ebenfalls eine Abnahme der KWB von 3 mm a^{-1} simuliert, wobei es auch innerhalb dieses Zeitraumes Perioden mit stärker bzw. schwächer ausgeprägten Abnahmen der KWB gibt. Sollte die auf den Ergebnissen von Klimamodellrechnungen basierende Aussage zur Entwicklung der KWB eintreffen, bedeutet das für die Ziethener Moränenlandschaft eine negative Beeinflussung der pflanzlichen Wasserversorgung und damit der Ertragsleistung der landwirtschaftlichen Standorte. Treten dann noch gehäuft Trockenperioden im Vor- bzw. Frühsommer, wie in den letzten Jahren oft beobachtet, auf, bedeutet das, dass die KWB in dieser wachstumssensiblen Phase sehr negativ wird und der damit einhergehende pflanzenbezogene Wassermangelstress zu signifikanten Ontogenesebeschleunigungen und zu Wachstumseinschränkungen führt, was zu deutlichen Ertragseinbußen bei fast allen landwirtschaftlich angebauten Fruchtarten führt.

Ertrag

Die für die landwirtschaftlichen Flächen der Ziethener Moränenlandschaft errechneten Naturalerträge zeigen eine deutliche Standortabhängigkeit und damit eine Abhängigkeit von der potenziellen Bodenwasserversorgung. Dementsprechend gibt es im Mittel über die Jahre auch eine ausgeprägte standortbedingte Schwankungsbreite bei den Erträgen, die zudem auch noch fruchtartspezifisch ist. Sie beträgt z. B. bei Winterweizen 42 %, bei Hafer 51 %, bei Triticale 37 %, bei Winterraps 30 %, bei Kartoffeln 26 %, bei Luzerne 29 %, bei Silomais 49 % und bei Kleegras 31 % vom jeweiligen fruchtartspezifischen Ertragsmittelwert über die gesamte landwirtschaftliche Anbaufläche der Ziethener Moränenlandschaft. Da nicht jede Fruchtart auf jedem Standort ertragsstabil und damit betriebsökonomisch angebaut werden kann, wird von potenziellen Anbauflächen ausgegangen. Das beginnt bei 92 % der landwirtschaftlichen Anbaufläche für Winterroggen, Triticale oder Kartoffeln und geht bis 57 % für Zuckerrüben.

Im Vergleich über die Jahre seit 1975 treten die niederschlagsarmen Jahre 1975, 1976, 1982, 1985, 1989, 1991, 1992, 1999 und 2003 mit deutlichen Ertragseinbußen hervor.

Vergleicht man für die potenziellen Anbauflächen der Ziethener Moränenlandschaft die auf GE umgerechnete und damit vergleichbar gemachte Naturalertragsleistung der verschiedenen angebauten Fruchtarten ergibt sich, dass pro Hektar der Zuckerrübenanbau die höchste Naturalertragsleistung erbringt, gefolgt von Winterraps, Winterweizen, Silomais und Triticale.

Betrachtet man den 30jährigen Zeitraum seit 1975 ergibt sich für das Gesamtgebiet eine Ertragsleistung zwischen 25,6 GE ha^{-1} (Trockenjahr 1976) und 61,0 GE ha^{-1} (2002). Unterstellt man die Klimaszenarien nach GERSTENGARBE et al. (2003) und betrachtet die auf das Gesamtgebiet bezogene Ertragsleistung weiter bis 2050 ergibt sich im Zeitraum von 2005 bis 2050 im Trend eine jährliche Zunahme der Ertragsleistung von 0,57 GE ha^{-1}. Dieser Trend liegt hauptsächlich begründet in den aus den Jahren bis 2004 abgeleiteten und bis 2050 extrapolierten Fortschritten bei der Pflanzenzüchtung und bei den Anbautechnologien, die die klimabedingten Ertragseinbußen wieder kompensieren.

Gesamtbiomasse

Da die Gesamtbiomasse zur Ernte sehr eng mit dem Ertrag korreliert ist, ergeben sich für diese Größe ganz ähnliche Aussagen wie für den Ertrag. Im Zeitraum von 1990 bis 2004 wurden in den Jahren 1994, 1995 und 2002 aufgrund der günstigen Witterungsbedingungen auf der gesamten Ackerfläche der Ziethener Moränenlandschaft besonders hohe Gesamtbiomassen gebildet. Da durch den hohen Getreideanteil in der Fruchtfolge, der seit Beginn der 1990er Jahre von ca. 50 % auf teilweise über 70 % in den letzten Jahren angestiegen ist, das Stroh auf vielen Ackerflächen verbleibt, trägt dies in diesen Jahren besonders viel zur Mehrung der organischen Substanz im Boden bei.

Der erntbaren oberirdischen Biomasse kommt in Zukunft eine immer größere Bedeutung zu, wenn bei entsprechend attraktiven Marktbedingungen immer mehr Energiepflanzen zum Anbau kommen. Hier ist aber bei der Einführung neuer Fruchtfolgen Sorgfalt geboten, denn eine verstärkte Abfuhr von Biomasse vom Feld zwecks Energie- bzw. Rohstofferzeugung bedeutet eine verminderte Zufuhr organischer Substanz in den Boden, was sich negativ auf das Bodenfruchtbarkeitsniveau auswirkt könnte.

Stickstoffentzug und Kohlenstoffbindung

Die beiden Landschaftshaushaltsgrößen Stickstoffentzug aus dem Boden durch die Pflanze und pflanzliche Kohlenstoffbindung sind sehr eng mit der Gesamtbiomasse korreliert und zeigen damit über größere Zeitabschnitte für die Agrarflächen der Ziethener Moränenlandschaft ein dem Ertrag und der Gesamtbiomasse ähnliches Verhalten. Das bedeutet, dass bei einem tendenziell zunehmenden Ertragsniveau auch immer mehr pflanzenverfügbarer Bodenstickstoff bereitgestellt werden muss, um stickstoffstressfreie Bedingungen auf den Ackerschlägen zu schaffen. Die durchgeführten Simulationsrechnungen haben in der Tendenz dafür im Mittel eine jährlich pro Hektar mehr zur Verfügung zu stellende Stickstoffmenge von 2,5 kg N ha^{-1} a^{-1} ermittelt. Um dies in einem angepassten Management umzusetzen, bedeutet das bei einem konventionellen Anbau, wie er in der Ziethener Moränenlandschaft stattfindet, eine konsequente ertragsangepasste Stickstoffdüngung. Damit wird auch gleichzeitig dafür gesorgt, dass nach der Ernte keine Stickstoffüberschüsse im Boden verbleiben und dass damit die Gefahr der Stickstoffauswaschung ins Grundwasser gering gehalten wird.

Mit einer für den 15jährigen Zeitraum von 1990 bis 2004 modellmäßig für die Agrarflächen der Ziethener Moränenlandschaft ermittelten tendenziellen jährlichen Zunahme der Kohlenstoffbindung von 0,5 dt C ha^{-1} a^{-1} steht auch mehr Kohlenstoff für die C-Sequestrierung zur Verfügung. Da in den letzten Jahren der Getreideanteil in der Fruchtfolge deutlich auf mehr als 60 % und teilweise sogar mehr als 70 % gestiegen ist und die drei in der Ziethener Region tätigen Agrarbetriebe ihren Tierbesatz deutlich reduziert und im Jahr 2002 die Tierproduktion vollkommen eingestellt haben, ist der Bedarf an Stroh für die Tierproduktion stark reduziert worden, und es kann mehr Stroh auf den Feldern verbleiben. Das führt zu einer vermehrten Rückführung organischer Substanz in den Boden und trägt somit über die langsam abbaubaren Anteile im Stroh zu einer Verbesserung der Humusbilanz und auch zu einer C-Sequestrierung bei. Solche extrem getreideorientierten Fruchtfolgen bedürfen eines besonders sensiblen Agromanagements, damit auf den Agrarflächen weder die Bodenfruchtbarkeit noch der phytosanitäre Zustand negativ beeinflusst werden.

Klimaänderung

Die derzeit im Rahmen von globalen Klimamodellen diskutierten Klimaszenarien weisen auch für eine Region wie Brandenburg und damit auch für die Ziethener Moränenlandschaft auf deutliche Veränderungen des Klimas hin. Durch den letzten Report des IPCC (Intergovernmental Panel on Climate Change) von 2001 wird auch für diese Region ein Anwachsen der atmosphärischen CO_2-Konzentration von gegenwärtig ca. 380 ppm auf 450-550 ppm im Jahr 2050 prognostiziert. Der Konzentrationsanstieg von CO_2 und anderer Spurengase führt bis 2050 zu einer globalen Temperaturerhöhung von bis zu 2,6 °C sowie einer Änderung der Niederschläge im Winter- (ca. +10%) und Sommerhalbjahr (ca. −10 %) (MANDERSCHEID & WEIGEL 2006). Zu rechnen ist mit einem generellen Anstieg der Verdunstung, mit einer Zunahme der pflanzlichen Trockenstressbelastung und damit mit negativen Ertragsbeeinflussungen. Zu rechnen ist aber auch mit einer verringerten Grundwasserneubildung und damit verbunden einem verzögerten Austrag von umweltbelastenden Stoffen wie Nitrat und Sulfat aus landwirtschaftlich genutzten Flächen in tiefere Bodenschichten, wobei deren Konzentrationen im Sickerwasser stark ansteigen können. Eine verringerte Grundwasserneubildung birgt auch die Gefahr des Austrocknens zahlreicher Gewässer und Feuchtgebiete wie kleiner Seen, Sölle und Niedermoore. All dies hat Konsequenzen für den Wasser- und Stoffhaushalt der landwirtschaftlich genutzten Flächen.

Darauf reagierend müssen Strategien zur Anpassung der Landnutzung entwickelt werden, besonders auch für die Ziethener Moränenlandschaft, die gekennzeichnet ist durch Böden mit geringer Fähigkeit zur Wasserspeicherung, durch ein jetzt schon sehr knappes Wasserdargebot und durch eine daraus resultierende geringe Ertragsstabilität.

Hinzu kommt noch eine mit der zu erwartenden Klimaänderung verbundene wahrscheinliche Zunahme des Auftretens von Trockenperioden im Vor- und Frühsommer, die zu existenzbedrohenden Ertragseinbußen führen kann. Deshalb muss seitens der landwirtschaftlichen Betriebe mit geeigneten Maßnahmen reagiert werden, wie z. B. mit dem gezielten Einsatz stresstoleranter Pflanzensorten oder mit der Anpassung der Anbauverfahren. Hier können Veränderungen bei den Aussaatterminen oder veränderte Fruchtfolgen bedeutsam sein. Bei einem Wechsel von Winterweizen zu Wintergerste beim Getreideanbau könnte man z. B. die Auswirkungen von Vor- bzw. Frühsommertrockenheiten mindern, da die Wintergerste gegenüber dem Winterweizen in der Ontogenese weiter fortgeschritten ist und damit auftretender Wassermangelstress während der Abreifephase der Wintergerste nicht mehr so stark wirksam werden könnte. Aber auch andere Aspekte, wie der Anbau von Energie- und Rohstoffpflanzen oder neue anzustrebende Entwicklungen aus dem Bereich der Biotechnologie, sollten bei den Anpassungsmaßnahmen nicht unbeachtet bleiben.

Außer diesen betriebsspezifischen Anpassungsmöglichkeiten, mit denen den Ertragseinbußen gesamtbetrieblich gesehen begegnet werden kann, wirken im Wesentlichen noch drei weitere durch den Agrarbetrieb nicht beeinflussbare, aber mehr oder minder stark anthropogen beeinflusste Faktoren. Zum einen ist das die ertragsorientierte Züchtung, die von Jahr zu Jahr rasante Fortschritte macht, aber ertragsseitig nicht unbegrenzt vorangetrieben werden kann. Es ist anzunehmen, dass gegenwärtig und auch in naher Zukunft die heutigen und auch zukünftig zu erwartenden klimabedingten fruchtartspezifischen Ertragsverluste durch die Züchtungsfortschritte im wesentlichen noch kompensiert und teilweise überkompensiert werden.

Zum Zweiten wirkt der sogenannte CO_2-Düngungseffekt, hervorgerufen durch den Anstieg der CO_2-Konzentration der Atmosphäre. Die am Institut für Agrarökologie der Forschungsanstalt für Landwirtschaft (FAL) Braunschweig durchgeführten FACE-Experimente (Free Air Carbon Dioxide Enrichment) zu den ertragssteigernden Wirkungen einer auf 550 ppm erhöhten atmosphärischen CO_2-Konzentration zeigen, dass unter Feldversuchsbedingungen die Ertragssteigerungen im Mittel über die sechs Versuchsjahre bei den untersuchten Fruchtarten (Winterweizen, Wintergerste, Weidelgras, Zuckerrüben) zwischen 8,1 % und 14.4 % liegen (WEIGEL et al. 2005). Als Sekundäreffekt einer erhöhten atmosphärischen CO_2-Konzentration tritt bedingt durch eine dadurch induzierte verringerte Spaltöffnungstätigkeit an den Blättern eine geringe Absenkung der Verdunstung auf. Dies wiederum führt zu einer effektiveren Bodenwasserausnutzung, was besonders für die Agrarflächen in der Ziethener Moränenlandschaft, die mehrheitlich leichte Böden aufweisen, einen sehr positiven Effekt, nämlich das längere Ausreichen der Bodenwasservorräte, nach sich zieht.

Drittens bedingt der prognostizierte Anstieg der Temperatur eine Verlängerung der Vegetationszeit, was bei ausreichenden Versorgungsbedingungen einen Anstieg bei Ertrag und Biomasseakkumulation bedeuten könnte.

Für die in Nordost-Deutschland bis 2050 zu erwartenden klimatischen Veränderungen mit ihren primären und sekundären Ertragswirkungen lässt sich angesichts der breiten Palette von möglichen Anpassungsmaßnahmen, die Pflanzenzüchtung eingeschlossen, für die Ziethener Moränenlandschaft abschätzen, dass sich die negativen klimabedingten Auswirkungen bei einem Witterungsverlauf ohne Extremereignisse auf die Pflanzenproduktion kompensieren lassen.

Danksagung

Diese Arbeit wurde gefördert durch das Bundesministerium für Ernährung, Landwirtschaft und Verbraucherschutz sowie das Ministerium für Ländliche Entwicklung, Umwelt und Verbraucherschutz des Landes Brandenburg.

Literatur

ADLER, G. (1987): Zur mesoskaligen Kennzeichnung landwirtschaftlich genutzter Standorte von Pflanzenbaubetrieben. *Zeitschrift für Meteorologie* 37, S. 291-298.

AGRARBERICHT (2001): Agrarbericht 2001 – Bericht zur Lage der Land- und Ernährungswirtschaft des Landes Brandenburg. Ministerium für Landwirtschaft, Umweltschutz und Raumordnung, Potsdam, 71 S.

BMVEL (Hrsg.) (2004): Statistisches Jahrbuch über Ernährung, Landwirtschaft und Forsten der Bundesrepublik Deutschland 2004. Landwirtschaftsverlag GmbH Münster-Hiltrup.

CROPDATA (1999): CropData Kennwerte und ökologische Ansprüche der Ackerkulturen. uismedia Lang&Müller, Freising, CD-ROM.

FAUSTZAHLEN (1993): In HYDRO AGRI DÜLMEN (Hrsg.), Faustzahlen für Landwirtschaft und Gartenbau, Landwirtschaftsverlag Münster-Hiltrup.

GERSTENGARBE, F.-W., F. BADECK, F. HATTERMANN, V. KRYSANOVA, W. LAHMER, P. LASCH, M. STOCK, F. SUCKOW, F. WECHSUNG & P.C. WERNER (2003): Studie zur klimatischen Entwicklung im Land Brandenburg bis 2055 und deren Auswirkungen auf den Wasserhaushalt, die Forst- und Landwirtschaft sowie die Ableitung erster Perspektiven. PIK Report No. 83, 79 S.

KINDLER, R. (1992): Ertragsschätzung in den neuen Bundesländern. Verlag Pflug und Feder GmbH, St. Augustin, 230 S.

KOCH, A. (1998): Erträge und ökologische Auswirkungen nach der flächendeckenden Umstellung auf ökologischen Landbau in Brandenburg. Diplomarbeit, Universität Potsdam, 108 S.

KÖHNLEIN, J. & H.VETTER (1953): Ernterückstände und Wurzelbild: Menge und Nährstoffgehalt der auf dem Acker verbleibenden Reste der wichtigen Kulturpflanzen. Paul Parey -Verlag, Hamburg

KÜHN, D., G. BARTHOLOMÄUS, E. BUHTZ, J. GÖRLICH, E. ROSTOCK, S. SCHÖDEL, H. STIELICKE, K. WERNER, H. WESCHKE, G. WISSING & W. ZEHLER (1974): Einheitliche EDV-gerechte Schlagkartei – Empfehlungen für die Praxis. agra-buch, Akademie der Landwirtschaftswissenschaften der DDR, 58 S.

LANDESAMT FÜR DATENVERARBEITUNG UND STATISTIK (1998): Statistisches Jahrbuch 1997. Landesamt für Datenverarbeitung und Statistik Brandenburg, Potsdam, 577 S.

LESER, H. (Hrsg.) (1994): Westermann-Lexikon Ökologie und Umwelt. Georg Westermann Verlag GmbH, Braunschweig, 667 S.

LIEBEROTH, I. (1982): Bodenkunde. VEB Deutscher Landwirtschaftsverlag Berlin, 431 S.

LIEBEROTH, I., G. ADLER & I. SCHMIDT (1977): Die Nutzung der Gemeindedatei des Datenspeichers Boden in der Landwirtschaft. *Archiv für Acker- und Pflanzenbau und Bodenkunde* 21, S. 687-697.

LUTZE, G., K. LUZI, W. HABERSTOCK & K.-O. WENKEL (2006): Wandel der landwirtschaftlichen Anbaustruktur unter dem Einfluss sich ändernder agrarökonomischer und gesellschaftlicher Verhältnisse in der Ziethener Moränenlandschaft im Zeitraum von 1976 bis 2005. In diesem Band.

MANDERSCHEID, R. & H.-J. WEIGEL (2006): Klimawandel und Getreideanbau – Worauf muss sich die praktische Landwirtschaft einstellen ? In: Getreide-Magazin, Heft 2/2006, S. 134-139.

MIRSCHEL,W., J. POMMERENING & K.-O. WENKEL (1995): Pflanzenentwicklungs- und Wachstumsmodelle für Winterroggen und Wintergerste (AGROSIM-WR bzw. AGROSIM-WG). In: WENKEL, K.-O. & W. MIRSCHEL: Agroökosystemmodellierung - Grundlagen für die Abschätzung von Auswirkungen möglicher Landnutzungs- und Klimaänderungen, ZALF-Berichte Nr. 24, ZALF, Müncheberg, S. 88-132.

MIRSCHEL, W., G. LUTZE, A. SCHULTZ & K. LUZI (2006): Klima und Wetter in der Agrarlandschaft Chorin – gestern, heute und morgen. In diesem Band.

MIRSCHEL, W., R. WIELAND, M. VOSS, I.A. AJIBEFUN & D. DEUMLICH (2006): Spatial Analysis and Modeling Tool (SAMT) - 2. Applications. *Ecological Informatics* 1, p. 77-85.

MIRSCHEL, W., R. WIELAND & K.-O. WENKEL (2003): Bedeutung der Modellwahl bei der Ertragsschätzung - Bauernschläue vs. Agrarwissenschaft. In: GNAUCK, A. (Hrsg.), Theorie und Modellierung von Ökosystemen, Workshop Kölpinsee 2001, Shaker Verlag, Aachen, S. 162-186.

MIRSCHEL, W., R. WIELAND, J. KIESEL, G. LUTZE & A. SCHULTZ (2006): Regionale Abschätzung von Klimatischer Wasserbilanz, Naturalertrag und Bedeckungsgrad mit SAMT, dargestellt am Beispiel der Gemarkung Ziethen. In: GNAUCK, A. (Hrsg.), Theorie und Modellierung von Ökosystemen, Workshop Kölpinsee 2005. Shaker Verlag, Aachen. S. 149-172.

ROTH, R. (1995): Ertragsabschätzung für wichtige landwirtschaftliche Kulturarten. In: BORK, H.-R., C. DALCHOW, H. KÄCHELE, H.-P. PIORR & K.-O. WENKEL, Agrarlandschaftswandel in Nordost-Deutschland unter veränderten Rahmenbedingungen: ökologische und ökonomische Konsequenzen, Verlag Ernst & Sohn, Berlin, S. 59–61.

SCHMIDT, R. & R. DIEMANN (Hrsg.) (1991): Erläuterungen zur Mittelmaßstäbigen Landwirtschaftli-chen Standortkartierung (MMK). FZB Müncheberg der AdL der DDR, 78 S.

SCHULTZ, A., G. LUTZE & K. LUZI (2006): Räumliche Interpolation von Nährstoff- und Bodeninformationen am Beispiel der Ziethener Moränenlandschaft. In diesem Band.

SCHULTZ, A. & W. MIRSCHEL (1994): Modelle auf dem Prüfstand - Wie genau sind agrarökologische Simulationsmodelle ? In: *Zeitschrift für Agrarinformatik* 2, S. 22-29.

SCHWEDER, P., E. KAPE & W. NEUBAUER (1998): Düngung 1998, Hinweise und Richtwerte für die landwirtschaftliche Praxis – Leitfaden zur Umsetzung der Düngeverordnung. Ministerium für Landwirtschaft und Naturschutz des Landes Mecklenburg-Vorpommern, 136 S.

WEIGEL, H.-J. (2003): Ein Treibhaus ohne Glas – Zukünftig besseres Pflanzenwachstum durch erhöhte CO_2-Konzentration in der Atmosphäre ? Wissenschaft erleben, Heft 1/2003, Bundesforschungsanstalt für Landwirtschaft Braunschweig, S. 4-5.

WEIGEL, H.-J., R. MANDERSCHEID, A. PACHOLSKI, S. BURKHART & G. JANSEN (2005): Mehr CO_2 in der Atmosphäre: Prima Klima für die Landwirtschaft ? Forschungsreport (Zeitschrift des Senats der Bundesforschungsanstalten), Heft 1/2005, S. 14-17.

WENDLING, U., H.-G. SCHELLIN & M. THOMÄ (1991): Bereitstellung von täglichen Informationen zum Wasserhaushalt des Bodens für die Zwecke der agrarmeteorologischen Beratung. *Z. f. Meteorologie* 41, S. 468-474.

WENKEL, K.-O., A. SCHULTZ, & G. LUTZE (2006): Modellorientierte landschaftsökologische Forschung – Hilfsmittel zur Verwirklichung des Nachhaltigkeitsprinzips. In diesem Band.

WIELAND, R., W. MIRSCHEL, K.-O. WENKEL & I.A. AJIBEFUN (2004): Räumliche Simulation mit SAMT. In: WITTMANN, J. & R. WIELAND (Hrsg.): Simulation in Umwelt- und Geowissenschaften, Workshop Müncheberg 2004, Shaker Verlag, Aachen, S. 161-181.

WIELAND, R., M. VOSS, X. HOLTMANN, W. MIRSCHEL & I.A. AJIBEFUN (2006): Spatial Analysis and Modeling Tool (SAMT) - 1. Structure and Possibilities. In: *Ecological Informatics* 1, S. 67-76.

Die biotische Integrität von Agrarlandschaften - Konzeptionelle Überlegungen und praktische Anwendungen in der Agrarlandschaft Chorin

Alfred Schultz [14], *Gerd Lutze, Joachim Kiesel, Claudia Latus & Ulrich Stachow*

Zusammenfassung

Den Komplex der biotischen Vielfalt in Landschaften zu quantifizieren und hinsichtlich seiner Bedeutung zu bewerten ist ein anerkannt wichtiges, aber derzeit noch unbefriedigend gelöstes Problem der Landschaftsforschung. Durch die Verknüpfung unterschiedlicher räumlicher und zeitlicher sowie struktureller und funktioneller Aspekte der biotischen Vielfalt und den Vergleich mit Referenzzuständen bietet das gedankliche Konzept der biotischen Integrität die Möglichkeit, raumbezogene quantitative Bewertungen vorzunehmen. Basierend auf empirischen Daten aus der Agrarlandschaft Chorin werden unterschiedliche Verfahren der Indikation biologischer Vielfalt illustriert.

Abstract

Quantifying and evaluating the complex phenomenon of biological diversity within landscapes is important, but to a great extent unsolved. By means of combining distinguished spatial, temporal, structural and functional aspects of biodiversity and comparing with reference states, the intellectual concept of biotic integrity enables space related quantitative evaluations. Based on empirical data of the agricultural landscape of Chorin various methods to indicate biodiversity are illustrated.

1 Einleitung

Durch zahlreiche politische Ereignisse, wie z. B. die UNO-Umweltkonferenz in Rio 1992 oder der Beginn der Schaffung des EU-weiten Schutzgebietssystems Natura 2000, sind der Begriff der "biologischen Vielfalt" und notwendige Aktivitäten zu ihrer Bewahrung in großen Teilen des öffentlichen Bewusstseins verankert. Biologische Vielfalt wird als überaus wichtiges Schutz- und Nutzgut sowie als Planungsgegenstand anerkannt. Die überragende Bedeutung der biologischen Vielfalt ist unbestritten, wenngleich der zwingende Nachweis, "warum wir uns überhaupt um den Artenreichtum dieses Planeten und sein Schwinden kümmern" müssen, noch immer aussteht (MAY 2001, zitiert in GIBBS 2002). Auch die Wissenschaft ist bisher nicht in der Lage gewesen, den entscheidenden Schritt von der Inventarisierung und

---

[14] Korrespondierender Autor: Prof. Dr. A. Schultz, Fachhochschule Eberswalde, Fachbereich Forstwirtschaft, Alfred-Möller-Str. 1, D-16225 Eberswalde. E-Mail: aschultz@fh-eberswalde.de.

phänomenologischen Beschreibung von Elementen der biologischen Vielfalt hin zu einer rationalen systemischen Betrachtung von Bedeutungsinhalten zu vollziehen. Was biologische Vielfalt für uns bedeutet, lässt sich vielleicht am ehesten mit dem Komplex der Eigenschaften von natürlichen Systemen beschreiben, die ihre Resilienz ermöglicht. D. h., die Systeme sind in der Lage, mit Störungen und sich ändernden Bedingungen umzugehen, ohne langfristig funktionell beeinträchtigt zu werden. Die in ihnen lebenden Organismen sind in der Lage, den dadurch hervorgerufenen Stress für ihre evolutionäre Entwicklung nutzbar zu machen (LANE 1999). Biologische Vielfalt ist somit der Schlüssel zur Erhaltung der Lebensbedingungen für den Menschen auf der Welt (WILSON 1995). Der folgende Beitrag soll

- einen möglichen konzeptionellen Hintergrund dafür entwickeln, wie biologische Vielfalt im Landschaftsmaßstab erfasst und durch den Begriff der biotischen Integrität bewertbar werden kann und
- anhand von empirischen Daten aus der Agrarlandschaft Chorin unterschiedliche Verfahren der Indikation biologischer Vielfalt illustrieren.

2 Von der biologischen Vielfalt zur biotischen Integrität

2.1 Biologische Vielfalt im Kontext einer Landschaft

Biologische Vielfalt als ein Arbeitsgegenstand der Landschaftsforschung

Der Begriff "biologische Vielfalt" (englisch "biodiversity") tritt seit Anfang der 80er Jahre im Schrifttum auf und wurde maßgeblich durch das von der National Academy of Sciences der USA und dem Smithosian Institute im Jahr 1986 in Washington ausgerichtete "National Forum on Biodiversity" verbreitet (WILSON 1992). Angesichts des praktisch unendlichen Facettenreichtums der Vielfalt des Lebens wird man eine präzise Definition von biologischer Vielfalt, die zugleich einfach, umfassend und operationell ist, wahrscheinlich nicht finden (NOSS 1990). In sehr allgemeiner Form bezeichnet biologische Vielfalt "... die Vielfalt der Lebensformen in allen ihren Ausprägungen und Beziehungen untereinander" (WBGU 2000). In Analogie zu den hierarchischen Organisationsebenen in einer Landschaft, die für die biologische Vielfalt von Bedeutung sind, unterscheidet man häufig zwischen

- ökologischer Diversität (Vielfalt der Lebensgemeinschaften, Ökosysteme und Landschaften),
- organismischer Diversität (sowohl Vielfalt der Arten in taxonomischen Gruppen als auch Vielfalt in Lebensgemeinschaften) und
- genetischer Diversität (Vielfalt der genetischen Informationen innerhalb von Arten und Populationen).

Bei dieser und anderen, mitunter auch feineren hierarchischen Unterteilungen (OTA 1987, NOSS 1990) dominieren taxonomische und klassifikatorische Überlegungen. Eine praktische Schwierigkeit, biologische Vielfalt allein darauf zu reduzieren, wird bei der organismischen Diversität deutlich, denn von glaubwürdig geschätzten 5-15 Millionen Arten sind bisher lediglich ca. 1,8 Millionen Arten erfasst und beschrieben worden (STORK 1996). Aber selbst wenn alle Arten und Taxonomien bekannt wären, so wäre die ökologische Bedeutung der einzelnen Arten damit keineswegs erschlossen. Wichtig ist es, biologische Vielfalt in Verbindung mit den für die Menschen wichtigsten funktionellen Aspekten der natürlichen Systeme zu sehen - nämlich der Produktion von Biomasse, der Aufrechterhaltung von Wasser-, Stoff- und Energiekreisläufen sowie der Funktionstüchtigkeit der natürlichen Entsorgungssysteme.

Landschaft als räumliche Bezugsebene der biologischen Vielfalt

Mit "Landschaft" verbindet sich eine Vielzahl von Begriffsauffassungen. Die Spannweite der Definitionen reicht vom visuell-ästhetischen Eindruck, den Menschen von einem optisch überschaubaren Teil ihrer geografischen Umgebung haben, bis zu systemanalytisch-kybernetischen, funktionell ausgerichteten Kompartimentauffassungen (WENKEL et al. 2006). In Anlehnung an HAASE et al. (1991) ist Landschaft ein von der Naturraumausstattung vorgeprägter und von der Landnutzung und -bewirtschaftung unterschiedlich gestalteter Ausschnitt einer Region - geografisch ein Mosaik von Topen innerhalb eines chorischen Zusammenhangs und funktionell ein Ensemble von Ökosystemen, einschließlich Nutzökosystemen. Basierend auf diesem Landschaftsbegriff lassen sich Landschaften deshalb insbesondere hinsichtlich ihrer geomorphologisch-naturräumlichen Vorprägung und ihrer Nutzungsgeschichte unterscheiden. Diese Unterscheidungskriterien eröffnen gleichzeitig einen Weg, Unterschiede im Vorkommen von Elementen der biologischen Vielfalt zu systematisieren und zu erklären.

Betrachtet man biologische Vielfalt im Rahmen von Landschaften, so ist es im ersten Anlauf sicher sinnvoll, dem räumlich-hierarchischen Separationsprinzip der Elemente der biologischen Vielfalt von den Genen, über die Organismen bis hin zur Ökosystem- bzw. Landschaftsebene zu folgen. D. h., für eine umfassende Sicht ist es erforderlich, Aussagen zu allen Elementen der biologischen Vielfalt zu treffen. Offensichtlich wird dabei eine beschränkende Wirkung von den Prozessen der jeweils übergeordneten hierarchischen Ebene im Sinn des Hierarchitätsgedankens ausgeübt. Das eröffnet aber auch die Möglichkeit einer speziell auf die biologische Vielfalt bezogenen Begriffsbestimmung von Landschaft: Hinsichtlich des geografischen Raumes ist Landschaft ein Raumausschnitt von solcher Größe, in dem das Wechselspiel von Elementen der biologischen Vielfalt aller hierarchischen Ebenen sinnvoll betrachtet werden kann. Damit ist kein starrer Flächenbezug von soundso viel km^2 verbunden. Der betrachtete Ausschnitt muss allerdings groß genug sein, um kurz- und mittelfristige Veränderungen in der biologischen Vielfalt vor allem aus Wirkungen (Signalen) innerhalb dieses Ausschnittes sinnvoll nachvollziehen zu können. Die Planung von Beobachtungs- und Untersuchungskonzepten, dabei insbesondere die Gewinnung sogenannter "repräsentativer" Daten, muss darauf Bezug nehmen.

Die biologische Vielfalt in Agrarlandschaften, d.h. in solchen Landschaften, in denen die agrarische Landnutzung gegenüber anderen Nutzungsarten dominiert, umfasst die Vielfalt außerhalb, aber auch auf den agrarisch genutzten Flächen (Abb. 1). Wenn wir später im "Konzept der biotischen Integrität" (vgl. 2.2) die zu erwartenden Lebensgemeinschaften von naturnahen Ökosystemen als Anhaltspunkt für eine vergleichende Bewertung heranziehen werden, ist damit kein absoluter Maßstab oder Ziel, sondern eher ein historischer Ausgangspunkt gemeint. Naturnahe Ökosysteme nehmen in heutigen Kulturlandschaften nur einen geringen Flächenanteil ein. Das ökologische Geschehen wird zu einem bedeutenden Teil von der biologischen Vielfalt auf oder im unmittelbaren Umfeld der Produktionsflächen bestimmt. Diese Vielfalt, die uns als geplante Vielfalt (z. B. Kulturpflanzenarten, Sorten und Rassen) oder als assoziierte Vielfalt mit einer bedeutsamen Wirkung für die Produktion (paraagrarische Vielfalt) bzw. einer weniger bedeutsamen Wirkung für die Produktion (extraagrarische Vielfalt) gegenüber tritt, ist Bestandteil der biologischen Vielfalt der Landschaft.

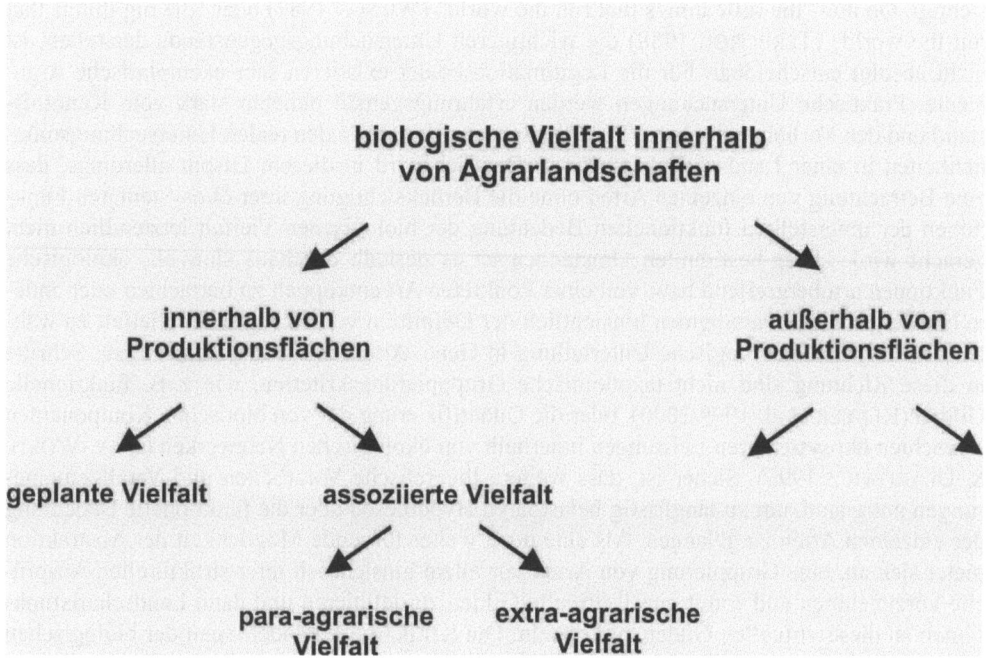

Abb. 1: Klassifizierung der biologischen Vielfalt in Agrarlandschaften.

Die besondere Rolle der Arten

Arten und ihre Individuen spielen eine zentrale Rolle im ökologischen Geschehen, weil sie diverse ökologische Funktionen selbst ausführen oder mittelbar beeinflussen. Sie regulieren z. B. biogeochemische Kreisläufe, verändern die physische Umgebung, regulieren ökologische Prozesse durch trophische (Räuber-Beute-Beziehungen, Parasitismus) oder andere funktionelle Wechselwirkungen (Bestäubung, Samenverbreitung). Aussagen zum Status der biologischen Vielfalt in einer Landschaft werden zumeist aus dem Auftreten und der Verbreitung von Arten abgeleitet. Die Gefährdung der biologischen Vielfalt wird, empirisch verständlich, zuerst mit dem Rückgang von Artenzahlen erklärt. Die Bedeutung von Artenvielfalt und Individuenzahlen ist in der Tat kaum in Zweifel zu ziehen. Biologische Vielfalt jedoch allein darauf zu reduzieren wäre mangelhaft. Ohne die Berücksichtigung ihrer Stellung in funktionellen Hierarchien und auf ökosystemaren Organisationsniveaus lässt sich auch die Bedeutung von Arten nur unvollständig darstellen. Es existiert keine akzeptierte Methodik, Häufigkeiten von einzelnen Elementen der biologischen Vielfalt innerhalb von Landschaften zu integrieren (ANGERMEIER & KARR 1994). Überdies sind die Ansichten, welche Arten über eine besonders hohe Aussagekraft für die gesamte biologische Vielfalt verfügen, sehr unterschiedlich. MAY (2001, zitiert in GIBBS 2002) wirft Biologen und Umweltschützern einen "absoluten Wirbeltierchauvinismus" vor, der die zuverlässige Vorhersage des tatsächlichen Verlustes an biologischer Vielfalt untergrabe und funktionelle Auswirkungen nicht berücksichtigt. Ob nun "the little things that run the world" (WILSON 1987) oder "the big things that run the world" (TERBORGH 1988) die wichtigeren Untersuchungsgegenstände darstellen, ist nicht absolut entscheidbar. Für die Legitimation beider existieren sehr exemplarische Argumente. Praktische Untersuchungen werden erfahrungsgemäß ohnehin stark vom Kenntnisstand und den Vorlieben der beteiligten Wissenschaftler sowie den realen Untersuchungsmöglichkeiten in einer Landschaft beeinflusst. Deutlich wird in diesem Disput allerdings, dass eine Betrachtung von einzelnen Arten ohne die Berücksichtigung ihrer ökosystemaren Funktionen der unterstellten funktionellen Bedeutung der biologischen Vielfalt letztendlich nicht gerecht wird. Unter bestimmten Umständen ist es deshalb durchaus sinnvoll, ökologische Funktionen artübergreifend bzw. von einer konkreten Art entkoppelt zu betrachten oder andere bzw. ergänzende Paradigmen hinsichtlich der Definition von biologischer Vielfalt zu wählen als die phänomenologische Unterteilung in Gene, Arten und Ökosysteme. Erste Schritte in diese Richtung sind nicht taxonomische Grupppierungskriterien, wie z. B. funktionelle Gilden (KLEYER et al. 1999/2000), oder die Quantifizierung der von biotischen Komponenten erbrachten ökosystemaren Leistungen innerhalb von ökologischen Netzwerken (PAHL-WOSTL & ULANOWICZ 1993). Sicher ist, dass weitere theoretische Vorarbeiten und Verallgemeinerungen nötig sind, um zu langfristig belastbaren Hypothesen über die funktionelle Bedeutung der einzelnen Arten zu gelangen. Als eine noch weiter führende Möglichkeit der Abstraktion bietet sich an, eine Gruppierung von Arten vor allem hinsichtlich ihrer strukturellen Ansprüche vorzunehmen und somit quasi virtuelle Gilden zu definieren und dann Landschaftsfunktionen an diese virtuellen Gilden zu koppeln. Die Kritik, die Veränderungen der biologischen Vielfalt als gravierendes Problem darzustellen und dann doch nur einige, funktionell weniger bedeutsame Arten zu betrachten, ist berechtigt (MAY 2001, zitiert in GIBBS 2002). Eine Herausforderung an zukünftige Forschung ist deshalb darin zu sehen, Forschungskonzepte zu entwickeln, die die kompositorischen, strukturellen und funktionellen Aspekte der Elemente der biotischen Vielfalt gleichermaßen berücksichtigen und sie integrieren. Kurz- und mittelfristige Veränderungen in der biologischen Vielfalt sind empirisch am ehesten mit der Beobachtbarkeit von Veränderungen im Auftreten und der Individuendichte ausgewählter Arten und funktioneller Leistungen assoziierbar.

Organisation der biologischen Vielfalt

Biologische Phänomene überspannen einen großen Bereich räumlicher Ausdehnung, zeitlicher Dauer und unterschiedlichen Sachbezugs. Auf allen hierarchischen Organisationsebenen (genetisch, organismisch und ökosystemar) lässt sich die biologische Vielfalt durch die Zusammensetzung ihrer Elemente sowie deren struktureller und funktioneller Bedeutung charakterisieren. Strukturierung und Funktionalität kann man als duale Leistungen der biologischen Vielfalt oder als ihren sachlichen Bezug auffassen. Eine andere sachliche Skalierung kann durch die biologischen Organisationshierarchien ausgedrückt werden. Einzelne Ausprägungen der biologischen Vielfalt kann man sich dann als Teile eines dreidimensionalen Raumes, der vom räumlichen, zeitlichen und sachlichen Bezug aufgespannt wird, veranschaulichen (Abb. 2).

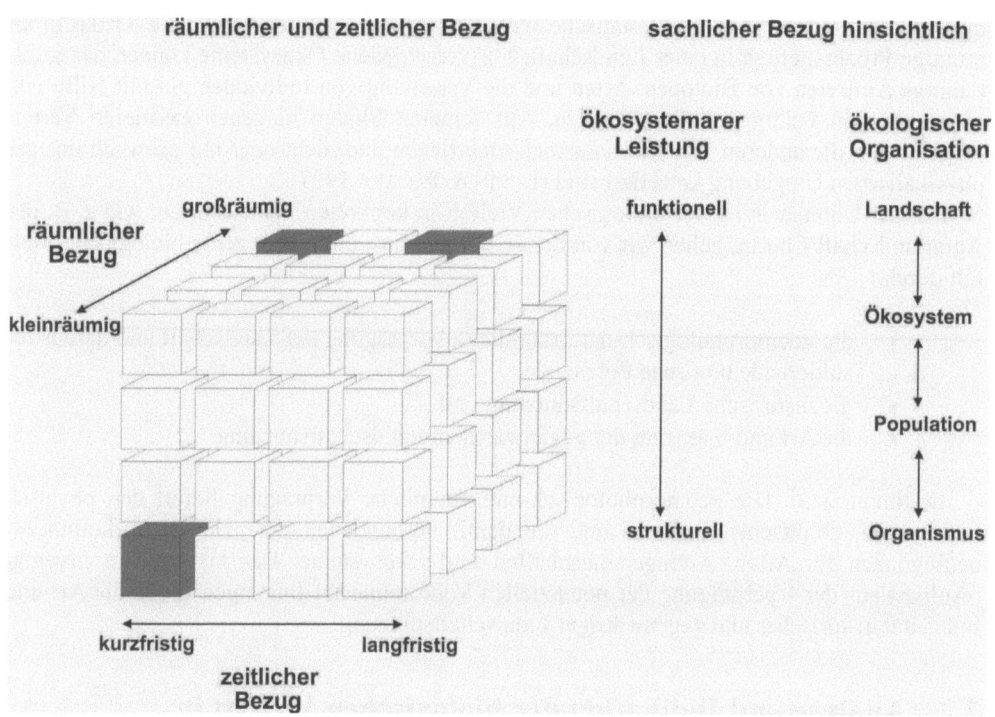

Abb. 2: Aspekte der biologischen Vielfalt.

Ökologische Funktionen sind gewöhnlich über mehrere Skalen verteilt bzw. zwischen verschiedenen Skalen aufgeteilt (z. B. Biomassewachstum, Stoffumsatz, Räuber-Beute-Beziehungen). Erst dadurch entstehen emergente Systemeigenschaften wie Stabilität und Resilienz. Die Gesamtheit der biologischen Phänomene dürfte somit in der Gesamtheit der möglichen Kombinationen aus räumlichem, zeitlichem und sachlichem Bezug innerhalb unterer und oberer Grenzen der Skalenausprägungen identifizierbar sein. Offenbar sind jedoch nicht alle Kombinationen von gleicher praktischer Bedeutung. So erscheint die Kombination kleinräumig - kurzfristig - strukturell mit Hinblick auf Vorkommen und ökologische Funktion vieler Pflanzen- und Tierarten sehr plausibel. Ein Phänomen, das der Kombination großräumig - kurzfristig - funktionell entspricht, erscheint dagegen eher nur von theoretischer Art zu sein. Die Identifizierung und Zuordnung der relevanten Skalen ist Teil der Aufklärung der ökologischen Funktionen von Elementen der biologischen Vielfalt und damit auch Voraussetzung für mögliche Strategien zu ihrem Schutz und ihrer Nutzung.

Biologische Vielfalt in genutzten Landschaften

Will man die Auswirkungen unterschiedlicher Landschaftsnutzungen und -strukturen auf die biologische Vielfalt von Landschaften erkennen, ist es u. a. erforderlich, die Prozesse zu verstehen, die das Auftreten und die Dichte von Arten bestimmen (O'CALLAGHAN 1995).

Nach STEINHARDT & VOLK (2001) sind das Relief, die Landnutzung, die Bodenwasserdynamik und damit verbunden die klimatische Wasserbilanz die primären Merkmale für das großräumige Prozessgefüge in einer Landschaft. Für verschiedene Ökosysteme können das großräumige Auftreten von Biotopen, Arten und die Verteilung von Individuen gut mit Hilfe von physikalischen Faktoren erklärt werden. Auf feineren Skalen hingegen existieren Verteilungsmuster, die anderen Wirkmechanismen unterliegen und nicht oder nur schwach mit der physikalischen Umgebung korreliert sind (LEVIN & PACALA 1997).

Bei der Untersuchung der biologischen Vielfalt in konkreten Landschaften, wie z. B. der Agrarlandschaft Chorin, gehen wir von der Hypothese aus, dass die rezente biologische Vielfalt durch

- die geomorphologisch-naturräumliche Vorprägung der Landschaft und daraus resultierende biotische Potenziale,
- die historische Landschaftsnutzung und
- die Art und Intensität der gegenwärtigen Landschaftsnutzung

bestimmt wird. Die geomorphologisch-naturräumliche Vorprägung liefert den physisch bestimmten, abiotischen Rahmen und die damit verbundenen potenziellen Vorkommensbedingungen für Arten, Artengemeinschaften und Ökosysteme. Das tatsächliche Inventar resultiert aus der Überprägung der potenziellen Vorkommensbedingungen durch die Art und Intensität historischer und gegenwärtiger Landschaftsnutzung.

2.2 Analyse und Indikation der biologischen Vielfalt in Landschaften

Aufgrund der vielfältigen räumlichen, zeitlichen und sachlichen Verknüpfungen ihrer einzelnen Elemente stellt die biologische Vielfalt einen nicht als Ganzes überschaubaren Komplex dar. Auf keiner hierarchischen Ebene ist die Inventarisierung, geschweige die vollständige strukturelle und funktionelle Charakterisierung der Elemente der biologischen Vielfalt ein wirklich realistisches Ziel. Beim Umgang mit derartigen Situationen macht es sich manchmal bezahlt, die Ansprüche etwas zurückzuschrauben und nach einem bewusst einfacheren Konzept für die wissenschaftliche Behandlung des betrachteten Phänomens zu suchen, sich damit jedoch Möglichkeiten für zukünftig verbesserte Hypothesen und eine praktische Nutzung zu erschließen (ODUM 1998). Im Falle der biologischen Vielfalt stellt der Gebrauch von Indikatoren ein solches reduziertes operationelles Konzept dar. An die Stelle der vollständigen Inventarisierung der genetischen, organismischen und ökosystemaren Vielfalt, der Ermittlung der strukturellen Beziehungen zwischen den einzelnen Elementen und der Messung ihrer ökologischen Funktionen tritt die Ermittlung der Ausprägungen einer begrenzten Menge von Indikatoren.

Arbeitshypothese zur Indikation der biologischen Vielfalt in Agrarlandschaften

Mit der Auswahl von Indikatoren sollen die unterschiedlichen räumlichen, zeitlichen und strukturell-funktionellen Aspekte der genetischen, organismischen und ökosystemaren Vielfalt möglichst gut getroffen werden. Die Menge der Indikatoren soll überschaubar bleiben, und jeder einzelne Indikator soll außerdem möglichst den Anforderungen nach Reproduzierbarkeit, Sensitivität, Quantifizier- und Vermittelbarkeit erfüllen (vgl. WENKEL et al. 2006). Die Quadratur des Kreises dürfte eine vergleichbar anspruchsvolle Aufgabenstellung sein. Abhilfe schafft, auch hier nach dem Motto von ODUM (1998) zu verfahren: Wenn es zu kompliziert zu werden droht, dann muss man es wieder einfacher machen. Deshalb schlagen wir vor, zur Charakterisierung der biologischen Vielfalt in einer Landschaft Indikatoren aus den folgenden drei Gruppen heranzuziehen:

- *Strukturindikatoren der Landschaft*
  Vorkommen, Vielfalt und räumliche Anordnung typisierbarer landschaftlicher Ausstattungselemente im Untersuchungsraum (gekennzeichnet durch geomorphologische Gliederungselemente, meso- und mikroklimatische Differenzen, Bodeneigenschaften, Biotopeigenschaften u. a.),

- *Habitatgüteindikatoren der Landschaft*
  Habitatgüten für charakteristische Pflanzen- und Tierarten, funktionelle Gruppen oder Gilden (gekennzeichnet durch Reproduktions- und Nahrungsbedingungen sowie Gefährdungen),

- *Diversitätsindikatoren der Landschaft*
  tatsächliches Vorkommen und Dichte ausgewählter Pflanzen- und Tierarten im Untersuchungsraum im Vergleich zu historischen Artenlisten und Experten-Erfahrungswerten (ausgewählte Säuger, Vögel, Insekten u. a.).

Diese drei Indikatorgruppen stehen in Analogie zu der in 2.1 formulierten Wirkhypothese, dass die rezente biologische Vielfalt in einer Landschaft das Resultat deren geomorphologisch-naturräumlichen Vor- sowie nutzungsbedingten Überprägung ist. Durch eine Menge von Indikatoren aus allen drei Gruppen wird sozusagen der Weg vom Potenziellen zum Realen und hinsichtlich des Skalenbezuges von einer gröberen, abiotisch bestimmten zu einer feineren, nutzungsbestimmten Skala beschritten. Die geomorphologisch-naturräumliche Vorprägung wird vor allem durch abiotische Gliederungsmerkmale ausgedrückt. Auf dieser Ebene werden großräumig typisierende Aussagen zur potenziellen biologischen Vielfalt getroffen (z. B. großräumige zonale Hauptformen der Waldvegetation), ohne dass ein flächenscharfer Bezug auf spezielle Pflanzen- und Tierarten formuliert werden kann. Die indizierenden Gliederungsmerkmale ergeben sich vor allem aus einer geomorphologischen Analyse der Formen und Formeneigenschaften des betrachteten Raumausschnittes (z. B. Flußauen mit Hangkanten, Grundmoränenplatten unterschiedlicher Relief- und Substratverhältnisse, Stauchungsgebiete mit hoher Reliefenergie, vermoorte oder sandige Niederungsgebiete) und einer meso- bzw. mikroklimatischen Zonierung (z. B. Temperatur-Niederschlag-Verhältnisse). Der Einfluss der geomorphologisch-naturräumlichen Vorprägung ist über alle relevanten Betrachtungszeiträume als konstant anzunehmen. Die tatsächliche Entfaltung der biologischen Vielfalt ist nicht allein aus großräumigen abiotischen Prozessen zu erklären. Diese bilden nur die begrenzende Klammer. Die durch Nutzungsgeschichte und aktuelle Nutzung ausgelöste, kleinräumigere Dynamik von abiotischen und biotischen Prozessen bestimmt die tatsächliche Entfaltung der biologischen Vielfalt. Der Einfluss der zurückliegenden Nutzung führt zu räumlich variierenden Mustern von biotischen und infrastrukturellen Ausstattungselementen innerhalb der abiotisch geprägten Landschaftsräume. Diese Muster können für einen mittel- bis längerfristigen Zeitraum im Wesentlichen als unveränderlich angesehen werden (z. B. Wald-Feld-Verteilung, Biotope, Straßen- und Siedlungsnetz), obwohl innerhalb von wenigen Dekaden durchaus bedeutende Veränderungen stattfinden können (z. B. Abholzungen, veränderte Verkehrsinfrastruktur und umfassende Melioration). Diese konstanten strukturellen und stofflichen Gegebenheiten führen zur Herausbildung von potenziellen Habitaten unterschiedlicher Qualität für spezielle Artengruppen und Arten. Sie bestimmen quasi das rezente biotische Potenzial. Der aktuelle Nutzungseinfluss (z. B. Anbaustrukturen, -früchte und -intensitäten der landwirtschaftlichen Produktion, Störungen durch Verkehr, Lärm, Isolation, Stoffeinträge) und die damit verbundenen kleinräumigen Wechselwirkungen schließlich beeinflussen, ob potenzielle Habitate tatsächlich besiedelt werden und welche Individuendichten auftreten. Tab. 1 listet Beispiele für die Einflussfaktoren sowie ihre Relevanz und ihre mögliche Erfassung auf.

Tab. 1: Übersicht über Einflussfaktoren der Ausprägung biologischer Vielfalt.

Einflussfaktor	Faktormerkmale	Relevanz für biologische Vielfalt	Erhebungs-, Analysemethode
geomorphologisch-naturräumliche Vorprägung	meso- bzw. mikroklimatische Zone, Formen, Materialien und Prozesse in der Landschaft sowie deren Eigenschaften	abiotischer Kontext der biotischen Potenziale, zonale Vegetationsformen, potenzielle Verbreitungsgebiete, Tragfähigkeit der Landschaft	Naturraumerkundung, GIS-gestützte Analysen
Nutzungsgeschichte	Art und Intensität der früheren Landschaftsnutzung	strukturelle Vorprägung, potenzielle Habitate und Entwicklungspfade	historische Landschaftsanalyse, Biotop- und Landnutzungskartierung
aktuelle Nutzung	Art und Intensität der aktuellen Landschaftsnutzung	Störpotenziale, strukturelle Veränderungen, stoffliche Beeinflussungen, veränderte Nahrungsangebote und Lebensräume	Biotop- und Landnutzungskartierung, Erfassung der Bewirtschaftungsintensitäten auf land- und forstwirtschaftlichen Flächen, Erfassung der Verkehrsinfrastruktur

Aber auch bei dieser Einteilung gibt es zwischen den Gruppen hinsichtlich der tatsächlichen Bestimmbarkeit und Aussagekraft von gruppenangehörigen Indikatoren große Unterschiede. Einzelne Indikatoren sind infolgedessen auch nicht als gleichwertig, sondern eher als sich ergänzend zu betrachten.

Das Konzept der biotischen Integrität

Biologische Vielfalt lässt sich zwar nicht erschöpfend, aber doch zumindest teilweise phänomenologisch beschreiben sowie teilweise in Verbindung mit den ökologischen Funktionen von Elementen der biologischen Vielfalt mit einem semantischen Inhalt versehen. Biologische Vielfalt stellt jedoch keine operationelle Größe dar. Die unterschiedlichen Elemente der biologischen Vielfalt lassen sich u. E. auf sinnvolle Weise weder theoretisch noch praktisch zu einem quantitativen Indikator und Steuerungsziel verbinden. Aus zahlreichen Untersuchungen ist bekannt, dass nicht alle Elemente der biologischen Vielfalt von gleich großer Bedeutung für die kurz- und mittelfristige Aufrechterhaltung von Ökosystemfunktionen sind. Das Prinzip der Gleichwertigkeit und Gleichrangigkeit aller Elemente ist daher weder ein realistisches Konzept für die Erforschung noch für operationelles Handeln zum Schutz der biologischen Vielfalt. Das gedankliche Konzept der biotischen Integrität versucht, dieses Defizit abzubauen. Ziel dieses Konzeptes ist es, sowohl Prioritäten für die Forschung zu setzen als auch Leitplanken für den Umgang mit der biologischen Vielfalt und für praktisches Handeln zu formulieren.

In einer der ersten Definitionen des Integritätsbegriffs im Zusammenhang mit biologischer Vielfalt bezeichnet CAIRNS (1977) Integrität als "die Bewahrung der Struktur und der Funktion einer Biogeozönose, die für einen bestimmten Gebietsausschnitt charakteristisch oder für die Gesellschaft zufrieden stellend ist." CAIRNS stellt die aufgrund der Naturraumausstattung zu erwartende Vollständigkeit und ein gesellschaftlich gewünschtes Artenspektrum bzw. Leitbild nebeneinander. In anderen Definitionen des Begriffes "biotische Integrität" wird dagegen die Vollständigkeit der Artengemeinschaften im Vergleich zu natürlichen Habitaten des betrachteten Gebietes als Kriterium betont, weniger der gesellschaftlich definierte Nutzaspekt. (NOSS 1990, KARR & DUDLEY 1981, ANGERMEIER & KARR 1994). Da es sich in Mitteleuropa jedoch fast ausschließlich um lange genutzte Kulturlandschaften und um so genannte "less-than-ideal-situations" handelt, ist es u. E. nicht angemessen, nur den Vergleich mit der Zusammensetzung natürlicher Artengemeinschaften zu suchen. Stattdessen sollten auch die von biotischen Elementen realisierten funktionellen Ökosystemleistungen einbezogen werden. Ein großer Teil des Inventars der heute existierenden, realen Biogeozönosen ist kulturbedingt. Wir betrachten diese Vielfalt als essentiellen Teil der biologischen Vielfalt einer Landschaft.

Manchmal wird biotische Integrität mit Ökosystemattributen wie "intakt", "normal" oder "gut" umschrieben. Ohne eine weitere inhaltliche Untersetzung und einen normativen Bezug helfen solche Attributierungen jedoch nicht wirklich weiter. Der erforderliche normative Bezug lässt sich am ehesten durch eine humane Perspektive und eine anthropozentrische Interpretation biologischer Vielfalt und biotischer Integrität herstellen und erscheint überdies geboten, um praktisch etwas erreichen zu können (FINKE 1994, KREBS 1997). Die untrennbare Verbundenheit der speziellen menschlichen Lebensumwelt mit dem Erhalt der biologischen Vielfalt im Allgemeinen veranlasst D. WESTERN (zitiert in TAKACS 1996) - wohl durchaus auch etwas sarkastisch gemeint - zu folgender Bemerkung: "Die größte Hoffnung für alle Arten ist verbunden mit einem einzigen, nicht kompromissfähigen menschlichen Ziel - der Verbesserung des menschlichen Wohlergehens."

Durch das Konzept der biotischen Integrität soll biologische Vielfalt in ihrer Bedeutung bewertbar gemacht werden. Biotische Integrität ist ein Entwicklungsziel, stellt eine Leitlinie für den Umgang mit biologischen Systemen aus der Sicht der menschlichen Nutzung von Landschaften dar und soll den Kontext für ein vertretbares operationelles Handeln abstecken. Die einzelnen Elemente der biologischen Vielfalt sind dabei die Steuerungs- und Kontrollinstrumente. Die Vorgabe von Referenz- bzw. Vergleichszuständen ist deshalb eine folgerichtige Konsequenz. Das Arteninventar von natürlichen Habitaten der betrachteten Landschaft liefert für diese Referenzzustände einen Orientierungspunkt, der jedoch insbesondere durch nutzungsbedingte Veränderungen und Erkenntniszuwachs einer zeitlichen Modifikation unterliegt. Zusammengefasst vertreten wir folgende Arbeitsdefinition von biotischer Integrität:

1. Biotische Integrität beschreibt die aufgrund der Naturraumausstattung und bei einer langfristig verträglichen Landschaftsnutzung zu erwartenden Lebensgemeinschaften von Pflanzen, Tieren und Mikroorganismen sowie deren Mengenentfaltung und räumliche Anordnung in Landschaften. Biotische Integrität ist Teil einer nachhaltigen Entwicklung.
2. Biotische Integrität ist eine Leitlinie zum Umgang mit der biologischen Vielfalt. Ziel ist, Landschaften nur so zu nutzen, dass die für die Landschaft charakteristischen funktionellen Ökosystemleistungen langfristig erhalten werden können. Die zu erwartenden Lebensgemeinschaften von naturnahen Ökosystemen bieten dafür einen Anhaltspunkt.
3. Biotische Integrität ist kein statisches Konzept, sondern erlaubt ein Spektrum von Ausstattungsvarianten biotischer Elemente im Rahmen der geomorphologisch-naturräumlichen Vorprägung der Landschaften. Dieses Spektrum wird auch durch gesellschaftliche Wertvorstellungen beeinflusst und schließt variable Reaktionsmuster und Entwicklungspfade der biologischen Vielfalt ein.

3 Untersuchungen in der Agrarlandschaft Chorin

Im folgenden Abschnitt soll eine Untersetzung von Indikatoren der biologischen Vielfalt aus den in 2.2 vorgeschlagenen Gruppen an Beispielen für die Agrarlandschaft Chorin erfolgen, um die biotischen Rahmenbedingungen dieser Landschaft sichtbar zu machen. Im Mittelpunkt der Untersuchungen stehen Indikatoren zur Zusammensetzung (Komposition) und räumlichen Anordnung (Konfiguration) von Biotopen, Indikatoren für die Habitateignung hinsichtlich ausgewählter Brutvögel und empirische Befunde über das tatsächliche Inventar ausgewählter Pflanzen- und Tierarten im Projektgebiet. Mit den Strukturindikatoren wird versucht, die Landschaft strukturell zu beschreiben; mit der Anwendung von Habitatmodellen wird versucht, einen bewertenden Aspekt hinsichtlich der Eignung als Lebensraum für spezielle Arten herauszuarbeiten; mit den empirischen Erhebungen wird versucht, die tatsächliche biotische Ausstattung normativ vergleichen zu können. Der betrachtete Gebietsausschnitt misst 14.5 km in Ost-West- und 11.5 km in Nord-Süd-Richtung und erfüllt somit die aus landschaftsökologischer Sicht formulierte räumliche Ausdehnung einer Landschaft von einigen bis wenige Zehner an Kilometern (FORMAN & GORDON 1986).

3.1 Deskriptiv-quantitative Landschaftsstrukturanalysen

Landschaftsstrukturanalysen sind spezielle deskriptive Verfahren der Landschaftsökologie (MCGARIGAL & MARKS 1994). Sie liefern quantitative und topologische Landschaftsindikatoren in unterschiedlichen räumlichen Auflösungen und im zeitlichen Vergleich (Komposition und Konfiguration von Landschaftselementen). Aus den Indikatorausprägungen allein lassen sich im Allgemeinen keine direkten Rückschlüsse auf die biotische Wertigkeit einer Landschaft ziehen, denn aus dem Blickwinkel unterschiedlicher Arten konkurrieren Eigenschaften, die sich wechselseitig ausschließen (z. B. Offenheit und große Kernbereiche vs. Strukturreichtum und Biotopvielfalt). Ziel der speziellen biodiversitätsbezogenen Analysen ist es vor allem, Situationen vergleichbar und die Randbedingungen für das Vorkommen von Arten sichtbar zu machen. Die konkreten Analyseergebnisse hängen sowohl von der Typisierung der betrachteten Landschaftselemente (z. B. Anzahl und Differenzierung von Biotopklassen) als auch von technischen Analyseparametern (z. B. Größe des Gebietsausschnittes und der kleinsten homogenen Biotopeinheiten) ab. Um stimmige Schlüsse bezüglich der biotischen Vielfalt ziehen zu können, ist es geboten, eine Mannigfaltigkeit von Strukturindikatoren zu ermitteln und diese im Kontext der geomorphologischen und sonstigen abiotischen Bedingungen zu interpretieren. Als digitale Datenbasis für die nachfolgend dargestellten Analysen dienen die Biotopkartierung (LUA 1995) und das Amtliche Topographisch-Kartographische Informationssystem ATKIS (LVA 1997) für das Land Brandenburg sowie eine eigene Landnutzungskartierung. Die Ermittlung der Indikatorausprägungen erfolgte in einer ArcInfo/ArcView-Umgebung unter Nutzung der Programme Spatial Analyst und Patch Analyst.

Biotop- und Nutzungsvielfalt

Biotope stellen einerseits selbst einen wesentlichen Teil der ökologischen Vielfalt dar und bilden andererseits prägende Randbedingungen für die organismische und genetische Vielfalt. Die Anteile unterschiedlicher Biotope bestimmen zu einem wesentlichen Teil den Charakter der Landschaft. Tab. 2 zeigt die relativen Anteile der flächigen Hauptgruppenbiotope im Verhältnis zu den relativen Anteilen innerhalb des Uckermärkischen Hügellandes (nach der Gliederung von MEYNEN et al. (1962)) sowie innerhalb Nordostdeutschlands (die Fläche der Bundesländer Brandenburg und Mecklenburg-Vorpommern).

Tab. 2: Relative Anteile der unterschiedlichen flächigen Biotope an der Gesamtfläche der Agrarlandschaft Chorin (AL Chorin), des Uckermärkischen Hügellandes (UM HGL) und Nordostdeutschlands (NOD) [%]; HG1 ... HG12: Hauptgruppen der Biotopkartierung nach Brandenburger Schlüssel.

HG1-Fließgewässer
HG4-Moore
HG6-Zwergstrauchheiden und Nadelgebüsche
HG8-Wälder und Forsten
HG10-stark anthropogen geprägte Bereiche
HG12-Siedlungen, Verkehrs- und Industrieanlagen

HG2-Standgewässer
HG5-Gras- und Staudenfluren
HG7-Laubgebüsche, Feldgehölze und Alleen
HG9-Äcker
HG11-Sonderbiotope

	HG1	HG2	HG4	HG5	HG6	HG7	HG8	HG9	HG10	HG11	HG12
AL Chorin	0.02	11.16	3.46	15.38	0.00	1.07	33.37	31.51	0.86	0.01	3.18
UM HGL	0.15	2.77	1.38	12.25	0.00	0.79	17.35	61.59	0.76	0.04	2.91
NOD	0.41	3.03	0.84	16.47	0.29	1.49	29.45	40.52	1.20	0.55	5.74

Das Projektgebiet ist vor allem durch einen etwa gleichen Anteil von jeweils etwa 1/3 der Fläche an Äckern sowie Wäldern und Forsten und durch seinen Reichtum an Standgewässern gekennzeichnet. Gegenüber dem Uckermärkischen Hügelland und dem gesamten Nordostdeutschland gibt es hier mehr Standgewässer und Wälder und deutlich weniger Ackerflächen. Aufgrund seiner naturräumlichen Übergangslage vom Uckermärkischen Hügelland über den Endmoränenzug der Pommerschen Eisrandlage bis zur Britzer Platte ist im Projektgebiet ein relativ breites Band geomorphologischer Formationen vertreten. Insbesondere in den Arealen der kuppigen Grundmoräne und der Stauchungsgebiete ist ein großer Reichtum an Kleinstrukturen (vermoorte Senken, Kleingewässer, Flurgehölze) anzutreffen (vgl. LUTZE & KIESEL 2006), der auch dem charakteristischen natürlichen Ausstattungspotenzial dieser Areale entspricht. Damit erklärt sich der Reichtum an Landschaftsstruktur und Biotopvielfalt der Agrarlandschaft Chorin, die ausgesprochen gute natürliche Voraussetzungen für eine große organismische Vielfalt besitzt.

Zerschneidungen und Störungen

Landschaftszerschneidungen und Störungen haben überwiegend negative Auswirkungen auf die Beschaffenheit und Qualität der Habitate von Pflanzen und Tieren. Während Zerschneidungen (z. B. Straßen als Barrieren) vor allem dauerhafte Wirkungen ausdrücken, weisen Störungen (z. B. der Verkehr auf den Straßen) vor allem auf einmalige oder periodisch wiederkehrende anthropogen verursachte Wirkungen hin. Zerschneidungen stehen in einem mehr oder weniger engen Zusammenhang mit Störungen. Neben den durch sie verursachten primären Wirkungen sind Zerschneidungen deshalb oftmals auch die Quelle nachfolgender Störungen. Zahlenmäßige Angaben zur Entwicklung des aktuellen Verkehrsaufkommens in der Agrarlandschaft Chorin findet man bei LUTZE & KIESEL (2006).

Zwar gehören Straßen und andere Verkehrswege zu einer Kulturlandschaft und entlang ihrer Trassen können durchaus naturschutzfachlich wertvolle Biotope entstehen. In der allgemeinen Tendenz sind die durch Verkehrsbauten verursachten Zerschneidungen allerdings mit negativen ökologischen Folgen verbunden. Faunavertreter, die auf großflächige ungestörte Habitatkomplexe angewiesen sind, leiden insbesondere unter der Fragmentierung oder Verinselung von Habitaten. Für Insekten, Reptilien oder Kleinsäuger stellen Zerschneidungselemente oft unüberwindliche Barrieren dar. Für manche Vögel stellt die Überwindung von Zerschneidungselementen allerdings auch kein besonderes Problem dar. Deshalb kann eine Quantifizierung und Bewertung von Zerschneidungswirkungen auf die biologische Vielfalt nicht pauschal vorgenommen werden, sondern muss art- oder tiergruppenspezifisch erfolgen. Entlang stark frequentierter Verkehrswege entstehen z. B. sogenannte Verlärmungszonen, deren Wirkung art- und biotopspezifisch ist. Für Vogelpopulationen sind negative Wirkungen bis zu einer Entfernung von 300 m bei Wald und bis 1000 m bei Offenland nachgewiesen (MACZEY & BOYE 1995).

In der Agrarlandschaft Chorin stellen die Eisenbahnlinie Berlin - Prenzlau, die jetzt tendenziell weniger befahrene Eisenbahnlinie Eberswalde - Templin, die Bundesautobahn A 11 sowie die stark befahrenen Bundesstraßen B 2 und B 197 wesentliche Zerschneidungsstrukturen dar. Insbesondere die B 197, die das Projektgebiet in West-Ost-Richtung schneidet, bildet aufgrund des erheblichen LKW-Verkehrsaufkommens eine nicht zu unterschätzende Quelle für den direkten Straßentod von bestimmten Kleinsäugern und Vögeln (Abb. 3). Hinsichtlich seiner Zerschneidung durch Autobahnen, Bundesstraßen und Eisenbahnlinien gehört der zentrale südliche Teil zu einem unzerschnittenen Landschaftsraum von ca. 43 km^2, der außerhalb des Projektgebietes im Süden durch die beiden oben genannten Eisenbahnlinien begrenzt wird. Der nördliche Teil gehört zu einem weit größeren unzerschnittenen Landschaftsraum von ca. 142 km^2, der bis zum Zusammentreffen von A 11 und Eisenbahnlinie Berlin - Prenzlau außerhalb des Projektgebietes reicht. Während der Verkehr auf der A 11 und den Bundesstraßen in den 1990er Jahren erheblich angewachsen ist, hat er sich in diesem Zeitraum auf den Nebenstraßen merklich abgeschwächt. Das führte zu stärkeren, von den

Rändern ausgehenden Wirkungen auf die unzerschnittenen Landschaftsräume, aber auch zu einer gewissen Beruhigung in ihren Kernbereichen. Abb. 3 zeigt als Illustration die Lage der oben genannten Hauptzerschneidungselemente und die potenzielle Ausstrahlung aller befestigten Straßen und Wege, dargestellt als über- und unterdurchschnittliche Verkehrsstraßendichte bezogen auf das Projektgebiet im Umkreis von 500 m um einen beliebigen Punkt des Projektgebietes.

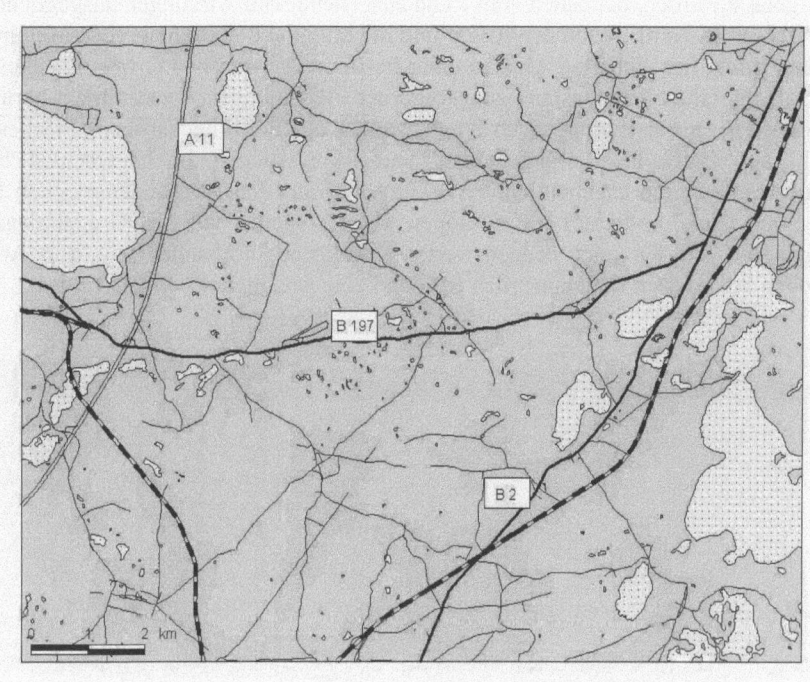

Abb. 3: Zerschneidung des Projektgebietes durch Eisenbahnen, Bundesautobahnen, Bundes- und Landesstraßen (dicke schwarze Linien) sowie Ortsverbindungs-, Gemeindestraßen und unterhaltene Wege (dünne schwarze Linien); rot – überdurchschnittliche Verkehrsstraßendichte im Umkreis von 500 m um einen beliebigen Punkt, grün – unterdurchschnittliche Verkehrsstraßendichte im Umkreis von 500 m um einen beliebigen Punkt bezogen auf das Projektgebiet; gepunktete Flächen – Gewässer.

Räumliche Heterogenität und Biotopverbund

Sowohl die Flächengröße einzelner als auch die räumliche Verteilung mehrerer gleichartiger Biotope sind bedeutsam für die Erschließung einer Landschaft als Habitat für Pflanzen und Tiere. Die Nachbarschaftsbeziehungen bzw. der Vernetzungsgrad von Habitatinseln werden als wichtige Faktoren für das Überleben von Populationen in einem diskontinuierlichen und heterogenen Lebensraum angesehen. Zwar ist eine allgemeine Charakterisierung einer Landschaft hinsichtlich Heterogenität und Fragmentierung möglich, aber keine direkte Aussage hinsichtlich ihrer ökologischen Qualität ohne Berücksichtigung der konkreten naturräumlichen Bedingungen oder der biotischen Elemente, für die die Bewertung erfolgen soll.

Sicher ist allerdings, dass heutige Landschaften einem zunehmenden, anthropogen bedingten Fragmentierungdruck (infrastrukturelle Erschließung und Bebauung) unterliegen und vormals zusammen hängende Lebensräume fortschreitend dezimiert werden.

Abb. 4 zeigt die zu den flächigen terrestrischen Hauptgruppenbiotopen zugehörigen Kernflächen in der Agrarlandschaft Chorin bei einem Grenzlinienabstand von 100 m. Stark anthropogen geprägte Biotope sowie Siedlungen, Verkehrs- und Industrieanlagen wurden nicht berücksichtigt. Kernflächen können als einheitliche Biotope oder homogene Lebensräume aufgefasst werden, bei denen vom Rand ausgehende Störwirkungen ausgeglichen sind. Formal beschreiben Kernflächen den Anteil und die räumliche Verteilung von zusammenhängenden oder direkt benachbarten Arealen einer bestimmter Form und Größe. Flächenanteile, die näher als der Grenzlinienabstand zum Rand der Fläche liegen, werden nicht berücksichtigt. Durch diese Buffer-Bildung nach innen werden nur die (gleichartigen) Flächenanteile erfasst, die außerhalb einer vorgegebenen Randwirkung liegen. Im Unterschied zur Zerschneidung resultiert die angenommene Wirkung hier aus dem Vorhandensein von Biotopgradienten. In einer Landschaft mit Biotopen, die bezogen auf den Grenzlinienabstand kleinflächig sind, würden keine nennenswerten Kernflächen vorhanden sein, d. h. Arten mit einem großen homogenen Raumanspruch würden keine geeigneten Habitate finden.

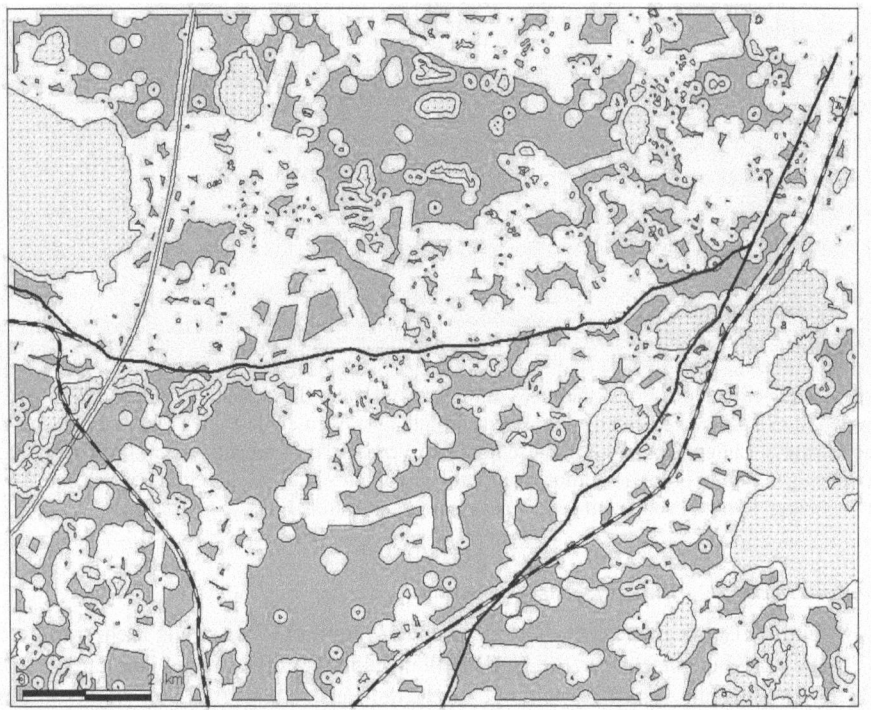

Abb. 4: Von Hauptgruppenbiotopen gebildete Kernflächen (grün) in der Agrarlandschaft Chorin. Grenzlinienabstand 100 m.

Im Projektgebiet beträgt der Anteil der von den berücksichtigten Hauptgruppenbiotopen gebildeten Kernflächen ca. 27 % bezogen auf die Gesamtfläche. In dem räumlich übergeordneten, umfassenderen Uckermärkischen Hügelland verändert sich der Kernflächenanteil unwesentlich auf ca. 28 %. Betrachtet man dann die Fläche Nordostdeutschlands (Bundesländer Brandenburg und Mecklenburg-Vorpommern), springt der Kernflächenanteil auf ca. 43 %. Im Vergleich zu Nordostdeutschland ist das Projektgebiet hinsichtlich seines Biotopmusters variabler strukturiert und durch eine große Biotopvielfalt und viele Biotopübergänge gekennzeichnet. Innerhalb Nordostdeutschlands ist es deshalb kein Vorzugsgebiet für Tierarten mit einem großen homogenen Raumanspruch, sondern eher für solche, die ein Mosaik unterschiedlicher kleinflächiger Biotoptypen beanspruchen.

Aus Sicht eines Biotopverbundes ist es bedeutsam, wie gleichartige Kernflächen, Trittsteine und Verbindungselemente in der Landschaft verteilt sind, um feststellen zu können, wie Migrations- und Austauschprozesse realisiert werden können. Tab. 3 gibt einen Überblick über die Größe und die Nachbarschaftsbeziehungen der disjunkten Einzelflächen der Hauptgruppenbiotope des Projektgebietes. Dafür wurde aus der vektorbasierten Biotopkarte eine Rasterkarte mit Zellen von 100 m Kantenlänge und mit dem dominierenden Hauptgruppenbiotop als Zellinhalt gebildet.

Die in Tab. 3 dargestellten Maßzahlen wurden auf der Grundlage dieser Karte mit dem Programm Patch Analyst berechnet. Acker- und Waldflächen (HG 9 und HG 8) bilden die durchschnittlich größten zusammenhängenden Biotope. Beide Flächenarten finden ihre nächsten Nachbarn in vergleichbarer mittlerer Entfernung (201 m bzw. 183 m), die Waldflächen sind jedoch regelmäßiger verteilt angeordnet, was die Variationskoeffizienten zum Ausdruck bringen (109 % gegenüber 66 %). Insgesamt sind die Variationskoeffizienten der nächsten Nachbarn zwar größenordnungsmäßig ähnlich, nehmen jedoch recht große Werte an (von 65 % bis 161 %). Das spricht dafür, dass gleiche Biotope eher "geklumpt" im Projektgebiet auftreten.

Tab. 3: Maßzahlen für Anzahl, durchschnittliche Größe und Nachbarschaftsbeziehungen der flächigen Hauptgruppenbiotop-Einzelflächen. NP = number of polygons (Anzahl der Einzelflächen), MPS = mean patch size (mittlere Größe der Einzelflächen) in ha, MNN = mean nearest neighbour (Entfernung zum nächsten Nachbar der gleichen Hauptgruppe) in m, NNCV = nearest neighbour coefficient of variation (Variationskoeffizient von MNN) [%].

	HG1	HG2	HG4	HG5	HG6	HG7	HG8	HG9	HG10	HG11	HG12
NP	1	132	195	245	1	123	142	59	57	1	111
MPS	4.00	14.09	2.87	10.56	1.00	1.46	39.26	89.37	2.47	1.00	4.45
MNN	-	285.55	279.64	170.61	-	416.12	182.62	201.62	347.91	-	269.75
NNCV	-	64.92	87.48	78.27	-	78.07	66.34	109.23	161.30	-	107.49

3.2 Modellierte Habitatqualität

Die zweite Gruppe der in 2.2. vorgeschlagenen Indikatoren der biologischen Vielfalt umfasst Habitatqualitäten bzw. -eignungen für ausgewählte Arten von Pflanzen und Tieren, perspektivisch auch für funktionelle Gruppierungen von Arten. Hier spielen räumlich explizite Habitatmodelle eine wichtige Rolle (SCHULTZ et al. 2003). Solche formalen Modelle stellen einen, vor allem autökologisch basierten Zusammenhang zwischen potenziellen Habitaten für die betrachteten Arten als Output auf der einen und relevanten räumlichen Daten als Inputs auf der anderen Seite her. Typische Raumdaten umfassen u. a. die Biotopverteilung, Stör- und Widerstandspotenziale aufgrund der Landschaftsnutzung, Infrastrukturelemente wie Straßen und Wege. Habitatmodelle beschreiben quasi eine artzentrische Sicht auf Landschaft. Sind die notwendigen räumlichen Daten vorhanden, erlaubt ein hinreichend zuverlässiges Habitatmodell die Ermittlung der Habitateignung innerhalb größerer Gebiete und eröffnet außerdem Möglichkeiten, nutzungsbedingte Veränderungen der Habitateignung prospektiv zu ermitteln. Dafür ist es vor allem notwendig, die Auswirkungen der veränderten Nutzung in die räumlichen Modellinputs zu überführen.

Nachfolgend werden die Habitatqualitäten für den Neuntöter (*Lanius collurio*) und die Grauammer (*Emberiza calandra*) simuliert. Diese beiden Arten können als charakteristisch für das nordostdeutsche Tiefland angesehen werden, weisen aber differenzierte Ansprüche an ihre Habitate auf. Die Berechnung der potenziellen Habitateignungen erfolgt mit fuzzy-algorithmischen, hierarchisch-gegliederten Habitatmodellen auf der Basis von Rasterdaten. Hinsichtlich der methodischen Details sei auf LUTZE et al. (2006a) verwiesen. Als räumliche Modellinputs dienen im wesentlichen Informationen hinsichtlich der mikroklimatischen Bedingungen, der vorkommenden Biotope (Offenland, Sträucher, Hecken, Einzelbäume, Waldkanten, Grünland, Siedlungen) sowie der infrastrukturellen Erschließung (Straßen und Wege). Die einzelnen Inputs wurden auf Rasterzellen von 100 m Kantenlänge abgebildet. Als Modelloutput wurden Werte der Habitateignung für jede einzelne Rasterzelle berechnet und auf eine Intervallskala von 0 (ungeeignet) bis 1 (optimale Eignung) projiziert.

Abb. 5 zeigt die potenzielle Eignung der Agrarlandschaft Chorin als Habitat für den Neuntöter (*Lanius collurio*) und Abb. 6 die potenzielle Eignung als Habitat für die Grauammer (*Emberiza calandra*).

Abb. 5 zeigt, dass die besseren Vorkommensbedingungen für den Neuntöter durch Hecken und Sträucher als Nist- und Brutplätze dominiert werden. Nahrungsangebot und Störpotenziale sind aufgrund der Biotopausstattung und Nutzungsstruktur in dieser Landschaft offenbar nachrangig.

Im Fall der Grauammer (Abb. 6) werden die räumlich differenziert unterschiedlich erfüllten Qualitätsansprüche deutlich. Angesichts des Offenlandanteils an der Gesamtfläche der Agrarlandschaft Chorin und der Ausstattung an Strukturelementen gibt es gute potenzielle Bedingungen für beide Arten. Aufgrund der sich z. T. ausschließenden Habitatansprüche ist die Überlappung von Lebensräumen nur gering. Es gibt allerdings auch Bereiche, in denen weder Neuntöter noch Grauammer optimale Bedingungen vorfinden.

Ein besonderer Vorteil der Anwendung von Habitatmodellen besteht darin, komplexe Habitatstrukturen erfassen und bewerten sowie potenzielle Konfliktbereiche zwischen Landschaftsnutzung und der Habitatqualität für Arten ausmachen zu können. Das betrifft sowohl die Nutzungseinflüsse auf die Habitate einer Art als auch die Konflikte zwischen unterschiedlichen Arten in demselben Landschaftsausschnitt. In der Agrarlandschaft Chorin sind die Konflikte zwischen den Habitaten für Neuntöter und Grauammer eher gering, da sowohl Strukturelemente auf der einen als auch offene Flächen und Saumbereiche auf der anderen Seite in ausreichendem Maße vorhanden sind.

Biotische Integrität

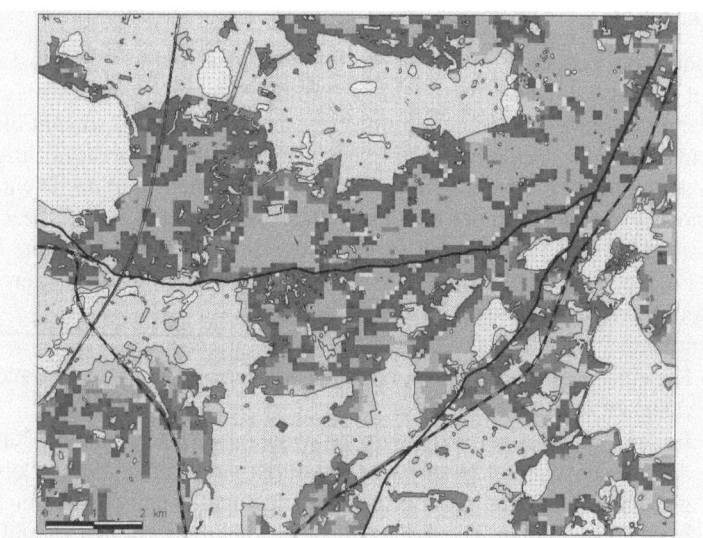

Abb. 5: Agrarlandschaft Chorin. Simulierte Habitatqualität für Neuntöter (*Lanius collurio*). Habitat-Qualität ist auf ein 9stufiges Farbspektrum von rot (= potenziell ungeeignet) nach grün (potenziell optimal geeignet) skaliert. Standgewässer sind grobmaschig gepunktet, Wälder und Forsten feinmaschig gepunktet hervorgehoben.

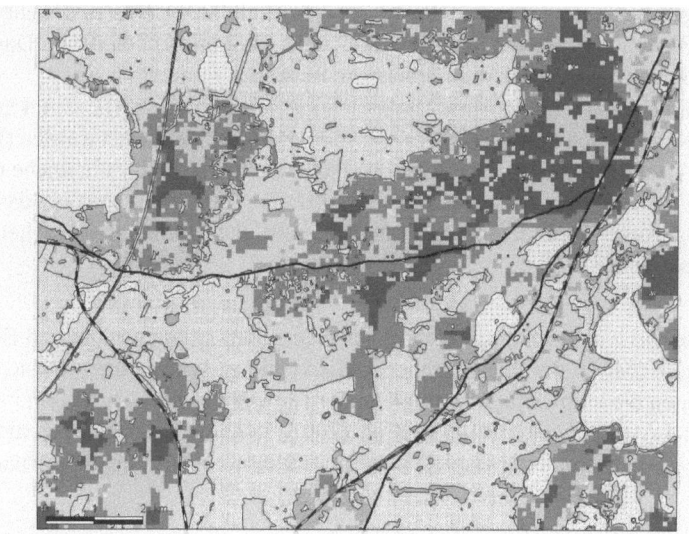

Abb. 6: Agrarlandschaft Chorin. Simulierte Habitatqualität für Grauammer (*Emberiza calandra*); Habitat-Qualität ist auf ein 9stufiges Farbspektrum von rot (= potenziell ungeeignet) nach grün (potenziell optimal geeignet) skaliert. Standgewässer sind grobmaschig gepunktet, Wälder und Forsten feinmaschig gepunktet hervorgehoben.

3.3 Empirische Befunde

Insbesondere im Vergleich mit ähnlichen Landschaften und in seiner historischen Veränderung bildet das tatsächliche Floren- und Fauneninventar ein aussagekräftiges Kriterium für die Beurteilung der biotischen Situation. In Agrarlandschaften sind sowohl die Elemente der natürlichen als auch der speziellen agrarischen Biodiversität zu berücksichtigen. Problematisch bleibt, dass man sich bei der Ermittlung des Vorkommens und der Dichte von Pflanzen und - mehr noch - von Tieren in der Regel auf eine Auswahl von Gruppen beschränken muss.

Die Agrarlandschaft Chorin ist ein vergleichsweise gut untersuchtes und inventarisiertes Gebiet. Im Folgenden sind Ergebnisse von verschiedenen Untersuchungen in den letzten Jahren stichpunktartig zusammengefasst:

- Bei einer Kartierung der Flurgehölze wurden 53 Baum- und Straucharten erfasst (DELZER & SCHRADE 1996).
- In den landwirtschaftlich genutzten Arealen wurden insgesamt 206 verschiedene Arten von Ackerwildkräutern ermittelt (HÜLBERT et al. 1993). Dabei zeigten sich gravierende Differenzen zwischen unterschiedlichen Schlagbereichen und angebauten Fruchtarten. Die Artenzahlen schwankten zwischen 18 und 77 auf einzelnen Schlägen und sind Beleg für ein hohes Arteninventar.
- Im Gebiet westlich von Groß Ziethen wurden bei einer Vegetationsaufnahme in 58 Söllen insgesamt 276 Gefäßpflanzenarten nachgewiesen (DREGER 1994). Darunter zählen 28 Arten zu den in Brandenburg am meisten gefährdeten Arten.
- Im Rahmen von avifaunistischen Untersuchungen konnten allein im agrarischen Kernbereich der Landschaft um die Gemeinden Groß und Klein Ziethen 116 Vogelarten erfasst werden (WAWRZYNIAK et al. 2006). Das sind mehr als 2/3 der im Biosphärenreservat Schorfheide-Chorin vorkommenden Arten. Darunter befinden sich ca. 30 ausgesprochen seltene Arten.
- Im Ergebnis dreijähriger Untersuchungen der Laufkäferfauna im agrarischen Kernbereich konnten insgesamt 160 Arten nachgewiesen werden (HÜLBERT & ADAM 1997). Die hohe Artenzahl wird als ein Indiz für die reiche ökologische Strukturierung der Landschaft interpretiert. Bemerkenswert ist, dass viele gefährdete Carabiden-Arten oftmals nur auf bewirtschafteten Flächen gefunden wurden.

Verglichen mit Untersuchungsergebnissen in hinsichtlich Naturraum und Bewirtschaftung ähnlichen Landschaften der Jungmoräne in Mecklenburg-Vorpommern (VOIGTLÄNDER et al. 2001) bestätigen die empirischen Befunde in der Agrarlandschaft Chorin ein hohes Niveau an biologischem Inventar. VOIGTLÄNDER et al. (2001) konnten in zwei Untersuchungsgebieten in Mecklenburg-Vorpommern beispielsweise nur 28 bzw. 44 Brutvogelarten nachweisen.

4 Schlussfolgerungen

Um Landschaften hinsichtlich ihrer biotischen Ausstattung bzw. ihres biotischen Zustandes zu bewerten, schlagen wir die Anwendung des Konzeptes der biotischen Integrität vor. D. h. zu prüfen, ob eine Landschaft so genutzt wird, dass die für die Landschaft charakteristischen funktionellen Ökosystemleistungen langfristig erhalten werden können. Das bedeutet keinen fixen Normwert, sondern ein Spektrum von potenziellen Ausstattungsvarianten biotischer Elemente im Rahmen der geomorphologisch-naturräumlichen Vorprägung sowie von variablen Reaktionsmustern und Entwicklungspfaden, die durch die Art und Intensität der historischen und gegenwärtigen Landschaftsnutzung begrenzt werden. Es besteht weiterhin ein signifikanter Bedarf hinsichtlich konzeptioneller und operationeller Ansätze zur quantitativen Analyse und Bewertung der biologischen Vielfalt im Rahmen von Landschaften und unter verschiedenen Umwelt- und Nutzungsbedingungen.

Wir schlagen weiter vor, den Integritätsstatus an Hand von Indikatoren aus den Gruppen 1) Vorkommen, Vielfalt und räumliche Anordnung typisierbarer landschaftlicher Ausstattungselemente im Untersuchungsraum, 2) Habitatgüten für ausgewählte Pflanzen- und Tierarten, funktionelle Gruppen oder Gilden sowie 3) tatsächliches Vorkommen und Dichte ausgewählter Pflanzen- und Tierarten im Untersuchungsraum zu ermitteln. Einen Anhaltspunkt für die Auswahl und die akzeptable Ausprägung konkreter Indikatoren liefern die zu erwartenden Lebensgemeinschaften von naturnahen Ökosystemen vergleichbarer geomorphologisch-naturräumlicher Vorprägung. Die biologische Vielfalt auf den genutzten Arealen ist in Integritätsbetrachtungen einzubeziehen. Welche Strukturindikatoren und welche Vertreter welcher organismischen Indikatorgruppen angesichts der vorhandenen Möglichkeiten tatsächlich ausgewählt werden, ist ein wichtiger Gegenstand der landschaftsbezogenen Forschung. Die bisherige Praxis derartiger Untersuchungen (Vögel, Säuger, Insekten), die sich - durchaus verständlich - an Beobachtbarkeit, Identifizierbarkeit und allgemeinem Konsens orientiert, sollte zukünftig durch einen stärkeren funktionellen Bezug der ausgewählten Arten und Gruppen ergänzt werden. Sicher ist, dass detailliertes biologisch-ökologisches Wissen über Arten und Artengruppen eine unverzichtbare Grundlage für das Verständnis der Zusammenhänge von biologischer Vielfalt sowie Struktur, Funktion und Veränderung von Landschaften bildet. Modelle sind besonders geeignet, dieses Wissen zu systematisieren und räumlich zu extrapolieren. Die Gewinnung von aussagekräftigen, verallgemeinerungsfähigen Daten in Landschaften bleibt eine gewaltige methodische Herausforderung. Offenbar ist es notwendig, verschiedene verfügbare Methoden zu kombinieren (Stichproben, Modellierung, aber auch "Landschaftsexperimente" u. a.).

Die Agrarlandschaft Chorin bietet aufgrund ihrer naturräumlichen Vorprägung sowie ihrer aktuellen Ausstattung an Biotopen und ihrer Nutzung sehr gute Bedingungen für das Vorkommen von Pflanzen- und Tierarten des eiszeitlich geprägten nordostdeutschen Tieflandes. Bemerkenswert ist nicht nur der Reichtum an Brutvögeln (WAWRZYNIAK et al. 2006) und an Ackerwildkräutern (HÜLBERT et al. 1993), sondern auch der Anteil geschützter Arten. Ein großer Teil der Agrarfläche unterliegt keinen Nutzungsbeschränkungen; die in den 1990er Jahren erfolgten Nutzungsänderungen auf den Agrarflächen (LUTZE et al. 2006b) haben dennoch keine nachhaltig negativen Auswirkungen auf den Artenreichtum und Individuen- bzw. Vorkommensdichten gehabt. Dadurch, dass Teile des Projektgebietes selbst eine große Naturnähe aufweisen bzw. in der unmittelbaren Umgebung naturnahe Biotope vorhanden sind, finden insbesondere mobile und auf verteilte Habitate angewiesene Arten im nördlichen Bereich ausreichend Ausweich- und Rückzugsgebiete. Ein nicht zu unterschätzendes Gefahrenpotenzial stellt allerdings die B 197 dar. Durch den ständigen starken und sehr von LKW geprägten Verkehr ist sie ein starkes Zerschneidungs- und Barriereelement für den südlichen Teil des Projektgebietes. Es besteht die reale Gefahr, dass dadurch Wanderungs- und Austauschprozesse in der Landschaft nachhaltig behindert und Arten aus dem südlichen Teil verdrängt werden.

Danksagung

Während der Entstehung dieses Beitrages verstarb unerwartet unsere Mitautorin Claudia Latus. Insbesondere mit ihrem Initiativreichtum und ihrem ungebrochenen Optimismus hat sie viel für die Entwicklung einer Kultur der interdisziplinären Zusammenarbeit geleistet. Das Andenken an Sie wird uns in Zukunft begleiten.

Diese Arbeit wurde gefördert durch das Bundesministerium für Ernährung, Landwirtschaft und Verbraucherschutz sowie das Ministerium für Ländliche Entwicklung, Umwelt und Verbraucherschutz des Landes Brandenburg.

Literatur

ANGERMEIER, P. L. & J. R. KARR (1994): Biological Integrity versus biological diversity as policy directives. *BioScience* 44, pp. 690-697.

CAIRNS, J. (1977): Quantification of biological integrity. In: BALLENTINE, R.K. & L.J. GUARRAIA (Eds.), The integrity of water, U.S. Environmental Protection Agency, Office of Water and Hazardous Materials, Washington DC, pp. 171-187.

GIBBS, W.W. (2002): Gibt es ein unsichtbares Artensterben? *Spektrum der Wissenschaft*, Januar 2002, S. 62-71.

DELZER & SCHRADE (1996): Flurgehölze in der Agrarlandschaft Chorin. Unveröffentlicher Arbeitsbericht, ZALF Müncheberg.

DREGER, F. (1994): Ökologische Charakterisierung von wasserführenden Acker- und Grünlandhohlformen (Sölle) im Biosphärenreservat "Schorfheide-Chorin". Diplomarbeit, Universität Bielefeld, 144 S.

FINKE, L. (1994): Landschaftsökologie. Westermann, Braunschweig, 232 S.

FORMAN, R.T.T. & M. GODRON (1986): Landscape Ecology. John Wiley and Sons, New York, 620 p.

HAASE, G., H. BARSCH, R. SCHMIDT & K. MANNSFELD (1991): Theoretische und methodische Grundlagen der chorischen Naturraumerkundung. *Beiträge zur Geographie* 34, S. 19-25.

HÜLBERT, D., K. SCHLIEBENOW & R. TROMMER (1993): Erarbeitung methodischer Grundlagen und Lösungen für agrarfloristische und -faunistische Zustandsanalysen im Biosphärenreservat Schorfheide-Chorin. Forschungsprojekt-Abschlußbericht KAI e.V., Förderkennzeichen 2811/91 WIP-020042/A.

HÜLBERT, D. & S. ADAM (1997): Biotische Mannigfaltigkeit – Indikator für intakte Kulturlandschaften? Studie am Beispiel epigäischer Laufkäfer. *Archiv für Naturschutz und Landschaftsforschung* 36, S. 179-208.

KARR, J.R. & D.R. DUDLEY (1981): Ecological perspective on water quality goals. *Environmental Management* 5, pp. 55-68.

KLEYER, M., R. KRATZ, G. LUTZE & B. SCHRÖDER (1999/2000): Habitatmodelle für Tierarten: Entwicklung, Methoden und Perspektiven für die Anwendung (Habitat models for animal species: development, methods and perspectives for application). *Zeitschrift für Ökologie und Naturschutz* 8, S. 177-194.

KREBS, A. (1997): Naturethik im Überblick. In: KREBS, A. (Hrsg.), Naturethik. Grundtexte der gegenwärtigen tier- und ökoethischen Diskussion, Suhrkamp Taschenbuch Wissenschaft 1262, Frankfurt.

LANE, M. (1999): Biodiversity: A Scientific Dilemma. Online im Internet, URL: http://www.utexas.edu/depts/grg/gstudents/lanem/papers.htm [Stand: 25.01.2002].

LEVIN, S. A. & S. W. PACALA (1997): The ecology and evolution of biodiversity. Online im Internet, URL: http://www.eeb.princeton.edu/~gregg/workshop/sloan.htm [Stand: 25.01.2002].

LUA (1995): Biotopkartierung Brandenburg - Kartierungsanleitung. Landesumweltamt Brandenburg, Potsdam, 128 S.

LUTZE, G., R. WIELAND & A. SCHULTZ (2006a): Habitat models: Instruments for the integrative representation and analysis of habitat demands directly related to landscape structure and land use. In: FLADE, M., H. PLACHTER, R. SCHMIDT & A. WERNER (Eds.), Nature Conservation in Agricultural Landscapes. Results of the Schorfheide-Chorin Project, Quelle & Meyer Verlag Wiebelsheim, pp. 448-457.

LUTZE, G., K. LUZI, W. HABERSTOCK & K.-O. WENKEL (2006b): Wandel der landwirtschaftlichen Anbaustruktur unter dem Einfluss sich ändernder agrarökonomischer und gesellschaftlicher Verhältnisse in der Ziethener Moränenlandschaft im Zeitraum von 1976 bis 2005. In diesem Band.

LVA (1997): Vermessung Brandenburg, Sonderheft ATKIS. Landesvermessungsamt Brandenburg, Potsdam.

MACZEY, N. & P. BOYE (1995): Lärmwirkungen auf Tiere – ein Naturschutzproblem? *Natur und Landschaft* 69, S. 545-549.

MCGARIGAL, K. & B.J. MARKS (1994): FRAGSTATS Spatial pattern analysis program for quantifying landscape structure Version 2.0. Forest Science Dept., Oregon State University, Corvallis.

MEYNEN, E., J. SCHMITHÜSEN, J.F. GELLERT, E. NEEF, H. MÜLLER-MINY & J.-H. SCHULTZE (1962): Handbuch der naturräumlichen Gliederung Deutschlands. Bundesanstalt für Landeskunde und Raumforschung, Bad Godesberg, 1339 S.

NOSS, R. (1990): Indicators for Monitoring Biodiversity. A Hierarchical Approach. *Conservation Biology* 4, pp. 355-364.

ODUM, E. (1998): Ecological vignettes: ecological approaches to dealing with human predicaments. Harwood Academic Publishers, 269 p.

O'CALLAGHAN, J.R. (1995): NELUP: An Introduction. *Journal of Environmental Planning and Management* 38, pp. 5-20.

OTA (Office of Technology Assessment) (1987): Technologies to maintain biological diversity. U.S. Government Printing Office, Washington DC.

PAHL-WOSTL, C. & R. ULANOWICZ (1993): Quantification of Species as Functional Units within an Ecological Network. *Ecological Modelling* 66, pp. 65-79.

SCHULTZ, A., R. KLENKE, G. LUTZE, M. VOSS, R. WIELAND & B. WILKENING (2003): Habitat models to link situation evaluation and planning support in agricultural landscapes. In: BISSONETTE, J. & I. STORCH (Eds.), Landscape ecology and resource management - Linking theory with practice, Island Press, pp. 261-282.

STEINHARDT, U. & M. VOLK (2002): An Investigation of water and matter balance on the meso-landscape scale: A hierarchical approach for landscape research. *Landscape Ecology* 17, pp. 1-12.

STORK, N. E. (1996): Measurung Global Biodiversity and its Decline. In: Biodiversity II: Understanding and Protecting Our Biological Resources. Online im Internet, URL: http://www.nap.edu/openbook/0309052270/html/41.html [Stand: 11.07.2003].

TAKACS (1996): Philosophies of Paradise. The Johns Hopkins University Press, Baltimore.

TERBORGH, J. (1988): The big things that run the world, a sequel to E. O. Wilson. *Conservation Biology* 2, pp. 402-403.

VOIGTLÄNDER, U., W. SCHELLER &. CH. MARTIN (2001): Ursachen für die Unterschiede im biologischen Inventar der Agrarlandschaften in Ost- und Westdeutschland. Angewandte Landschaftsökologie, Heft 40, Bundesamt für Naturschutz, Bonn - Bad Godesberg, 408 S.

WAWRZYNIAK, H., G. LUTZE, J. KIESEL & M. VOSS (2006): Brutvogelarten in der Ziethener Moränenlandschaft als Indikator der biotischen Integrität. In diesem Band.

WBGU (2000): Welt im Wandel: Erhaltung und nachhaltige Nutzung der Biosphäre. Jahresgutachten 1999, Springer, Berlin, 482 S.

WENKEL, K.-O., A. SCHULTZ & G. LUTZE (2006): Modellorientierte landschaftsökologische Forschung – Hilfsmittel zur Verwirklichung des Nachhaltigkeitsprinzips. In diesem Band.

WILSON, E.O. (1987): The little things that run the world. *Conservation Biology* 1, pp. 344-346.

WILSON, E.O. (Hrsg.) (1992): Ende der biologischen Vielfalt? Spektrum Akademischer Verlag, Heidelberg, 557 S.

WILSON, E.O. (1995): Der Wert der Vielfalt. Piper, München, Zürich, 512 S.

Charakteristische Ausstattungselemente von Jungmoränenlandschaften - dargestellt am Beispiel von Ackerhohlformen und Flurgehölzen in der Ziethener Moränenlandschaft

Gerd Lutze [15], Joachim Kiesel & Thomas Kalettka

Zusammenfassung

Für die Struktur der Ziethener Moränenlandschaft stellen die Ackerhohlformen, häufig als vernässte Senken mit Flurgehölzen ausgebildet, charakteristische Elemente dar. Sie bilden Lebensraum für zahlreiche wildlebende Tier- und Pflanzenarten. Im Gebiet wurden ca. 250 Sölle kartiert und deren Morphologie, Wasserführung und Verbreitung untersucht. Die Analyse der Verbreitung der Ackerhohlformen zeigt einen klaren Zusammenhang mit den geomorphologischen Bildungen. Starke Häufungen wurden in den kuppigen Grundmoränen ermittelt. Die Dichte in den flachwelligen Grundmoränen geht deutlich zurück. In den Sanderflächen werden Sölle nur vereinzelt angetroffen. Bei der Verbreitung der flächenhaften Flurgehölze besteht in den Grundmoränen eine enge Bindung an das Vorkommen von Ackerhohlformen. Die linienförmigen Flurgehölze zeigen erwartungsgemäß einen direkten Bezug zum Wegenetz. Insgesamt ist die Pflege der Flurgehölze in der Ziethener Moränenlandschaft ein aktuelles Problem. Allerdings besitzt die derzeit nicht selten angetroffene "Wildnis" einen hohen ökologischen Stellenwert. Mit dem Verfahren des "Moving-Window" konnte die diskrete Darstellung der Ackerhohlformen und der Flurgehölze zu einer regionalisierten Dichtepräsentation geführt werden.

Abstract

The field kettle holes are typical structure elements at the Ziethen Moraine Landscape often occuring with wet depressions and lots of wood. They form habitats for numerous wild-living animal and plant species. In the area approximately 250 kettle holes were mapped and their morphology, water dynamics and distribution were examined. The analysis of the distribution of the field woods shows a clear relation to the geomorphological forms. Strong accumulations were determined in the hilly ground moraines. The density in the flat ground moraines is rather low. In the outwash plains surfaces kettle holes are found only sporadically. The distribution patterns of the field woods show a narrow connection to the kettle holes in the ground moraines. The line-shaped woods show the expected direct relation to the

---

[15] Korrespondierender Autor: Dr. sc. G. Lutze, Leibniz-Zentrum für Agrarlandschaftsforschung (ZALF), Institut für Landschaftssystemanalyse, Eberswalder Str. 84, D-15374 Müncheberg.
E-Mail: glutze@zalf.de.

road network. The care of field woods and hedges is a topical problem in the Ziethen Moraine Landscape, but the current "wilderness" is sometimes of high ecological value. With the procedure of the "Moving-Window" the discrete display of landscape elements could be extended to a regionalized density representation.

1   Einleitung

Die Gesamtheit der eine Landschaft aufbauenden Landschafts- und Geokomponenten bzw. -elemente sowie deren räumliche Konfiguration, bei Vernachlässigung des Wirkungsgefüges, wird nach BASTIAN & SCHREIBER (1999) als Landschaftsstruktur definiert. Die aktuelle Landschaftsstruktur ist das Ergebnis der räumlichen und zeitlichen Wechselwirkungen zwischen den Geokomponenten einschließlich des Klimas sowie der anthropogen bedingten Landschaftsnutzung. Sie kann als integrierender Indikator für natürliche und nutzungsbedingte Folgewirkungen dieses Wechselspiels im Landschaftsmaßstab aufgefasst werden (LUTZE et al. 2004).

Für die Landschaftsstruktur der überwiegend landwirtschaftlich genutzten Ziethener Moränenlandschaft stellen die Ackerhohlformen charakteristische Elemente dar. Sie sind häufig als vernässte Senken mit Flurgehölzen ausgebildet und formen wesentlich die Lebensraumqualität der wildlebenden Tier- und Pflanzenarten. Art, Umfang und Verbreitung als auch die ökologische Wertigkeit des biologischen Inventars dieser Lebensräume besitzen eine deutliche Abhängigkeit einerseits von der naturräumlichen Vorprägung einschließlich der standörtlichen Bedingungen und andererseits von den historischen bzw. den aktuellen anthropogenen Einflüssen, wie Nutzungsart und Bewirtschaftungsweise.

Wichtig für die Bewertung dieser Landschaftselemente sind Kenntnisse über die Regelhaftigkeit der Anordnung und ihre Vergesellschaftung im Gefüge mit den Landschafts- und Geokomponenten. Ihre Quantifizierung ermöglicht, die potenzielle Ausstattung der naturräumlichen Einheiten in den Jungmoränenlandschaften einschließlich ihrer Lebensräume für wildlebende Tier- und Pflanzenarten abzuschätzen. Schließlich kann so die Landschaftsstruktur Informationen über die zu erwartende biologische Vielfalt und biotische Integrität liefern (SCHULTZ et al. 2006).

Umfangreiche Studien belegen die positive Korrelation zwischen Anzahl bzw. Anteil von Landschaftsstrukturelementen, wie Ackerhohlformen und Flurgehölze, einerseits und der Biodiversität von Agrarlandschaften so wie ihre generell große Bedeutung für den Biotop- und Artenschutz andererseits (KRETSCHMER et al. 1995, VOIGTLÄNDER et al. 2001). Anschaulich wiesen diese Arbeiten nach, dass die Zunahme der Strukturelemente direkt gekoppelt ist an eine Erhöhung der Artenzahlen z. B. der Brutvögel und Tagfalter.

Neben den ökologischen Funktionen besitzen die Flurgehölze wichtige landschaftsgliedernde und landschaftsbildprägende Eigenschaften.

Bezüglich der Ackerhohlformen, einschließlich der Toteishohlformen (Sölle), bestehen gute Kenntnisse über ihre Morphogenese und über die Bewertung ihrer Funktion als Habitat sowie für den Landschaftswasser- und -stoffhaushalt (KLAFS et al. 1973, DREGER 1994, 2001, KALETTKA 1996, 1999, LUTHARDT & DREGER 1996, SCHMIDT 1996, SCHNEEWEIß 1996). Die Ausbildung von kleinen Mooren im Zusammenhang mit den Hohlformen in der Ziethener Moränenlandschaft untersucht J. CHMIELESKI (2006). Ungenügend sind hingegen noch die Kenntnisse über die Verbreitung dieser Landschaftselemente in Abhängigkeit z. B. von den geomorphologischen Bildungen und damit auch ihre Dichte in unterschiedlichen

Naturräumen. Analoges gilt für die Flurgehölze. Es kann nicht befriedigen, wie von KRETSCHMER et al. (1995) beziffert, den Flurgehölzanteil mit einem "Optimalbereich von 4 ... 5 km/km²" relativ undifferenziert für das gesamte Land Brandenburg zu empfehlen.

Für die Bewertung von Agrarlandschaften ist es daher wichtig, Regeln für Verbreitungsmuster dieser Landschaftselemente zu erkennen und ein möglichst naturräumlich bezogenes Ausstattungspotential zu definieren.

2 Methodik

Zur Untersuchung der Verbreitung und der Dichte der Landschaftsstrukturelemente waren ihre flächendeckende Aufnahme in der Ziethener Moränenlandschaft sowie die entsprechende Digitalisierung erforderlich. Außerdem wurden Daten aus anderen Quellen, wie der Biotoptypenkartierung des Biosphärenreservates Schorfheide-Chorin und des Amtlichen Topografisch-Kartografischen Informationssystems (ATKIS), erschlossen und für die Auswertung herangezogen.

2.1 Kartierung der Ackerhohlformen

Die Kartierung der Ackerhohlformen im Gebiet der Ziethener Moränenlandschaft erfolgte in den Jahren 1994/95 nach einer modifizierten Version des Brandenburger Biotoptypen-Schlüssel. Eine Aufnahmemethodik spezifischer Typologien, wie sie von KALETTKA & RUDAT (2002) auf der Basis hydrogeomorphologischer Eigenschaften sowie von LUTHARDT & DREGER (1996) auf der Basis der dominanten Vegetation erarbeitet wurden, stand noch nicht zur Verfügung. Bei der Ansprache der Ackerhohlformen lag das Hauptaugenmerk aus technischen Gründen auf der Erfassung der morphologischen Merkmale. Als Kartiergrundlage dienten Luftbildkarten im Maßstab 1: 5.000, die von der Fa. Eurosense GmbH im Auftrag der Kreisverwaltung Eberswalde mit einem Bildflug am 07.07.1991 erstellt wurden.

Für die Kartierung der Ackerhohlformen wurde die offene agrarisch genutzte Fläche der Ziethener Moränenlandschaft mit 2.532 ha als äußere Grenze gewählt. Alle im Luftbild erkennbaren Hohlformen vom Kleingewässer bis zur vermoorten Senke wurden im Gelände überprüft, kartiert und digitalisiert. Die Kartierung auf Grundlage des Luftbildes ermöglichte eine gute Lagegenauigkeit und unterstützte die Orientierung im unübersichtlichen Gelände.

Insgesamt konnten 249 Hohlformen identifiziert werden. Ihre Aufnahme erfolgte für die jeweilige Gesamtfläche der Hohlform und unterteilt in Saumbereiche und in Wasserflächen.

Die Unterscheidung der Ackerhohlformen nach ihrer Genese (echte glazigene Sölle, Pseudosölle und vermoorte Senken) kann in der Regel erst nach einer Abbohrung vorgenommen werden. Das war aus verschiedenen Gründen nicht möglich. Beispielhaft wurde dies von DREGER (1994) für eine Teilfläche der Ziethener Moränenlandschaft - westlich von Groß Ziethen - durchgeführt, so dass hier auf diese Untersuchungen zurückgegriffen werden kann.

Für ausgewählte Sölle wurde in der Zeit von April 1994 bis Februar 1995 die Wasserführung aufgenommen, um die Dynamik im Jahresgang darzustellen.

Die Wasserführung der Ackerhohlformen wurde im August 2003 einer erneuten Kontrolle unterzogen, um nach einem extrem trockenen 1. Halbjahr insbesondere die Permanenz der Wasserführung zu überprüfen. Allerdings konnte ein Teil der Hohlformen (38) im Bereich der Steinberge nicht mit einbezogen werden.

2.2 Kartierung der Flurgehölze

In Weiterführung der Kartierung der Ackerhohlformen wurden die Flurgehölze nach der Brandenburger Biotopkartieranleitung ebenfalls unter Nutzung von Luftbildkarten und von Feldaufnahmen) erfasst. Die ersten Aufnahmen wurden von Winter 1995 bis Frühjahr 1996 durchgeführt.

Für jedes Landschaftselement wurde eine Artenliste erstellt. Die einzelnen Gehölzarten wurden mit ihrem Deckungsgrad in % der jeweiligen Biotopfläche und ihrer maximalen Höhe angegeben. Die Prozentangabe für die Deckung kann, muss aber nicht 100% ergeben, da sich bei mehrschichtigem Aufbau Baum- und Strauchschicht überlappen. Bei sehr locker bestandenen Hecken und Gebüschen beträgt der Deckungsgrad demnach weniger als 100% der Biotopfläche.

Da die offizielle Kartieranleitung weder Einzelgebüsche noch Einzelbäume oder Baumgruppen vorsah, wurde die Methodik dahin gehend erweitert. In die Analyse wurden auch die Waldränder aufgenommen, die die Offenlandbereiche im Norden und Süden des Untersuchungsgebietes begrenzen. Ihre ökologische Bedeutung ist mit denen der Flurgehölze vergleichbar.

2.3 GIS-gestützte Analyseverfahren

Die in der o. g. Weise kartierten Landschafts- bzw. Flurelemente wurden digitalisiert und standen somit für die GIS-gestützten klassischen Standardanalyseverfahren zur Verfügung.

Um jedoch von den diskret räumlich verteilten Punkten, Linien und Flächen der zu betrachtenden Objekte zu vollflächigen Aussagen über die Art ihrer Anordnung und Dichte zu gelangen bzw. bei Bedarf mit anderen thematischen Ebenen verknüpfen zu können, kam die Moving-Window Technologie zum Einsatz (KIESEL & LUTZE 2003). Dabei werden die konkreten Objekte gewissermaßen aufgelöst, ohne dass der konkrete Raumbezug (Lage im Raum, Nachbarschaft) verloren geht. Es wird ein Schritt der Generalisierung dieser Objekte im Raum vollzogen, der das Erkennen der Regelhaftigkeit der Anordnung und Vergesellschaftung im Gefüge oder Mosaik mit Landschaftskomponenten unterstützt.

3 Ergebnisse

3.1 Ackerhohlformen

Ackerhohlformen als charakteristische Strukturformen der Jungmoränenlandschaft, ursprünglich in nach allen Seiten geschlossenen Hohlformen entstanden, haben sowohl durch die natürliche Genese als auch durch anthropogene Einflüsse starke Wandlungen erfahren. DREGER (1994) wies für einen Landschaftsausschnitt westlich von Groß Ziethen im Zeitraum von 1888 bis 1993 eine Reduzierung der Anzahl von 131 auf 80 Ackerhohlformen nach. Infolge von 3 Meliorationsprojekten wurden im größeren Gebiet der Ziethener Moränenlandschaft 79 Hohlformen ("Hutscheplan" 1985: 38, "Kernberge" 1986: 24, "Schäferei" 1988: 17) aufgefüllt und fast alle mittels Gräben oder Dränagen an die Vorflut angeschlossen (LUTZE & KIESEL 2006). Auch wenn im Zuge der Intensivierung der landwirtschaftlichen Produktion zahlreiche Sölle beseitigt wurden, da die Landwirte sie lange Zeit in erster Linie als Bewirtschaftungshindernis angesehen haben, stellen sie doch ein immanentes Zeugnis naturräumlicher Landschaftsprägung dar.

Allerdings ist davon auszugehen, dass aufgrund ausgebliebener Pflege der Meliorationsanlagen, insbesondere der Drainagesysteme, nur noch wenige funktionstüchtige Anlagen bestehen.

DREGER (1994) führte 1993 im oben genannten Gebiet stratigrafische Untersuchungen in 41 Hohlformen durch. Die Befunde von den abgebohrten Hohlformen erbrachten folgende Zuordnung: glazigene Sölle 18 (44 %), vermoorte Senken 16 (39 %), Oberflächen-Pseudosölle 7 (17 %) und Grundwasser-Pseudosölle 0 (0 %). Die ermittelten echten Sölle konnten als ursprünglich typische, ausgereifte Sölle im Sinne von KLAFS et al. (1993) angesprochen werden.

3.1.1 Struktur der Ackerhohlformen

Morphologie

Die untersuchten Ackerhohlformen schwankten in ihrer Größe beträchtlich (Abb. 1).

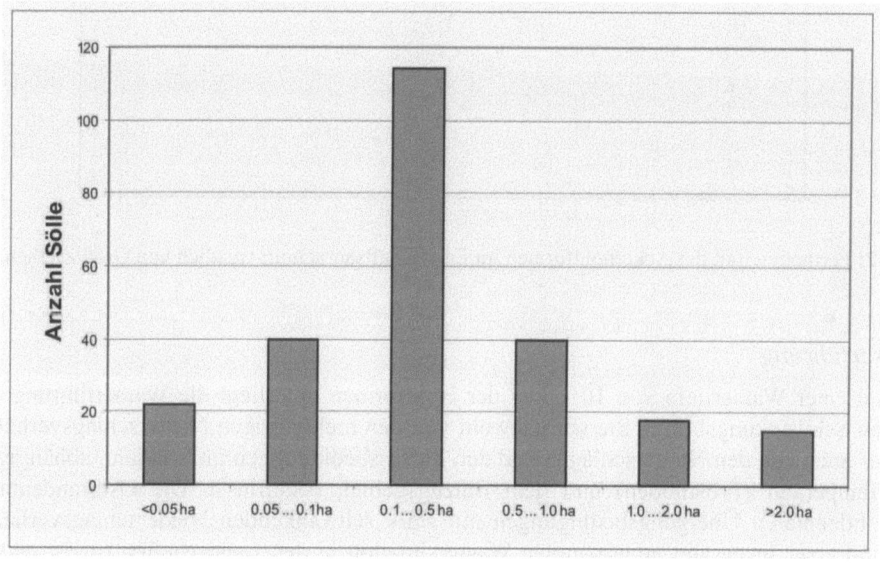

Abb. 1: Größenverteilung der Ackerhohlformen in der Ziethener Moränenlandschaft.

Betrachtet man die Gesamtfläche (Saumbereiche und Wasserflächen), dann lag sie zwischen 0,01 ha und 5,7 ha. Wurden nur die wasserführenden Areale (Stand 1994) einbezogen, dann ergab sich eine Fläche zwischen 13 m² und 3,23 ha. Als mittlere Flächengrößen für die Gesamtareale wurden 0,57 ha und für die Wasserflächen 0,14 ha errechnet. Die Form der Hohlkörper variierte von annähernd kreisrund bis stark unregelmäßig. Von den 249 Hohlformen können ca. 40 als kreisrund und ebensoviel als oval bis gestreckt bezeichnet werden. Die überwiegende Anzahl (ca. 135) zeigt hingegen eine unregelmäßige Gestalt. Einen Eindruck von der Variabilität der Formen vermittelt der Landschaftsausschnitt westlich von Groß Ziethen (Abb. 2). Diese Befunde sind vergleichbar mit Ergebnissen aus anderen Beispielsregionen Nordostdeutschlands (KALETTKA 1996).

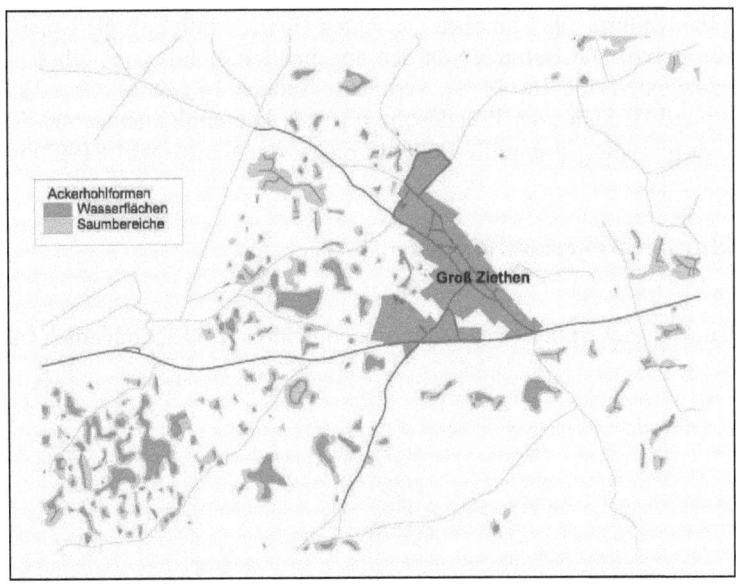

Abb. 2: Formenvielfalt der Ackerhohlformen im Landschaftsausschnitt westlich von Groß Ziethen.

Wasserführung

Bei einer Wassertiefe von 10 - 3 m der Hohlformen unterliegt die Wasserführung einer großen Schwankungsbreite. Sie wird sowohl von den mehrjährigen Niederschlagsverhältnissen als auch von den Niederschlägen und den Zuflussbedingungen im Frühjahr, abhängig von der Temperatur (Frostboden) und dem Einzugsgebiet, beeinflusst. Die Ostbrandenburger subkontinentalen Übergangsbedingungen mit stark schwankenden Niederschlagsverhältnissen und einer insgesamt angespannten Wassersituation in den Landschaften (meist negative Wasserbilanz) sorgen bei den Ackerhohlformen für eine besonders hohe Dynamik. Die Wasserführung schwankt vom Austrocknen bis zum Ausufern auf die umliegenden Äcker (KALETTKA 1996).

Die Einstufung der Wasserführung in "permanent", "temporär" und "trocken" kann somit wesentlich vom Zeitpunkt der Aufnahme beeinflusst werden. Eine gewisse "Sonderform" stellt die Wasserführung in den eingebetteten Gräben dar, die im Rahmen von Drainagesystemen angelegt wurden.

Die Wasserführung in den Ackerhohlformen wurde an zwei Aufnahmeterminen kartiert (1994/1995 und 2003). Betrachtet man zunächst die Befunde des Aufnahmezeitraumes von 1994/95, dann veranschaulichen die Ergebnisse das Bild der Wasserführung in "normalen" Jahren. In Frühjahren mit starken Niederschlägen entstehen auf den Äckern immer wieder zahlreiche kleine wassergefüllte Senken und bei vielen Ackerhohlformen stieg das Wasser über die Ufer. Meist stellen sich dann in den Sommermonaten wieder "normale" Verhältnisse ein.

Drastische Veränderungen infolge einer längeren Trockenperiode erbrachten die Befunde aus dem Jahr 2003 im Vergleich zur früheren Aufnahme. Die Anzahl der wasserführenden Ackerhohlformen betrug nur noch 5 % im Vergleich zur Aufnahme von 1994/95. Bereits DREGER (2001) beobachtete für ein Untersuchungsgebiet nördlich von Angermünde in den Jahren 1994-1997 einen Austrocknungstrend.

Vegetationsveränderungen (Zunahme der Rohrkolben- und Schilfbestände sowie der Sträucher) weisen daraufhin, dass ein längerfristiger Rückgang der Wasserflächen in zahlreichen Ackerhohlformen vonstattengegangen ist.

Am Beispiel von zwei Ackerhohlformengruppen - (a) ständig wasserführende und (b) temporär wasserführende Sölle - demonstrieren Pegelmessungen in der Untersuchungsperiode 1994 bis 1995 den charakteristischen Verlauf der Wasserstände während eines Jahres (Abb. 3). Die Beobachtungen unterstreichen, dass die Wasserstände erheblichen Schwankungen unterliegen. In der Gruppe mit permanenter Wasserführung differierten die Pegel um 50 bis 70 cm, in denen mit temporärer Wasserführung sogar noch stärker (> 1 m).

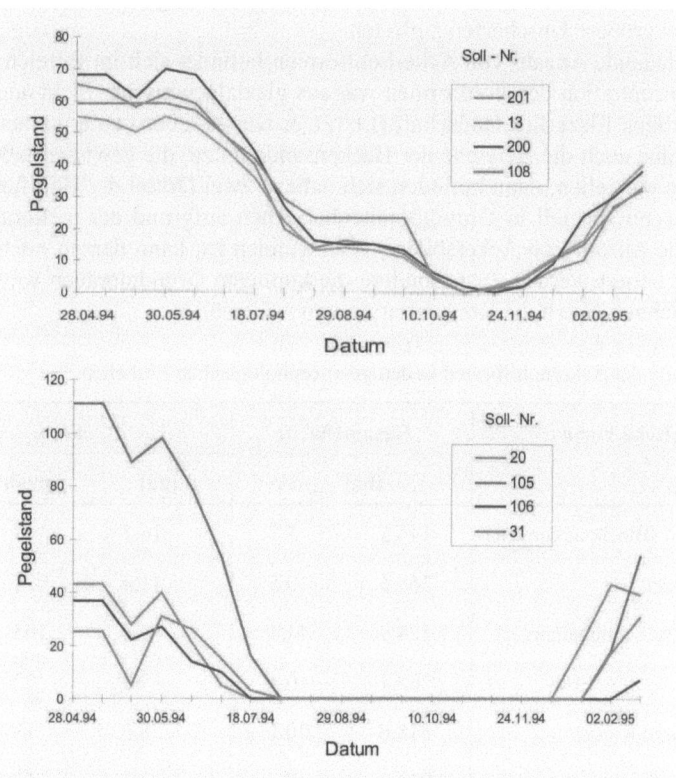

Abb. 3: Wasserführung (Pegelmessungen) in ausgewählten Ackerhohlformen (oben "permanent" und unten "temporär" wasserführend).

Über einen längeren Zeitraum betrachtet, können die Wasserstände sogar bis zu 2 m (SCHMIDT 1996) bzw. 2,5 m (HOFFMANN et al. 2000) schwanken. Diese über mehrere Jahre beobachteten extremen Schwankungen in der Wasserführung bewirken zwangsläufig auch eine beträchtliche Dynamik in der biotischen Ausstattung der Ackerhohlformen. Dies ist insbesondere bei limnischen bzw. amphibischen Arten zu erwarten.

Andererseits bieten diese periodischen Schwankungen einigen sehr spezialisierten Arten, wie z. B. den Zwergbinsen-Gesellschaften, konkurrenzfreie bzw. konkurrenzarme Flächen, die sie als Ersatzbiotop nutzen können (HOFFMANN et al. 2000).

3.1.2 Verbreitung und Verteilung der Ackerhohlformen

Die flächendeckende Kartierung der Ackerholformen im Offenland der Ziethener Moränenlandschaft erbrachte ein sehr markantes Verteilungsmuster (Abb. 4a) mit sowohl starken Konzentrationen als auch mit sollfreien Gebieten. Sie bot die Möglichkeit der Analyse der Verbreitung im geomorphologischen Kontext. Im Ergebnis der Verschneidung der thematischen Ebenen konnten deutliche Bezüge zwischen der Dichte der Ackerhohlformen und den geomorphologischen Formen veranschaulicht werden (Abb. 4b und Tab. 1). Dabei gilt es zu beachten, dass aufgrund der Differenzen im Aufnahmemaßstab zwischen Geomorphologie (1:50 000 und kleiner) und Ackerhohlformen (1:10 000 und größer) insbesondere in Übergangsbereichen größere Unschärfen auftreten.

Die überwiegende Anzahl von Ackerhohlformen befindet sich im Bereich der Grundmoräne. Eine Konzentration der Hohlformen war aus glazialgenetischer Sicht auch in den Arealen der ehemaligen Eiszerfallslandschaft (LUTZE & KIESEL 2006) zu erwarten. Rechnet man der Grundmoräne auch die Bereiche der Beckensande hinzu, die gewissermaßen übersandete Grundmoränen darstellen, dann befinden sich nahezu zwei Drittel der Hohlformen in diesem Areal. Auch wenn speziell in Grundmoränenbereichen aufgrund der meliorativen Maßnahmen eine große Anzahl von Ackersöllen verschwunden ist, kann derzeit noch eine beachtliche Dichte registriert werden. Insbesondere die kuppigen Grundmoränen westlich von Groß Ziethen verzeichnen eine hohe Konzentration von Ackersöllen.

Tab. 1: Verteilung der Ackerhohlformen in den geomorphologischen Einheiten.

Geomorphologische Form	Gesamtfläche		Sölle		
	[ha]	%	[ha]	Anzahl	[%]
Satzendmoränen (Blockpackungen)	144,5	5,7	16,7	43	15,2
Stauchendmoränen	266,5	10,5	11,8	24	8,5
Grundmoränen (Geschiebemergel)	1.124,9	44,4	85,8	165	58,3
Beckensande	262,4	10,4	9,3	22	7,8
Sander (Sande und Kiese)	518,6	20,5	8,0	17	6,0
Niedermoor (Torf)	214,9	8,5	3,1	12	4,2
gesamt	2531.81	100,0	134,7	283	100,0

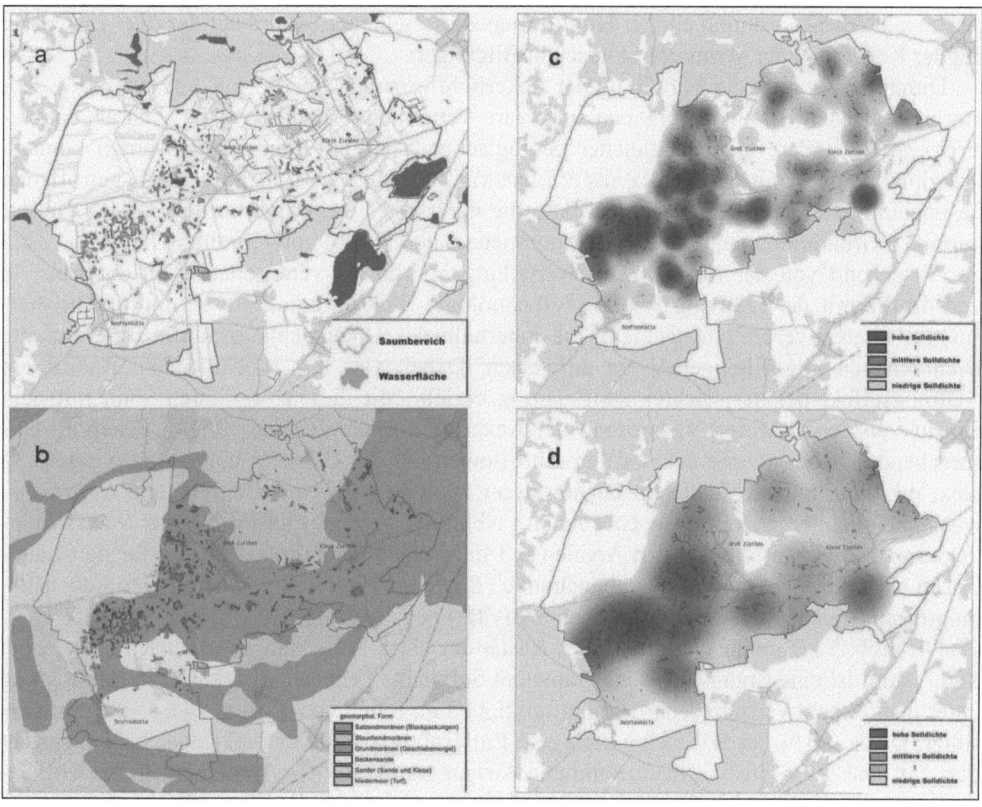

Abb. 4: Verbreitung von Ackerhohlformen in der Ziethener Moränenlandschaft.

Nach den Grundmoränen besitzen die Satz- und Stauchendmoränen mit einem Anteil von über 20 % der Ackerhohlformen ebenfalls eine relativ hohe Dichte. Es ist jedoch anzumerken, dass diese Landschaftsformen im kartierten Bereich der Agrarfläche der Ziethener Moränenlandschaft deutlich unterrepräsentiert sind. Ihr Anteil ist in den angrenzenden bewaldeten Arealen des Projektgebietes wesentlich höher. In den bewaldeten Endmoränen treten in großer Anzahl meist vermoorte Senken auf, die zahlreich und sehr detailliert in der historischen geognostisch-agronomischen Karte von SCHRÖDER (1892) aufgenommen wurden.

Eine besonders ausgeprägte Häufung von Hohlformen befindet sich im Gebiet der Steinberge, die als Satzendmoräne kartiert sind, und den sich direkt südöstlich anschließenden Grundmoränenarealen. Dieses stein- und blockreiche Gebiet wurde in früheren topografischen Karten auch als "bedingt nutzbare Fläche" bezeichnet und wird heute als Wiese und Weide extensiv bewirtschaftet. Durch die Kombination von Grünlandnutzung mit Kleingewässer- und Flurgehölzreichtum entstand hier auch ein ästhetisch sehr attraktiver Landschaftsausschnitt.

Schließlich verbleiben noch die Sander und Niedermoorbereiche. Erwartungsgemäß befinden sich in den Sanderbereichen nur wenige Ackerhohlformen. Das erklärt sich sowohl aus der Glazialgenese als auch aus den sehr flachen Reliefverhältnissen. Wahrscheinlich beruht auch die Zuordnung einiger Hohlformen zum Ziethener Sander auf der o. g. Unschärfe bei der Kartierung der geomorphologischen Bildungen.

Durch die Analyse der Verteilung der Ackerhohlformen (Abb. 4) im Kontext mit den geomorphologischen Bildungen ergaben sich klare Verteilungsverhältnisse, die auch als charakteristisch für andere Gebiete gleicher geologischer "Herkunft" angesehen werden können. Prinzipiell kann damit die von KLAFS & LIPPERT (2001) und LUTZE et al. (2004) getroffenen Feststellung eindeutig belegt werden, dass die natürlichen Ackerhohlformen - Sölle - in der kuppigen Grundmoräne und in den Endmoränenarealen ihre Hauptverbreitung haben.

Ausgehend von der Kleingewässerverteilung in Abb. 4a veranschaulichen die Abb. 4c und 4d die mit der "Moving-Window"-Technologie (Fensterradien 300 m und 600 m) herausgearbeiteten Verbreitungsgebiete, die innerhalb des Untersuchungsraumes differenzierte Dichteklassen von Kleingewässern aufweisen. Dabei wird mit zunehmendem Radius ein Glättungseffekt bei der Dichteklassifizierung erzielt. Mit diesem Verfahren kann mit dem Schritt von der diskreten Verbreitung der Ackerhohlformen zu einer Regionalisierung entsprechender Lebensräume eine ökologische Bewertung des Gebietes unterstützt werden. So kann mit einer unterschiedlichen Dichte dieser Biotope auch eine differenzierte Auftretenswahrscheinlichkeit charakteristischer Arten verbunden werden. Es ist mit hoher Wahrscheinlichkeit zu erwarten, dass in den Arealen mit der abgebildeten hohen Dichte für den Laubfrosch (*Hyla arborea*) und die Rotbauchunke (*Bombina bombina*) potenziell gute Lebensbedingungen (Laichhabitate mit hoher Konnektivität) gegeben sind.

Die Abb. 5 zeigt eine Verteilung des Abstandes eines Solls zum jeweils nächstgelegenen Soll. Damit ist eine Ergänzung des Parameters Solldichte gegeben, die z. B. eine Betrachtung unter dem Aspekt verschiedener Habitatfunktionen im Sinne von SCHNEEWEISS (1996) unterstützt. Da ca. 90 % der Sölle eine geringere Entfernung als 200 m zueinander haben, spricht dies für eine sehr günstige naturräumliche Ausgangssituation für Amphibien in diesem Gebiet. Allerdings gilt es hierfür noch weitere Faktoren, wie z. B. die Wasserführung, zu beachten.

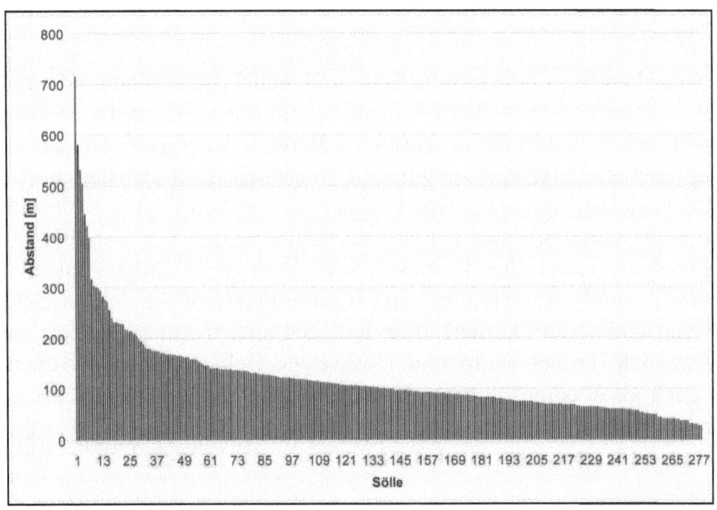

Abb. 5: Abstand zum nächstgelegenen Soll.

3.1.3 Biotische Ausstattung

Die Untersuchung der biotischen Ausstattung der Ackerhohlformen war nicht Gegenstand dieser Arbeit. Ergänzend kann jedoch auf die Befunde von DREGER (1994) zur Aufnahme der aktuellen Vegetation verwiesen werden. Er ermittelte in den 41 untersuchten Söllen 37 Vegetationseinheiten und erfasste insgesamt 275 Arten von Gefäßpflanzen an und in wasserführenden Hohlformen.

Wichtige Elemente der biotischen Ausstattung der Ackerhohlformen sind die Amphibien und Lurche. Hier konnte DREGER (1994) sieben von den 13 in Brandenburg vorkommenden Amphibienarten sowie drei Reptilienarten nachweisen.

Mit diesem auch im Vergleich zu anderen Gebieten Brandenburgs (KALETTKA 1999) sehr hohen floristischen Artenpotenzial und den relativ reichen Vorkommen von Arten der Herpetofauna wird die besondere naturschutzfachliche Bedeutung dieser komplexen Landschaftselemente unterstrichen.

3.2 Flurgehölze

In agrarisch geprägten Landschaften erfüllen Feldgehölze, Gebüsche und Hecken zweifelsohne wichtige Funktionen als Lebensraum für viele wildlebende Pflanzen- und Tierarten, als Elemente des Gewässer-, Erosions- und Pflanzenschutzes und sind somit über das Landschaftsbild prägende Elemente vielfältiger Bedeutung. Ihre Strukturen und ihre landschaftsökologischen Funktionen sind mittel- und unmittelbar von ihrer Entstehungsform und der Art und Intensität der Nutzung der sie umgebenden Flächen beeinflusst.

3.2.1 Floristische Zusammensetzung

Die floristische Zusammensetzung der Flurgehölze hängt als ein Element der biotischen Diversität von Agraräumen sowohl von den Standortbedingungen und der Nutzungsform als auch von der Flächengröße und der Dichte der Gehölze ab (VOIGTLÄNDER et al. 2002).

Im Zuge der Bestandsaufnahme der Feldgehölze in der Ziethener Landschaft wurden 62 Arten bzw. Gattungen kartiert (Tab. 2). Bei einigen Gehölzen konnte die Gattung, aber nicht die Art sicher determiniert werden. Das Bild prägen einheimische Gehölze. Dominante Arten sind Schlehe (*Prunus spinosa*), Weißdorn (*Crataegus spec.*) und Schwarzer Holunder (*Sambucus nigra*); wobei die Schlehe am häufigsten und auch oft mit hoher Individuendichte vertreten ist. Von Weißdorn, aber auch von Kreuzdorn (*Rhamnus carthatica*) und dem Pfaffenhütchen (*Euonymus europaeus*) finden sich einige beachtliche Baumexemplare von fünf bis sechs Metern Höhe, die an hochstämmige Obstbäume erinnern. Diese Tatsache und auch das Vorhandensein von Stieleichen (*Quercus robur*), seltener von Traubeneichen (*Quercus petraea*), Feldulmen (*Ulmus minor*) und von alten Obstbäumen, weisen darauf hin, dass einige der Hecken z. T. schon ein beachtliches Alter haben müssen.

Zu den wenigen, erwähnenswerten nichtheimischen Gehölzen zählen die Schneebeere, der Eschen-Ahorn (*Acer negundo*) und die Pappel-Hybriden, die hin und wieder als Windschutz gepflanzt wurden. Die Maulbeeren (*Morus nigra*), die in einer Hecke nördlich von Groß Ziethen und als Einzelbaum bei Sperlingsherberge angetroffen wurden, sind Relikte der von den Hugenotten betriebenen Seidenraupenzucht. Die Schneebeere wurde u. a. in einem Feldgehölz nahe dem Seebruch kartiert, wo sie sich sehr stark ausbreitet.

Tab. 2: Artenliste der Feldgehölze.

Gehölzart		Gehölzart	
Acer campestre	Feldahorn	Pyrus communis	Birnbaum
Acer negundo	Eschenahorn	Quercus petrea	Traubeneiche
Acer platanoides	Spitzahorn	Quercus robur	Stieleiche
Acer pseudoplatanus	Bergahorn	Rhamnus catharticus	Kreuzdorn
Aesculus hippocastanum	Roßkastanie	Rhamnus frangula	Faulbaum
Alnus glutinosa	Schwarzerle	Rhus typhina	Essigbaum
Alnus incana	Grauerle	Ribes spec.	Johannisbeere
Betula pendula	Birke	Ribes uva-crispa	Stachelbeere
Carpinus betulus	Hainbuche	Rosa canina	Hundsrose
Clematis vitalba	Waldrebe	Rosa spec.	Rosenarten
Corylus avellana	Haselstrauch	Rubus spec.	Brombeeren
Cornus sanguinea	Blutroter Hartriegel	Rubus idea	Himbeere
Crataegus spec.	Weißdorn	Salix alba	Silberweide
Euonymus europaeus	Pfaffenhütchen	Salix caprea	Salweide
Fagus sylvatica	Rotbuche	Salix cinerea	Grauweide
Fraxinus excelsior	Esche	Salix fragilis	Bruchweide
Genista spec.	Ginster	Sambucus nigra	Schwarzer Holunder
Hippophae rhamnoides	Sanddorn	Solanum dulcmara	Bittersüßer Nachtschatten
Juniperus communis	Wacholder	Sorbus aucuparia	Eberesche
Larix decidua	Lärche	Symphoricarpos rivularis	Schneebeere
Ligustrum vulgare	Liguster	Syringa vulgaris	Flieder
Malus jdomestica	Apfelbaum	Taxus baccata	Eibe
Morus nigra	Schwarze Maulbeere	Thuja spec.	Lebensbaum
Polygunum aubertii	Knöterich	Tilia cordata	Winterlinde
Picea abies	Fichte	Tilia platiphyllos	Sommerlinde
Pinus sylvestris	Kiefer	Ulmus laevis	Flatterulme
Populus tremula	Zitterpappel	Ulmus minor	Feldulme
Populus spec	Pappel-Hybriden	Viburnum lantana	Wolliger Schneeball
Prunus avium	Kirschbaum	Viscum album	Mistel
Prunus domestica	Pflaumenbaum	Vitis vinifera	Echte Weinrebe
Prunus spinosa	Schlehe		

3.2.2 Verbreitung

Das Verbreitungsmuster der punkt-, linien- und flächenförmigen Flurgehölze wird in Abb. 6a wiedergegeben. Auch hier sind deutliche Verteilungsschwerpunkte erkennbar.

Zunächst wurde die Verteilung der linienförmigen Flurelemente untersucht. Als Bestandteil der Agrarlandschaften haben die ausgewählten, kaum genutzten Landschaftselemente eine enge Beziehung zu den umgebenden genutzten Landschaftsbereichen. Nutzungsänderungen wirken sich so mitunter direkt auf diese aus. Während ursprünglich bei den Hecken die an ihre Nutzung gebundenen Funktionen dominierten (Abgrenzung zwischen Weide- und Ackernutzung, Holzgewinnung u. a. m.), sind es heute die aus der Sicht des Naturschutzes zur Erhöhung des Strukturreichtums (biotisch, ästhetisch) und zur Förderung des Bitopverbunds bzw. Vernetzung gewünschten Wirkungen.

Hecken als eine besondere Form der Flurgehölze zeigen, nicht unerwartet, eine enge Bindung an den Verlauf von Straßen und Wegen (Abb. 6b). Eine große Heckendichte wird im Zentrum des Gebietes entlang der Bundesstraße 198 ausgewiesen. Der zunächst ökologisch positiv zu wertenden Tatsache steht jedoch das von der hochfrequentierten Straße ausgehende sehr hohe Gefährdungspotenzial insbesondere für wildlebende Tierarten gegenüber.

Die Dichteverteilung aller einbezogenen Kategorien von Flurgehölzen ist in Abb. 6c und 6d dargestellt. Mit dieser berechneten Zonierung der Flurgehölzdichte kristallisieren sich Verbreitungsschwerpunkte heraus. Während die Hecken, wie oben beschrieben, vorwiegend entlang von Wegen und Straßen anzutreffen sind, konzentrieren sich die flächigen Gehölze und Gebüsche in den kuppigen Moränengebieten überwiegend in den Senken und Hohlformen, jedoch weniger auf den Geländekuppen.

Einen weiteren Schwerpunkt bilden die Flurgehölze auf den sehr trockenen Standorten nordöstlich von Senfthütte, wo sie mehrere kleine Wäldchen bilden.

3.2.3 Pflegezustand und -maßnahmen

Pflegezustand

Die früher allgemein zur Brennholzgewinnung praktizierte Methode des "Auf-den-Stock-Setzens", also das Abhacken der Bäume und Sträucher kurz über dem Boden, wird seit Jahrzehnten nicht mehr betrieben. Damit unterbleibt eine Verjüngung der Hecken. Mit diesen Maßnahmen wurden schattentolerante und nicht ausschlagfähige Gehölze ausgemerzt.

Ursprüngliche Heckenbreiten von ca. 3-5 m haben sich durch die Aufgabe von Nutzung (Holz, Reiser, Blattwerk) und unterlassener Pflege (randliches Einkürzen) nun auf 5-15 m ausgedehnt. Dieser "Pflegezustand" der Hecken vermittelt einerseits einen sehr naturbelassen Eindruck aber andererseits sind insbesondere Obstbäume und Kopfweiden überaltert und z. T. bereits am Absterben oder am Zusammenbrechen. Die so ungepflegten Hecken haben offenbar einen größeren ökologischen Wert als Hecken, die gepflegt werden und bei denen bis an den Stamm gepflügt wird (VOIGTLÄNDER et al. 2001).

Allerdings bedeutet dieser Zustand, dass manche Wege nicht mehr passierbar sind. Auf der Ackerseite entstand ein nicht unerheblich breiter Streifen, der durch die überhängende Hecke ackerbaulich ungenutzt bleibt. Letzteres führt u.a. zu Mindereinnahmen der Landwirte.

Pflegemaßnahmen

Um sowohl ökologisch wertvolle Heckenstrukturen zu erhalten als auch eine korrekte flächenscharfe Beantragung der Flächenbeihilfen zu realisieren, müssen Kompromisse bei der Behandlung dieser wertvollen Flurelemente gefunden werden.

Insgesamt ist anzumerken, dass in den Bereichen der Ziethener Moränenlandschaft, für die eine niedrige Flurgehölzdichte ermittelt wurde, durch gezielte Anpflanzung spürbare Verbesserungen der Strukturierung erzielt werden können.

Die in den letzten Jahren vorgenommenen Pflanzungen von Hecken z. B. im Gebiet von Sperlingsherberge waren leider nicht sehr erfolgreich. Bei der Planung von Pflegemaßnahmen und von Maßnahmen zur Strukturverbesserung erscheint es angeraten, diese stärker aus der Perspektive des gesamten Landschaftsausschnittes der Ziethener Moränenlandschaft vorzunehmen, um einen möglichst hohen landschaftsökologischen Effekt zu erreichen.

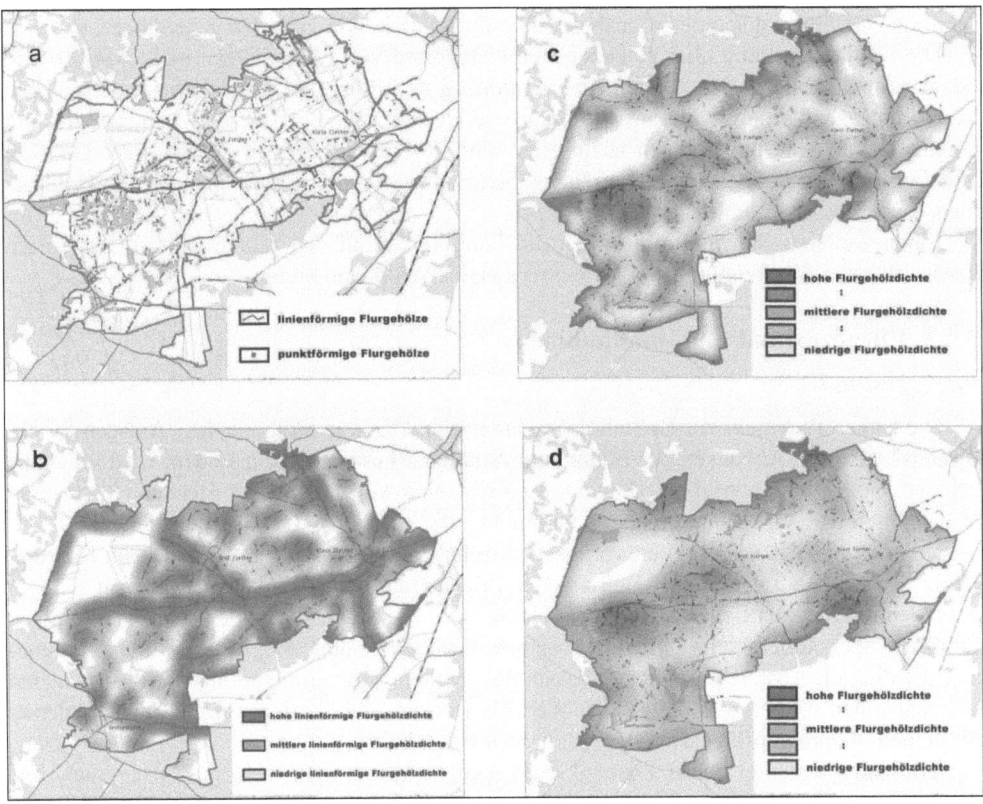

Abb. 6: Verbreitung von Flurgehölzen in der Ziethener Moränenlandschaft.

4 Schlussfolgerungen

Für die Bewertung charakteristischer Landschaftselemente, wie Ackerhohlformen und Flurgehölze, sind Kenntnisse über die Regelhaftigkeit ihrer Anordnung und Vergesellschaftung im Gefüge oder Mosaik mit den Landschafts- und Geokomponenten von grundlegender Bedeutung. Sie können zur Charakterisierung bzw. Quantifizierung der naturraumbezogenen Ausstattung von Jungmoränenlandschaften einschließlich der zu ihnen gehörenden Lebensräume wildlebender Tier- und Pflanzenarten dienen.

Die Analyse der Verbreitung der Ackerhohlformen im Landschaftsausschnitt zeigt einen klaren Zusammenhang mit den geomorphologischen Bildungen. Während eine starke Häufung in den kuppigen Grundmoränen ermittelt wurde, geht die Dichte in den flachwelligen Grundmoränen deutlich zurück. In den Sanderflächen werden Sölle nur vereinzelt angetroffen. Mit dem Verfahren des "Moving-Window" konnte der Schritt von der diskreten Darstellung der Ackerhohlformen zu einer regionalisierten Darstellung entsprechender Lebensräume unterstützt werden. Damit wird zugleich ein neuer Hintergrund für eine ökologische Bewertung (Habitate mit differenzierter Vorkommenswahrscheinlichkeit charakteristischer Arten) erzeugt.

Im Untersuchungszeitraum konnte eine z. T. extreme Dynamik im Wasserhaushalt gemessen werden. Ob der im Jahr 2003 registrierte starke Rückgang der Wasserflächen nur das Ergebnis eines außergewöhnlich trockenen Witterungsverlaufes ist, oder der vorläufige Tiefpunkt eines langfristigen rückläufigen Trends im Landschaftswasserhaushalt ist, gilt es weiter zu beobachten.

Für die Landschaftsstruktur der landwirtschaftlich genutzten Ziethener Moränenlandschaft stellen die Flurgehölze neben den Söllen weitere markante und charakteristische Elemente dar. Sie bilden eine wesentliche Grundlage für die biotische Ausstattung der Landschaft und üben einen vorzüglichen Einfluss auf die Gesamtausstattung derselben aus. Bei ihrer Verbreitung besteht in den Grundmoränen eine enge Bindung an die Ackerhohlformen. Die linienförmigen Flurgehölze zeigen erwartungsgemäß einen direkten Bezug zum Wegenetz. Insgesamt ist die Pflege der Flurgehölze in der Ziethener Moränenlandschaft ein aktuelles Problem. Allerdings besitzt die derzeit nicht selten angetroffene "Wildnis" einen hohen ökologischen Stellenwert.

Danksagung

Diese Arbeit wurde gefördert durch das Bundesministerium für Ernährung, Landwirtschaft und Verbraucherschutz sowie das Ministerium für Ländliche Entwicklung, Umwelt und Verbraucherschutz des Landes Brandenburg.

Literatur

BASTIAN, O. & K.-F. SCHREIBER (Hrsg.) (1999): Analyse und ökologische Bewertung der Landschaft. Spektrum Akademischer Verlag, Heidelberg, Berlin, 564 S.

CHMIELESKI, J. (2006): Die Moore in der Ziethener Moränenlandschaft – Entstehung, Verbreitung und heutiger Zustand. In diesem Band.

DREGER, F. (1994): Ökologische Charakterisierung von wasserführenden Acker- und Grünlandhohlformen (Sölle) im Biosphärenreservat "Schorfheide-Chorin". Diplomarbeit, Universität Bielefeld, 144 S.

DREGER, F. (2001): Geo- und bioökologische Analyse und Bewertung von Söllen in der Agrarlandschaft Nordostdeutschlands am Beispiel des Biosphärenreservates Schorfheide-Chorin. Dissertation, Humboldt-Universität zu Berlin, 222 S.

HOFFMANN, J., W. MIRSCHEL, I. CEBULSKY & H. KRETSCHMER (2000): Zur Soziologie und witterungsabhängigen Ausbildung von Zwergbinsen-Gesellschaften auf Ackerböden in Ostbrandenburg. *Verh. Bot. Ver. Berlin Brandenburg* 133, S. 119-144.

KALETTKA, T. (1996): Die Problematik der Sölle (Kleinhohlformen) im Jungmoränengebiet Nordostdeutschlands. *Naturschutz und Landschaftspflege in Brandenburg*, Sonderheft Sölle, S. 4-12.

KALETTKA, T. (1999): XIII-7.20 Landschaftspflege in verschiedenen Lebensräumen: Sölle. - In: KONOLD, W., R. BÖCKER & U. HAMPICKE (Hrsg.), Handbuch Naturschutz und Landschaftspflege, ecomed, Landsberg.

KALETTKA, T. & C. RUDAT (2002): Modellhafte Erarbeitung von Entscheidungshilfen für Maßnahmen des praktischen Naturschutzes an Söllen der Agrarlandschaft des Jungpleistozäns. Abschlußbericht zum Forschungsprojekt, Förderung Naturschutzfond Brandenburg 1998-2000, ZALF, Müncheberg.

KIESEL, J. & G. LUTZE (2003): Einsatz der Moving-Window-Technologie bei der GIS-gestützten Landschaftsanalyse – ein skalierbarer Regionalisierungsansatz. In: Walz, U., G. LUTZE, A. SCHULTZ & R.-U. SYRBE (Hrsg.), Landschaftsstruktur im Kontext von naturräumlicher Vorprägung und Nutzung – Datengrundlagen, Methoden und Anwendungen, IÖR-Schriften, Band 43, Dresden, S. 47-64.

KLAFS, G. & K. LIPPERT (2001): Landschaftsmonitoring – ein Beispiel aus Mecklenburg-Vorpommern. Ackersölle, Hecken und Einzelsiedlungen im hundertjährigen Vergleich. *Artenschutzreport* 11, S. 2-8.

KLAFS, G., L. JESCHKE & H. SCHMIDT (1973): Genese und Systematik wasserführender Ackerhohlformen in den Nordbezirken der DDR. *Archiv für Naturschutz und Landschaftsforschung* 13, S. 287-302.

KRETSCHMER, H., H. PFEFFER, J. HOFFMANN, G. SCHRÖDEL & I. FUX (1995): Strukturelemente in Agrarlandschaften Ostdeutschlands. Bedeutung für den Biotop- und Artenschutz. ZALF – Berichte, Nr. 19, ZALF, Müncheberg, 164 S. und Anhang.

LUTZE, G. & J. KIESEL (2006): Genese und Nutzungsgeschichte der Agrarlandschaft Chorin. In diesem Band.

LUTZE, G., A. SCHULTZ & J. KIESEL (2004): Landschaftsstruktur im Kontext von naturräumlicher Vorprägung und Nutzung – Beispiele aus nordostdeutschen Landschaften. In: WALZ, U., G. LUTZE, A. SCHULTZ & R.-U. SYRBE (Hrsg.): Landschaftsstruktur im Kontext von naturräumlicher Vorprägung und Nutzung – Datengrundlagen, Methoden und Anwendungen. IÖR-Schriften, Band 43, Dresden, S. 313-324.

LUTHARDT, V. & F. DREGER (1996): Ist-Zustands-Analyse und Bewertung der Vegetation von Söllen in der Uckermark. *Naturschutz und Landschaftspflege in Brandenburg*, Sonderheft Sölle, S. 31-38.

MARSCHALL, I. & D. BRUNS (2002): Mythos Hecke. Funktionswandel und Idealisierung von Hecken in der Agrarlandschaft. *Naturschutz und Landschaftsplanung* 34, S. 113-119.

SCHMIDT, R. (1996): Vernässungsdynamik bei Ackerhohlformen anhand 10jähriger Pegelmessungen und landschaftsbezogener Untersuchungen. *Naturschutz und Landschaftsforschung in Brandenburg*, Sonderheft Sölle, S. 49-55.

SCHNEEWEIß, N. (1996): Habitatfunktion von Kleingewässern in der Agrarlandschaft am Beispiel der Amphibien. *Naturschutz und Landschaftspflege in Brandenburg*, Sonderheft Sölle, S. 13-17.

SCHRÖDER, H. (1892): Geologische Spezialkarte von Preußen und den Thüringischen Staaten. Über die Aufnahme der Blätter Groß Ziethen, Stolpe, Hohenfinow und Oderberg. In: Jahrb. Köngl. Preuß. Geol. Landesanstalt, Berlin, Band 18.

SCHULTZ, A., G. LUTZE, J. KIESEL, C. LATUS & U. STACHOW (2006): Die biotische Integrität von Agrarlandschaften - Konzeptionelle Überlegungen und praktische Anwendungen in der Agrarlandschaft Chorin. In diesem Band.

VOIGTLÄNDER, U., W. SCHELLER & C. MARTIN (2001): Ursachen für die Unterschiede im biologischen Inventar der Agrarlandschaften in Ost- und Westdeutschland. Angewandte Landschaftsökologie, Heft 40, Bundesamt für Naturschutz, Bonn - Bad Godesberg, 408 S.

Brutvogelarten in der Ziethener Moränenlandschaft als Indikator der biotischen Integrität

Heinz Wawrzyniak[16], *Gerd Lutze, Joachim Kiesel & Marion Voss*

Zusammenfassung

Mit ca. 130 erfassten Brutvogelarten weist die Ziethener Moränenlandschaft eine sehr hohe Biodiversität auf. Auf den 4 von ackerbaulicher Nutzung dominierten Untersuchungsflächen wurden 30 bis 43 Brutvogelarten kartiert. Gemessen an der charakteristischen Ausstattung der Jungmoränenlandschaft mit Strukturelementen bzw. strukturelementfreien Arealen und an dem kartierten Arteninventar bzw. den ermittelten Abundanzwerten wird die Landschaft als biotisch integer eingeschätzt. Sich abzeichnende Einflüsse der landwirtschaftlichen Bewirtschaftung auf die Avifauna, insbesondere auf die im Lebensraum Acker auftretenden Arten, konnten statistisch nicht gesichert werden und bedürfen weiterer differenzierter Untersuchungen.

Abstract

With about 130 recorded breeding bird species the Ziethen Moraine Landscape shows a high species diversity. At the 4 mainly agriculturally used investigation areas between 30 and 43 breeding bird species were recorded. Compared to the characteristic equipment of the landscape with structural and rather homogeneous elements and to the recorded number and density of species, the landscape is considered as biotic integer. Supposed influences of the agricultural production on the avifauna could not be proved statistically and deserve further investigations.

1   Einleitung

Ein wichtiger Bestandteil der Biodiversität von Agrarlandschaften sind die in ihnen lebenden Vogelarten. Auf Grund der natürlich vorgeprägten Landschaftsstruktur und der historischen und aktuellen Überformung durch die Nutzung bieten Agrarlandschaften Lebensräume für eine große, aber gut überschaubare Anzahl von Vogelarten. Insbesondere die in einer Landschaft auftretenden Brutvogelarten können als ein geeigneter komplexer Landschaftsindikator zur Bewertung der Biodiversität angesehen werden.

In den vergangenen Jahrzehnten wurden in verschiedenen Ländern und auch im europäischen Maßstab z. T. deutliche Rückgänge bei Vogelarten im Agrarland registriert (VOIGTLÄNDER et al. 2001, SCHWARZ & FLADE 2005). Dieser Trend hat zweifelsfrei unter-

---

[16] Korrespondierender Autor: Heinz Wawrzyniak, Kiefernweg 9, D-16225 Eberswalde.
E-Mail: Heinzwawrzyniak@telta.de.

schiedliche Ursachen und bedarf einer weiteren detaillierten Analyse, um die landwirtschaftlich bedingten Ursachen zu erkennen und um gezielt Veränderungen herbeiführen zu können. Allgemeines Verweisen auf "Intensivierung" und "industriemäßige Produktion" bieten kaum Ansatzmöglichkeiten für Änderungen der ungewünschten Entwicklung. Allerdings verweisen die jüngsten großräumigen Erhebungen auch bei den Brutvögeln der Agrarlandschaft auf sehr differenzierte Trends in der Populationsentwicklung z. B. zwischen Boden- und Heckenbrütern (VOIGTLÄNDER et al. 2001, GEORGE 2004, SCHWARZ & FLADE 2005).

Mit den avifaunistischen Studien im Hauptuntersuchungsgebiet Ziethener Moränenlandschaft wurden zwei Ziele verfolgt: Erstens galt es, aus dem Vorkommen aller Vogelarten Aussagen zur Artendiversität auf der Landschaftsebene abzuleiten. Das Arteninventar kann erste Informationen über die potenzielle Biodiversität einer Landschaft liefern, wenn sie im Bezug zur Ausstattung vergleichbarer Naturräume und deren Nutzung diskutiert wird.

Zweitens bestand das darüber hinausgehende Ziel, aus dem Vorkommen, der Häufigkeit des Auftretens und der Verteilung der Brutvogelarten Beziehungen zur naturräumlicher Vorprägung (geomorphologische Strukturen, Boden und Standort, Hydromorphie u. a.) und zur Landnutzung bzw. zu den spezifischen Bewirtschaftungseinflüsse abzuleiten.

Mit beiden Zielen sollen Schritte zur Bewertung der biotischen Diversität bzw. der biotischen Integrität der Landschaft im Sinn von SCHULTZ et al. (2006) versucht werden.

2 Untersuchungsmethodik und Flächenkonzept

Die Kartierung der Brutvögel in der Ziethener Moränenlandschaft konnte in zwei Phasen mit jeweils Untersuchungsjahren realisiert werden. Zunächst erfolgten in den Jahren 1999 und 2000 umfangreiche Erhebungen im Gesamtgebiet der Ziethener Moränenlandschaft (ca. 6.000 ha) und auf ausgewählten Untersuchungsflächen. Die Feldaufnahmen wurden im Zuge des Projektes "Tierökologische Situationsanalyse in der Agrarlandschaft Chorin" realisiert (WAWRZYNIAK 2000).

In den Jahren 2005 und 2006 wurde schließlich im Rahmes eines Brutvogelmonitorings von Agrarlandschaften im Bundesland Brandenburg eine der 65 je 1 km² großen Beobachtungsflächen in die Ziethener Moränenlandschaft gesetzt, um die Brutvogelkartierungen fortzuführen (LUTZE et al. 2006b).

Flächenkonzept

Zur Analyse der biotischen Vielfalt am Beispiel der Brutvogelarten wird davon ausgegangen, dass es sich hier um eine "heterogene" Artengruppe handelt, deren Mitglieder sehr unterschiedliche Lebensraumansprüche und eine große Spannweite "home ranges" aufweisen. Es war deshalb notwendig, neben der möglichst kompletten Erfassung aller vorkommenden Arten, bei den flächenbezogenen Untersuchungen eine Konzentration auf die in der Agrarlandschaft lebenden Arten bzw. Artengruppen vorzunehmen.

Für die Aufgabenstellung wurde ein zweistufiger Beobachtungs- und Untersuchungsansatz gewählt. Er sah vor:

1. Registrierung möglichst aller auf der gesamten Fläche des Hauptuntersuchungsgebiets Ziethener Moränenlandschaft vorkommenden Arten des Offenlandes und

2. Aufnahme der Revierdichte der Brutvögel auf speziellen Untersuchungsflächen mit intensiver, d. h. flächenscharfer Erfassung.

Für erstere Aufgabe wurden alle im Gebiet beobachteten Arten registriert, unabhängig ob es sich um Brutvögel oder Nahrungsgäste der Agrarlandschaft handelte.

Für die Aufnahme der Siedlungs- oder Revierdichte wurden zunächst 8 Untersuchungsflächen (UF) abgegrenzt, dann aber aus arbeitsökonomischen Gründen die Anzahl auf 4 reduziert (Abb. 1). Bei ihrer Auswahl fand Beachtung, dass möglichst für die landwirtschaftlichen Nutzflächen charakteristisch strukturierte Bereiche und Flächen mit großer Vielfalt an Fruchtarten einbezogen wurden. Die Größe der einzelnen Flächen sollte ca. 100 ha betragen, um ausreichend zusammenhängende Habitat- und Landschaftsstrukturelemente mit zu berücksichtigen. Die Abgrenzung der Untersuchungsflächen erfolgte unter Beachtung der Grenzen der Feldschläge. Revierdichteermittlungen wurden auf den UF 1, 4, 6 und 7 durchgeführt, und auf den vier weiteren Flächen (UF 2, 3, 5 und 8) erfolgten selektive Kartierungen.

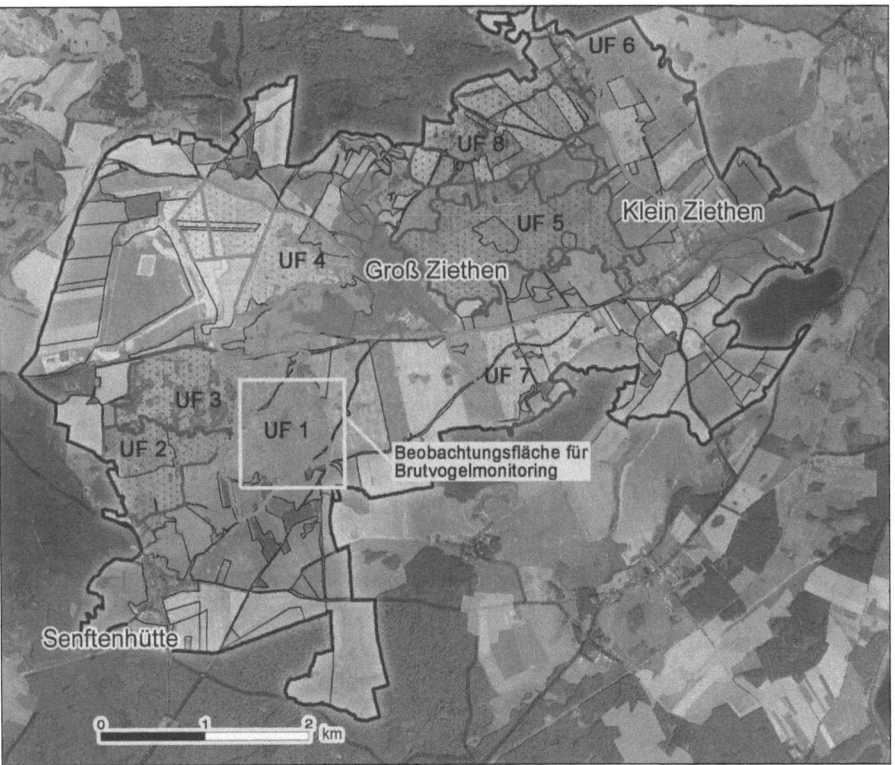

Abb. 1: Verteilung der Untersuchungsflächen für Brutvogelaufnahmen in der Ziethener Moränenlandschaft.

Die naturräumliche Charakterisierung der Untersuchungsflächen ist aus Tab. 1 zu entnehmen. Mit Ausnahme der UF 4 waren die ausgegrenzten Areale einem bestimmten geomorphologischen Typ zugehörig. Die UF 4 teilt sich deutlich in kuppige Grundmoränen- und in ebene Sanderbereiche. Deshalb war auch eine Untergliederung erforderlich. Im Zuge des Kiesabbaues ist inzwischen die UF 4.3 verschwunden.

Tab. 1: Untersuchungsflächen Brutvögel – allgemeine geomorphologischen-strukturelle Charakterisierung.

U-Fläche	Größe in [ha]	Geomorphologogische Charakteristik	Dominierende Nutzung
UF 1	105,9	wellige Grundmoräne mit Senken und zahlreichen Söllen (nördlicher Teil) und flachen Beckensanden (südlicher Teil)	ackerbauliche Nutzung
UF 2	66,5	Sanderstreifen mit Übergang zur Grund- und Endmoräne und zahlreichen Söllen	Grünland und Dauerstilllegung
UF 3	75,8	flache, stark strukturierte Endmoränenbereiche und zahlreichen Söllen	vorwiegend Grünlandnutzung
UF 4	107,3		
UF 4.1	32,8	flacher Sander	ackerbauliche Nutzung
UF 4.2	59,9	kuppige Grundmoräne mit zahlreichen Senken	ackerbauliche Nutzung
UF 4.3	14,6	flacher Sander	bergbauliche Nutzung ca. 2002
UF 5	157,8	Niedermoor	Grünlandnutzung
UF 6	128,2	Übergang vom Stauchungsgebiet (nördlicher Teil) zur flachwelligen Grundmoräne (südlicher Teil)	ackerbauliche Nutzung
UF 7	92,5	kuppige Grundmoräne mit zahlreichen Senken	ackerbauliche Nutzung
UF 8	124,6	Stauchungsgebiet mit starker Hangneigung	ackerbauliche Nutzung
UF 2005/2006	100,0	wellige Grundmoräne mit zahlreichen Senken (nördlicher Teil) und flachen Beckensanden (südlicher Teil)	ackerbauliche Nutzung

Die im Rahmen des Brutvogelmonitorings der Agrarlandschaften Brandenburgs gesetzte Fläche wurde mit dem Areal der Untersuchungsfläche 1 (vgl. Flächenkonzept) maximal überlagert, so dass mit vergleichbarer Aufnahmemethodik - aber anderem Flächenschnitt - die Studien fortgeführt werden konnten (Abb. 1). Einen landschaftlichen Eindruck des reich mit Schlehenhecken und Ackerhohlformen strukturierten Landschaftsausschnittes vermitteln Abb. 2 in der Luftbildansicht und Abb. 3 als Landschaftsaufnahme vom Boden.

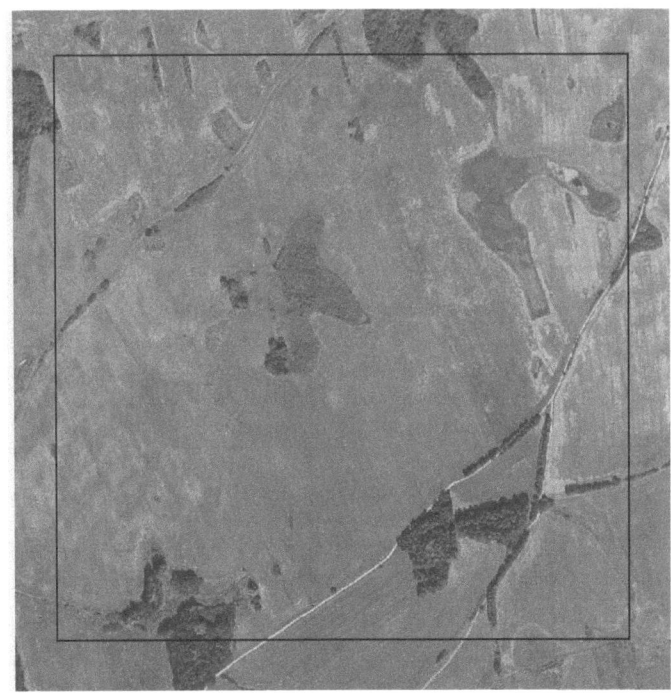

Abb. 2: Struktur der 1 km²-Vogelmonitoringfläche 2005 und 2006 im Luftbild.

Abb. 3: Blühende Schlehenhecken. Nördlicher Ausschnitt aus der Untersuchungsfläche 1.

Aufnahmemethodik

Die Aufnahme der Revierdichte erfolgte nach der in der Feldornithologie bewährten Methode durch die fünfmalige Begehung der Flächen vom zeitigen Frühjahr bis in den Frühsommer (Mitte März bis Mitte Juni) (SÜDBECK et al. 2005). Während der Beobachtungsgänge wird das revieranzeigende Verhalten der Vögel aufgenommen, und die Ergebnisse werden in Arbeitskarten verortet. Aus diesen wird abschließend eine Ergebniskarte erstellt, die die festgestellten Brutvogelreviere abbildet. Mit diesem Verfahren wird eine fundierte, flächenscharfe Erhebung der Abundanz der vorkommenden Vogelarten gewährleistet, die schließlich auch eine raumbezogene Analyse unterstützt.

3 Ergebnisse

3.1 Avifaunistische Charakterisierung des Hauptuntersuchungsgebietes

Wie beschrieben, wurden im Rahmen der avifaunistischen Revierdichteuntersuchungen, der selektiven Kartierung weiterer Flächen und der Beobachtung in den angrenzenden Arealen der Ziethener Moränenlandschaft die angetroffenen Vogelarten aufgenommen. Aus den Erhebungen der Jahre 1999 und 2000 der angetroffenen Vogelarten und unter Einbeziehung archivierter Angaben aus dem Gebiet (FACHGRUPPE o. J.) wurde die nachfolgende Artenliste zusammengestellt (Tab. 2).

Da der Schwerpunkt des Projektes in der Laufzeit 1999-2000 auf dem Gebiet der Revierdichteermittlungen auf den ausgewählten, unterschiedlich strukturierten Agrarflächen lag, erfolgten keine speziellen Kontrollen von Gewässern, angrenzenden Wäldern und auf den "bedingt landwirtschaftlich nutzbaren" Flächen, so dass Arten dieser Lebensräume möglicherweise nicht vollständig erfasst sind. Unterrepräsentiert sind offensichtlich auch die vorwiegend nachtaktiven Vögel, so dass auch bei diesen Vogelarten mit Erweiterungen der Liste zu rechnen ist. Wesentliche Ergänzungen könnte die vorgelegte Artenliste am ehesten im Hinblick auf Durchzügler und Wintergäste erfahren. Unter den erfassten Arten befinden sich ca. 30 ausgesprochen seltene "Brutgäste", Gefangenschaftsflüchtlinge oder seit etwa 100 Jahren nicht mehr brütend angetroffene Arten!

Die Brutvogelartenzahl weist mit ca. 130 Arten für den relativ kleinen Landschaftsausschnitt eine sehr hohen Artendichte aus. Verglichen mit den 219 für Brandenburg registrierten Arten (DÜRR et al. 1997) und den 167 Arten, die für das gesamte Biosphärenreservat Schorfheide-Chorin nachgewiesen wurden (PEP 1996), charakterisiert die aufgenommene Artenzahl das Gebiet als einen Landschaftsausschnitt mit außergewöhnlich hoher Biodiversität auch innerhalb des Großschutzgebietes. Das stabile Vorkommen von drei Adlerarten (Fisch-, See- und Schreiadler) unterstreicht die besondere avifaunistische Attraktivität des Gebiets.

Beim Vergleich der vier intensiv kartierten Untersuchungsflächen (UF 1, 4, 6 und 7) wurden auf der UF 1 die höchsten Artenzahlen ermittelt (Tab. 2). Im Vergleich der UF 1 mit den UF 6 und 7 befindet sich diese in dem Areal der höchsten Dichte an Landschaftsstrukturelementen (LUTZE et al. 2006a). Demgegenüber verweist die größte Dichte der Feldlerchen auf weite offene, "strukturfreie" Areale auf der UF 6.

Tab. 2: Artenliste der in der Ziethener Moränenlandschaft nachgewiesenen Vogelarten (Ouelle: WAWRZYNIAK 2000, FACHGRUPPE O. J.).

Lfd. Nr.	Deutscher Name	Artname
	Aaskrähe	*Corvus corone*
1	Amsel	*Turdus merula*
2	Bachstelze	*Motacilla alba*
3	Baumpieper	*Anthus trivialis*
4	Bekassine	*Gallinago gallinago*
5	Beutelmeise	*Remiz pendulinus*
6	Birkenzeisig	*Carduelis flammea*
7	Blaumeise	*Parus caeruleus*
8	Blessgans	*Anser albifrons*
9	Blessralle/Blesshuhn	*Fulica atra*
10	Braunkehlchen	*Saxicola rubetra*
11	Buchfink	*Fringilla coelebs*
12	Buntspecht	*Dendrocopus major*
13	Dohle	*Corvus monedula*
14	Dorngrasmücke	*Sylvia communis*
15	Drosselrohrsänger	*Acrocephalus arundinaceus*
16	Eichelhäher	*Garrulus glandarius*
17	Elster	*Pica pica*
18	Erlenzeisig / Zeisig	*Carduelis spinus*
19	Fasan/Jagdfasan	*Phasianus colchicus*
20	Feldlerche	*Alauda arvensis*
21	Feldschwirl	*Locustella naevia*
22	Feldsperling	*Passer montanus*
23	Fichtenkreuzschnabel	*Loxia curvirostra*
24	Fischadler	*Pandion haliaetus*
25	Fitis	*Phylloscopus trochilus*
26	Flussregenpfeifer	*Charadrius dubius*
27	Flussseeschwalbe	*Sterna hirundo*
28	Flussuferläufer/Uferläufer	*Actitis hypoleucos/hypoleuca*
29	Gänsesäger	*Mergus merganser*
30	Gartenbaumläufer	*Certhia brachydactyla*
31	Gartengrasmücke	*Sylvia borin*
32	Gartenrotschwanz	*Phoenicurus phoenicurus*
33	Gelbspötter	*Hippolais icterina*
34	Gimpel/Dompfaff	*Pyrrhula pyrrhula*
35	Girlitz	*Serinus serinus*

36	Goldammer	*Emberiza citrinella*
37	Goldregenpfeifer	*Pluvialis apricaria*
38	Grauammer	*Emberiza calandra*
39	Graugans	*Anser anser*
40	Graureiher	*Ardea cinerea*
41	Grauschnäpper	*Muscicapa striata*
42	Grünfink/Grünling	*Carduelis (Chloris) chloris*
43	Grünspecht	*Picus viridis*
44	Habicht	*Accipiter gentilis*
45	Hänfling/Bluthänfling	*Carduelis (Acanthis) cannabina*
46	Haubenlerche	*Galerida cristata*
47	Haubenmeise	*Parus cristatus*
48	Haubentaucher	*Podiceps cristatus*
49	Hausrotschwanz	*Phoenicurus ochruros*
50	Haussperling	*Passer domesticus*
51	Haustaube/Straßentaube	*Columba livia f. domestica*
52	Heckenbraunelle	*Prunella modularis*
53	Heidelerche	*Lullula arborea*
54	Höckerschwan	*Cygnus olor*
55	Hohltaube	*Columba oenas*
56	Kernbeißer	*Coccothraustes coccothraustes*
57	Kiebitz	*Vanellus vanellus*
58	Klappergrasmücke/Zaungrasmücke	*Sylvia curruca*
59	Kleiber	*Sitta europaea*
60	Kleinspecht	*Dendrocopus minor*
61	Knäkente	*Anas querquedula*
62	Kohlmeise	*Parus major*
63	Kolkrabe	*Corvus corax*
64	Kormoran	*Phalacrocorax carbo*
65	Kranich	*Grus grus*
66	Krickente	*Anas crecca*
67	Kuckuck	*Cuculus canorus*
68	Lachmöwe	*Larus ridibundus*
69	Löffelente	*Anas clypeata*
70	Mauersegler	*Apus apus*
71	Mäusebussard	*Buteo buteo*
72	Mehlschwalbe	*Delichon urbica*
73	Misteldrossel	*Turdus viscivorus*

74	Mittelspecht	*Dendrocopus medius*
75	Mönchsgrasmücke	*Sylvia atricapilla*
76	Moorente	*Aythya nyroca*
77	Nachtigall	*Luscinia megarhynchos*
78	Nebelkrähe	*Corvus corone cornix*
79	Neuntöter/ Rotrückenwürger/ Dorndreher	*Lanius collurio*
80	Pfeifente	*Anas penelope*
81	Pirol	*Oriolus oriolus*
82	Raubwürger	*Lanius excubitor*
83	Rauchschwalbe	*Hirundo rustica*
84	Rebhuhn	*Perdix perdix*
85	Reiherente	*Aythya fuligula*
86	Ringeltaube	*Columba palumbus*
87	Rohrammer	*Emberiza schoeniclus*
88	Rohrdommel/ Große Rohrdommel	*Botaurus stellaris*
89	Rohrschwirl	*Locustella luscinioides*
90	Rohrweihe	*Circus aeruginosus*
91	Rotdrossel	*Turdus iliacus*
92	Rotkehlchen	*Erithacus rubecula*
93	Rotmilan	*Milvus milvus*
94	Saatgans	*Anser fabalis*
95	Saatkrähe	*Corvus frugilegus*
96	Schafstelze	*Motacilla flava*
97	Schellente	*Bucephala clangula*
98	Schilfrohrsänger	*Acrocephalus schoenobaenus*
99	Schleiereule	*Tyto alba*
100	Schnatterente	*Anas strepera*
101	Schreiadler	*Aquila pomarina*
102	Schwanzmeise	*Aegithalos caudatus*
103	Schwarzmilan	*Milvus migrans*
104	Schwarzspecht	*Dryocopus martius*
105	Seeadler	*Haliaeetus albicilla*
106	Seidenschwanz	*Bombycilla garrulus*
107	Silbermöwe	*Larus argentatus*
108	Singdrossel	*Turdus philomelos*
109	Sommergoldhähnchen	*Regulus ignicapillus*
110	Sperber	*Accipiter nisus*

111	Sperbergrasmücke	*Sylvia nisoria*
112	Sprosser	*Luscinia luscinia*
113	Star	*Sturnus vulgaris*
114	Steinschmätzer	*Oenanthe oenanthe*
115	Stieglitz/Distelfink	*Carduelis carduelis*
116	Stockente	*Anas platyrhynchos*
117	Sturmmöwe	*Larus canus*
118	Sumpfmeise	*Parus palustris*
119	Sumpfrohrsänger	*Acrocephalus palustris*
120	Tafelente	*Aythya ferina*
121	Tannenmeise	*Parus ater*
122	Teichralle/Teichhuhn	*Gallinula chloropus*
123	Teichrohrsänger	*Acrocephalus scirpaceus*
124	Trauerschnäpper	*Ficedula hypoleuca*
125	Türkentaube	*Streptopelia decaocto*
126	Turmfalke	*Falco tinnunculus*
127	Turteltaube	*Streptopelia turtur*
128	Uferschwalbe	*Riparia riparia*
129	Uhu	*Bubo bubo*
130	Wacholderdrossel	*Turdus pilaris*
131	Wachtel	*Coturnix coturnix*
132	Waldbaumläufer	*Certhia familiaris*
133	Waldlaubsänger	*Phylloscopus sibilatrix*
134	Waldwasserläufer	*Tringa ochropus*
135	Wasserralle	*Rallus aquaticus*
136	Wasserpieper	*Anthus spinoletta*
137	Weidenmeise	*Parus montanus*
138	Weißstorch	*Ciconia ciconia*
139	Wendehals	*Jynx torquilla*
140	Wiesenpieper	*Anthus pratensis*
141	Wintergoldhähnchen	*Regulus regulus*
142	Zaunkönig	*Troglodytes troglodytes*
143	Zilpzalp/Weidenlaubsänger	*Phylloscopus collybita*
144	Zwergtaucher	*Tachybaptus (Podiceps) ruficollis*

Zweifellos sind für diese günstige Ausstattungssituation in erster Linie das naturräumlich bedingte Strukturinventar der in weiten Teilen kuppigen Grundmoränenlandschaft und eine langjährig angepasste Landnutzung maßgeblich bestimmend. Von nicht geringem Einfluss sind auch die angrenzenden naturnahen Waldlandschaften in den Endmoränen. Insgesamt unterstreicht der hohe Artenreichtum in der Ziethener Moränenlandschaft die große Bedeutung der offenen, agrar genutzten Landschaften für den Erhalt der Biodiversität.

3.2 Revierdichteerhebungen

Zur Analyse des Einflusses der Landschaftsstruktur und der landwirtschaftlichen Bewirtschaftung auf die Avifauna, wurden die Revierdichteuntersuchungen auf Untersuchungsflächen durchgeführt, die deutlich von der ackerbaulichen Nutzung (UF 1, 4, 6 und 7) dominiert waren. Die Aufnahmebefunde gibt Tab. 3 wider.

Mit Artenzahlen von 30 bis 43 wird auch in diesen landwirtschaftlich genutzten Landschaftsausschnitten eine hohe Artendichte erreicht. Erwartungsgemäß tritt die Feldlerche mit der höchsten Abundanz auf. Sie ist in der offenen Agrarlandschaft eindeutig die häufigste Brutvogelart. Dann folgen jedoch mit der Goldammer und der Dorngrasmücke bereits "Heckenbewohner". Um einen Zugang zur Ursachenanalyse bzw. zu Statusbewertungen zu ermöglichen, werden im Folgenden zunächst die Struktureinflüsse auf die Artenausstattung und anschließend die Nutzungs- bzw. Bewirtschaftungseinflüsse auf die Abundanz speziell der Feldlerche untersucht.

Tab. 3: Vergleich der Abundanz [BP/10 ha] auf den Untersuchungsflächen (UF).

Vogelarten	Untersuchungsflächen							
	UF 1		UF 4		UF 6		UF 7	
	1999	2000	1999	2000	1999	2000	1999	2000
Amsel	0,6	0,8	0,6	0,5	0,2	0,2	0,4	0,6
Bachstelze	0,1	0,2	0,1	0,2	0,2	0,2		
Baumpieper	0,2	0,2				0,1	0,3	0,2
Bekassine						0,1		
Blaumeise	0,1	0,2	0,2	0,2		0,1	0,1	0,3
Blessralle	0,9	0,7			0,2	0,1	0,1	
Bluthänfling	0,1	0,5	0,4	0,3	0,2		0,1	0,1
Braunkehlchen	0,1	0,1	0,6	0,5	0,8	0,5	0,4	0,2
Buchfink	0,2	0,5		0,1			0,6	0,6
Buntspecht		0,2				0,1		
Dorngrasmücke	0,6	0,8	1	1,2	0,6	0,9	0,3	0,6
Elster		0,3	0,2	0,2	0,2		0,1	0,1
Fasan		0,1	0,1	0,2	0,2		0,1	0,1
Feldlerche	3,1	4	3,9	2,5	5,1	5,1	3,8	2,6
Feldschwirl			0,1	0,1		0,2	0,1	0,1

Feldsperling		0,2	0,4	0,4	0,2	0,2	0,1	0,1	
Fitis	0,3			0,1			0,3	0,2	
Gartenbaumläufer		0,1							
Gartengrasmücke	0,3		0,2	0,1	0,2	0,2	0,3	0,3	
Gelbspötter	0,2	0,3	0,2		0,1	0,1	0,2	0,2	
Goldammer	0,9	1,6	1,4	1,3	1,3	0,7	1,6	1,9	
Grauammer			0,4	0,6	0,2	0,2			
Graugans	0,1	0,1							
Grünfink		0,1	0,1	0,4	0,1		0,9	0,5	
Haubenmeise		0,1							
Hausrotschwanz				0,1	0,1				
Haussperling			0,1	0,2					
Heckenbraunelle		0,2						0,2	
Heidelerche	0,1	0,2					0,2		
Kernbeißer		0,1							
Kiebitz					0,2	0,2			
Klappergrasmücke/ Zaungrasmücke	0,3	0,2	0,3	0,4	0,4		0,1	0,3	
Kleinspecht							0,1		
Kohlmeise	0,3	0,3	0,2	0,3	0,1	0,2	0,4	0,4	
Kranich	0,1			0,1					
Kuckuck	0,3	0,1		0,1	0,2	0,2	0,2	0,1	
Mönchsgrasmücke	0,3	0,4	0,2	0,3	0,2	0,2	0,8	0,6	
Nachtigall	0,2	0,3	0,2	0,4	0,2	0,2	0,3	0,4	
Nebelkrähe	0,1	0,1							
Neuntöter	0,1	0,2		0,1	0,1		0,6	0,3	
Pirol	0,1	0,1						0,1	
Rauchschwalbe			0,2	0,2					
Ringeltaube				0,1	0,1	0,1			
Rohrammer	1,0	1,1	0,8	0,8	0,8	0,8	1,4	0,6	
Rohrweihe	0,2	0,2							
Rotkehlchen					0,1			0,3	
Schafstelze	0,3	0,4	0,8	0,8	0,2	0,5	0,5	0,2	
Schellente	0,1				0,1				
Schwanzmeise	0,1				0,1		0,2	0,1	

Art								
Schwarzkehlchen								0,2
Singdrossel	0,1	0,2	0,1	0,2	0,1	0,1	0,1	0,2
Sperbergrasmücke	0,2	0,1					0,2	0,1
Star	0,1	0,1	0,1					
Stieglitz; Distelfink	0,1	0,1	0,3	0,3	0,2	0,1	0,3	0,1
Stockente	0,5	0,3		0,2	0,2	0,2	0,1	
Sumpfmeise					0,1			
Sumpfrohrsänger	0,2	0,3	0,5	0,7	1,3	0,9	0,9	0,4
Tafelente		0,1						
Teichrohrsänger	1,1	0,8		0,1			0,2	0,1
Uferschwalbe		0,2						
Wachtel				0,2	0,1	0,5		
Wasserralle	0,1							
Weidenmeise	0,1		0,1		0,1		0,1	
Wendehals	0,1							
Wiesenpieper				0,1		0,2	0,2	
Zaunkönig		0,1						
Zilpzalp; Weidenlaubsänger	0,1	0,1	0,1			0,1	0,1	0,2
Zwergtaucher	0,3	0,2				0,1		
Summe Artenzahl	40	43	30	35	38	31	36	35

Habitatstruktur und Gildenbildung

Die auf den Untersuchungsflächen aufgenommenen Brutvogelarten können in Abhängigkeit von ihren Habitatansprüchen in Anlehnung an GEORGE (2004) in folgenden Gruppen (Gilden) gegliedert werden:

1. *die Gruppe der auf "landschaftsstrukturfreien" Arealen brütenden Arten*

Dabei ist der häufig gebrauchte Begriff "strukturlos" nicht zutreffend, denn auch auf den freien, offenen Äckern oder Grünlandflächen sind natürlich auch Strukturen in Form der verschiedenen Feldkulturen vorhanden. Zutreffender wäre hier der Begriff "frei an Landschaftsstrukturelementen". Markante Vertreter dieser Gilde sind die Feldlerche und die Schafstelze. Durch die Habitatansprüche bestehen bei diesen Arten besonders enge Bezüge zur landwirtschaftlichen Nutzung und Bewirtschaftung.

2. *die Gruppe der an Strukturen gebundenen Arten (Hecken- und "Strukturbewohner")*

Als charakteristische Strukturelemente werden in den Jungmoränenlandschaften einerseits die mit Söllen bzw. Ackerhohlformen vergesellschafteten Landschaftselemente und anderseits die Flurgehölze verschiedener Ausprägung angetroffen (LUTZE et al. 2006a). Die charakteristischen Vertreter dieser Gilde sind die Goldammer, die Dorngrasmücke, die Rohrammer, die Blessralle u. a. Naturräumlich vorgeprägter und landnutzungsseitig erhaltener Strukturreichtum ermöglicht eine hohe Artenvielfalt auch in der Agrarlandschaft. Andererseits sind die registrierten Artensets ein Ausdruck der gut gegliederten und differenzierten Strukturausstattung.

3. *schließlich die Gruppe der "Großvögel" der Agrarlandschaft*

Diese Gilde der Brutvögel der Agrarlandschaft wird mit der verwendeten Methode der Revierdichtekartierung bekanntlich nur unzureichend erfasst, da ihr "home range" in der Regel über das Gebiet der abgegrenzten Untersuchungsflächen hinausgeht, und die Horststandorte sich in angrenzenden Arealen befinden. Als charakteristische Vertreter für das Untersuchungsgebiet können der Kranich, der Weißstorch und die Greifvogelarten (Habicht, Mäusebussard, Rotmilan, Schleiereule, Fischadler) angeführt werden. Die in dem Hauptuntersuchungsgebiet Ziethener Moränenlandschaft registrierten Arten dieser Gruppe sprechen für eine integre (den Erwartungen entsprechende) Ausstattung.

Auf sehr anschauliche Weise demonstrieren auch die Kartierungen der Jahre 2005 und 2006 auf der gesetzten Beobachtungsfläche des Brandenburger Brutvogelmonitorings die strukturbezogene Verteilung der Vogelarten (Abb. 3 und 4).

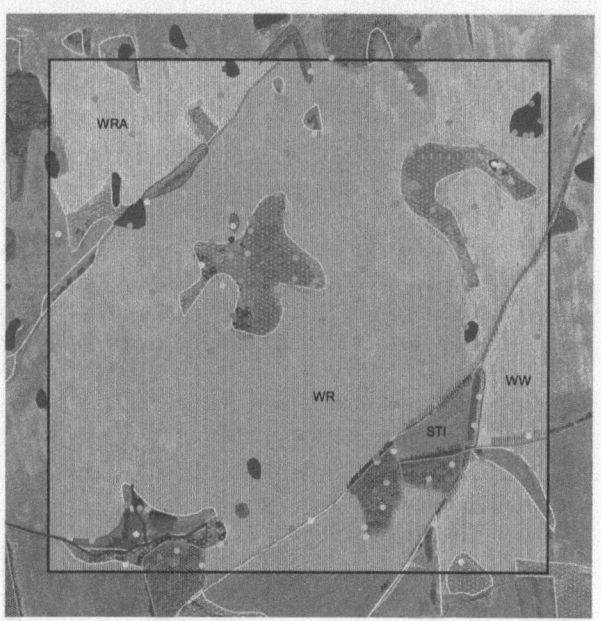

Abb. 3: Brutvogelkartierung der Monitoringfläche 2005 (lila Punkte – Feldlerchenrevierpunkte, andersfarbige Punkte – Revierpunkte anderer Arten). (WRA-Winterraps, WR - Winterroggen, WW - Winterweizen, STI - Stilllegung).

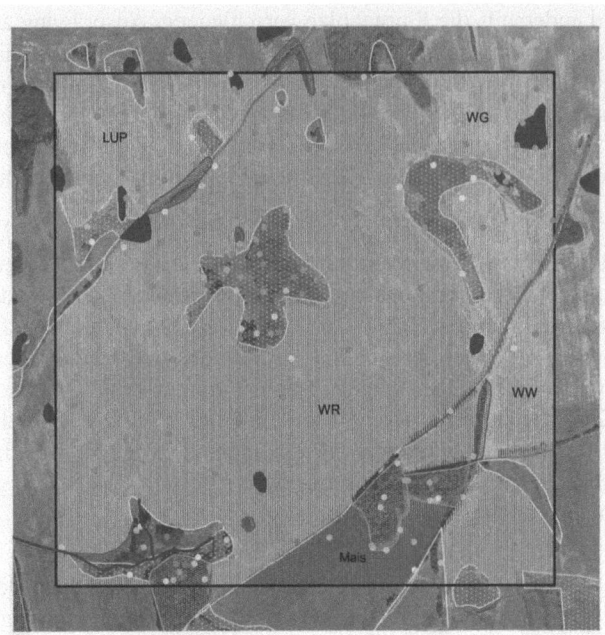

Abb. 4: Brutvogelkartierung der Monitoringfläche 2006 (lila Punkte – Feldlerchenrevierpunkte, andersfarbige Punkte – Revierpunkte anderer Arten). (LUP - Lupine, WR – WW – Winterweizen, WR – Winterroggen, WG – Wintergerste).

In Tab. 4 werden die Kartierergebnisse der Aufnahmen aus den Jahren 2005 und 2006 zusammengefasst wiedergegeben. Mit diesen Befunden wird im Wesentlichen die hohe Artenvielfalt des Areals der UF 1 bzw. der 1 km²-Beobachtungsfläche bestätigt. Gegenüber dem früheren Aufnahmezeitraum haben sich die Wasserflächen in den Söllen sehr stark reduziert (LUTZE et al. 2006a), und die Schilfbereiche haben sich entsprechend erweitert. In der Reihenfolge der 15 häufigsten Arten findet diese Entwicklung ihren Ausdruck (Tab. 5). Auch hier gibt es eine Bestätigung der Aufnahmen aus den Jahren 1999 und 2000 (Tab. 3).

Tab. 4: Kartierergebnisse 2005 und 2006 (1 km² Beobachtungsfläche).

	2005	2006
Anzahl der Einzelbeobachtungen (Summe der 5 Beobachtungsgänge)	707	616
Revieranzeigende Beobachtungen	456	325
Anzahl der Reviere	150	178
Anzahl der Arten	38	39

Tab. 5: Die häufigsten Arten der Kartierungen 2005 und 2006.

	Brutvogelart 2005	Abundanz [Reviere/km²]	Brutvogelart 2006	Abundanz [Reviere/km²]
1	Feldlerche	25	Feldlerche	30
2	Rohrammer	21	Goldammer	17
3	Sumpfrohrsänger	19	Rohrammer	17
4	Goldammer	11	Sumpfrohrsänger	16
5	Teichrohrsänger	9	Teichrohrsänger	10
6	Dorngrasmücke	6	Braunkehlchen	6
7	Buchfink	5	Dorngrasmücke	5
8	Amsel	3	Fitis	5
9	Braunkehlchen	3	Klappergrasmücke	5
10	Fasan	3	Schafstelze	5
11	Gartengrasmücke	3	Stockente	5
12	Klappergrasmücke/Zaungrasmücke	3	Amsel	4
13	Mönchsgrasmücke	3	Buchfink	4
14	Zilpzalp/Weidenlaubsänger	3	Kohlmeise	4
15	Blaumeise	2	Feldsperling	3

Landwirtschaftlichen Nutzungs- und Bewirtschaftungseinflüsse

Der Einfluss der landwirtschaftlichen Nutzung und Bewirtschaftung ist am direktesten bei den auf den Ackerflächen lebenden Feldlerchen zu erwarten.

Werden zunächst die Revierdichten der Feldlerchen auf den 4 Untersuchungsflächen der Jahre 1999 und 2000 verglichen, so ergeben sich Abundanzwerte von 2,5 bzw. 2,6 Reviere/10 ha auf UF 4 bzw. UF 7 bis 5,1 Reviere/10 ha auf der UF 6. Diese liegen im erwarteten Bereich und entsprechen den Werten, wie sie in Jungmoränenlandschaften aufgenommen wurden (FUCHS & SCHARON 1997, VOIGTLÄNDER et al. 2001). Allerdings zeigen auch die recht unterschiedlichen Abundanzangaben zur Feldlerche in der Literatur, dass hier sowohl regionale, als auch kleinräumige (Kulturart, Flächengröße, Randeffekte) und methodische Ursachen eine größere Rolle spielen (VOIGTLÄNDER et al. 2001).

Auf zwei kleineren Untersuchungsflächen, die sich im Areal unserer späteren UF 1 befanden, kartierten FUCHS & SCHARON (1979) eine Dichte von durchschnittlich 3,36 Brutpaaren/10 ha. Da sie diese Fläche als konventionellen Landbau einstuften, schnitt dieser schlechter ab als die Flächen in der benachbarten Gemeinde Schmargendorf mit 3,41 Brutpaaren/10 ha, die dem integrierten Landbau zuordneten wurden, und schlechter ab als die Flächen mit biologisch-dynamischem Landbau von Brodowin (ebenfalls eine benachbarte Gemarkung) mit 4,39 Brutpaaren/10 ha. Obwohl sich die Differenzen nicht statistisch sichern ließen, wurden sie interpretativ so diskutiert. Hätten FUCHS & SCHARON (a. a. O.) ihre Flächen z. B. im Aral unserer späteren UF 6 ausgewählt, wären sie auf Dichten um 5 Reviere/10 ha gekommen. Untersuchungen von STEIN-BACHINGER et al. (2002) veranschaulichen, dass die besonders im ökologischen Landbau üblichen mechanischen Pflegemaßnahmen eine spezielle Beachtung bezüglich der Feldlerchen bedürfen.

Bei der Analyse der angebauten Fruchtarten und der Abundanz der kartierten Feldlerchen konnte keine gesicherte Beziehung ermittelt werden. Erfahrungen aus der Kartierung verweisen darauf, dass ein sich normal entwickelnder Rapsbestand den Feldlerchen etwa nur in der ersten Brut eine Chance zur erfolgreichen Aufzucht ermöglicht. Zwischen den Wintergetreidearten sind kaum Unterschiede festzustellen. Auf der Brutvogelmonitoringfläche konnte im Jahr 2006 auf einem mit Lupine bestellten Schlag eine hohe Dichte (8 Reviere auf 8 ha) registriert werden. Hier entwickelte sich zu einem späten Zeitraum ein sehr dünner Pflanzenbestand, der offensichtlich eine sehr gute Habitateignung bot. Unter Raps wurden im Jahr 2005 auf dieser Fläche nur 3 Reviere aufgenommen. Allerdings befinden sich in dem nordwestlichen Teil der Beobachtungsfläche die ungünstigsten Boden- und Standortbedingungen. Kuppige, steinige und teilweise sandige Bereiche bedingen lückige und dünnere Pflanzenbestände. Damit vermengen sich standörtliche mit pflanzenbaulichen Einflüssen, so dass erhebungstechnisch keine gesicherte Aussage getroffen werden kann.

Das komplexe Wechselspiel von Boden- und Standorteinflüssen, einschließlich ihrer hohen Heterogenität auf den Moränenarealen, und von vielfältigen Bewirtschaftungseinwirkungen im Bezug zum Brutvogelauftreten ist methodisch mit erheblichen Schwierigkeiten verbunden.

Es steht jedoch außer Zweifel, dass sich mit den steigenden Erträgen bei den landwirtschaftlichen Kulturen und den sich wandelnden Bewirtschaftungstechnologien auch die Lebensraumbedingungen für die betreffenden Brutvogelarten langfristig verändern. Ein gesicherter Nachweis, ob derartige Beziehungen existieren, erfordert einen differenzierteren Beobachtungsansatz.

4 Diskussion

Die Ziethener Moränenlandschaft kann auf der Basis von Aufnahmen der Avifauna in zwei Untersuchungsphasen mit je zwei Brutperioden als eine Agrarlandschaft mit einer hohen Artendiversität charakterisiert werden. Gemessen an der Artenzahl im gesamten Biosphärenreservat Schorfheide-Chorin unterstreicht die nur in der offenen Agrarlandschaft beobachtete Artenausstattung die große Bedeutung der landwirtschaftlich genutzten Landschaftsräume für den Erhalt der Biodiversität. Unter Einbeziehung langjähriger Erfahrungen aus der feldornithologischen Arbeit in der Region wird eingeschätzt, dass das vorgefundene Arteninventar einem erwarteten Ausstattungspotenzial entspricht und so mit Berechtigung von einer vorhandenen biotischen Integrität gesprochen werden kann. Um jedoch zu objektiveren Bewertungsgrundlagen zu kommen, sollten naturraum- und landschaftsbezogene Potenziale aus dem gesamten Jungmoränennaturraum der Uckermark differenziert abgeleitet werden. Für diesen Zweck genügt es nicht, nur "regionaltypische Vogelarten", die besonders charakteristisch für einen Naturraum sind, auszuwählen, wie es HEIDT & FLADE (1999) als übergeordnete Prüfgröße für alle raumbezogenen Planungen vorschlagen. Ebenso wenig genügt eine allgemeine Forderung nach einem Anteil von ca. 10 – 25 % ökologischer und landeskultureller Vorrangflächen (ÖLV) im Agrarraum, wenn es hier keine naturräumliche Spezifizierung gibt, wie sie von ROTH et al. (1996) im Rahmen ihrer Bewertungskriterien für Landschafts- und Artenvielfalt für eine umweltverträgliche Landwirtschaft vorgeschlagen werden.

Zur Ableitung der naturraum- und landschaftsbezogener Potenziale gilt es, die geoökologische Vorprägung und die daraus resultierenden Landschaftspotenziale zu typisieren sowie die Auswirkung der historischen Landschaftsnutzung als auch Art und Intensität gegenwärtiger Landnutzung zu beachten, um auch die zeitliche und räumliche Variabilität der biologischen Vielfalt von Agrarlandschaften zu berücksichtigen (SCHULTZ et al. 2002).

Der Vergleich der Beobachtungskonzepte zwischen den zwei Untersuchungsperioden mit unterschiedlichem Flächenkonzept als auch der Vergleich mit analogen Untersuchungen der Avifauna in Agrarlandschaften anderer Autoren macht deutlich, dass die erzielten Ergebnisse eine nicht vernachlässigbare Abhängigkeit von der Flächenauswahl und der Flächenform zeigen. Hier werden methodische Defizite offensichtlich, die bei zukünftigen Arbeiten eine größere Beachtung finden sollten, damit auch statistisch zuverlässige Befunde erreicht werden können.

Neben dem Zuschnitt und der Größe der Untersuchungsflächen sind aber auch die Bezüge zu den spezifischen potenziellen Lebensraumarealen der verschiedenen Vogelgilden direkter zu beachten. Wird z. B. die ermittelte Anzahl der Reviere der Feldlerche auf den gesamten 1 km² der Beobachtungsfläche bezogen oder nur auf die potenziell als Lebensraum möglichen Flächen der strukturelementfreien Landschaftsbereiche. In der ausgewählten 1 km² Beobachtungsfläche der Ziethener Moränenlandschaft sind lediglich ca. 85 % potenzieller Lebensraum für die Feldlerche. Werden die ermittelten 25 (2005) bzw. 30 (2006) Feldlerchenreviere auf die üblichen 10 ha Bezugsfläche normiert, ergeben sich bei einem potenziellen Habitatanteil von 85 % 2,94 bzw. 3,53 Reviere/10 ha. Damit werden direktere Aussagen zum Lebensraum unterstützt. Analoges gilt auch für die Bewertung des Habitates der "Heckenbewohner". Nach den Untersuchungen von VOIGTLÄNDER et al. (2003) gilt es, nicht nur die Heckenstrukturen von Landschaften quantitativ sondern auch qualitativ zu analysieren.

5 Schlussfolgerungen

Die in der Ziethener Moränenlandschaft ermittelte Artenvielfalt an Brutvögeln spricht für ein sehr hohes Ausstattungsinventar. Gemäß ihrer Landschaftsstruktur, die in weiten Bereichen eine charakteristische Grundmoränenlandschaft repräsentiert, und der kartierten Artendiversität kann von einer biotisch integren Agrarlandschaft gesprochen werden. Die Schwankungen zwischen den einzelnen Untersuchungsflächen und zwischen den Untersuchungsjahren liegen in einem normalen Bereich.

Um von vorliegenden Untersuchungsbefunden und von Erfahrungswerten zu objektivierten Bewertungsgrundlagen zu gelangen, sind weitere Landschaftsstrukturanalysen im Verbund mit differenzierteren avifaunistischen Kartierungen erforderlich.

Um langfristige Trends in der Populationsentwicklung der Brutvögel der Agrarlandschaft in Bezug zu Änderungen der landwirtschaftlichen Bewirtschaftungsweisen zu erkennen, ist ein dauerhaftes Monitoring mit standardisierter Aufnahmemethodik und flächenrepräsentativem Beobachtungsansatz nötig.

Literatur

DÜRR, T., W. MÄDLOW, T. RYSLAVY & G. SOHNS (1997): Rote Liste und Liste der Brutvögel des Landes Brandenburg 1997. *Naturschutz und Landschaftspflege in Brandenburg* 6 (2), Beilage, 31 S.

FACHGRUPPE (o. J.): Fachgruppe Ornithologie Eberswalde, Ornithologische Kreiskartei. Internes Arbeitsmaterial. Eberswalde.

FUCHS, E. & J. SCHARON (1997): Die Siedlungsdichte der Feldlerche (*Alauda arvensis*) auf unterschiedlich bewirtschafteten Agrarflächen. Diplomarbeit, Fachhochschule Eberswalde, 109 S. und Anhang.

GEORGE, K. (2004): Veränderungen der ostdeutschen Agrarlandschaft und ihrer Vogelwelt insbesondere nach der Wiedervereinigung Deutschlands. Dissertation, Martin-Luther-Universität Halle-Wittenberg, 138 S.

HEIDT, E. & M. FLADE (1999): Ermittlung regionaltypischer Vogelarten. Analyse für Zwecke der Landschaftsplanung und –bewertung am Beispiel der Uckermark (Brandenburg). *Naturschutz und Landschaftsplanung* 31, S. 329-337.

LUTZE, G., J. KIESEL & T. KALETTKA (2006a): Charakteristische Ausstattungselemente von Jungmoränenlandschaften - dargestellt am Beispiel von Ackerhohlformen und Flurgehölzen in der Ziethener Moränenlandschaft. In diesem Band

LUTZE, G., J. KIESEL, M. VOß, B. WUNTKE, J. HOFFMANN & A. SCHULTZ (2006b): Monitoringverfahren zur Biodiversität in Agrarlandschaften am Beispiel der Brutvögel. Unveröffentlichter Teilbericht zum Forschungsvorhaben "Operationalisierung eines Indikators mit dem Hauptelement der Entwicklung von Vogelbeständen für die regionalisierte und gegliederte Abbildung der Artenvielfalt in Agrarlandschaften und als Beitrag zur Abbildung der Umweltqualität mit naturräumlichen Bezug", Projektauftraggeber: Bundesministerium für Ernährung, Landwirtschaft und Verbraucherschutz (BMELV), Projekt-Nr. 04HS025, Müncheberg, 19 S.

PEP (1996): Pflege- und Entwicklungsplan für das Biosphärenreservat Schorfheide - Chorin. Internes Arbeitsmaterial, Oderberg.

ROTH, D., H. ECKERT & M. SCHWABE (1996): Ökologische Vorrangflächen und Vielfalt der Flächennutzung im Agrarraum – Kriterien für eine umweltverträgliche Landwirtschaft. *Natur und Landschaft* 71, S. 199-203.

SCHWARZ, J. & M. FLADE (2005): 14. Bericht über das DDA-Monitoringprogramm häufiger deutscher Brutvögelarten. Zeitraum 1989-2004. Bericht Nr.14, Dachverband Deutscher Avifaunisten e. V., 44 S.

SCHULTZ, A., U. STACHOW, J. KIESEL, C. LATUS & G. LUTZE (2002): Zeitliche und räumliche Variabilität der Biologischen Vielfalt in Agrarlandshaften – Beispiele aus der Uckermark. *Beiträge Forstwirtschaft und Landschaftsökologie* 36, S. 55-60.

SCHULTZ, A., G. Lutze, J. Kiesel, C. Latus & U. Stachow (2006): Die biotische Integrität von Agrarlandschaften - Konzeptionelle Überlegungen und praktische Anwendungen in der Agrarlandschaft Chorin. In diesem Band.

STEIN-BACHINGER, K., S. FUCHS & H. PETERSEN (2002): Integration von Naturschutzzielen in Produktionssystemen des Ökologischen Landbaus – Möglichkeiten und Konfliktfelder. Schriftenreihe des BMVEL "Angewandte Wissenschaft", Heft 494, Biologische Vielfalt mit der Land- und Forstwirtschaft? S. 196-202.

SÜDBECK, P., H. ANDRETZKE, S. FISCHER, K. GEDEON, T. SCHIKORE, K. SCHRÖDER & C. SUDFELDT (2005): Methodenstandards zur Erfassung der Brutvögel Deutschlands. Radolfzell, 777 S.

VOIGTLÄNDER, U., W. SCHELLER & C. MARTIN (2001): Ursachen für die Unterschiede im biologischen Inventar der Agrarlandschaft in Ost- und Westdeutschland. Angewandte Landschaftsökologie, Heft 40, Bundesamt für Naturschutz, Bonn - Bad Godesberg, 408 S.

WAWRZYNIAK, H. (2000): Tierökologische Situationsanalyse in der Agrarlandschaft Chorin. Abschlussbericht, ABM-Projekt 01075/98, 1998-2000, 4 S.

Rückblick und Vorausschau

Am Ende dieses Bandes soll ein kurzes Resümee gezogen werden, das hinterfragt, was sich im Verlauf der – gemessen an sonst üblichen Projekten - doch recht langen Projektdauer bewährt und deshalb fortgeführt werden sollte, und was angesichts der gemachten Erfahrungen zukünftig vermieden oder auf andere Weise umgesetzt werden sollte.

In fast jedem Projekt auf dem Gebiet der Landschaftsforschung ist man nach Erreichen eines bestimmten Entwicklungsstandes wissender und würde im Nachhinein manche Aufgabenstellung anders abgrenzen und methodisch anders behandeln. Das trifft auch für dieses Forschungsprojekt zu. Diese methodischen Erfahrungen werden in Projektberichten jedoch selten explizit dargestellt. Im Fokus steht meistens die Präsentation der "konkreten" Ergebnisse im direkten Bezug zu den wissenschaftlichen Fragen.

Im Reigen der Naturwissenschaften ist die Landschaftsforschung eine eher "junge" Disziplin. Deshalb sind ihre methodischen Ansätze für die formale Beschreibung von Problemen sowie für die Gewinnung und Analyse von empirischen Daten noch sehr differenziert, haben einen ausgeprägten Ad-hoc-Charakter und sind mitunter auch noch "unausgereift". Diese Aussage soll keine vordergründige Kritik ausdrücken. Dass es kein ausgereiftes einheitliches Methodenreservoir in der Landschaftsforschung im Allgemeinen und in einer auf die Entwicklung von Computermodellen ausgerichteten Landschaftsforschung im Speziellen gibt, hat mit der Komplexität des Gegenstands "Landschaft" zu tun.

Es ist auch nicht zu erwarten, dass sich diese Situation mittelfristig prinzipiell ändern wird. An die Stelle einer genau fixierten Forschungsmethodik tritt in der Landschaftsforschung eher ein Bündel von Grundsätzen und Empfehlungen, deren tatsächliche Umsetzung von der konkreten Fragestellung unterschiedlich gewichtet werden kann. Insbesondere in einer auf die Entwicklung von Modellen für die Untersuchung von Nachhaltigkeitsindikatoren ausgerichteten Landschaftsforschung sollten einige Grundsätze und Empfehlungen allerdings unbedingt eingehalten werden, die auch Resultate des Projektes "Agrarlandschaft Chorin" darstellen.

Im Folgenden sollen wesentliche Erfahrungen aus dem in diesem Buch vorgestellten Forschungsprojekt in vier Schwerpunkten summiert werden:

Definition der Zielstellung von Projekten der Landschaftsforschung

Das komplexe System Landschaft ist auf Grund der vielfältigen Triebkräfte und Einflüsse einem ständigen Wandel unterworfen. Nicht alle interessierenden oder interessant erscheinenden Prozesse können mit gleicher Intensität untersucht werden. Es sollte das Ziel sein, die wesentlichen Änderungen zu erkennen und zu bewerten und die Ursachen dafür zu identifizieren.

Wenn das Glück bzw. auch Zufälle zur Hilfe kommen, oder abrupte gesellschaftliche Wandlungsprozesse stattfinden, die kein Versuchsansteller langfristig planen kann, dann sollten die damit verbundenen Chancen ergriffen werden, zu neuen Einsichten zu gelangen. Die gesellschaftlichen Veränderungen zu Beginn der 1990er Jahre stellen einen solch einmaligen Umstand dar.

Projekte der Landschaftsforschung sollten langfristig und interdisziplinär geplant werden. Sie sollten eine klare Zielstellung verfolgen, aber offen genug sein, um auf Veränderungen der äußeren Rahmenbedingungen methodisch zu reagieren zu können.

Landschaftsökologischer Beobachtungs- und Datenerfassungsansatz

Ein hierarchisch gegliedertes Raumkonzept mit einer klaren Festlegung der Raumgrenzen wird gegenüber anderen Raumkonzepten favorisiert. Verschiedene landschaftsökologische Phänomene finden auf unterschiedlichen Raumebenen statt und sind deshalb auf unterschiedlichen Ebenen zu untersuchen, um ihre räumlichen Ausprägungsmuster zu erkennen. Sogenannte "genestete" Ansätze kommen diesen Ansprüchen entgegen. Die Ausdehnung einzelner Landschaftsausschnitte muss so bemessen werden, dass die verallgemeinerten Aussagen nicht von der Größe des gerade ausgewählten Landschaftsausschnittes abhängen.

Für die Aufnahme von Parametern für abiotische, für biotische und für soziökonomische Zustandsvariablen der Landschaft sind meist unterschiedliche und genügend große Raumeinheiten zu definieren. Diese Raumeinheiten sollten bei der Gestaltung des Raumkonzepts auf den oberen hierarchischen Ebenen "harmonisiert" werden, d. h., es müssen genügend große Überlappungen bestehen, um inhaltlich–räumliche Bezüge herstellen zu können.

Eines der Hauptprobleme unter den gegenwärtigen Forschungsrahmenbedingungen scheint die langfristige Aufrechterhaltung von Beobachtungsprogrammen zu sein (inkl. die eines Landschaftsmonitorings). Landschafts- und Umweltbeobachtung bedürfen aber dieser Langfristigkeit und eines sektor- bzw. disziplinübergreifenden Ansatzes, um zu gesicherten, für integrierte Planungen geeigneten Ergebnissen zu gelangen. Spezielle sektorale Beobachtungs- und Datenerfassungsprogramme können kontinuierlich oder periodisch, je nach Dynamik der Prozesse bzw. der Strukturänderungen, durchgeführt werden.

Da die spezifischen fachlichen Datenerhebungskapazitäten (insbesondere auf den bioökologischen Gebieten) nur selten in der gewünschten Breite in einer einzigen Forschungseinrichtung verfügbar sind bzw. diese auch nicht langfristig über zusätzliche Projekte extern finanziert werden können, können der Datenaustausch und die Kombination eigener Erhebungen mit Erhebungen des behördlichen Umweltmonitorings beiderseits sehr nutzbringend sein.

Neben der effektiven Gestaltung eines Landschaftsmonitorings würde der Übergang zu einer aktiven Landschaftsveränderung im Rahmen eines Landschaftsgroßexperiments eine neue Qualität der empirischen Datengewinnung darstellen. Ein erster Schritt könnten gezielte Veränderungen in der Landschaftsstruktur für die Stabilisierung und Verbesserung des ökologischen Zustandes der Landschaft und für die Sicherung der ökonomischen Erträge aus der Landschaftsbewirtschaftung sein.

Projektmanagement und Projektfinanzierung

Um eine langfristige Projektrealisierung, eingeschlossen eine empirische Datengewinnung von konstanter und ausreichender Qualität, zu ermöglichen, muss zweifelsohne auf der Basis einer forschungsstrategischen Grundsatzentscheidung eine sogenannte Haushaltsgrundfinanzierung vorliegen. Drittmittelfinanzierungen sollten lediglich zeitbegrenzte Schwerpunktsetzungen unterstützen.

Willkommen und gewinnbringend sind Kooperationen mit sich ergänzenden Forschungspartnern und -kapazitäten. Moderne Landschaftsforschung verfolgt einen interdisziplinären

Ansatz. Deshalb gilt auch hier die Aussage, dass andere Ansichten durchaus zu neuen Einsichten führen können. Eine Kooperation kann deshalb mehr sein als eine bloße Arbeitsteilung.

Ein besonderer Stellenwert muss dem partizipativen Zusammenwirken mit den Bewohnern und Landschaftsnutzern eingeräumt werden. Diese sind eine unverzichtbare Quelle für Daten und Informationen, aber auch erste Betroffene von Veränderungen in der Landschaft.

Spezifischen Problemfelder und Synergien

Generell konnten im Forschungsprojekt "Agrarlandschaft Chorin" die sozioökonomischen Problemfelder nicht in der gewünschten und eigentlich erforderlichen Weise einbezogen werden. Eine langfristige Beobachtung und Analyse des Wertewandels in der Bevölkerung bezüglich der Landschaft generell, der konkreten Landschaftsnutzung und des Landschaftsschutzes wäre erstrebenswert gewesen.

Als unbefriedigend erwiesen sich die verfügbaren (einschließlich digitalen) Bodendaten im Maßstabsbereich von ca. 1:10.000 bis 1:50.000. Die genutzten Karten auf der Basis der Bodenschätzung bzw. der MMK (Mittelmaßstäbige Landwirtschaftliche Standortkartierung) besitzen offenkundige Mängel u. a. hinsichtlich ihrer Aktualität und ihrer digitalen Qualität. Damit werden sie den Analysemöglichkeiten zeitgemäßer GIS nicht mehr gerecht. Die fachlich unterschiedlichen Herangehensweisen der Bodenkartierung auf landwirtschaftlichem und forstlichem Gebiet wirken begrenzend.

Bei der Untersuchung der biotischen Komponenten der Landschaft zeigte sich, dass derzeit keine befriedigende Kartiermethodik zur Aufnahme der aktuellen Vegetation existiert, die vergleichbar wäre mit dem ökologischen Ansatz zur Aufnahme der Potenziellen Natürlichen Vegetation. Die vielfach bei ökologischen Projekten genutzte Methodik der "Biotoptypenkartierung" kann diesen Ansprüchen nur unzureichend gerecht werden. Insbesondere die landwirtschaftlich genutzten Areale im Offenland werden damit nicht ausreichend detailliert beschrieben. Sie stellen aber in vielen Landschaften den größten Flächenanteil dar und beherbergen beträchtliche Potenziale der biologischen Vielfalt.

Durch eine sinnvolle "Instrumentalisierung" der betrachteten Projektlandschaft mit automatischen Datenerfassungssystemen könnten in Zukunft Lücken im Datenangebot geschlossen werden. Wünschenswert wäre überdies eine Integration geeigneter Fernerkundungsverfahren für die wiederholte Bereitstellung flächendeckender Informationen. Im hier betrachteten Projektgebiet sind zeitweilige, durchaus Erfolg versprechende Versuche, nicht über ein Teststadium hinausgekommen.

Schließlich hat sich im Zuge der Projektbearbeitung die rechnergestützte Landschaftsvisualisierung als eine insbesondere die interdisziplinäre Arbeit und Kommunikation unterstützende Technologie erwiesen. Mit dem "sehenden Erkennen" von Landschaftsmustern und fachlichen Zusammenhängen bzw. mit der Aufdeckung derzeit noch nicht erklärbarer Phänomene hat sich das Arbeitsfeld der Landschaftsvisualisierung weit über die Erzeugung von digitalen Karten, die Überlagerung von unterschiedlichen thematischen Ebenen und die Erzeugung von anschaulichen Bildern für Präsentationen ausgedehnt.

Abschließend sei noch einmal allen Kolleginnen und Kollegen des Instituts für Landschaftssystemanalyse des Leibniz-Zentrums für Agrarlandschaftsforschung (ZALF) e. V. gedankt, die das Projekt Agrarlandschaft Chorin mit Sympathie begleitet haben. Einen besonderen Dank möchten wir an Frau Carola Voigt für die Gestaltung zahlreicher ausdrucksstarker Abbildungen richten.

Die Herausgeber

MIX
Papier aus verantwortungsvollen Quellen
Paper from responsible sources
FSC® C105338

If you have any concerns about our products,
you can contact us on
ProductSafety@springernature.com

In case Publisher is established outside the EU,
the EU authorized representative is:
**Springer Nature Customer Service Center GmbH
Europaplatz 3, 69115 Heidelberg, Germany**

Printed by Libri Plureos GmbH
in Hamburg, Germany